Zapke

Fachwerkgebäude

Lehrbücher des Bauingenieurwesens

Axmann • *Projektmanagement im Bauwesen*

Bletzinger/Dieringer/Fisch/Philipp • *Aufgabensammlung zur Baustatik*

Dallmann • *Baustatik*

Band 1: Berechnung statisch bestimmter Tragwerke

Band 2: Berechnung statisch unbestimmter Tragwerke

Band 3: Theorie II. Ordnung und computerorientierte Methoden der Stabtragwerke

Engel/Al-Akel • *Einführung in den Erd-, Grund- und Dammbau*

Engel/Lauer • *Einführung in die Boden- und Felsmechanik*

Fouad/Zapke • *Bauwesen Taschenbuch*

Freimann • *Hydraulik in der Wasserwirtschaft*

Göttsche/Petersen • *Festigkeitslehre – klipp und klar*

Jochim/Lademann • *Planung von Bahnanlagen*

Krawietz/Heimke • *Physik im Bauwesen*

Malpricht/Rupp • *Schalungsplanung im Baubetrieb*

Pfeiffer/Bethe/Pfeiffer • *Nachhaltiges Bauen*

Pfeiffer/Bethe/Pfeiffer • *Nachhaltige Bauwerkslebenszyklen*

Prüser • *Konstruieren im Stahlbetonbau*

Rjasanowa • *Mathematik im Bauingenieurwesen 1*

Rjasanowa • *Mathematik im Bauingenieurwesen 2*

Rjasanowa • *Mathematik im Bauingenieurwesen - Aufgaben und Lösungswege*

Zapke • *Fachwerkgebäude*

Wilfried Zapke

Fachwerkgebäude

Planung und Durchführung
von Sanierungsarbeiten

Über den Autor:
Prof. Dipl.-Ing. Wilfried Zapke,
Lehrgebiete Holzbau, Mauerwerksbau, Bauphysik, Sanierung von Gebäuden, Drakenburg

Print-ISBN: 978-3-446-45110-0
E-Book-ISBN: 978-3-446-46627-2

Bibliografische Information der Deutschen Nationalbibliothek:
Die Deutsche Nationalbibliothek verzeichnet diese Publikation in der Deutschen Nationalbibliografie; detaillierte bibliografische Daten sind im Internet unter http://dnb.d-nb.de abrufbar.

http://www.hanser-fachbuch.de
Lektorat: Frank Katzenmayer
Herstellung: Frauke Schafft
Coverkonzept: Marc Müller-Bremer, www.rebranding.de, München
Covergestaltung: Max Kostopoulos
Titelmotiv: © gettyimages.de/sakchai vongsasiripat
Satz: le-tex publishing services GmbH, Leipzig
Druck: CPI Books GmbH, Leck
Printed in Germany

Vorwort

Das Fachwerkhaus blickt auf eine über Jahrhunderte währende einzigartige Geschichte zurück, die in Deutschland und den anderen Ländern Nordeuropas sicher bis in das sechste Jahrhundert zurückreicht. Mit einem Bestand von mehr als 2,5 Millionen Bauten prägen Fachwerkhäuser noch heute Städte und Dörfer vieler Landschaften in Deutschland. Die alten Fachwerkhäuser repräsentieren die Summe jahrhundertelanger, handwerklicher, technischer und regionaler Erfahrungen.

Der Fachwerkbau war die dominierende Bauweise in der Stadt und auf dem Dorf. Sowohl die Gestaltung der Fassaden als auch die Art der Verarbeitung dokumentieren die regionale Herkunft. Denn die durch Handwerkskunst geprägte Bauart hat häufig eine ganz eigene Gestaltungssprache gefunden. Während im Norden Deutschlands das mit Ziegeln ausgefachte und häufig mit Reet eingedeckte Haus dominiert, sind es in Mittel- und Süddeutschland die mit Schnitzereien verzierten und zum Teil bunt bemalten Fachwerke, die mit Putz versehen sind. Zugleich spiegeln sich in der Gestaltung die Epochen wider, in der die Fachwerkbauten entstanden sind.

In Sachen Haltbarkeit stehen die Fachwerkbauten den Steinbauten in nichts nach, vorausgesetzt das tragende Holz wurde richtig verarbeitet und regelmäßig gepflegt. Daraus resultierte lange die Wirtschaftlichkeit der Fachwerkbauart gegenüber dem Mauerwerksbau. Letzterer war bis in die Neuzeit deutlich teurer, sodass die Fachwerkbauart lange in Stadt und Land dominierte. Noch im 18. Jahrhundert wohnte 90 % der Bevölkerung Deutschlands in Fachwerkhäusern.

Da aber viele Fachwerkhäuser nicht fachgerecht instandgehalten wurden, deswegen zum Teil gravierende Schäden aufweisen, und zudem häufig den heutigen Anforderungen an ein zeitgemäßes Wohnen nicht genügen, ist die Modernisierung und Sanierung mit hohen Kosten verbunden. In aller Regel übersteigt das die finanziellen Möglichkeiten der Eigentümer und erfordert unterstützende Maßnahmen der öffentlichen Hand durch Zuschüsse und Steuererleichterungen, zum Beispiel durch finanzielle Förderung im Rahmen von Dorf- und Stadterneuerungsmaßnahmen.

Die lange Geschichte der Fachwerkbauart steht im direkten Zusammenhang mit der Verwendung der regional verfügbaren Baustoffe. Aus dem Holz der Fichten-, Tannen- und Eichenwälder wurde ein Tragwerk aus miteinander verbundenen senkrechten, waagerechten und schrägen Hölzern gezimmert und die zwischen den Hölzern entstandenen Gefache füllte man mit Holzbohlen, Stakung, Lehmziegeln, gebrannten Ziegeln oder Natursteinen aus.

Sanierungsmaßnahmen an historischen Gebäuden verfolgen primär das Ziel der Erhaltung der Gebäudesubstanz. Dabei steht je nach Erhaltungszustand des Gebäudes die Standsicherheit im Vordergrund. Gleichzeitig soll bzw. muss aber auch eine Anpassung an moderne Nutzungsansprüche erfolgen. Maßnahmen zum Erhalt der Bausubstanz müssen zugleich den aktuellen Ansprüchen an den Wärme-, Schall- und Brandschutz genügen. Dabei ist es notwendig, dass das Fachwerk unabhängig vom Denkmalwert möglichst substanzschonend instandgesetzt oder rekonstruiert wird. Schon bei der Planung und erst recht bei der Durchführung von Sanierungsmaßnahmen ist daher ein gründliches Eingehen auf die vorgefundene Bausubstanz notwendig. Der Einsatz traditioneller Baustoffe sollte eine Selbstverständlichkeit sein. Den Maßstab reiner Form und Funktionalität wird man allein bei denkmalgeschützten Gebäuden anlegen.

Die der modernen Denkmalpflege zugrunde liegenden Grundsätze haben sich in einer über 200 Jahre währenden Entwicklung herausgebildet. Nach und nach sind sie zum allgemein anerkannten Teil der Kulturgeschichte Europas geworden. Als Selbstverpflichtung der internationalen Staatengemeinschaft wurden diese Grundsätze in der Charta von Venedig von 1964 formuliert.

Alle Kunstwerke sind Denkmäler, doch bei Weitem nicht alle Denkmäler sind Kunstwerke. Daher gelten Gebäude, die Unikate sind, die also einmalig und nicht reproduzierbar sind, im Allgemeinen als Baudenkmäler. Ihre Bedeutung liegt in ihrer Geschichte und ihrer Besonderheit. Die mit der Zeit entstandenen Gebrauchs- und Altersspuren sollen daher sichtbar bleiben.

Ziel des Buchs ist es, vor diesem Hintergrund praxisgerechte Lösungswege bei der Sanierung von Fachwerkgebäuden angefangen von den Anforderungen an das Holzfachwerk über die Art von Ausfachungen, Putz und Farben bis zu den Aspekten der Bauphysik unter Berücksichtigung denkmalpflegerischer Gesichtspunkte aufzuzeigen, um einen Beitrag zur fachgerechten Sanierung und Modernisierung zu leisten. Dabei sollte der Grundsatz gelten: „Was unsere Alten geplant und gebaut haben, das wollen wir in Ehren halten." Dennoch: Eine angemessene Wärmedämmung ist zeitgemäß und nicht das Todesurteil für Fachwerkhäuser, wie mitunter behauptet wird. Sie dient der Pflege der Bausubstanz, der Verbesserung der Nutzungsqualität und der Wertsteigerung.

Drakenburg, im September 2023 Wilfried Zapke

Torbalken der Olen Schüne in Drakenburg

Ein ausführliches Bildquellenverzeichnis steht nach dem Literaturverzeichnis.

Inhalt

1 Fachwerktypologie

Die Geschichte des Fachwerkbaus führt vermutlich zurück bis ins fünfte und sechste Jh. n. Chr. Fachwerkhäuser sind ein wichtiger Teil unseres Kulturerbes und prägen noch heute viele Gegenden in Deutschland. Sie bestimmen das Bild ganzer Altstädte und Dorfkerne – vom Norden bis in den Süden und vom Osten bis in den Westen. Mit ihrem aufwendig gezimmerten Ständerwerk, das häufig durch filigranes Schnitzwerk und Inschriften der unterschiedlichsten Art verziert wurde, zeugen sie häufig von hoher gestalterischer Qualität.

Konstruktion und Gestaltung des Fachwerks änderten sich im Lauf der Jahrhunderte. Gefüge und Balkenquerschnitte sowie Ornamentik liefern daher eindeutige Hinweise zur regionalen Zuordnung und zur Altersbestimmung. Sie variieren zeitlich und regional und sind von der Funktion und Nutzung der Gebäude abhängig.

Die Baustile der verschiedenen Stilepochen sind an verschiedenen Merkmalen zu erkennen, wobei im Fachwerkbau einige charakteristische Merkmale die Epochen überdauert haben. Jedoch gibt es für jeden Baustil spezifische Merkmale, die es möglich machen, Gebäude einer bestimmten Periode zuzuordnen. Diese sind zeitlich veränderlich und überlappen sich über Jahrzehnte. Weil die Entwicklungen in den einzelnen Regionen nicht immer gleichmäßig verlaufen sind, besteht ein gewisses Problem der eindeutigen Zuordnung. Doch es gibt es Gründe dafür. So führte der technische Fortschritt auch in früheren Zeiten immer wieder zu Neuerungen. Zudem verbesserten sich die handwerklichen Fähigkeiten und das konstruktive Verständnis.

Ab wann exakt von Fachwerkkonstruktionen im heutigen Sinn gesprochen werden darf, ist nicht unumstritten. Als Vorgänger des Fachwerkhauses gelten Pfahl- und Pfostenbauten, bei denen Pfähle in die Erde gerammt oder eingegraben wurden. Dazwischen wurden Wände aus Flechtwerk oder Holzbohlen angeordnet. Eine Aussteifung durch besondere konstruktive Elemente gab es nicht, weil bei der geringen Größe der Behausungen allein die Einspannung im Boden ausreichte, um Horizontallasten abzuleiten.

Der Nachteil der Pfahlbauten liegt in der kurzen Haltbarkeit der in den Boden eingebrachten Hölzer. Insofern ist es nicht verwunderlich, dass man schon bald nach neuen Lösungen suchte. Wann die Abwendung vom Pfahlbau konkret erfolgte, ist nicht belegt. Vermutlich war der Übergang fließend. Man geht davon aus, dass die ersten Fachwerkbauten ab dem 13. Jahrhundert erbaut wurden. Ihr Merkmal ist eine Kombination aus senkrechten und waagerechten behauenen Hölzern. Auf der waagerecht verlaufenden Schwelle, die ihrerseits auf einem Sockel mit Fundament aus Natursteinen liegt, werden senkrechte Ständer angeordnet, die an ihrem oberen Ende durch einen waagerecht verlaufenden Rähm begrenzt oder aber direkt mit der Dachkonstruktion angeschlossen werden. Zwischen den Ständern werden vermehrt zusätzliche waagerechte Hölzer angeordnet, die sogenannten Riegel. Außerdem stellte man fest, dass schräge Hölzer, die mit den angrenzenden Hölzern Dreiecke bilden, der Aussteifung der gesamten Konstruktion dienen. Hierfür hat man verschiedene Wege verfolgt wie zum Beispiel diagonale Streben über die gesamte Wandhöhe oder Fußstreben unten oder Kopfbänder oben an Ständern. Außerdem findet man weitere Sonderformen zur Anordnung diagonaler Hölzer wie das Andreaskreuz oder Mannfiguren.

Bild 1.1 Petrarca: von einem bösen hoffärtigen Hofmeister um 1520

Bild 1.2 Petrarca: Bau eines Fachwerkhauses um 1520

Als Ergebnis entsteht eine Holzkonstruktion, die selbst standsicher ist, und deren Zwischenräume, die sogenannten Gefache, durch andere Baustoffe ausgefüllt werden. Damit sind die Ausfachungen nichttragend und weisen nur eine raumabschließende Wirkung auf. Andererseits reichen aber schon leichte Schiefstellungen durch Aktivierung von Reibungskräften zwischen Ausfachung und den sie umgebenden Fachwerkhölzern aus, dass die Ausfachungen unplanmäßig eine Aussteifungsfunktion übernehmen. Dessen ungeachtet fällt die Aufgabe der räumlichen Standsicherheit in jeder Beziehung dem Holzfachwerk zu.

Die Kategorisierung der deutschen Fachwerklandschaft hat im Zuge der akademischen Bewertung einen steten Wandel erlebt. Grundmuster haben sich zwar über weite Teile Deutschlands ausgebreitet, weil für die Gestaltung und Konstruktion die Bauhandwerker, insbesondere die Zimmerleute, verantwortlich zeichneten. So ist durchaus eine zeitliche Zuordnung von Fachwerkbauten zu Stilrichtungen möglich. Auch sind regionale Unterschiede zu erkennen. So finden sich etwa typische Vertreter des „fränkischen“ Fachwerkbaues bis hinein ins Elsass, das „alemannische“ Fachwerk findet sich in ähnlicher Form in Südwestdeutschland, der Schweiz und Vorarlberg. Der „niedersächsische“ Fachwerkbau fällt besonders durch seine reichen, geschnitzten Schmuckformen auf, die in Mittel- und Süddeutschland seltener auftreten. Hier fallen dafür die fantasievollen Fachwerkausbildungen wie zum Beispiel geschweifte Andreaskreuze ins Auge, besonders im „fränkischen“ und im „württembergischen“ Fachwerkgebiet. Im bayerischen Kernland sind Fachwerkbauten nahezu unbekannt.

Frühe Fachwerkforscher wie Carl Schäfer (1844–1908) legten daher eine geografische Unterscheidung in sächsisches, fränkisches und alemannisches Fachwerk zugrunde, indem sie die regionale Ausprägung der verschiedenen Fachwerkausbildungen mit germanischen Volksstämmen, die in den jeweiligen Gebieten gesiedelt hatten, in Verbindung setzten. Heute gilt diese Zuordnung als überholt. Stattdessen spricht man aktuell vom niederdeutschen, mitteldeutschen und oberdeutschen Fachwerk, wobei auch diese Einteilung gelegentlich auf Kritik stößt. Wo die Verbreitungsgebiete der idealtypisch definierten Stilrichtungen aneinanderstoßen und sich überlappen, gibt es Mischformen, sodass eine eindeutige Zuordnung durchaus Schwierigkeiten bereiten kann.

■ 1.1 Niederdeutsches Fachwerk

Das Niederdeutsche Fachwerkhaus trifft man im gesamten norddeutschen Gebiet zwischen den Niederlanden und der Danziger Bucht an. Im Süden reicht es bis nach Westfalen bzw. bis zum Harz. Das Niederdeutsche Fachwerk ist vor allem im ländlichen Raum eng an den Haustyp des Hallenhauses geknüpft. Bei dieser Hausform sind Wohn- und Wirtschaftsteil unter einem Dach vereint. Das hintere Drittel wird zum Wohnen abgetrennt und im vorderen Bereich sind Stallbuchten vorhanden, die von einem Mittelgang erschlossen wurden.

Ein Paradebeispiel für das niederdeutsche Fachwerk ist Dat ole Huus (plattdeutsch für: Das alte Haus) in Wilsede. Das 1742 erbaute Fachwerkhaus ist das älteste Hallenhaus im Naturpark Lüneburger Heide. Es ist ein typisches niedersächsisches Hallenhaus mit dem sogenannten Flett als zentralem Aufenthaltsbereich mit Wohnküche und reicht über die ganze Hausbreite. Das Flett geht nach einer Seite ohne Abgrenzung in den Stall über, wo auch die Kammer untergebracht ist, in der die Knechte schliefen. Auf der anderen Seite des Fletts befinden sich mehrere, durch Wände abgegrenzte Kammern. Weitere Stuben sind die Kammer der Mägde, das Schlafzimmer des Bauern und der Bäuerin sowie die Kammern der Kinder und die Spinnstube. Die letzteren beiden befinden sich im Dachgeschoss des Hauses. Im First des mit Reet gedeckten Krüppelwalmdachs findet sich das Eulenloch (Quelle: Wikipedia).

Bild 1.3 Dat ole Huus in Wilsede; links der Stall und rechts der Wohnbereich

In den norddeutschen Städten stellt der Fachwerkbau bis auf wenige Ausnahmen keine dominante Bauweise dar. In den vielen wohlhabenden Hansestädten prägen eher Ziegelgebäude das Stadtbild.

1.2 Mitteldeutsches Fachwerk

Das Ausbreitungsgebiet des mitteldeutschen Fachwerks erstreckt sich vom Elsass im Westen über Franken bis nach Sachsen im Osten. Im Norden wird das Gebiet in etwa durch die Flüsse Diemel und Werra begrenzt. Im Süden reicht es bis an den Neckar. Spätestens ab dem 17. Jahrhundert kann man auch das Gebiet bis zu den Alpen dem mitteldeutschen Fachwerk zurechnen. Das mitteldeutsche Fachwerk ist vor allem geprägt durch mehrgeschossige Bauten mit mehr oder weniger weiten Ständerabständen und bis zu vier Geschossen. Die Hauptbetonung liegt auf den Streben, die häufig gebogen sind. Insbesondere die Eckständer werden durch besondere Streben gehalten, die von der Schwelle bis zum Rähm reichen.

Als Beispiel mag das Rathaus in Alsfeld dienen. Das Rathaus der hessischen Stadt steht traufständig am Marktplatz der Stadt. Das Erdgeschoss besteht aus drei steinernen Arkaden. Die beiden darüber befindlichen Vollgeschosse und die drei Dachgeschosse sind dagegen in Fachwerk ausgeführt. Die beiden auskragenden Vollgeschosse ruhen auf Knaggen. Die marktseitige Fassade sowie die Rückseite des Gebäudes dominieren je zwei mittig angeordnete, sich über den ersten und zweiten Stock erstreckende Erker, die mit spitz zulaufenden Turmhelmen gekrönt sind (Quelle: Wikipedia).

Bild 1.4 Das historische Rathaus am Marktplatz in Alsfeld

In konstruktiver Hinsicht gab es in der Folgezeit keine sonderlichen Veränderungen. Vielmehr entstanden Fachwerkfiguren, vor allem regionalspezifische Mannfiguren, und es wurden vermehrt Verzierungen der Fachwerkkonstruktion selbst vorgenommen. Schmuckelemente waren Andreaskreuze, Diagonalen in Rauten angeordnet oder verzierte Brüstungstafeln, die ein ganzes Gefach verdecken. Diese Schmuckformen prägten die Fachwerklandschaft des mitteldeutschen Raumes bis ins 19. Jahrhundert, waren jedoch regional sehr unterschiedlich ausgeprägt.

1.3 Oberdeutsches Fachwerk

Das Gebiet des früher auch als alemannisches Fachwerk bezeichneten oberdeutschen Fachwerks wird im Norden durch den Neckar, im Westen durch den Rhein und im Osten durch den Bayerischen Wald begrenzt. Im Süden reicht es bis an die Alpen heran. Vom Beginn des 15. Jahrhunderts an werden fast ausschließlich Stockwerkbauten errichtet. Dabei unterliegt das oberdeutsche Fachwerk in der Folgezeit einem wachsenden Einfluss durch das mitteldeutsche Fachwerk. Die Ständer werden enger gestellt und die bis dahin unübliche Verzierung des Fachwerks wird zunehmend aus dem mitteldeutschen Raum übernommen. Spätestens ab dem 17. Jahrhundert lässt sich kein Unterschied mehr zwischen oberdeutschem und mitteldeutschem Fachwerk feststellen.

Ein eindrucksvolles Beispiel für diesen Baustil ist das Rathaus Markgröningen. Das spätmittelalterliche Gebäude ruht auf 54 Eichenstämmen. Laut dendrochronologischer Untersuchung wurden die Eichen im Winter 1440/41 geschlagen. Das Fachwerk wurde mit beeindruckender Präzision im spätgotischen Stil ausgeführt, teils mit Holznägeln fixiert und mit Schnitzereien verziert. Mit drei hohen Voll- und zwei Dachgeschossen überragt das Rathaus seine Nachbarbauten. Einen besonderen Akzent setzt der später hinzugefügte und um 45 Grad gedrehte Turmerker. Die Breite des Gebäudes beträgt im Grundriss 15,47 m, die Länge zwischen 24,93 m und 24,96 m und die Höhe je nach Firstpunkt zwischen 26,24 m und 26,41 m.

Bild 1.5 Das Rathaus beherrscht den Marktplatz von Markgröningen

Konzipiert war der Bau als „Mehrzweckgebäude“, in dem nicht nur der Rats- und Gerichtssaal, Amtsstuben und ein Festsaal untergebracht waren, sondern Erdgeschoss und erstes Obergeschoss dem Handel mit Textilien, Salz, Brot oder Fleischwaren dienten. Zu ihrem Zunfttag während des Schäferlaufs stand das Gebäude den württembergischen Schäfern zur Verfügung (Quelle: Wikipedia).

Auch wenn sich die Fachwerkbauten in den verschiedenen Regionen Deutschlands über die Jahrhunderte unterschiedlich entwickelten, haben sich viele der grundlegenden Konstruktionsprinzipien nur wenig verändert. Deshalb ist die alleinige Unterscheidung nach dem Alter unter Vernachlässigung der Stilrichtungen durchaus gerechtfertigt, zumindest solange es um konstruktive Sanierungsmaßnahmen geht. Denn Art und Umfang der Sanierungsmaßnahmen werden durch den Erhaltungszustand des Fachwerkgefüges und die Intensität der Schäden bestimmt.

Dass die gestalterischen Aspekte nicht außer Acht gelassen werden dürfen, versteht sich von selbst. Das gilt auch im Hinblick auf die Anwendung alter Handwerkstechniken. Sie gehören zur Fachwerksanierung wie der Einsatz fachwerkspezifischer Baustoffe. Wesentlich ist eine sach- und fachgerechte Ausführung der Arbeiten, wobei die Baustoffe und Techniken im Sinne alter Handwerkskunst die Sanierungstätigkeit bestimmen. Fragen der werkgerechten Gestaltung treten erst dann in den Vordergrund, wenn Denkmalschutzanforderungen zu erfüllen sind, um besonders schützenswerte Bauten für die Zukunft zu bewahren.

2 Fachwerkvielfalt

Bedingt durch die Jahrhunderte währende Aufsplitterung Deutschlands in eine Vielzahl von Königreichen, Fürstentümern, Grafschaften und anderen Herrschaftsgebieten findet sich ein sehr heterogenes Bild an Fachwerkgebäuden mit gestalterischen Unterschieden von Stadt zu Stadt und Dorf zu Dorf. Dabei überwiegen der städtische und der ländliche Fachwerkbau als Ort des Wohnens und Arbeitens.

Doch das Spektrum des Fachwerkbaus ist deutlich weiter gefasst. Das modulare Prinzip des Fachwerkbaus und die zunehmende Erfahrung der Zimmerleute im Umgang mit dem Baustoff Holz erlaubten je nach Bauaufgabe immer größere und komplexere Fachwerkkonstruktionen. Bürger- und Bauernhäuser, Adels- und Arbeiterhäuser, Schlösser und Kirchen, Produktionsstätten und Wirtschaftsbauten stehen für eine unglaubliche Vielfalt und wurden umgebaut, restauriert und saniert. Sie haben Jahrhunderte überdauert und verdeutlichen, welche universelle Rolle der Fachwerkbau spielte. Aber auch andere Bauten wie z. B. Brücken oder Lehrgerüste wurden in Holz erstellt, indem man fachwerktypische Konstruktionsregeln anwendete und sich die mit dem Baustoff Holz verbundenen vielfältigen statischen Möglichkeiten zu eigen machte.

Im Folgenden werden einige Beispiele aufgeführt, die deutlich machen, wie universell Holzfachwerk verwendet wurde.

2.1 Der Quatmannshof in Cloppenburg

Das Hauptgebäude des Quatmannshofs im Museumsdorf Cloppenburg ist ein 1806 fertiggestelltes Hallenhaus in der Ausprägung als Zweiständerhaus mit Kübbungen. Es ist 45 m lang und über 14 m breit. Der Vordergiebel weist eine dreifache Auskragung auf. Das 120 m^2 große Flett als Herdraum ist von der Diele durch eine Wand getrennt. Die beiden Stuben wurden mit sog. Hinterladeröfen beheizt.

Bild 2.1 Quatmannshof Cloppenburg

Der Name des Hofes beruht auf seinem Erbauer, dem 1767 geborenen Georg Quatmann. Er begann 1803 mit der Errichtung des Hauptgebäudes als Erbhof. Nach einem Jahr wurden die Arbeiten wegen Unstimmigkeiten zwischen dem Bauherrn und den Zimmerleuten eingestellt und ruhten bis 1805. Fertiggestellt war das Haus 1806 (Quelle: Wikipedia).

2.2 Das Knochenhaueramtshaus in Hildesheim

Bild 2.2 Knochenhaueramtshaus Hildesheim

Das Knochenhaueramtshaus in Hildesheim war das Gildehaus der Fleischer (Knochenhauer). Wie die Zunfthäuser der anderen Hildesheimer Handwerkervereinigungen steht das zur deutschen Renaissance zählende Fachwerkgebäude am Marktplatz der Altstadt gegenüber dem Rathaus. Aufgrund der repräsentativen, hochaufragenden Schmuckfassade und unter Berufung auf eine Bemerkung von Eugène Viollet-le-Duc wurde das Gebäude als „das schönste Fachwerkhaus der Welt" bezeichnet. Das 26 m hohe Gebäude wurde am 22. März 1945 beim Luftangriff auf Hildesheim von britischen und kanadischen Luftstreitkräften vollständig zerstört.

Das Knochenhaueramtshaus galt vielen Hildesheimern als das Symbol Alt-Hildesheims schlechthin und so blieb der Wunsch nach seiner Wiederherstellung lebendig. Im Gegensatz zu den Gebäuden auf der Nord- und Südseite des Platzes, bei denen nur die Fassaden eng an die ursprüngliche historische Gestaltung angelehnt wurden, wurde das Knochenhaueramtshaus von 1986 bis 1989 zusammen mit dem links benachbarten Bäckeramtshaus in traditioneller Fachwerkbauweise rekonstruiert. Heute beherbergt das Gebäude unter anderem ein Restaurant und das Hildesheimer Stadtmuseum (Quelle: Wikipedia).

2.3 Das Rathaus in Michelstadt

Bild 2.3 Rathaus Michelstadt

Das Alte Rathaus von 1484 in Michelstadt ist von unverwechselbarer Originalität und zählt zu den wichtigsten spätmittelalterlichen Fachwerkbauten.

Das Fachwerkobergeschoss, auf der Westseite von hohen, spitzen Erkertürmchen flankiert, enthält einen großen Ratssaal mit einer polygonalen Mittelstütze. Die

Raumaufteilung wurde unter anderem im Jahr 1903 verändert. Zeittypisch sind die teilweise verblatteten Riegel, die viertelkreisförmigen Fußstreben und im Ostteil des Bauwerks die stockwerkshohen überkreuzten Streben. Das hohe steile Dach, das einen Giebelreiter und steile Kopfwalme aufweist, ist eines der frühesten Beispiele eines liegenden Stuhls, kombiniert mit einem stehenden Stuhl mit einer Firstpfette. Das Dach ist mit roten Biberschwanzziegeln gedeckt.

Das Bauwerk hat im Laufe der Zeit einige Umbauten erfahren:

- im Jahr 1743 wurden die Fassaden verschindelt,
- Anbauten aus dem Jahr 1786 wurden bereits 1846 wieder entfernt,
- im Jahr 1903 wurde die Freilegung des Fachwerks (mit einigen Ergänzungen) samt Teiluntermauerung der Erdgeschosshalle und Umbauten im Inneren des Gebäudes vorgenommen (Quelle: Wikipedia).

Das schier Unglaubliche ist nicht das Alter des Rathauses, sondern seine Bauweise. Weil der Westteil des Gebäudes auf drei mächtigen Eichenständern ruht, die zusammen mit dem Obergeschoss eine freie Halle bilden, sucht der Fachwerkbau seinesgleichen. Die Halle ist der verbliebene Teil eines ursprünglich völlig offenen Erdgeschosses, in dem früher öffentliche Gerichtsverhandlungen stattfanden und Marktbeschicker bei Schlechtwetter ihre Stände aufbauten. Auf der mächtigen Tragwerksaufständerung ruhen das Obergeschoss und ein mächtiges, extrem steiles gewalmtes Kehlbalkendach.

Bild 2.4 Blick in die Vorhalle des Rathauses

Das auf dieser Unterkonstruktion ruhende Stockwerk besteht aus einem großen Saal, einem Nebenraum und dem Vorraum mit den Treppen. Der Saal diente für die Versammlung der Ratsherren, für Hochzeiten oder andere Feierlichkeiten. Er nimmt die zum Marktplatz gerichtete vordere Hälfte des Obergeschosses ein, vergrößert und bereichert durch die beiden Eckerker.

2.4 Der Fresenhof in Nienburg/Weser

Bild 2.5 Fresenhof Nienburg

Der Fresenhof ist eines der ältesten Gebäude der Stadt Nienburg. Es handelt sich dabei um einen sogenannten Burgmannshof, einen Vasallensitz. Die ehemaligen Besitzer bewirtschafteten früher vor den Toren der Stadt als Lehnsherren der Grafen von Hoya ihr Land.

Am 6. Juni 1485 belehnte Graf Jobst von Hoya Arnold Frese mit dem Burgmannshof, zu dem umfangreiche Ländereien gehörten. Trotz diverser Besitzer wurden die von Frese zum Namensgeber des Gebäudes.

Ab 1528 wechselten die Besitzer mehrmals. Bis 1598 gehörte der Fresenhof der Familie von Bothmer. Die Jahreszahl 1585 über dem Haupteingang weist darauf hin, dass zu dieser Zeit bauliche Veränderungen vorgenommen wurden. Im Laufe der Jahre wurde der Burgmannshof mehrmals umgebaut. 1610 ist das Gebäude völlig neu errichtet und 1670 verlängert worden.

1939 ging der Gesamtkomplex in den Besitz der Stadt Nienburg über. Während des 2. Weltkrieges war hier das Museumsgut ausgelagert. Erst Mitte der 1950er-Jahre fand das Museumsgut im Haus der Hoya-Diepholz'schen Landschaft, dem heutigen Quaet-Faslem-Haus, wieder ein Zuhause.

Nach dem Krieg beherbergte der Fresenhof das Nienburger Arbeitsamt, dann ein Jugendfreizeitzentrum. Während dieser Zeit kam es zu zwei Bränden, die das Gebäude in Mitleidenschaft zogen. Es stand dann einige Jahre leer, bis schließlich die Stadt, der Landkreis und das Land Niedersachsen finanzielle Mittel für Umbau und Renovierung zur Verfügung stellten und das Gebäude dem Museumsverein zur Nutzung übergaben (Quelle: *https://www.museum-nienburg.de/portal/seiten/fresenhof-1003-1.html*).

2.5 Das Rittergut in Barsinghausen/Wichtringhausen

Bild 2.6 Rittergut Wichtringhausen mit Wassergraben

Das Rittergut Wichtringhausen befindet sich im Ortsteil Wichtringhausen der Stadt Barsinghausen in Niedersachsen. Die Anlage hat ihren Ursprung im 12. Jahrhundert und ist seit 1743 im Besitz der Familie von Simmern.

Das zweigeschossige Herrenhaus des Rittergutes steht auf einer von einem breiten Graben umgebenen Insel, die über drei Brücken zugänglich ist. Das seit 1948 unter Denkmalschutz stehende Herrenhaus ist vermutlich im 16. Jahrhundert errichtet worden. Das Gebäude besteht im unteren Teil mit dem Keller und dem Erdgeschoss aus Bruchsteinen, im oberen Teil aus verputztem Fachwerk.

Im 17. Jahrhundert kam es zu ersten Umbauten am Herrenhaus. Es erhielt an der Ostseite einen im Renaissancestil gestalteten Erker, der durch die Zahl „1611" datiert wird. Im 19. Jahrhundert kam es auf dem Rittergut sowie am Herrenhaus zu weiteren baulichen Veränderungen, die die Anlage stark veränderten und ursprüngliche Formen nicht mehr erkennen lassen. Der hannoversche Politiker und Reichstagsabgeordnete Heinrich Langwerth von Simmern (1833–1914) setzte die Gutsanlage grundlegend instand, wobei es 1866 zu einer Umgestaltung des Herrenhauses im neugotischen Stil kam. Dabei entstanden ein steinerner Treppenturm, ein Söller, ein Erker und ein Türmchen sowie eine neue Ausstattung der Innenräume (Quelle: Wikipedia).

2.6 Schloss Herzberg in Herzberg am Harz

Bild 2.7 Schloss Herzberg

Schloss Herzberg hat seinen Ursprung im 11. Jahrhundert als mittelalterliche Burg. Nach einem Brand im Jahr 1510 wurde diese als Schloss neu aufgebaut. Das Schloss ist mit 180 Zimmern die größte Schlossanlage Niedersachsens, die in Fachwerkbauweise errichtet wurden.

Der Zugang erfolgt durch ein Torhaus mit folgendem Torzwinger und durch ein weiteres, zweigeschossiges Torhaus in der Südwestecke. Im östlich anschließenden Südtrakt werden noch Reste der ursprünglichen Burg vermutet. Das zweite Obergeschoss wurde 1722 erbaut oder erneuert. In diesem Flügel befindet sich auch ein Kapellenraum (heute das Café-Restaurant). Der Ostflügel („Grauer Flügel") weist ein Erdgeschoss aus Sandsteinquadern mit Fachwerkobergeschoss auf. Sein Vorgänger wurde ca. 1860 abgetragen und 1861 auf dem alten Keller in spätklassizistischer Form wieder errichtet. Der Nordflügel („Sieberflügel") beherbergte in seinem steinernen Erd- und den beiden Fachwerkobergeschossen ursprünglich die herzogliche Hofhaltung. Er wurde ca. 1648–1660 errichtet (heute das Amtsgericht Herzberg). Im Winkel der beiden Trakte steht der zur selben Zeit entstandene, quadratische Schloss- bzw. Uhrturm mit drei Obergeschossen aus Fachwerk (Quelle: Wikipedia).

2.7 Der Possenturm nahe Sondershausen

Bild 2.8 Possenturm

Der Possen ist ein 431,5 m ü. NHN hoher Berg der Hainleite im thüringischen Kyffhäuserkreis mit einem Aussichtsturm (Possenturm) und einem auf der sich südöstlich anschließenden Hochfläche gelegenen denkmalgeschützten Ensemble aus Gebäuden sowie einer Parkanlage des 18. und 19. Jahrhunderts.

Der Possenturm gilt als der älteste und höchste Aussichtsturm Europas, der in Fachwerk errichtet wurde. Der Aussichtsturm wurde 1781 innerhalb von elf Monaten erbaut und steht auf einem Hausteinsockel. Die Turmhöhe misst 42,18 m. Er diente auch als Landmarke bei der Vermessung des Schwarzburger Landes. Der Besucher erreicht über 214 Stufen die Aussichtsplattform oberhalb der Turmhaube. Der achteckige, achtgeschossige Fachwerkbau trägt eine spätbarocke, auskragende Schweifhaube mit Aussichtsplattform und Laterne. Die Stockwerke verjüngen sich nach oben. Jedes hat vier Fenster, orientiert nach den Himmelsrichtungen.

Die erste Renovierung des Turmes war 1867 notwendig. Ab 1951 war der Possenturm für den Besucherverkehr gesperrt. Im Unterteil des Turmes waren tragende

Teile des Holzfachwerks so zerstört, dass der Turm sich zu neigen begann. Er drohte ein- bzw. umzustürzen. Mittels einer Aktion „Rettet den Possenturm" wurden im Rahmen des „Nationalen Aufbauwerkes" der DDR unter Mithilfe engagierter Bürger und mit Spenden aus der Bevölkerung 1958/59 die wichtigsten Sicherungsarbeiten durchgeführt und damit der Turm vor dem Verfall bewahrt. Nach weiteren Arbeiten, u. a. der Anbringung einer Blechbekleidung an der Wetterseite, konnte der Turm 1966 nach fast 15-jähriger Sperre wieder für Besucher freigegeben werden.

Unter der Blechbekleidung kam es später zu Pilz- und Bakterienbefall, sodass der Turm im Jahre 2002 wegen akuter Einsturzgefahr wieder für den Besucherverkehr gesperrt werden musste. Durch die bis 2004 folgenden Bauarbeiten wurde der Turm renoviert, stabilisiert und mit einem neuen Außenanstrich versehen. Das Wellblech wurde durch eine gut belüftete Fassade aus Lärchenbrettern ersetzt (Quelle: Wikipedia).

2.8 Das Alte Zollhaus in Wennigsen/Deister

Bild 2.9 Zollhaus Wennigsen

Das Alte Zollhaus Wennigsen ist ein vermutlich zwischen 1829 und 1832 erbautes Fachwerkhaus in Wennigsen in der Region Hannover, das wahrscheinlich als Wegegeldstation erbaut wurde. Obwohl sich der Name Altes Zollhaus für dieses Gebäude in Wennigsen eingebürgert hat, ist eine Nutzung des Gebäudes als Zollhaus oder Zollstelle nicht nachweisbar. Denn schon vor der Errichtung des Gebäudes in den 1820er-Jahren wurden im Königreich Hannover keine Binnenzölle mehr erhoben.

Das Baujahr des Alten Zollhauses ist nicht überliefert. Eine grobe Eingrenzung der Erbauungszeit lässt sich aus dem Verzeichnis der von der Königlichen Kammer zu unterhaltenden Gebäude, Bauwerke und Geräte vom 12. Januar 1819 im Amt Wennigsen schließen. Da das Alte Zollhaus in Wennigsen darin noch nicht erwähnt ist, ist seine Entstehungszeit auf einen Zeitpunkt nach 1819 anzusetzen.

Für eine Entstehungszeit zwischen 1829 und 1832 sprechen zwei Argumente. Die Amts- und Kohlestraße zwischen dem Deister und der Chaussee Hameln-Hannover (heutige Bundesstraße 217), an deren Anfang das Alte Zollhaus liegt, ist zwischen 1829 und 1830 ausgebaut worden. Erst damit war an dieser Stelle der Bau und Betrieb einer Wegegeldstation gerechtfertigt. Verschiedene Quellen weisen nach, dass zwischen dem Alten Zollhaus und einer Reihe von anderen um 1828 entstandenen Wegegeldhäusern im Bezirk Göttingen deutliche Parallelen im Aufbau bestehen, die auf eine annähernd gleiche Bauzeit schließen lassen (Quelle: Wikipedia).

2.9 Die Saline in Halle (Saale)

Bild 2.10 Saline Halle

Die Bauwerke der Saline sind heute die ältesten Zeugen der Industriearchitektur in Halle. Die frühesten Bauten wurden 1719 bis 1721 errichtet. Ältester erhaltener Teil der Saline ist das heute als Uhrenhaus bezeichnete ehemalige Salzmagazin, ein Fachwerkbau aus dem frühen 18. Jahrhundert mit hohem Dachreiter. Daneben steht ein ebenfalls als Salzmagazin genutztes Fachwerkgebäude aus dem 19. Jahrhundert, an das sich ein Siedehaus aus dem Jahr 1789 nach hinten anschließt. Es gehört zu den ältesten Siedehäusern in Deutschland. Zur Saline gehören weitere Gebäude, wie ein Verwaltungsgebäude aus dem Jahr 1884 (Umbau 1910), ein weiteres Siedehaus aus dem Jahr 1874 und ein Salzmagazin von 1845.

Die Saline wurde 1964 stillgelegt. 1967 wurde das Technische Halloren- und Salinemuseum in den Gebäuden der ehemaligen Königlich-Preußischen Saline zu Halle (Saale) eingerichtet. Seit dem 1. August 2010 befindet sich das Museum in der Trägerschaft eines gemeinnützigen Vereins (Quelle: Wikipedia).

2.10 Die Happelshütte bei Weidebrunn

Bild 2.11 Happelshütte Weidebrunn

Am Ortsrand von Weidebrunn existierte seit alters her ein Stahlhammer zur Verarbeitung der hochwertigen Eisenerze aus den umliegenden Eisenerzgruben im Schmalkalder und Trusetaler Gebiet. 1669 wurde in dessen Nähe ein weiterer Hochofen, die nach dem in Diensten des hessischen Landgrafen stehenden Bergverwalter Dr. Happel benannte „Happelshütte" erbaut.

Auf Initiative von Heimatfreunden und Denkmalschützern wurde der Gebäudekomplex um 1966 als bedeutendes technisches Denkmal des Bezirkes Suhl ausgewiesen und ein Gebäudesanierungsplan erstellt. Als Zeugnis der vorindustriellen Eisengewinnung und -verarbeitung wurde die Neue Hütte auf die Zentrale Denkmalliste der DDR gesetzt und erhielt entsprechende Würdigung.

Der restaurierte Gebäudekomplex bietet heute als Schauanlage einen Eindruck von der Größe und technischen Ausstattung einer frühindustriellen Hochofenanlage auf der Basis von Holzkohlefeuerung. Die Anlage wurde bei der Restaurierung weitgehend auf den Urzustand von 1835 zurückgeführt (Quelle: Wikipedia).

2.11 Die Reithalle auf dem Possen

Bild 2.12 Reithalle Possen

Der Possen ist ein 431,5 m ü. NHN hoher Berg der Hainleite im thüringischen Kyffhäuserkreis mit einem Aussichtsturm (Possenturm) und einem auf der sich südöstlich anschließenden Hochfläche gelegenen denkmalgeschützten Ensemble aus Gebäuden sowie einer Parkanlage des 18. und 19. Jahrhunderts. Es befindet sich etwa vier Kilometer südlich von Sondershausen.

Mit Wiederaufnahme der Pferdezucht 1867 wurde eine Reithalle notwendig. Diese ist ein Achteckbau, ebenso wie der Possenturm und das Achteckhaus (1707) in Sondershausen auf dem Schlossberg. Das flach angelegte Pyramidendach besteht aus acht Seitendreiecken. Eine Hallendecke fehlte. Sie wurde erst 1967 aus Energiespargründen eingezogen. Während des Zweiten Weltkrieges diente die Halle als Kriegsgefangenenlager. Nach der Rekonstruktion 1967 wurde die Reithalle zum „Ringcafé“. Die Wetterfahne auf der Dachspitze trägt den kaiserlichen Doppeladler. Er befindet sich im Wappen der Schwarzburger, nachdem diese 1697 in den Reichsfürstenstand erhoben worden waren. Der Verbindungsbau zum Reitstall wird heute als Gaststätte genutzt. Die Reithalle selbst ist heute eine Freizeithalle mit der Möglichkeit, Billard- und Tischtennis zu spielen (Quelle: Wikipedia).

2.12 Der Bahnhof Kottenforst

Bild 2.13 Bahnhof Kottenforst

Der Bahnhof Kottenforst ist ein Spätwerk deutscher Zimmermannskunst aus dem Jahr 1880 mit weiß verputzten Gefachen, Holzstreben und Kuppelwalmdach. Im Gegensatz zu den meisten anderen Bahnhofsgebäuden in dieser Zeit entschied man sich für einen traditionellen Fachwerkbau. Weil Kaiser Wilhelm II. immer wieder gern zur Jagd in den Kottenforst kam, war der Bahnhof mit seinen malerischen Fassaden als Schmuckstück der 34,2 km langen Eifel-Secundairbahn von Bonn nach Euskirchen gedacht. Davon zeugt noch heute eine über 130 Jahre alte Eiche, die der Kaiser am „Jägerhäuschen", einer ehemaligen Pferdestation, drei Kilometer vom Bahnhof entfernt, gepflanzt hat. Der Bahnhofskomplex besteht neben dem prächtigen Hauptgebäude aus zwei Anbauten und mehreren kleineren Schuppen und ist vollständig in Fachwerkbauweise erstellt worden.

Züge halten am Bahnhof Kottenforst, der heute eher ein Wirtshaus mit Gleisanschluss ist, inzwischen nur noch am Wochenende und an Feiertagen. Im Herbst und Winter sitzt man gemütlich im Bahnhofslokal und im Frühjahr und Sommer draußen unter den Eichen (Quelle: Wikipedia).

■ 2.13 Das Hallenbad in Quedlinburg

Bild 2.14 Giebel des Hallenbades in Quedlinburg

Das Hallenbad in Quedlinburg wurde im Jahr 1903 eröffnet. Zusätzlich zur Schwimmhalle wurden Abteilungen für Wannen-, Brause- und Dampfbäder eingerichtet.

Der Mittelteil des Gebäudes mit dem prägnanten Eingangsportal besitzt einen Fachwerkvorbau, der traditionelle Elemente des Quedlinburger Fachwerkbaus mit ortstypischen Holzschnitzereien bis hinauf zum Giebel ziert. Sockel und Freitreppe wurden aus Brocken-Granit gefertigt, das runde Eingangsportal ist mit Blankenburger Sandstein eingefasst und mit typischen Jugendstilmotiven geschmückt. Fachwerk und Eingangstür, in rotbraun gehalten, lockern die ansonsten eher schmucklose Fassade auf.

Das Hallenbad wird seit 1996 durch die Stadtwerke Quedlinburg betrieben. Im Hallenbad befindet sich ein Schwimmbecken. Das Schwimmbecken hat eine Größe von 9,00 × 18,00 m bei einer Wassertiefe von 0,70 bis 2,80 m (Quelle: Wikipedia).

2.14 Die Corvinuskirche Nienburg-Erichshagen

Bild 2.15 Corvinuskirche Erichshagen

Die evangelisch-lutherische Corvinuskirche steht auf dem Kirchfriedhof von Erichshagen-Wölpe, einem Ortsteil der Stadt Nienburg/Weser im Landkreis Nienburg/Weser in Niedersachsen.

1757/58 wurde sie anstelle einer älteren Kapelle aus dem Jahre 1620, die noch auf dem Amtshof in Wölpe stand, als Fachwerkbau errichtet und gilt heute als die westlichste Fachwerkkirche Norddeutschlands. Weshalb sich der damalige Amtmann Uden entschloss, die alte Kapelle abzubrechen und im Flecken Erichshagen eine neue zu errichten, bleibt im Dunkeln. Sehr wahrscheinlich wird die Kapelle zu klein für die Bevölkerung geworden sein, denn mit knapp 500 Einwohnern bildete Erichshagen die größte Ortschaft im Amt Wölpe.

Neben Spenden anderer Kirchengemeinden und Privatleuten, beteiligte sich auch das Amt Wölpe am Bau der neuen Kirche und bezahlte den Einbau einer Amtspriche, auf der der Amtmann, sein Amtsschreiber und der Amtsrichter den Gottesdienst lauschen konnten. Um auf diese zu gelangen, ließ man an der Rückseite der Kirche eigens einen eigenen Aufgang für die Amtleute errichten, der heute noch genutzt wird (Quelle: Duensing, M.R.: Aus der Geschichte..., in: Festschrift zur 25-Jahr-Feier der Corvinus-Kirchengemeinde Erichshagen, Erichshagen 2000).

2.15 Das Alte Spital in Bad Wimpfen

Bild 2.16 Spital Bad Wimpfen

Das Alte Spital in Bad Wimpfen ist eines der ältesten Bauwerke der früheren Reichsstadt. Im Jahr 1230 wurde durch den Schultheißen Wilhelm von Wimpfen das Heilig-Geist-Spital errichtet, Aus dieser Zeit stammt der älteste Teil der Anlage, das romanische Steinhaus mit den für die Bauzeit charakteristischen Rundbogenfenstern. 1421 wurde auf dessen Ostseite längs der heutigen Hauptstraße auf einem Steinsockel ein länglicher Fachwerkbau mit Tordurchfahrt zum Hof angebaut. 1471 erweiterte man noch einmal auf derselben Seite durch einen südlich ausgerichteten Querbau bis hin zur Langgasse.

Im selben Jahr wurde auf Veranlassung des Rats der Stadt Wimpfen das geistliche Spital vom städtischen Spital abgetrennt. Das Bürgerspital nutzte künftig die bestehenden Spitalgebäude, während dem geistlichen Konvent, durch eine schmale Gasse getrennt, die sich westlich anschließenden Gebäude mit ehemaliger Johanneskirche und Konventshaus verblieben. 1543 setzte man dem Steinhaus des Bürgerspitals einen nördlichen Fachwerkanbau zur Hauptstraße hin vor. Bis heute besteht es fast unverändert in seiner damals erreichten Gestalt.

Das geistliche Spital wurde zu Beginn des 19. Jahrhunderts säkularisiert, das Bürgerspital bestand bis ins 20. Jahrhundert als städtisches Armenhaus fort, in dem schlicht ausgestattete Wohnungen eingerichtet waren. Wegen der ununterbrochenen Nutzung bis in die jüngere Vergangenheit und wegen oft knapper Mittel der Stadt unterblieb bis ins späte 20. Jahrhundert jeder größere Umbau und jede Modernisierung des Gebäudekomplexes. Dadurch haben sich die originale Bausubstanz, wie etwa Bohlenbalkendecken und gotische Türen, und die ursprüngliche Raumanordnung der verschiedenen Bauabschnitte erhalten.

Um 1990 wurde die Anlage umfassend und denkmalgerecht saniert. Die Stadt bestimmte das Gebäude angesichts der Qualität seiner Bausubstanz zu öffentlicher Nutzung; seit 1992 beherbergt es das Reichsstädtische Museum und die städtische Galerie (Quelle: Wikipedia).

2.16 Die Holzbrücke Bad Säckingen

Bild 2.17 Holzbrücke Bad Säckingen

Die Holzbrücke Bad Säckingen verbindet Bad Säckingen mit der Gemeinde Stein in der Schweiz. Mit ihren 203,7 m (mit Vordächern 206,5 m) ist sie die längste gedeckte Holzbrücke Europas. Damit ist sie länger als die Luzerner Kapellbrücke, die 202,9 m (mit Vordächern 204,7 m) lang ist.

Die von Blasius Balteschwiler errichtete Alte Rheinbrücke, wie sie auch genannt wird, wollte man im Jahr 1932 abbrechen. Sie diente damals als Reichsstraße Nr. 34 und ab 1949 als Bundesstraße 34 auch dem motorisierten Verkehr. Seit 1979 dient die westlich von der Holzbrücke gelegene Fridolinsbrücke zur Überquerung für den motorisierten Verkehr zwischen Deutschland und der Schweiz (Straßenbrücke; Teil der deutschen Bundesstraße 518). Die Holzbrücke wird seitdem ausschließlich als Rad- und Fußweg genutzt und ging in den Besitz der Stadt Bad Säckingen über (Träger der Straßenbaulast), dennoch ist die Rheinmitte und somit die Mitte der Brücke eine internationale Staatsgrenze zwischen der Bundesrepublik Deutschland und der Schweizerischen Eidgenossenschaft. Dies wird in der Brückenmitte durch einen weißen Strich dargestellt (Quelle: Wikipedia).

■ 2.17 Lehrgerüst einer Bogenbrücke in Fachwerk

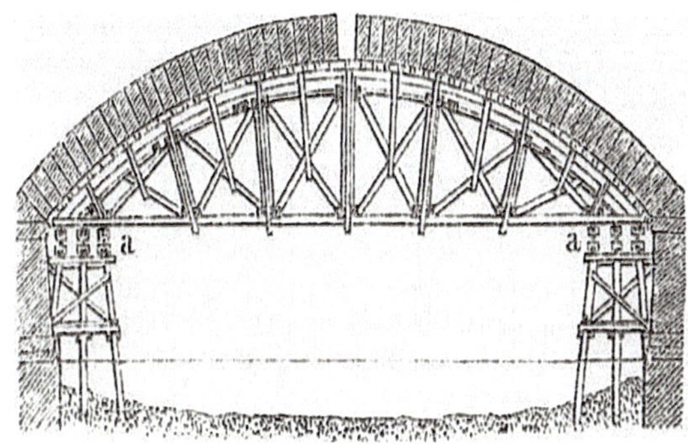

Bild 2.18 Lehrgerüst

Lehrgerüste sind Baugerüste, die zur Unterstützung auszuführender Bogen und Gewölbe dienen. Je nach der Form der Gewölbe sind sie halbkreisförmig, segmentbogenförmig, spitzbogenförmig etc. und je nach der aufzunehmenden Last schwächer oder stärker konstruiert.

Im Brückenbau, wo die schwersten Gewölbe vorkommen, unterscheidet man die stehenden Lehrgerüste, die auf senkrechten Pfosten ruhen und den zu überbrückenden Raum sperren, die gesprengten Lehrgerüste und die Lehrgerüste mit Fachwerkträgern, die beide den zu überbrückenden Raum, z.B. des Land- oder Schifffahrtverkehrs wegen, freilassen.

Der Lehrbogen besteht wieder aus den seine Peripherie bildenden Kranzhölzern, die unter sich durch eine mehr oder minder einfache, meist aus Streben, Hängesäulen und Zangen bestehende Versteifungskonstruktion verbunden sind. Die einzelnen Tragrippen des Lehrgerüstes werden je nach ihrer Entfernung durch starke Bohlen, durch leichtere oder schwerere Balken, welche die zwischen ihnen befindlichen Teile des Gewölbes zu unterstützen haben, verbunden.

Sobald das Gewölbe vollendet ist und die Ausrüstung stattgefunden hat, werden jene Unterstützungen entlastet und können samt den übrigen Teilen des Lehrgerüstes entfernt werden (Quelle: Meyers Großes Konversations-Lexikon, Band 12. Leipzig 1908, S. 346).

■ 2.18 Der Glockenstuhl des Freiburger Münsters

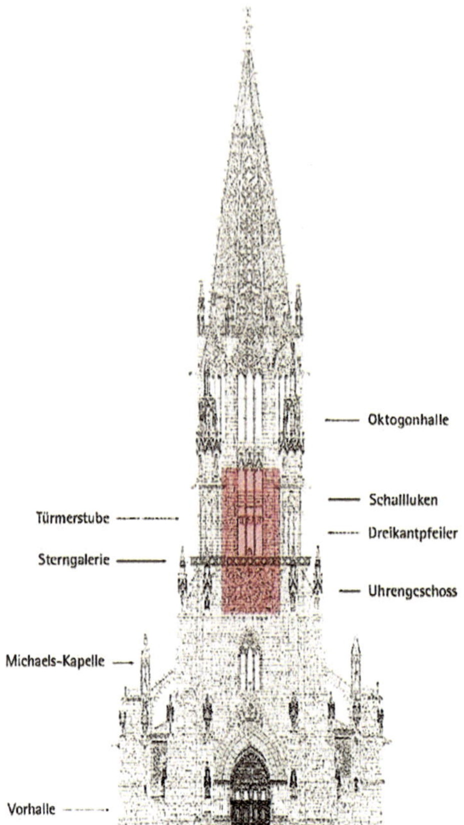

Bild 2.19 Der Westturm des Freiburger Münsters (Lage des Glockenstuhls rot markiert)

Das Freiburger Münster ist das Wahrzeichen der Stadt Freiburg. Der Bau wurde um das Jahr 1200 im spätromanischen Stil begonnen, später aber im gotischen Stil fortgesetzt. Der Turm des Münsters ist der einzige gotische Kirchturm in Deutschland, der im Mittelalter vollendet wurde. Der Turmhelm, der aus acht Gratrippen mit jeweils acht verschiedenen Maßwerksegmenten besteht, wurde im Jahr 1340 fertiggestellt. Der mächtige Glockenstuhl im Freiburger Münster wird als einer der ältesten und für die Geschichte der mittelalterlichen Holzbaukunst zugleich wertvollsten bezeichnet.

In den Jahren 2017 bis 2019 waren umfangreiche Sanierungsarbeiten am steinernen Turm, aber auch am Glockenstuhl selbst, notwendig. Nach einer detaillierten Zustandsuntersuchung und einer Kartierung der Schäden wurden in den verformungsgerechten Bestandsplänen insgesamt 295 Schadstellen am Glockenstuhl dokumentiert. Erstaunlich war die Tatsache, dass rund 20 % der Holzverbindungen auch nach 700 Jahren trotz der immensen Beanspruchung noch in einem tadellosen Zustand waren. Liegt doch die statische Besonderheit von Glockenstühlen im ständigen Wechsel der Belastungsrichtung durch das Läuten und die daraus resultierende dynamische Beanspruchung infolge der veränderlichen horizontalen Lastkomponenten begründet. Der Glockenstuhl ruht auf einer umlaufenden Konsole des Mauerwerks, das 80 cm in den Turm hinein ragt. Nur dort besteht eine Verbindung zwischen dem Glockenstuhl und dem ca. 2,25 m dicken Mauerwerk des Turmes.

Der Glockenstuhl ist etwa 18 m hoch und besitzt zehn mindestens 16 m hohe Pfosten. Die Eckpfosten messen im Durchschnitt 55 × 55 cm. Der Querschnitt der Mittelpfosten ist etwas kleiner. Durch Andreaskreuze sowie Kopf- und Längsbänder wird ein ausgesteiftes Raumfachwerk gebildet. Riegel, die mit den Pfosten verblattet sind, halten die Konstruktion in den Geschossebenen zusammen. Der gesamte Glockenstuhl ruht auf einer doppelten Schwelle aus Eichenholz, die auf der Mauerwerkskonsole des Turmes liegt.

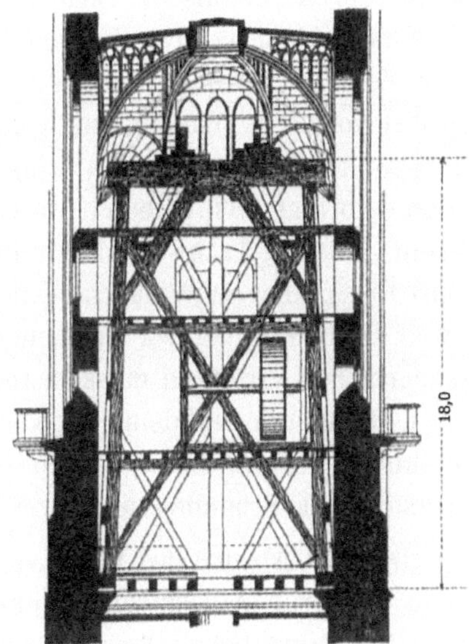

Bild 2.20 Struktur des Glockenturms

3 Der Fachwerkstil im Wandel der Zeit

3.1 Antike Fachwerke

Die Fachwerkbauweise gehört zu den ältesten Bauweisen in der Geschichte. Sie reicht zurück bis in die Antike. Schon die Römer kannten Fachwerk und nutzten es in einer Mischform aus Stein- und Holzbau. Der berühmte römische Architekt Vitruv beschrieb 33 v. Chr. die Fachwerkbauweise und kritisierte sie drastisch. „Fachwerk, wünschte ich, wäre nie erfunden (Craticii vero velim quidem ne inventi essent)", schrieb Vitruv am Ende des zweiten Buches seiner „Zehn Bücher über Architektur". Weiter heißt es nicht gerade schmeichelnd: „So viel Vorteil es nämlich durch die Schnelligkeit seiner Ausführung und durch die Erweiterung des Raumes bringt, umso größer und allgemeiner ist der Nachteil, den es bringt, weil es bereit ist, zu brennen wie Fackeln. Auch macht das unter Verputz liegende Fachwerk durch die senkrechten und querliegenden Balken am Verputz Risse. Aber da ja manche Leute sich doch zum Fachwerkbau gezwungen sehen, weil der Bau schnell vor sich gehen soll oder sie wenig Geld haben, wird man folgendermaßen verfahren müssen: Die Schwelle unterbaue man so hoch, dass sie mit der Estrichmasse und dem Fußboden keine Berührung hat. Wenn die Balken nämlich in ihnen verschüttet sind, werden sie mit der Zeit morsch, sinken ab, neigen sich und zerstören die Schönheit des Putzes."

In den Ruinen der im Jahr 79 nach Christus durch den Ausbruch des Vesuv verschütteten Stadt Herculaneum wurden Bauten in dem frühen Fachwerkstil entdeckt. Das unter dem lateinischen Begriff „Opus Craticium" bekannt gewordene Gebäude wurde zwischen 1927 und 1933 freigelegt. Es ist im ersten Obergeschoss als Fachwerk ausgeführt worden.

Ausgrabungen im Zuge des Straßenbahnbaus im Zentrum von Straßburg förderten im Jahre 1999 eine Gruppe von sechs Wohneinheiten zutage, die zu einem Römerlager aus dem 1. Jahrhundert nach Christus gehörten, dessen Name Argentoratum war. Das typisch römische rechtwinklige Straßenraster ist in der Altstadt noch heute erkennbar. Das typisch römische rechtwinklige Straßenraster ist noch heute in der Altstadt erkennbar. Bei diesen Gebäuden handelt es sich um die sogenannte

„Canaba“, eine zivile Siedlung, die das Militärlager umgeben hat. Die Gebäude waren einfach strukturiert und weisen deutliche Fachwerkstrukturen auf. Der Grundriss zeigt eine von praktischen Erwägungen geprägte Raumdisposition.

Bild 3.1 Opus Craticium (Fachwerk) in Herculaneum

Bild 3.2 Rekonstruktion eines römischen Wachhauses bei Haltern am See

3.2 Frühzeit in Deutschland

Nachdem es bis in die 1970er-Jahre noch als sicher galt, dass kein vor 1300 entstandener Fachwerkbau erhalten ist, machte es die systematische Anwendung der Dendrochronologie möglich, Bauten aus dem 13. Jahrhundert nachzuweisen. Der

Fachwerkbau des 13. Jahrhunderts unterscheidet sich hinsichtlich seiner Höhe und Qualität nicht von Fachwerkhäusern der Renaissance und des Barock, zeigt aber kaum Zierformen. Er entstammt der Stilepoche der Gotik, übernimmt aber in Deutschland nur selten die gotischen Gestaltungselemente aus dem Steinbau.

Tabelle 3.1 Beispiele für Fachwerkhäuser aus dem 13. Jahrhundert

	Limburg an der Lahn (Hessen) Rütsche 5 1245–1255 Dreiseitig massives Haus mit Fachwerkfassade. Das Vorkragen der oberen Stockwerke galt im Mittelalter als sehr repräsentativ und ließ sich nur in Fachwerkbauweise realisieren.
	Esslingen (Baden-Württemberg) Webergasse 8b 1266–1267 Das Wohnhaus Webergasse 8 ist aus der Zusammenlegung zweier mittelalterlicher Häuser entstanden; die Westhälfte verlor durch einen Brand einen Großteil ihrer ursprünglichen Bausubstanz. Zweigeschossiges Holzgerüst in Stockwerkbauweise auf selbstständig abgezimmertem Unterbau, am Giebel etwa 90 cm vorkragend. Die gesamte Kernkonstruktion des 13. Jahrhunderts ist erhalten.
	Schwäbisch Hall (Baden-Württemberg) Untere Herrngasse 2 1288–1289 Auskragendes zweites Obergeschoss, Satteldach.

Limburg an der Lahn (Hessen)
Kleine Rütsche 4
1290

Ständerkonstruktion mit hoher Halle, zweizonigem Grundriss im Obergeschoss und Obergeschossauskragungen.

■ 3.3 Baustilepochen

In der Architektur werden bestimmte Epochen durch unterschiedliche Baustile beschrieben, die häufig mit den jeweils vorherrschenden Kunststilen verknüpft sind. Die verschiedenen Epochen in Mitteleuropa waren die römische Antike, dann die Romanik, Gotik, Renaissance, Barock, Klassizismus, Historismus und schließlich die Moderne.

Ein Baustil zeichnet sich primär durch gestalterische Merkmale aus, die ein Gebäude historisch identifizierbar machen. Sie umfassen aber auch Elemente wie Konstruktionsverfahren, Baustoffe und regionale Besonderheiten. Baustile veränderten sich im Laufe der Zeit, sodass verschiedene Baustile gleichzeitig in unterschiedlichen Bauten vorkommen können. Ändert sich ein Stil, so geschieht dies allmählich, indem neue Elemente nach und nach Eingang in die Gestaltung finden. Baustile können Auskunft geben, wann ein Gebäude erbaut wurde. Denn jeder Stil hat spezielle Merkmale, anhand derer man diesen erkennen und von anderen unterscheiden kann. Fachwerk für sich genommen ist keine Stilform im eigentlichen Sinn. Es wäre unzutreffend, von „gotischem Fachwerk“ oder „Renaissancefachwerk“ zu sprechen, weil es sich zumindest auf den ersten Blick nur in Nuancen unterscheidet und die grundsätzlichen Veränderungen aus gestalterischer Sicht marginaler Natur waren. Zwar bildete fast jede Region ihr eigenes Fachwerk aus, das Grundkonzept war aber überall gleich. Ganz anders sieht es im Hinblick auf Dekorationen und Schmuckwerk aus. Hier unterliegt der Fachwerkbau dekorativen Wandlungen, die Rückschlüsse auf die Stilepoche zulassen, wobei gewisse zeitliche, aber auch regionale Überschneidungen zu beobachten sind.

In Niedersachsen, dem Oberweserraum bis in das östliche Westfalen und dem Westen Sachsen-Anhalts sind Verzierungen durchaus ein Stilmerkmal. So ist der durchgehend eckige Treppenfries der früheste Fachwerkschmuck. Er kann der Gotik zugeordnet werden. Zunächst ist er noch einfach und in geraden Stufen ausgebildet, später mit mehreren parallelen Stufenlinien. Etwa mit Beginn der Renaissance werden die unteren Stufen abgerundet, während die Flächen zwischen den Treppenfiesen figürliches Schnitzwerk enthalten. Ungefähr zur gleichen Zeit tritt das fast jugendstilartig wirkende Laubstabornament auf, das auch um ein Spitzbogenfries ergänzt sein kann.

Bild 3.3 Verzierungen an norddeutschen Fachwerkbauten

Mitte des 16. Jahrhunderts verschwindet der Treppenfries gänzlich und anstelle der Laubwerkranken umschlingen jetzt zwei sich kreuzende, zunächst noch mit Blattwerk geschmückte wellenförmige Bänder den Balken. Zeitgleich kommen Fächerrosetten als Fassadenschmuck auf. Sie sind ein klassisches Ornament der Renaissance und werden über hundert Jahre lang in vielen Variationen als Hausschmuck genutzt. Nach und nach werden die Doppelwellenbänder schmuckloser und gegen Ende des 16. Jahrhundert durch einen einfachen Grat mit Querstäben in den Kreuzungspunkten ersetzt. Dieses Ornament wird auch als Diamantband bezeichnet. Weitere Verzierungen sind der Zickzackfries und feine, der Schmiedekunst nachempfundene Schnitzereien wie Zahnschnitt, Perlschnur und Eierstab findet man an den im 17. Jahrhundert erbauten Häusern. Gegen Ende des 17. Jahrhunderts schließlich wird die Ornamentik wieder einfacher und verschwindet nach und nach.

3.3.1 Gotik

Fachwerkgebäude lassen sich also in einen historischen Kontext setzen, da auch im Fachwerkbau jede Epoche bestimmte Merkmale aufzuweisen hat. Die damit verbundene Formensprache ist typisch für eine Epoche und/oder eine Region. Eine Einordnung gelingt noch am ehesten bei den städtischen Gebäuden und da vor allem bei den Repräsentativbauten. Einige Grundmuster haben sich über weite Teile Deutschlands ausgebreitet, andere blieben regional begrenzt. Insofern ist eine generelle Zuordnung der Stilelemente nicht möglich.

Elemente der gotischen Architektur finden bereits in der Romanik Verwendung und sind erstmals für das Jahr 1140 dokumentiert. Zu dieser Zeit dominierte bei den Fachwerkgebäuden noch der Ständerbau mit langen Ständern, die über alle Geschosse reichten und weit auseinander standen. Die Stiele wurden nicht mehr in das Erdreich eingegraben, sondern auf Steinen gelagert. In der Folge mussten die Wände gesichert werden, um dem Gebäude räumliche Stabilität zu verleihen. Innerhalb der Wandbereiche wurden Hölzer Streben und Riegel eingefügt. So konnten die Horizontalkräfte aus handwerklicher Sicht aufgenommen werden, obwohl letztlich die Ausfachungen infolge Schiefstellungen für die räumliche Stabilität verantwortlich zeichnen. Der Schutz der Stiele gegen den Erdboden hin war zunächst noch ein Problem. Es wurde gelöst, indem man die Stiele auf durchgehende Schwellen stellte und diese durch ein Fundament gegen Feuchtigkeit schützte. Damit war die Entwicklung des Fachwerks weitgehend abgeschlossen. Ein Beispiel hierfür ist das „Schäfersche Haus", ein dreigeschossiges Doppelhaus in Marburg, das um 1320 erbaut und vor dem Abriss im Jahr 1875 von Carl Schäfer dokumentiert wurde.

Bild 3.4 Das Schäfersche Haus in Marburg

Die Gotik ist eine Epoche der Architektur, die in ihren einzelnen Phasen von der Früh-, über die Hoch- und bis zur Spätgotik etwa vom Beginn des 12. Jahrhunderts bis zum Beginn des 15. Jahrhunderts reicht. In dieser Zeit verabschiedet man sich zusehends vom Ständerbau und geht über zum Stockwerksrähmbau. Die ersten zwei Geschosse werden noch mit durchgehenden Ständern errichtet, während das Geschoss darüber einen Stockwerksrahmen hat. Auch werden die Häuser meist schon mit einem durchgehenden Schwellenkranz erbaut.

Die Jahre zwischen 1450 und 1550 gelten als Übergangszeit von der Gotik zur Renaissance und bringen noch einmal eine Weiterentwicklung des Fachwerkbaus mit sich. Es wird stärker auf Symmetrie und harmonische Proportionen geachtet. Horizontale wie vertikale Linien betonen das konstruktive Gefüge. Die Stockwerkschwellen und die Tore zeigen schlichte Profilierungen und vereinzelt treten Inschriften hinzu. Die Knaggen sind tiefer gekehlt oder stärker profiliert und manche Häuser besitzen Knaggen mit figürlichem Schmuck.

Als typischer Vertreter dieser Epoche kann das Küsterhaus in Bad Hersfeld gelten. Es ist ein zweigeschossiger Ständerbau mit zwei vorkragenden Obergeschossen auf dem zweigeschossigen Unterbau im gotischen Baustil. Im Jahre 1452 wurde es als Pfarrhaus errichtet und diente seit 1741 als Wohnhaus des Küsters.

Bild 3.5 Das Küsterhaus in Bad Hersfeld

3.3.2 Renaissance

Die Renaissance hat ihren Ursprung in Italien und dauerte etwa bis ins späte 16. Jahrhundert. Renaissance bedeutet Wiedergeburt und ist in der Architektur geprägt durch die Wiederaufnahme und Wiederbelebung der klassischen Stilelemente, die ursprünglich von den alten Griechen und Römern entwickelt worden waren. Der Renaissancestil betont die Symmetrie, die Geometrie und die Anordnung der Bauteile, wie sie in vielen erhaltenen Bauwerken des Alten Roms zu finden waren. Die nach festgelegten Regeln erfolgte Anordnung von Säulen, Pilaster und Lisenen, der Bau von halbkreisförmigen Bögen und Kuppeln ersetzten die gotischen Gestaltungselemente.

Im Fachwerkbau wird bis Mitte des 16. Jahrhunderts die Kombination aus Ständer- und Stockwerkbauweise beibehalten. In der Hoch- bzw. Spätrenaissance tritt schließlich überwiegend der reine Stockwerkbau in den Vordergrund. Durch die allmählich kleiner werdenden Auskragungen erhalten die Fassaden ebene, kaum durch Vorsprünge geprägte Fronten. Dies entspricht den Merkmalen der Renaissancearchitektur mit ihren klaren Baukörpern. Verstärkt wird die Hinwendung des Fachwerkbaus zu den aus Steinen errichteten Gebäuden, indem man Fassaden mehr und mehr mit Anstrichen versah und auf Schmuckformen weitgehend verzichtete. Die Farbgebung in Rot- und Grautönen diente dem Ziel, den zeitgenössischen Steinbau zu imitieren.

Ein unter dem Einfluss der sogenannten Weserrenaissance errichtetes Fachwerkhaus ist das Haus Strukturstraße 7 in Verden/Aller aus dem Jahr 1577. Das mitunter fälschlicherweise als Ackerbürgerhaus bezeichnete Dielenhaus weist giebelseitig eine Fachwerkfassade auf, die noch mit einem farbig gefassten ornamentalen Schnitzwerk, reich an Fächerrosetten, Blattwerk und Ranken, geschmückt ist. Es ist eines der ältesten Häuser der Stadt und gilt als einer der prächtigsten Bauten der Weserrenaissance im nördlichen Weserraum.

Bild 3.6 Fachwerkhaus in Verden

Das Haus hatte im Laufe der Jahre viele Besitzer. Im Jahr 1864, so scheint es, verfiel das Haus in einen Dornröschenschlaf. 1971 wurde es von der Stadt gekauft. Es kam zu einem wenig sensiblen Umbau zur Bibliothek des Deutschen Pferdemuseums. Im Jahr 2000 zog das Pferdemuseum dann in ein neues Domizil am Holzmarkt. Zwischen 2004 und 2007 wurde das Gebäude mit großem Aufwand komplett saniert (Quelle: Wikipedia).

3.3.3 Barock

Der Epoche des Barock werden etwa 200 Jahre zugerechnet. Die Anfangszeit liegt um das Jahr 1570. Barock blieb bis in das 18. Jahrhundert hinein der dominierende Baustil in Europa. Aufwendige Verzierungen und Schmuckformen sowie eine Fülle von Stuckdekorationen als Gegenbewegung zur eher strengen Architektur der Renaissance bestimmen nun das Erscheinungsbild.

Als Ideal städtischer Wohnhäuser gelten nun flächig, symmetrisch angelegte Fassaden nach dem Vorbild der zeitgenössischen Steinarchitektur. Daher wurden die Ständer von Fachwerkhäusern gerne als Doppelständerfachwerk angelegt. Enge und weite Abstände wechselten sich ab, um die Fassadenfläche zwischen den Fenstern zu vergrößern. Einziger Schmuck der Häuser des Spätbarocks sind die kunstvoll gestalteten Portale.

Ein Beispiel bürgerlicher Wohnkultur im Barock ist das Gebäude Jüdenstraße 29 in Duderstadt von 1725. Dieses spätbarocke Bürgerhaus mit seinem beeindruckenden Portal war, wie schon die schmucklos zusammengefügte Balkenstruktur und die außen liegenden Abbundzeichen anzeigen, nicht auf wohlgesetztes Sichtfachwerk hin angelegt. [...] Vom ästhetischen Gesichtspunkt her hatte die originale Verputzung vor allem den Effekt, das Portal - wesentliches Schmuckelement dieser Fassade - herauszuheben. Das mit aufwendigem Schnitzwerk dekorierte Portal, künstlerisch durchgestaltet in allen Teilen, dem Rahmen wie den Türblättern, ist einzigartig in Duderstadt. [...] Die beschwingte, schon rokokohafte Portalbekrönung wurde erst 1729 aufgesetzt, als der Architekt und Goldschmied Johann Christoph Fritz, das Haus nach seinen Vorstellungen verschönerte (Quelle: Stadtführer Duderstadt).

Bild 3.7 Barockportal in Duderstadt

Bei Häusern im Bestand werden in dieser Zeit Profile und Schnitzereien gerne abgebeilt. Die Fachwerkhölzer erhalten an der Oberfläche Kerben, damit der Putz besser hält. Es gab sogar Städte, in denen das Verputzen des Fachwerkes angeordnet war.

In die Zeit des Barocks fällt auch der Bau des Langen Hauses in Halle an der Saale. Es ist mit seiner Rasterfassade und dem schlichten Erscheinungsbild ein einzigartiges Zeugnis dieser Epoche. Das Lange Haus ist Teil der Franckeschen Stiftungen, die auf ein von August Hermann Francke (1663–1727) begründetes Waisenhaus und Paedagogium zurückgehen. Im größten Fachwerkwohngebäude Europas, das zwischen 1713 und 1716 errichtet worden ist, lebten und lernten Studenten der Theologie und Schüler der Lateinischen Schule.

Bild 3.8 Das Lange Haus in Halle

Das eine Länge von 115 m und eine Höhe von 25 m umfassende Bauwerk erlebte nach der Wiedervereinigung 1990 eine beispiellose Rettungsaktion. Es wurde in den Jahren 1996 bis 2003 denkmal- und umweltgerecht saniert und beherbergt heute ein evangelisches Konvikt mit Wohnheim.

3.3.4 Klassizismus

Die Architektur des Klassizismus von 1780 bis 1830 orientiert sich stärker als die vorherigen Stile an antiken Bauten, vor allem an griechischen Vorbildern. Die Üppigkeit des Barocks hatte ausgedient. Bevorzugt werden symmetrische Fronten, deren Mittelachse häufig von Dachaufbauten in Gestalt von Giebeln oder Zwerchhäusern zusätzlich betont wird. Ein besonderes Merkmal klassizistischer Architektur ist der griechische Portikus. Das Dekor setzt sich zusammen aus Girlanden,

Urnen und Rosetten. Die Friese sind griechisch-klassisch ausgeführt, mit Perl- und Eierstab, Palmetten und Mäander.

Bild 3.9 Das Stechinelli-Palais in Celle auf dem Großen Plan

Die natürliche rote Ziegelfarbe gilt als Farbgebung für die zeitgemäße Gestaltung. Horizontale Gliederungen durch dunkel glasierte Steine dienen der farblichen Auflockerung. Das Fachwerk zeigt eine weitere Reduzierung auf das reine Baugefüge. Anwendung findet der Stil in fürstlichen und bürgerlichen Repräsentationsbauten, aber auch bei Bauwerken in traditionellen Bautechniken wie im Fachwerkbau.

Auf dem Großen Plan in Celle, einst als Exerzierplatz der Landsknechte genutzt, steht in unmittelbarer Nähe zum Alten Rathaus ein zweigeschossiger Fachwerkbau mit auffälligen Doppelsäulen und einem Dreiecksgiebel sowie rosafarbenem Anstrich der Fassade. Das Palais im klassizistischen Baustil wurde in dieser Form 1795 errichtet und trägt seinen Namen nach dem herzoglichen Hofagenten und Generalerbpostmeister Francesco Stechinelli (1640–1694), der es von 1675 an bewohnte. Heute dient es als Geschäftshaus.

3.3.5 Historismus

Die Epoche des Historismus von ca. 1830 bis 1910 ist gekennzeichnet durch das Wiederaufleben alter Stilmittel und deren teilweise Vermischung. Die Balkenquerschnitte wurden weiter reduziert, ohne dass die Konstruktionen ihre Standsicherheit und Dauerhaftigkeit einbüßten, weil die statischen Gegebenheiten bereits genau erfasst werden konnten. Gerade Fachwerkbauten, deren Struktur durch lineare

Tragsysteme geprägt ist, kamen dem entgegen. Gepaart mit dem Wissen der Zimmerleute ließen sich Fachwerkgebäude errichten, die eine ganz eigene Note aufwiesen.

Für neue Bauaufgaben wie etwa Bahnhöfe, Fabriken oder Krankenhäuser griff man gerne auf Fachwerkkonstruktionen zurück. Dies ist einerseits einer romantisierenden Faszination geschuldet. Andererseits war das Fachwerk in Form von Stahlkonstruktionen ohnehin Teil des modernen industriellen Zeitalters geworden.

Bild 3.10 Haus Grimm in der Ritterstraße in Marburg

Eine eher selten anzutreffende Besonderheit dieser Epoche sind Gebäude, die in Fachwerkbauweise errichtet wurden, um sie im Falle eines Falles leicht zerstören zu können und so freies Schussfeld für die dahinter liegende Festung zu erreichen. Sie wurden meist vor Festungsanlagen aufgrund besonderer Bauvorschriften wie dem Reichsrayongesetz gebaut. Im Umfeld solcher historischer Festungen sind Zeugnisse des so genannten Rayonfachwerks, teilweise in Gestalt stattlicher Mietshäuser, erhalten geblieben.

Auch für die sogenannten Landhäuser, das waren üppige Ferienhäuser in den damaligen Feriengebieten wie dem Harz, wurden gerne Fachwerkkonstruktionen verwendet. Ein Landhaus war ein freistehendes, von einer Grünfläche umgebenes Wohnhaus auf dem Land, das den wohlhabenden Gesellschaftsschichten in den arbeitsfreien Sommermonaten als Feriendomizil diente und mitsamt Gesinde bezogen wurde.

Bild 3.11 Rayonhaus in der Steinigstraße in Magdeburg

Eine Besonderheit seinesgleichen aus der Zeit des Historismus ist das Haus Fettkötter in der Bierstraße 53 in Osnabrück, dessen Giebel aus dem Jahre 1856 im Oktober 1916 während des 1. Weltkriegs erneuert wurde. Unten im Giebel ist durch Bildhauerarbeit die Jagd der Uhrzeit, des Mittelalters und der Gegenwart dargestellt. Zwischen den Fenstern wirken die vier Elemente Luft, Wasser, Feuer und Erde. Ihnen zur Seite links und rechts bilden der Kriegsgott und der Friedensengel den Abschluss zwischen je zwei Ständern. An der oberen Front sind Symbole über das Handwerk und den Geschäftsbetrieb verewigt.

Bild 3.12 Haus Fettkötter in Osnabrück

Das Osnabrücker Tageblatt schwärmte seinerzeit: „die schönen alten Hausgiebel unserer Stadt haben noch eine bedeutsame Bereicherung erfahren in Gestalt der in reichem Bild- und Ornamentwerk geschnitzten, dezent und fein bemalten Vorderwand." Die vier Elemente Feuer, Wasser, Luft und Erde seien „in glücklicher Anlehnung an die Verhältnisse der Gegenwart" symbolisch dargestellt, und zwar das Feuer durch ein in vollem Betrieb befindliches industrielles Werk, die Luft durch einen Zeppelin, das Wasser durch ein Kampfbild der Skagerrakschlacht und die Erde durch einen das Land bestellenden Bauersmann, hinter dem sich in der Ferne die Osnabrücker Türme erheben. Andere figürliche Darstellungen bringen auf der linken Seite den Krieg, auf der rechten Seite den Frieden zum Ausdruck, wobei für die Jahreszahl des Friedens der Platz noch freigelassen ist. In großer Goldschrift liest man quer über der Giebelmitte die Worte: „Im großen Weltenkrieges Brand stand neu dies' Hauses Vorderwand." Auch die Namen der Baubeteiligten werden der Nachwelt übertragen: „Tiemann und Langewand het et upbowwet, Wulfertange het et uthowwet (ausgehauen/geschnitzt), Wiegard het't bemalt, Fettkötter het't betalt." Die Zeitung resümiert: „das Ganze stellt ein edles, von Schönheitssinn, Kunstverständnis und Heimatliebe zeugendes Werk dar, dass allen Beteiligten zur Ehre, der Stadt zur Zierde und den Vorübergehenden zur Freude gereicht" (Quelle: Osnabrücker Zeitung vom 28.10.2016).

3.3.6 Neuzeit

Ab 1910 kam der Fachwerkbau mehr und mehr aus der Mode. Ein fehlendes Interesse am Denkmalschutz und der Wunsch nach Neuem, ausgeführt als Mauerwerksbau, führten dazu, dass Fachwerkhäuser lange Zeit vollständig aus dem Blickfeld der Baubeteiligten gerieten. Bis in die zweite Hälfte des 20. Jahrhunderts blieb die Geringschätzung des Fachwerks bestehen. Es galt der Grundsatz Abriss vor Sanierung. Der 2. Weltkrieg mit der Zerstörung ganzer Innenstädte und dem raschen Wiederaufbau in den 1950er- und 1960er-Jahren bewirkte das Seinige.

Ende des 20. Jahrhunderts wurde es wieder schick, Fachwerkhäuser zu bauen – ein Trend, der bis heute anhält. Mal werden auf weiße Putzfassaden Fachwerkmuster gemalt, mal dünne Holzbretter aufgebracht. Immer häufiger werden aber richtige Fachwerkbauten erstellt, entweder als tragende Holzkonstruktionen oder aber als Vorsatzschale einer Außenwand. Um die Anforderungen an den Wärmeschutz zu erfüllen, braucht es in jedem Fall zusätzliche Wärmedämmschichten. Werden derlei Lösungen verfolgt, sollte aber prinzipiell darauf geachtet werden, dass die regionale Bezüge beachtet und handwerkliche Konstruktionsregeln angewendet werden.

Auch ist infolge einer wachsenden Sensibilität im Umgang von Altbauten und einer zunehmenden Nachfrage nach Holzbauten in den vergangenen Jahren die Zahl von Fachwerkhausanbietern deutlich angestiegen. Zahlreiche, zumeist kleinere Firmen haben sich sowohl auf die Sanierung als auch auf den Neubau von Fachwerkhäusern, zumeist im Einfamilienhausbau, spezialisiert. So sind Fachwerkhäuser heute wieder „modern".

4 Eckpunkte in der Fachwerkhausentwicklung

4.1 Vorläufer des Fachwerkbaus

Frühe Holzkonstruktionen, die auch als Behausung dienten, beruhen auf den sogenannten Crucks. Zwei gegenüberliegende gebogene Hölzer bilden einen Spitzbogen, der durch einen Bindebalken versteift wird. Dadurch entsteht ein A-förmiger Rahmen, der von der Spitze des Gebäudes bis zum Boden reicht. Crucks kommen traditionell in ganz Nordwest-Europa in mittelgroßen Scheunen, Ställen und Behausungen vor und versinnbildlichen das Grundprinzip der Tragstruktur.

Für die gebogenen Hölzer wurde häufig ein Baumstamm längs aufgeschnitten, sodass die beiden Hälften einen symmetrischen Rahmen bildeten. Die umgekehrte V-Form hatte zudem den Vorteil, dass die Dachlasten direkt auf die Schwelle übertragen wurden und ein Bindebalken eine seitliche Stabilität bewirkte. Mehrere weitestgehend gleichartige A-Rahmen wurden in bestimmten Abständen hintereinander aufgestellt, sodass ein Gebäude größerer Länge nach Art eines Fachwerkhauses entstand. Dach und Wand bildeten eine Einheit und der Witterungsschutz wurde durch Eindeckung mit Reet oder vergleichbaren Materialien erreicht.

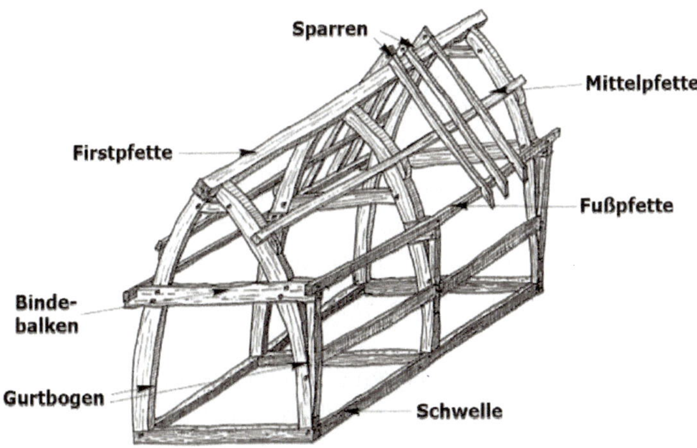

Bild 4.1 Die Cruck-Konstruktion

Die Cruck-Struktur lässt sich in England bis in das vierte Jahrhundert zurückverfolgen und erlebte ihre Blütezeit im Mittelalter. Landwirtschaftliche Gebäude, aber auch Wohnhäuser baute man nach diesem Prinzip. In dem Maße, wie sich die handwerklichen Fähigkeiten weiterentwickelten, stützte man den A-Rahmen auf massive Außenwände ab. In gewisser Weise findet sich diese Struktur in den Anfängen des niederdeutschen Hallenhauses wieder.

Bild 4.2 Spargelmuseum in Nienburg

■ 4.2 Bauernhäuser

4.2.1 Das Niederdeutsche Hallenhaus als Wohn-Stall-Haus

In seiner ältesten Form ist das Niederdeutsche Hallenhaus ein Bauernhaus als Wohn-Stall-Haus, dessen Innenraum durch zwei in Längsrichtung verlaufende Ständerreihen gegliedert ist. Die beiden Reihen sind durch Balken verbunden, sodass je zwei gegenüberstehende Ständer zusammen mit dem Querbalken ein Bindergefüge bilden. Diese Querbinder sind durch in Hauslängsrichtung verlaufende Rahmenhölzer gehalten. Dadurch konnte das Gefüge je nach Erfordernis verlängert werden.

Folgerichtig spricht man von sogenannten Zweiständer-Konstruktionen, die zu beiden Seiten erweitert werden, indem man mithilfe von Aufschieblingen, die auf nichttragenden Seitenwänden ruhen, eine Verbindung zwischen Sparren und Traufe herstellt. Damit wird die zwischen den Ständerreihen liegende große Diele zu beiden Seiten erweitert.

Dadurch befinden sich in relativ geringem Abstand zu den beiden in Hauslängsrichtung verlaufenden Ständerreihen niedrige Fachwerkaußenwände, die primär eine raumabschließende Funktion zu erfüllen haben. Sie tragen nur den geringen Teil des Daches, das den Raum zwischen Außenwand und Ständerreihe überspannt. Die beiden Seitenschiffe, auch Kübbungen genannt, können somit entfernt werden, ohne dass das Traggerüst des Hauses gefährdet wäre. Mit dem Zweiständerhaus ist man aber noch weit entfernt vom Übergang des Ständerbaus zum intelligent ausgebildeten, mittelalterlichen Fachwerkgefüge.

Das Niederdeutsche Hallenhaus ist von Anbeginn an ein Bauernhaus, dessen Hauptmerkmal eine geräumige Halle zu ebener Erde ist, die es dem Bauern und der Bäuerin ermöglichen, ständig über Bedienstete, Vieh und Gerät Aufsicht zu führen. Mensch und Tier leben unter einem Dach. Einen Schornstein gibt es nicht. Das Fleet mit der Feuerstelle schließt an die Diele und damit an die Stallungen an. Lediglich die Wohnstube mit Alkoven und die Kammern im rückwärtigen Bereich sind durch eine Wand von der Diele getrennt. Links und rechts der Diele sind die Stallungen für das Vieh. Auf dem Dachboden werden das ungedroschene Getreide sowie das Heu gespeichert.

Obwohl die Niederdeutschen Hallenhäuser zunächst nur als Zweiständerbauten errichtet wurden, sind deutlich zwei wesensverschiedene Zimmerungen zu beobachten, je nachdem, wie der Längsbalken in Höhe des Wandkopfes zum Querbalken gefügt ist.

Die Oberrähmkonstruktion stellt eine Frühform des Hochmittelalters dar, bei der je zwei Ständer durch einen Querbalken verbunden und mit Kopfbändern seitlich verstrebt werden, wobei der Balken entweder durch den Ständer durchgezapft oder in den Ständer eingehalst sein kann.

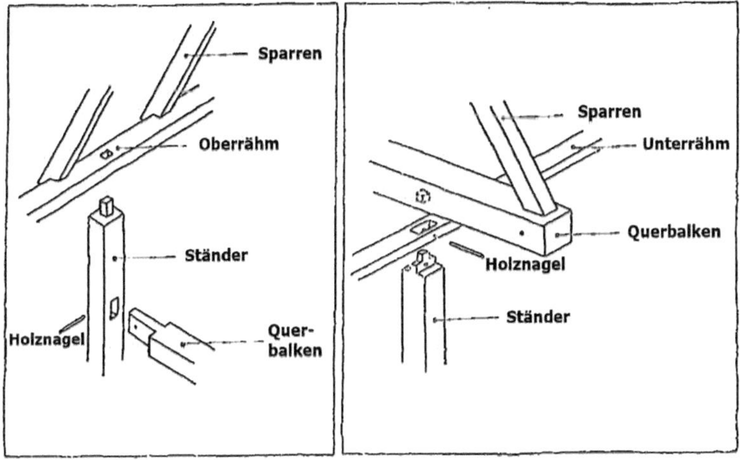

Bild 4.3 Oberrähmgefüge mit Unterrähmgefüge mit eingezapftem Querbalken bzw. aufgezapftem Querriegel

Die längslaufenden Rähmhölzer liegen dann, wie es schon die Bezeichnung „Oberrahmgefüge“ sagt, stets über der Balkenlage. Die Querschnittsschwächung durch Aufnahme des Ankerzapfens vermindert die Tragfähigkeit der Ständer.

Beim Unterrähmgefüge hingegen befinden sich die Rähmhölzer direkt unter der Querbalkenlage und schließen unmittelbar an die Ständer an. Das hat zur Folge, dass die horizontalen Auflagerreaktionen aus dem Dach unmittelbar durch die Balkenlage aufgenommen werden können und die Ständer nicht auf Biegung beansprucht werden. Diese Konstruktion erlaubt eine hohe und breite Diele und ein tragfähiges Ständergerüst in Verbindung mit einem geräumigen Sparrendach. Ein entscheidender Schritt der Weiterentwicklung vollzog sich mit dem Übergang vom Zweiständer- über das Dreiständer- zum Vierständerhaus verbunden mit der Verlängerung der Querbalken. Das Dach lastet nun nicht mehr nur auf zwei Ständerreihen, welche die große Diele begrenzen, sondern zusätzlich auf den Ständern der Außenwände. Erfolgt die Verlängerung nur auf einer Seite, entsteht ein Dreiständerhaus. Gerade in besonders wind- und regenreichen Gebieten hat die Kübbung auf der Wetterseite große Vorteile.

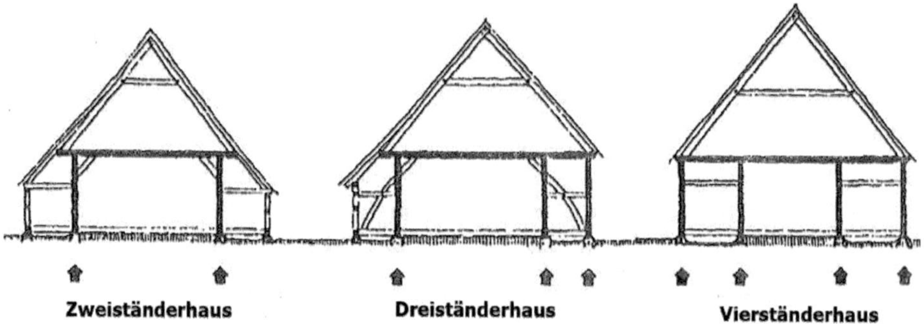

Bild 4.4 Entwicklung vom Zweiständerhaus zum Vierständerhaus

Beim Vierständerhaus kann ein wesentlich geräumigeres Dach als bisher errichtet werden, verbunden mit der Möglichkeit, größere Erntemengen zu lagern. Die Seitenschiffe erreichen die gleiche Höhe wie die Halle und wegen der höheren Außenwände können im Obergeschoss Wohnkammern eingerichtet werden. Wegen dieser Vorteile hat das Vierständerhaus zusammen mit dem Dreiständerhaus das Zweiständerhaus mit Ende des 16. Jahrhunderts verdrängt.

Zuerst hat man das Konstruktionsprinzip des Vierständerhauses im Wohnbereich verwirklicht. Dadurch wurden die Außenwände so hoch, dass man Fenster einbauen und den Wohnbereichteil besser mit Tageslicht beleuchten konnte. Von da aus war es nur ein kleiner Schritt, die Kübbungswände in ihrer vollen Länge auf beiden Seiten hochzuführen und die Querbalken entsprechend zu verlängern. Man hatte dann vier gleichhohe Ständerreihen, die Dach- bzw. Speicherlasten aufzunehmen hatten. Im Obergeschoss der Seitenschiffe konnte man zusätzliche Räume (Kammern) einrichten und es entstanden prächtige Giebel, die durch ihre klare Struktur bestechen.

Bei den frühen Zweiständerbauten mit relativ niedrigen Außenwänden und abgewalmten Giebeln treten die Fachwerkwände in Form ausgefachter Wände gegenüber dem Skelett des Kerngerüstes kaum in Erscheinung. Der Fachwerkcharakter kommt umso eher zum Ausdruck, je kleiner die Walme an den Giebelseiten werden und je mehr die Giebel das Gesamtbild beherrschen.

Aber der von der Straße her einsehbare Teil des Hallenhauses, der sog. Wirtschaftsgiebel, wird mehr und mehr gestaltet und ausgeschmückt. Den Höhepunkt der Schmuckfreudigkeit und sicherlich auch eines gewissen Hanges zur Repräsentation bildet der Geschossgiebel mit seinen profilierten Knaggen, die zwar Giebelgeschosse anzeigen, sich aber im Hausinneren nicht wiederfinden.

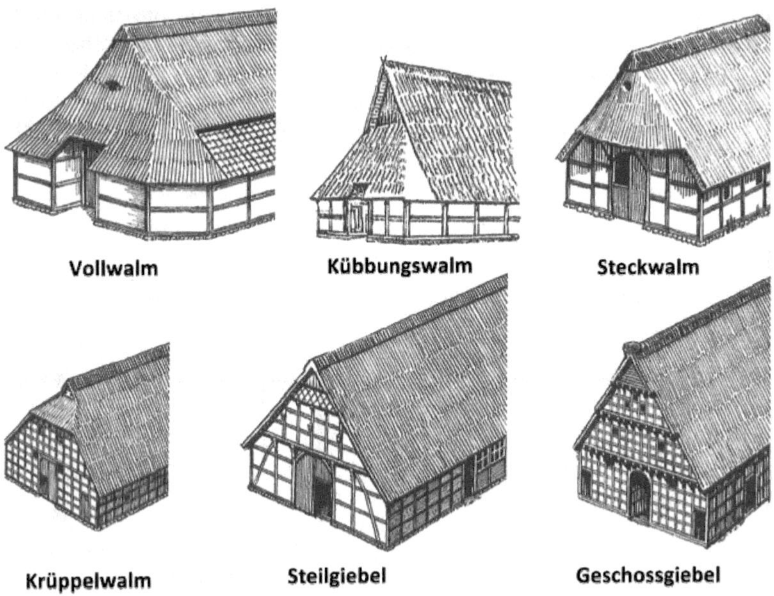

Bild 4.5 Vom Walm zum Schaugiebel

Eine häufig anzutreffende Verzierung der Windbretter am Giebel sind die sich kreuzenden Pferdeköpfe. Die Bretter werden etwa einen halben Meter über den Dachfirst hinausgezogen und die Köpfe sind entweder einander zugewandt oder abgewandt. Je nach Geschick des Zimmermannes und Wunsch des Bauern wurden die Köpfe modelliert und Mähne sowie Zaumzeug der Pferde entsprechend fein ausgearbeitet.

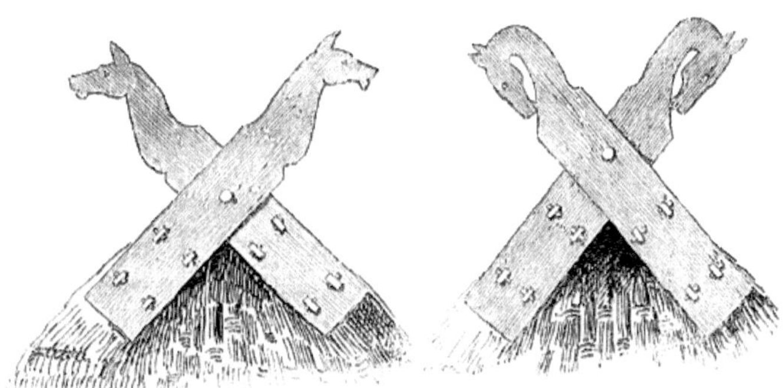

Bild 4.6 Giebelverzierung durch Pferdeköpfe

4.2.2 Bauernhäuser als „Wohnhäuser"

In den anderen Regionen Deutschlands waren die Bauernhäuser in der Frühzeit wesentlich kleiner. Im Vordergrund stand der dauernde Aufenthalt für die Bewohner. Sie enthielten daher keine oder nur in geringem Umfange Stallungen. Der Hauseingang befindet damals sich in der Mitte der Längsseite des Fachwerkhauses, das durch Trennwände parallel zum Giebel dreigeteilt ist. Das Haus wird quer und nicht längs erschlossen. Durch den Eingang betritt man einen geräumigen Flur, der ursprünglich auch vom rückwärtigen Hof zugänglich ist. Der Flur ist zugleich als Sommerküche und damit Standort für Herd und Backofen. Später wird rückseitig eine Küche abgetrennt. Auf einer der Seiten des Hauses befinden sich die große Stube und die Schlafkammer, auf der anderen Seite einige Ställe für Kleinvieh. Bei größerem Ackerbesitz hat man das Vieh in Extragebäuden untergebracht, sodass im Haus Platz für weitere Wohnräume war. In der Folge entsteht zusammen mit den Stallungen und einer Scheune ein geschlossener Bauernhof, der aus einzelnen Fachwerkgebäuden besteht.

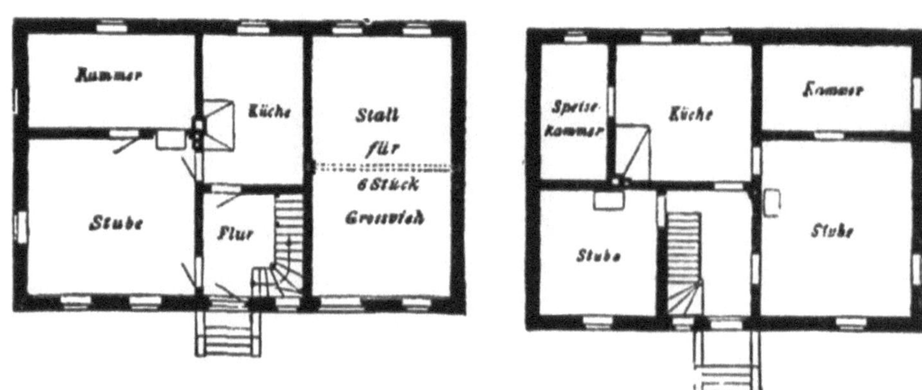

Bild 4.7 Traufständiges Bauernhaus als Giebelflurhaus

4.2.3 Stadthäuser

Durch das Bevölkerungswachstum im Spätmittelalter wuchs die Schicht der Landbewohner, die ihre Existenz nicht mehr durch die Landwirtschaft sichern konnten und auf andere Erwerbsmöglichkeiten in der Stadt ausweichen mussten.

Dennoch lebte im heutigen Sinne letztlich nur ein kleiner Teil der Bevölkerung in der Stadt, weil viele mittelalterliche Städte gemessen an der Anzahl der Bewohner eigentlich noch Dörfer waren. Auch dort fand Wohnen und Arbeiten immer noch an einem Ort statt und neben der Bauernschaft (Ackerbürger) bildeten sich zahlreiche Handwerksberufe aus. Die häufigsten Handwerker waren Schmiede, Müller, Zimmerleute, Rademacher, Leineweber, Schneider und Schuhmacher.

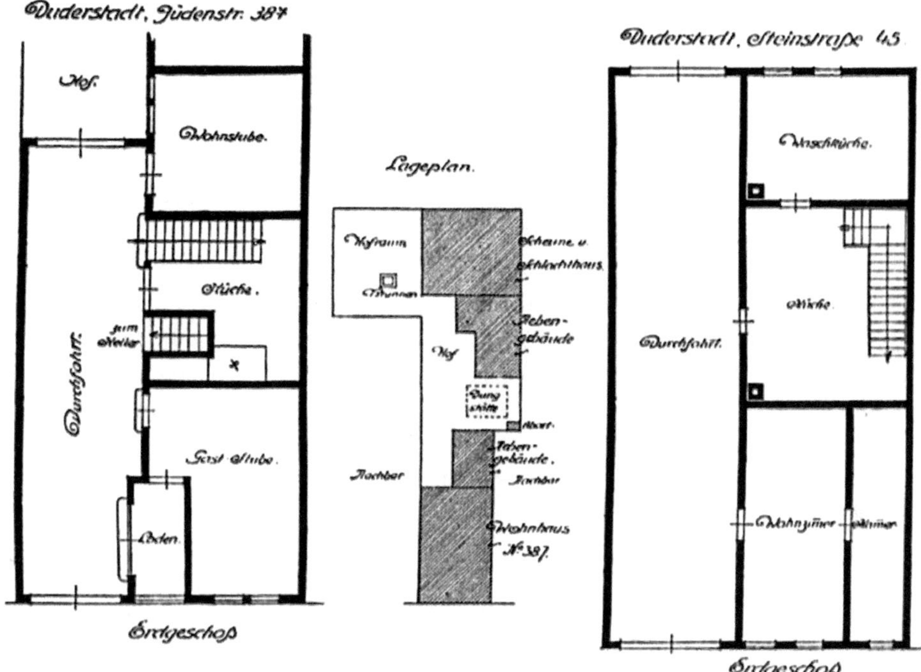

Bild 4.8 Das städtische Ackerbürgerhaus in seiner Ursprungsform

Die typischen Ackerbürgerhäuser sind zweigeschossig. Der Zugang erfolgt über ein großes Rundbogentor im Giebel, durch das ein Einspänner fahren kann, später auch über einen Seiteneingang mit einem direkten Weg zum Hof. Über der Diele gibt es Heuboden oder Dachboden zur Warenlagerung mit Luken, durch die das zu lagernde Gut von der Diele aus über Kräne nach oben gezogen werden kann. Die Ställe schließen meistens hinten an die große Diele an.

Im Gegensatz zu den Hallenhäusern mit aneinander gereihten Quergebinden erlaubt die Stockwerkbauweise eine Anordnung verschiedenster Räume in unterschiedlicher Größe in mehreren Geschossen, wie sie auch heute noch üblich ist. Jedes Stockwerk ist eine flexible, eigenständige Konstruktion. Da die Dachräume in der Regel als Speicher dienen, hat das Dach aufgrund der besseren Nutzungsmöglichkeiten eine steile Neigung. Verhältnismäßig lange Aufschieblinge bewirken ein weites Ausladen der Traufen. Zugleich ist zu beobachten, dass vermehrt gemauerte Geschosse unter den Fachwerkgeschossen eingefügt wurden. Bei Hanglagen war es schlichtweg notwendig, Stein- und Fachwerkbau auf diese Weise miteinander zu kombinieren.

Auch wenn der Wohlstand der Menschen in den Städten im Laufe der Zeit wuchs und Handel und Gewerbe mehr und mehr zunahmen, war die Hauptbeschäftigung der Bürger nach wie vor die Landwirtschaft. Das erklärt, warum in den Städten die sogenannten Ackerbürger vorherrschend waren. Sie besaßen im Gegensatz zu den Bauern auf dem Dorf städtische Bürgerrechte und waren somit weniger durch Frondienste belastet. Viele verfügten über Land in der städtischen Feldmark, andere erhielten Weiderechte auf städtischen Wiesen oder an Wegrändern, um ihr Vieh versorgen zu können. Wie und wo die Menschen auch immer lebten, ihre Häuser in der Stadt mussten für das Zusammenleben mit Tieren und eine entsprechende Vorratshaltung ausgelegt sein.

Das Witten-Haus in Liebenau ist ein typischer Vertreter eines erweiterten Ackerbürgerhauses, das nach einem Brand 1869 ein gemauertes Vorderhaus erhalten hat. Der Giebel ist zur Straße hin orientiert. Ein mittiges Rundbogentor führt in das Gebäude, das sich in Längsrichtung erstreckt. Deutlich ist eine Besonderheit zu erkennen. Das Haus wurde nämlich zur Straße hin mit einem gemauerten Giebel erweitert. Das Fachwerk, das an der rechten Traufseite zu sehen ist, stammt aus dem Nachbarort Rehburg und wurde transloziert.

Bild 4.9 Witten-Hus in Liebenau

Mit der Entstehung der Städte im Mittelalter entstanden eigenständige Haustypen. In Abhängigkeit von Einflussfaktoren wie Lage in der Stadt, Lebensgewohnheiten der Bewohner und örtlichen Gegebenheiten bildeten sich unterschiedliche Haustypen heraus. Es sind giebel- und traufständige Bauten mit zunächst ein- und später mehrschiffigem Innenraumgefüge. Die giebelständigen Bauten mit der hohen Diele im Erdgeschoss und dem steilen Giebeldreieck zählen zu den ältesten Fachwerkhäusern.

Es ist erkennbar, dass es zwischen den längsorientierten ländlichen Haus- und Hofformen und den städtischen Bürgerhäusern einen engen Zusammenhang gibt.

Die zweigeschossigen städtischen Fachwerkhäuser ruhen auf einem gemauerten Sockel oder einer Teilunterkellerung. Zu Beginn ist das Haus weitgehend ungeteilt. Das konstruktive Gefüge wird nur durch die Außenwände und das Dachgespärre gebildet. Infolgedessen konnten Trennwände nach Belieben eingezogen werden. Das Erdgeschoss dient zum Wohnen und das Obergeschoss mit den Räumen im Dach zunächst zu Vorratszwecken. Der Zugang erfolgt auf der Schmalseite des Hauses. Anfangs befindet sich in der Diele auch die Feuerstelle. Um den Hinterhof hindernisfrei erreichen zu können, wird der Herdbereich bald verlegt, sodass eine eigenständige Küche entsteht.

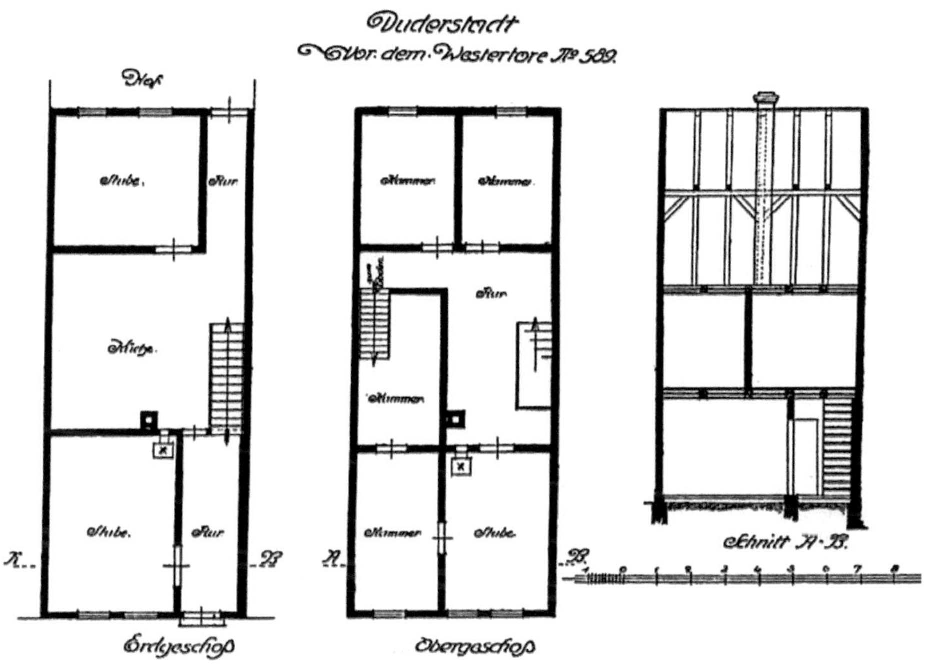

Bild 4.10 Ursprüngliches giebelständiges Stadthaus

Auch ist es möglich, Räume wie zum Beispiel eine Wohnstube („Gute Stube") zu schaffen. Die Wohnstube liegt zur Straße hin. Im oberen Geschoss liegen die Schlafräume. Zu ihnen führen schlichte, relativ steile Leitertreppen hinauf. Durch die Trennung von Wohnen und Wirtschaften kann die Längsdiele auf der schmalen Flur reduziert werden. Die Stube und eine Kammer liegen an der Giebelfront zur Straße. Die Küche ist seitlich angeordnet. Zum Hof sind weitere Kammern orientiert. Die relativ schmalen Grundstücke in den Städten verlangten eine optimale Ausnutzung der zu bebauenden Fläche. Daraus resultierte im Endeffekt eine lückenlose Bebauung mit giebelständigen mehrgeschossigen Gebäuden und steilen

Dächern, die sowohl für Wohnzwecke als auch für Zwecke des Handwerks und Handels genutzt werden konnten.

Es gab auch weniger aufwendige Gebäude, die nur zum Wohnen benutzt wurden, während im rückwärtigen Bereich kleine Stallgebäude und Schuppen gebaut wurden. Diese Häuser waren traufständig zur Straße hin ausgerichtet. Es entstanden aneinander gereihte lange Fachwerkhauszeilen ohne Zwischenräume zwischen den Häusern, die heute viele Fachwerkstädte prägen.

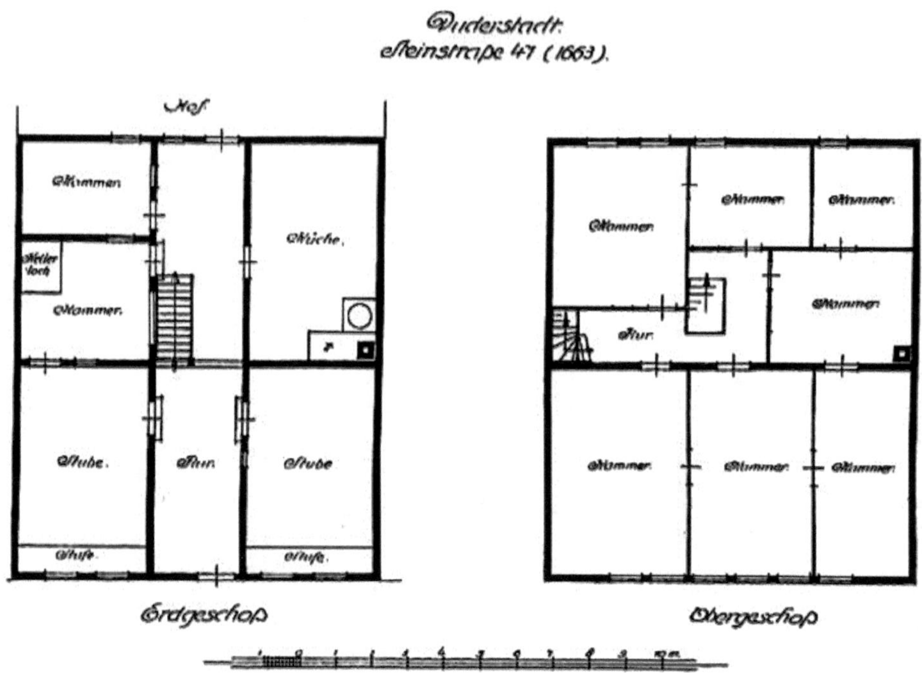

Bild 4.11 Erweitertes giebelständiges Stadthaus

Mit zunehmendem Wohlstand und den daraus erwachsenden erhöhten Ansprüchen der Bewohner an das Wohnen werden die Häuser nach und nach größer und komfortabler. So gibt es ganz unterschiedliche Mischformen. Aber immer ist das Haus mit dem Giebel zur Straße orientiert.

Eine besondere Siedlungsstruktur hat sich im niedersächsischen Wendland in Form der Rundlinge ausgebildet. Hauptkennzeichen der Rundlinge sind hufeisen- oder kreisförmig angeordnete Gehöfte, die eine Freifläche umstehen. Mit nahezu gleicher Größe, gleichen Baustoffen und gleichartiger Giebelgestaltung prägen die Häuser das Siedlungsgebiet um den Dorfplatz. Zum Dorfplatz führt eine Zuwegung. Einen Durchgangsverkehr gibt es nicht.

Bild 4.12 Rundlingsdorf Bussau im Jahr 1873

Die besondere Ensemblestruktur der Rundlinge zeigt sich in der giebelseitigen Stellung der Fachwerkhäuser um den annähernd runden Dorfplatz als ortsbildprägende Dorfmitte. Dieser ist frei von jeglicher Bebauung. Nur einige Bäume mit weit auskragenden Kronen beleben den Dorfplatz.

Die Anzahl der zu einem solchen Dorf gehörenden Höfe ist unterschiedlich. Es gibt Rundlinge mit nur drei oder vier Höfen und andere mit zwölf bis sechszehn Höfen. Die mächtigen Fachwerkhäuser stehen dicht an dicht, sind aber dennoch voneinander getrennt. Selten findet man zwischen den Häusern Freiräume, die mit kleineren Gebäuden oder rückwärtigem Grün mehr oder weniger geschlossen sind.

Gerade am Beispiel der Rundlingsdörfer wird deutlich, wie wichtig ein behutsamer Umgang bei der Umnutzung und Modernisierung vorgegangen werden muss, damit die Ensemblestruktur als solche erhalten bleibt. Insbesondere bei der Verglasung der Grot Dör, verbunden mit einer optischen Öffnung der Häuser zum Dorfplatz, ist viel Fingerspitzengefühl erforderlich, um den traditionellen Rundlingsplatzcharakter nicht in ungebührender Weise zu stören. Die Verglasung sollte so ausgeführt werden, dass die Fensterteilung weitestgehend der ursprünglichen Brettteilung folgt und die Sprossen dunkel gehalten sind, damit in etwa der optische Eindruck einer geschlossenen Tür erhalten bleibt. Wird ein durch Quadrate dominiertes, stark versprosstes Fenster eingebaut, werden die Proportionen im Vergleich zum Giebel mit dem alten Tor empfindlich gestört. Daher müssen bei jeder Umgestaltung vom Tor zum Fenster die alten Teilungen Vorbild sein. Eine karierte Grot Dör hat es nie gegeben.

Bild 4.13 Grot Dör mit falscher quadratischer und richtiger senkrechter Teilung

■ 4.3 Die wichtigsten Konstruktionselemente

Das Konstruktionsprinzip der Fachwerkhäuser ist im Grundsatz stets gleich. Es hat sich über die Jahrhunderte nur wenig verändert. Durchaus vorhandene Unterschiede sind marginal und liegen im Detail des Gefüges. Das gilt in besonderer Weise für die Anschlüsse, die je nach Region und Epoche sehr unterschiedlich ausfallen können.

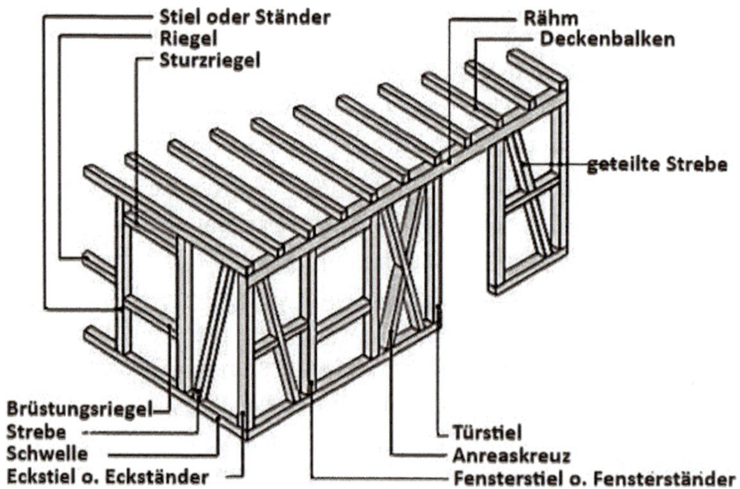

Bild 4.14 Prinzipieller Aufbau eines Fachwerkgefüges

Das prägende Element von Fachwerkhäusern ist die Fachwerkwand, weil sie das Erscheinungsbild bestimmt. Auf einer waagerecht verlaufenden Schwelle werden in mehr oder weniger regelmäßigen Abständen senkrechte Ständer angeordnet, die entweder durch ein weiteres waagerecht verlaufendes Holz, das Rähm, nach oben abschließen oder unmittelbar in die Dachkonstruktion übergehen. Zwischen den Ständen werden weitere horizontale Holzer, die Riegel, angeordnet.

Die Riegel begrenzen die Gefache, Fenster und Türen. Zur Aussteifung der gesamten Konstruktion sollen schräge Hölzer, die Streben, dienen. Man findet diagonale Hölzer in Wandhöhe, Fußstreben unten oder Kopfbänder oben. Außerdem gibt es weitere Sonderformen zur Anordnung diagonaler Hölzer wie zum Beispiel Andreaskreuze und Mannfiguren.

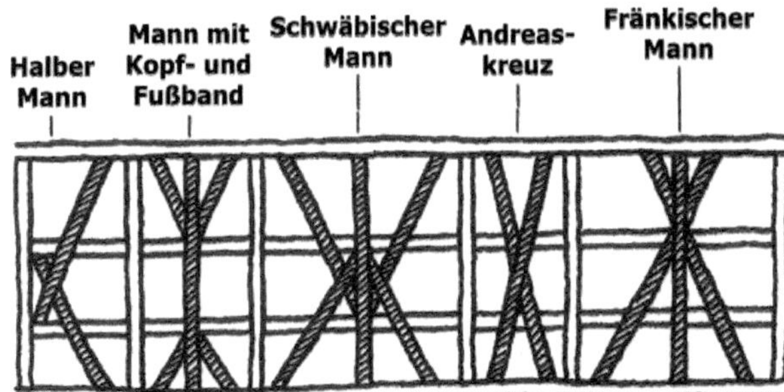

Bild 4.15 Fachwerkfiguren zur Aussteifung der Wände

Während im süddeutschen Raum zum Anschluss horizontaler, vertikaler und diagonaler Hölzer der Wände zunächst An- und Überblattungen mit Sicherung durch Holznägel üblich waren, kamen später überall nur noch Zapfenverbindungen zum Einsatz, die ebenfalls durch Holznägel gesichert wurden. Der Vorteil bestand vor allen Dingen darin, dass offene Fugen durch das außen liegende Blatt vermieden wurden und damit die Dauerhaftigkeit der Verbindungen wesentlich verbessert wurde. Der Nachteil war, dass das Gefüge weniger steif ausgebildet war. Da die aufgeblatteten Streben im Verhältnis zur äußerlich glatteren Verzapfung steifer waren, die Verzapfung also wesentlich nachgiebiger war, musste das Ständerwerk stärker verstrebt werden.

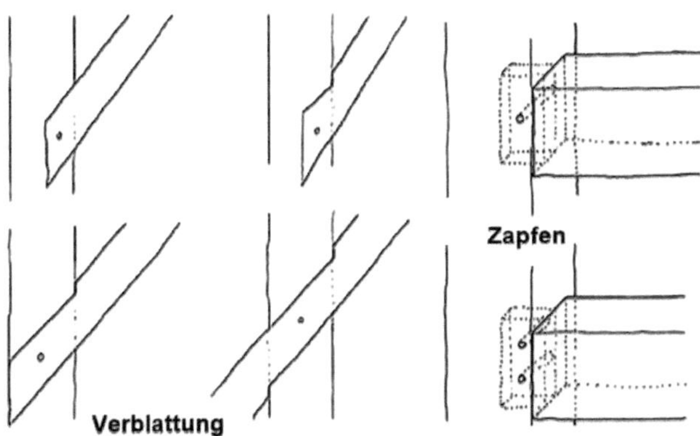

Bild 4.16 Verschiedene Formen der Verblattung und Verzapfung

Die Ausfachungen sind konstruktiv letztlich ohne Bedeutung, übertreffen aber in der Regel an anteiliger Außenwandfläche das Holzwerk und prägen das Erscheinungsbild von Fachwerkbauten. Durch die innige Verbindung zwischen Ständerwerk und Ausfachung tragen diese de facto zur Gebäudeaussteifung bei, wenngleich ein rechnerischer Nachweis nicht möglich ist. Die Ausfachungen können sehr unterschiedlich ausgebildet sein. Die älteste und bis weit in die Neuzeit hinein praktizierte Form der Ausfachung ist das lehmverstrichene Geflecht. Dabei werden in die horizontalen Hölzer Nuten eingekerbt, in die Nuten gezwängt starke Äste und mit weicheren Hölzern waagerecht durchflochten. Das Geflecht wird dann beidseits mit Lehm beworfen und bündig mit den Außenflächen der Hölzer glattgestrichen. Nach dem Austrocknen der aufgerauten Lehmschicht wird noch eine dünne Kalkmörtelschicht aufgetragen. Zur Festigung und auch, um den Lehm zu strecken, wurden ihm Stroh und Häcksel beigemengt.

Auch Strohlehmwickel, auch Wickelstaken genannt, die meistens in Decken anzutreffen sind, finden sich in Fachwerkwänden. Sie dienen als Putzträger und Dämmung zugleich. Sie waren teurer, aber auch beständiger als das einfache Flechtwerk mit Weidenruten. Später werden die Gefache anstatt der Lehmfüllung auch mit Lehmziegeln ausgemauert. Der Lehm, dem steinige Zuschlagstoffe beigemengt waren, wurde hierzu in Holzformen gestampft, getrocknet und dann mit feinem Lehmmörtel vermauert.

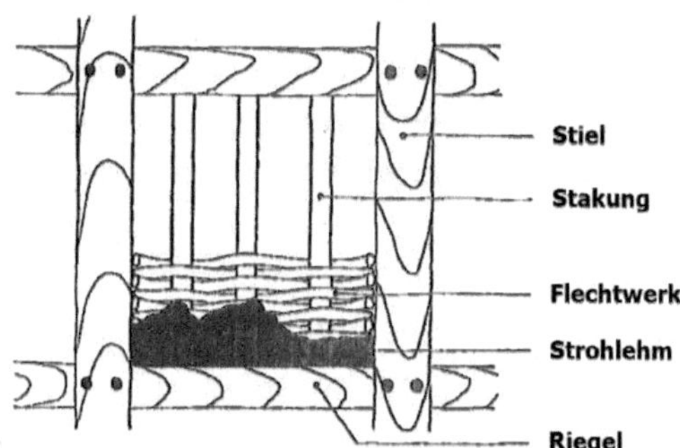

Bild 4.17 Ausfachung mit Staken-Flechtwerk

Anstelle der Lehmziegel erfreute sich die Ausfachung mit Ziegeln vor allem in Norddeutschland großer Beliebtheit. Aber auch Natursteine aus der Region sind da und dort anzutreffen. Ziegelsteine waren zwar teurer als Lehmflecht- bzw. Lehmwände, dafür aber qualitativ besser und dauerhafter. Dort, wo sie nicht außenseitig verputzt worden sind, hat man sie vielfach in Mustern vermauert. Zusammen mit dem Holzwerk ergibt das ein sehr dekoratives Erscheinungsbild, das viele Fachwerkhäuser prägt. Zu höchster Vollendung gelangte die gemusterte Ziegelausfachung im Alten Land, wo man die Ziegelmuster durch den weißen Anstrich des giebelseitigen Fachwerkgefüges besonders hervorhob. Aus dieser Zeit stammen die Dreiecksleisten an den Innenseiten der Fachwerkhölzer, die als Lagesicherung für die Ausfachung wirken und diese stabilisieren.

Bild 4.18 Beschlagwerk und Sichtziegel

Indem man die Brüstungen mit reliefartigen Flächenornamenten aus Holz verzierte, hat man in der Spätrenaissance das sogenannte Beschlagwerk zur fantasievollen Ausgestaltung von Fachwerkfassaden eingesetzt. Während das steinerne Beschlagwerk nur gröbere Formen ermöglichte, erlaubte das Beschlagwerk eine wesentlich feinere Strukturierung und war damit eine außerordentlich bequeme und häufig angewandte Schmuckform, mit der Wohlstand und Reichtum gezeigt werden konnten.

Bild 4.19 Zapfenschlösser eines Ständerbaus - Wordgasse 3 in Quedlinburg

Ursprünglich schließen die Fenster bündig mit der Außenseite der Wände ab und sind nach außen zu öffnen. Bei geringen Geschosshöhen reichen sie nicht selten bis an den Rähm. Sie beschränken sich letztlich auf die Wohnzwecken dienenden Untergeschosse, während in den oberen die Lagerräume aufnehmenden Stockwerken die Öffnungen mit feststehenden oder auch schiebbaren Holzgittern verschlossen waren.

Auf diese Weise ergibt sich ein Ständerwerk, dessen Zwischenräume mit anderen Baustoffen ausgefüllt werden, sodass der Raumabschluss gewährleistet ist. Die aus dem Dach und den Geschossdecken herrührenden vertikalen Lasten werden durch die Ständer übertragen und in den Untergrund geleitet.

Aus statischer Sicht sind Fachwerkwände Holzskelettkonstruktionen, deren Knotenpunkte sämtlich gelenkig gelagert sind. Alle Kräfte - horizontal wie vertikal - werden als Normalkräfte in die einzelnen Stäbe eingeleitet. Es können nur Druckkräfte und daher - von wenigen Ausnahmen abgesehen - keine Zugkräfte übertragen werden. Die Ausfachungen sind statisch unwirksam und haben nur raumabschließende Funktion.

Bild 4.20 Dreiecksleiste zwischen Stiel und Mauerwerk

Die senkrechten Lasten werden durch die Ständer nach unten geleitet, weswegen man auch im Geschossbau zunächst durchgehende Hölzer verwendete und die Deckenbalken über Zapfenschlösser angeschlossen hat. Dabei wurde der Deckenbalken durch einen Schlitz des Ständers gesteckt und der verlängerte Zapfen außen durch einen Keil bzw. Holznagel gesichert (Ständerbau). Da die Anzahl der Geschosse durch die Länge der Hölzer begrenzt ist, entwickelte sich schon bald ein geschossweises Gefüge, bei der die Ständer nur noch über ein Geschoss reichten (Stockwerkbau).

Der Ständerbau hat eine weitaus längere Lebensdauer als der zunächst praktizierte Pfostenbau, da die tragenden Ständer nicht mehr in den Boden eingelassen wurden, sondern auf Fundamentsteinen oder unterfütterten Holzschwellen standen. Die Schwellen und Rähme beteiligten sich an der Verteilung der horizontalen Lasten und sollten im Verbund mit den Streben die gesamte Konstruktion durch die Bildung unverschieblicher Dreiecke aussteifen.

Dieses Grundprinzip hat sich im Laufe der Jahrhunderte kaum geändert. Mit einer Ausnahme, und zwar gab es um 1500 bei den mehrgeschossigen Fachwerkhäusern eine Weiterentwicklung des zunächst üblichen Ständerbaus hin zum Stockwerkbau. Beim Ständerbau wurden die über zwei Geschosse reichenden Ständer auf Fundamente gestellt und als direkt durchgehende Hölzer von der Schwelle bis zur Traufe bzw. bis zum First geführt. Die horizontalen Balken wurden mithilfe von eingesteckten Zapfen, die durch Holznägel gesichert werden, oder durch sogenannte Zapfenschlösser - das sind durchgesteckte Zapfen, die außen durch Splinte blockiert werden - an die Stiele angeschlossen. Sie erfüllen damit entweder die Funktion von Deckenbalken oder waren Teil der Dachkonstruktion.

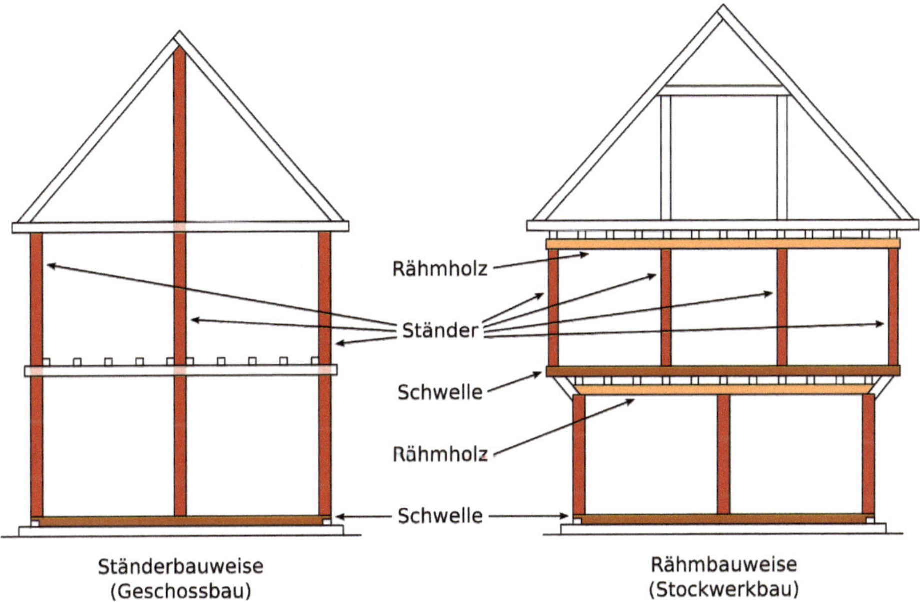

Bild 4.21 Vom Ständerbau zum Stockwerkbau

Der Stockwerkbau ist in seiner Grundform die letzte Stufe in der Entwicklung des Fachwerkbaus. Er repräsentiert das Fachwerk in seiner endgültigen Struktur. Neu ist, dass von nun an in der Regel jedes einzelne Stockwerk für sich abgezimmert und die fertigen Stockwerke aufeinandergesetzt werden. Der Aufbau des Gebäudes erfolgt von einem Schwellenkranz aus, auf den geschosshohe Ständer bzw. Stiele gestellt werden, die untereinander durch Riegel verbunden sind.

Zu Beginn der Entwicklung werden Erd- und 1. Obergeschoss durchaus noch als Ständerbau hergestellt. Bei dieser Mischform besteht das Wandsystem aus zwei

Geschosse-übergreifenden Ständern. Die Zwischendecke wird nach wie vor mit Zapfen oder Zapfenschlössern in das durchgehende Ständersystem eingebunden. Über dem Ständerwerk liegt ein regelrechtes Stockwerk als eigenständiges System, welches das Dach trägt.

Bild 4.22 Typische Auskragung des Obergeschosses

Beim reinen Stockwerkbau werden mehrere gleich hohe getrennt gezimmerte Stockwerke zu zwei-, drei-, manchmal auch vierstöckigen Häuser übereinander „gestapelt". Auf die Ständer wird jeweils ein umlaufender Rähm gelegt, der als Auflager für die Deckenbalken dient. Auf diesen liegt dann die Schwelle für das nächste Geschoss, das wie zuvor beschrieben aufgebaut wird. Auf dem obersten Stockwerk sitzt das getrennt gezimmerte Dach.

Die Deckenbalken bilden ein Quergefüge, wobei die Balkenköpfe aus der Fassade hervorragen. Je nach Ausmaß der Auskragung werden die Balkenenden durch Knaggen, das sind konsolenförmige Balkenstücke, abgestützt. Zugleich sorgen sie für Stabilität des Gefüges. Die verbleibenden Zwischenräume zwischen den Deckenbalken werden mit Brettern oder Füllhölzern verschlossen, die sich zu den wesentlichen Ornamentträgern der Fassade entwickelten.

Die Ausgestaltung der Fachwerkbauten mit Schnitzwerk begann mit dem Spätmittelalter. Die Auskragungen mit ihren Balkenköpfen begünstigten in Verbindung mit Knaggen und Stockwerkschwellen diese Entwicklung enorm. Typisch sind geschnitzten Friese, Bänder und Portale, Balken mit Fratzen und Insignien, Tierköpfe und Konterfeis sowie Bibelsprüche. Werden zunächst geometrische Muster wie Friese, Laubstäbe und Fächerrosetten in unterschiedlicher Ausprägung in die Fassaden eingefügt, so folgten in der Mitte des 16. Jahrhunderts Balkeninschriften in Latein oder Deutsch. Mit dem beginnenden 17. Jahrhundert geraten die Zierelemente des Fachwerkbaus mehr und mehr in Abhängigkeit von dem Formenangebot der zeitgenössischen Steinarchitektur. Man findet nun gestalterische Elemente wie Säulen, insbesondere Ecksäulen und figürliche Darstellungen sowie Blendarkaden.

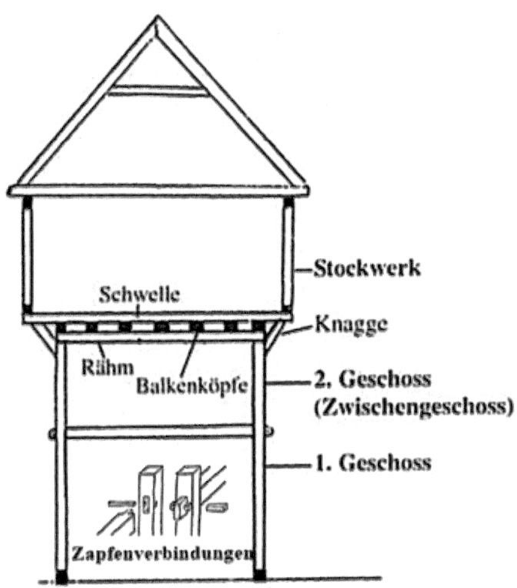

Bild 4.23 Kombination von Ständer- und Stockwerkbau

Neben den Zimmerleuten treten daher in dieser Zeit die Holzschnitzer als eigener Berufsstand auf. Mit Schnitzwerk und farbigem Dekor entwickeln sie eigene Stilelemente, wobei sich die Schmuckformen regional wie zeitlich ändern.

Der große Vorteil der Stockwerkbauweise besteht darin, dass beim Bau mehrgeschossiger Häuser für die Ständer nur noch „kurze" Hölzer nötig sind, was die Herstellung vereinfacht und die Kosten reduziert. Da jedes Geschoss einzeln abgebunden wird, wiederholen sich Arbeitsvorgänge von Geschoss zu Geschoss. Die konstruktiven Probleme des Stockwerkbaus liegen in der notwendigen Aussteifung der einzelnen Wände durch Verstrebungen und in der Verriegelung der Stockwerke untereinander. Im Gegensatz zum rein konstruktiven, schmucklosen Ständergeschossbau bekommen die Wände im Stockwerksbau jetzt allein durch die Anordnung der Hölzer eine stärkere gestalterische Komponente.

Aufgrund der Tatsache, dass die Schwelle des aufgehenden Geschosses auf die über die Außenwand ragenden Deckenbalken aufgelegt wird, ist es möglich, die Geschosse ein wenig auskragen zu lassen. Daraus resultieren einige Vorteile. Zum einen wird die Fläche im darüber liegenden Geschoss etwas vergrößert und zum anderen wird die Fassade des darunter liegenden Geschosses vor Witterungseinflüssen geschützt. Außerdem mindern die aus den Stielen herrührenden Einzellasten auf die Kragarme das Feldmoment der Deckenbalken und verbessern das Tragverhalten.

Durch in den Winkel zwischen Balkenkopf und Ständer gesetzte Knaggen werden die Ständer und Balken über schräge Zapfen fest miteinander verriegelt. Bei größeren Auskragungen treten an die Stelle von Knaggen sogenannte Büge, die den Ständer mit dem Balkenkopf verbinden.

Knaggen sind ein sehr wichtiges Gefügeelement des Stockwerkbaus. Bei frühen Stockwerksbauten sind sie oft noch lang am Ständer herabgezogen und eher schmucklos, während sie im späteren Fachwerk ein bevorzugtes Objekt plastischer Gestaltung werden. Unter dem Einfluss von Spätrenaissance und Barock wird aus der zumeist schlanken Knagge die gedrungene Konsole, deren Form den Konsolen an Steinbauten nachgebildet wird. In der Spätphase des Fachwerkbaus wird dann die Verriegelung von Balken und Ständer durch Knaggen oder Konsolen zugunsten der Verkämmung aufgegeben. Der Balkenkopf übergreift nun den Rähm hakenartig, wobei sich der Überstand auf ein Minimum verringert.

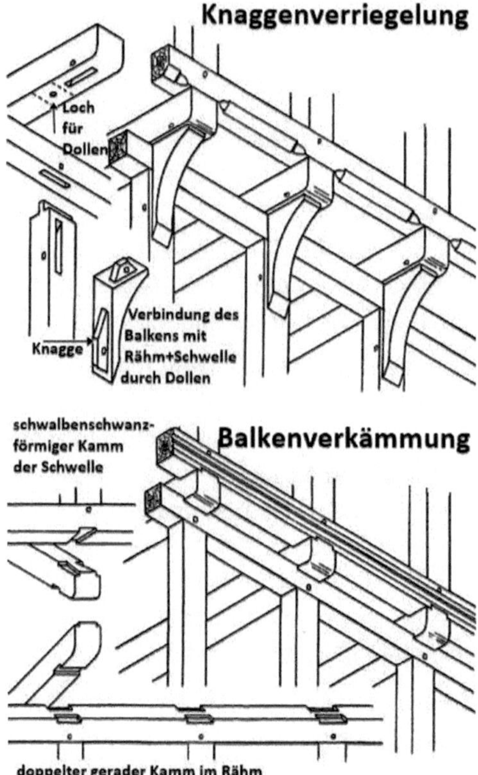

Bild 4.24 Knaggenverriegelung und Balkenverkämmung

5 Modernisierungs- und Sanierungskriterien

Aus rechtlicher Sicht kommt den Begriffen „Modernisierung“ und „Sanierung“ keine besondere Bedeutung zu. Weil Altbauten Bestandsschutz genießen, fordert das öffentliche Baurecht nach Ansicht des Oberlandesgerichtes Düsseldorf nicht die Einhaltung aktueller Bauvorschriften. Vielmehr steht eine Sanierung, Erneuerung, Modernisierung und Renovierung nicht unmittelbar für die Einhaltung aktueller bauordnungsrechtlicher Anforderungen an sämtlichen Einzelteilen eines Gebäudes. Insofern ist es sinnvoll und richtig, die Bedeutung der bei der Bausanierung verwendeten Begriffe genau zu kennen, um strittige Auslegungen zu vermeiden. Im Zweifelsfall ist es sinnvoll, Begriffe durch Erläuterungen zu ergänzen, damit für alle Beteiligten feststeht, wovon die Rede ist. Dessen ungeachtet ist es notwendig, sämtliche Planungen so früh wie möglich kostenmäßig zu erfassen, um bei deren Umsetzung nicht unliebsam überrascht zu werden. Die Beispiele aus der Praxis zeigen, dass es mitunter sinnvoller ist, sich frühzeitig von lieb gewonnenen Konzepten zu trennen und die Planungen dem Budget anzupassen.

Der Begriff Modernisierung ist nicht einheitlich geregelt. Für Wohngebäude wird Modernisierung inhaltlich in § 541b BGB mit „Maßnahmen zu Verbesserung der gemieteten Räume oder sonstiger Gebäudeteile“ beschrieben. Nach der der II. Berechnungsverordnung (II. BV) versteht man unter Modernisierung bauliche Maßnahmen, die den Gebrauchswert des Wohnraums nachhaltig erhöhen, die allgemeinen Wohnverhältnisse auf Dauer verbessern oder nachhaltige Einsparungen von Heizenergie oder Wasser bewirken. Auch das Baugesetzbuch bezieht sich bei der Modernisierung auf die Behebung von Missständen, die eine bauliche Anlage nach ihrer inneren und äußeren Beschaffenheit aufweist.

5.1 Modernisierungsattribute

In der Praxis hat es sich bewährt, alle Maßnahmen, die eine nachhaltige Erhöhung des Nutzwertes von Gebäuden bewirken, mit dem Begriff „Modernisierung“ zu umschreiben. Sämtliche Tätigkeiten wie Instandhaltung, Instandsetzung, Aus- und Umbau oder Schönheitsreparaturen sind demnach gesondert zu betrachten, können aber im Einzelfall Teil von Modernisierungsmaßnahmen sein.

Zu den Modernisierungsmaßnahmen gehören:

- nutzungstechnische Verbesserungen

  (z. B. Größe und Zuschnitt der Räumlichkeiten, Funktionsabläufe u. a.),
- bautechnische Verbesserungen

  (z. B. Besonnung, Beleuchtung, Belüftung, Wärme- und Schallschutz, Auswechseln veralteter, unbrauchbarer Bauteile oder Bauteilschichten u. a.),
- haustechnische Verbesserungen

  (z. B. Energieversorgung, Wasserversorgung, Entwässerung, sanitäre Einrichtungen u. a.),
- erschließungstechnische Verbesserungen

  (z. B. Hausanschlüsse für Wasser, Strom, Gas, Stellfläche für Kfz, Fahrräder u. a.),
- Verbesserungen des Umfeldes

  (Kinderspielplätze, Grünanlagen, Schaffung verkehrsberuhigter Zonen).

Der Begriff „Modernisierung" ist auch per Gesetz durch das BGB geregelt. Dort heißt es in BGB § 555b Modernisierungsmaßnahmen:

Modernisierungsmaßnahmen sind bauliche Veränderungen,

1. *durch die in Bezug auf die Mietsache Endenergie nachhaltig eingespart wird (energetische Modernisierung),*
2. *durch die nicht erneuerbare Primärenergie nachhaltig eingespart oder das Klima nachhaltig geschützt wird, sofern nicht bereits eine energetische Modernisierung nach Nummer 1 vorliegt,*
3. *durch die der Wasserverbrauch nachhaltig reduziert wird,*
4. *durch die der Gebrauchswert der Mietsache nachhaltig erhöht wird,*
5. *durch die die allgemeinen Wohnverhältnisse auf Dauer verbessert werden,*
6. *die auf Grund von Umständen durchgeführt werden, die der Vermieter nicht zu vertreten hat, und die keine Erhaltungsmaßnahmen nach § 555a sind, oder*
7. *durch die neuer Wohnraum geschaffen wird.*

Welche Modernisierungsmaßnahmen notwendig werden, ist im Zuge einer eingehenden Bestandsaufnahme durch einen Planer, gegebenenfalls unter Mitwirkung von Fachingenieuren, festzustellen. Dazu gehört neben der Beschaffung bzw. Erstellung der Planunterlagen insbesondere die örtliche Prüfung des Zustandes aller Bauteile.

5.2 Modernisierungsfähigkeit des Gebäudes

Nicht jeder Fachwerkbau ist modernisierungsfähig. Daher ist, bevor umfassende bautechnische Bestandsaufnahmen durchgeführt werden, eingehend zu prüfen, ob eine Verbesserung bau- und/oder nutzungstechnisch überhaupt zweckmäßig ist. Hierzu dienen folgende Kriterien:

- bautechnischer Zustand der wesentlichen Bauteile des Gebäudes und seine Verbesserungsfähigkeit
  - Kellerwände bzw. Sockelmauerwerk im Hinblick auf Durchfeuchtungen (fehlende oder mangelhafte Abdichtung, horizontal wie vertikal),
  - Decken im Hinblick auf Belastbarkeit infolge Zusatzlasten durch Verbesserungen des Schall- und Wärmeschutzes oder Versetzen der Innenwände im Zuge von Grundrissveränderungen,
  - Wände im Hinblick auf Belastbarkeit infolge Grundrissveränderungen (z.B. Unter- oder Überzüge für neue Innenwände),
  - Zustand der Holzkonstruktion von Wänden, Decken und Dächern im Hinblick auf Befall durch pflanzliche und tierische Schädlinge und seine Tragfähigkeit,
  - Außenwände einschließlich der Fensterflächen, oberste Geschoßdecke bzw. Dachflächen sowie Kellerdecke bzw. Sohlplatte nicht unterkellerter Bereiche unter dem Aspekt des energiesparenden Wärmeschutzes.
- nutzungstechnische Verbesserungsfähigkeit
  - Die nutzungstechnische Verbesserungsfähigkeit betrifft primär die lichten Raumhöhen der Räumlichkeiten. Auch wenn sonst eine Modernisierung technisch und kostenmäßig sinnvoll erscheint, werden unzumutbare lichte Raumhöhen die Modernisierung in der Regel ausschließen. Im Allgemeinen ist bei einer lichten Raumhöhe unter 2,30 m die Modernisierungsfähigkeit infrage gestellt. Dabei ist zu beachten, dass die lichte Höhe in Räumen mit sichtbaren Holzbalken von Oberkante Fußboden bis Unterkante Zwischendecke misst, nicht bis Unterkante der Deckenbalken.
  - Wenn Grundrissveränderungen zur Disposition stehen, sind als erste Voraussetzung für Untersuchungen zur Modernisierungsfähigkeit ein Vorentwurf bzw. Varianten zur Grundrissdisposition zu erstellen. Grundrissveränderungen werden erreicht durch Abbrechen und Einziehen von Wänden mit dem Ziel
    - der Vergrößerung von Räumen durch Zusammenlegung,
    - der Verkleinerung von Räumen durch Teilung,
    - der Anordnung neuer, bisher fehlender Räume, vor allem Küche und Bad sowie Abstellraum und Loggia.

In diesem Zusammenhang sind die bautechnischen Möglichkeiten zur Veränderung der Wände zu prüfen, wobei das Fachwerk nach Entfernen der Ausfachungen ohne weiteres als gestalterisches Element in die Planungen einbezogen werden kann. Auch die Beleuchtung mit Tageslicht und die Besonnung sowie die Möglichkeiten ihrer Verbesserung können die Modernisierungsfähigkeit beeinflussen.

5.3 Umnutzung

Die Umnutzung eines Gebäudes oder Gebäudeensembles ist die Durchführung einer Nutzungsänderung. Damit verbunden sind in der Regel immer Umbaumaßnahmen, um die vorhandene Bausubstanz der neuen Nutzung anzupassen.

Nutzungsänderung ist ein Begriff im Baurecht. Wenn der Zweck, für den ein Gebäude errichtet wurde, durch eine neue Zweckbestimmung ersetzt werden soll, wird das als Nutzungsänderung bezeichnet. Verschiedene Nutzungsänderungen können ohne Genehmigung vorgenommen werden, andere sind baugenehmigungspflichtig.

Zumeist wird es im Zuge einer Umnutzung Auflagen der Baugenehmigungsbehörde geben. Bei denkmalgeschützten Gebäuden ist der Umbau meistens auf ein bestimmtes Maß beschränkt und die Fassade muss im Wesentlichen erhalten bleiben. Der Innenraum kann mitunter vollständig entkernt und umgebaut werden, die äußere Gestalt des Gebäudes aber nur in geringem Umfang oder gar nicht. Befindet sich das Gebäude im Geltungsbereich eines Bebauungsplanes, so gibt dieser Auskunft darüber, was genehmigungsfähig ist und was nicht.

Im ländlichen Bereich werden häufig Scheunen und Ställe zu Wohn- oder Büroraum umgenutzt. Sie müssen aber in der Regel in einem funktionalen Zusammenhang mit der Hofstelle stehen. Stehen sie weit entfernt von der Hofstelle, wird eine Umnutzung nur in Ausnahmefällen genehmigt. Das ist zumeist bei erhaltenswerten Feldscheunen im Außenbereich der Fall, wenn diese einer neuen Verwendung zugeführt werden.

Wirtschaftsgebäude wie ehemalige Scheunen und Ställe haben zudem den Vorteil, dass der Innenraum barrierefrei ist. Das ermöglicht große Freiheit bei der Raumaufteilung und großzügige, individuelle Nutzungskonzepte.

Fallbeispiel: Wohnen mit Stadtmauer – Sanierung einer 300 Jahre alten Scheune in Waiblingen

Ein bis zu 8 m hoher und 1,60 m starker Abschnitt der Waiblinger Stadtmauer aus dem 13. Jahrhundert begrenzt die Nordseite der Huchler-Scheune. Dem damaligen Besitzer diente sie als Stallgebäude. Dann stand das 300 Jahre alte Gebäude lange

Zeit leer und musste aus Sicherheitsgründen abgestützt werden, da es sich um einen halben Meter geneigt hatte.

Bild 5.1 Die Huchler-Scheune vor der Sanierung

Die Stuttgarter Architekten von Coast bewahrten mit ihrer Erfahrung bei der Sanierung von Bestandsbauten die einsturzgefährdete Scheune vor weiteren Schäden. Auf der Grundlage eines aufwendigen Nutzungs- und Sanierungskonzepts fügten sie den sechsgeschossigen Bau wieder ins Stadtbild und werteten das Areal rund um die Scheune auf. Durch den angrenzenden Neubau schlossen sie die bisher brachliegende Baulücke, stellten das historische Raumgefüge wieder her und definierten einen privaten Innenhof vor der Scheune. Entlang der Stadtmauer dient er als neuer Zugang zum Gebäude, dessen interne Erschließung parallel zur denkmalgeschützten Bruchsteinwand als lange schwarze Stahltreppe platziert ist. Die Stadtmauer ist als führendes und begleitendes Element definiert und als raumprägendes historisches Exponat in Szene gesetzt.

Über den mittelalterlichen Wehrgang wird nicht nur das Büro in den unteren beiden Geschossen, sondern auch die Wohnfläche erreicht, die sich mit 155 m^2 über vier Geschosse erstreckt. Der Wohnbereich ist als offener Grundriss gestaltet und der historische Dachstuhl ist im Gesamten erfahrbar. Mitten im Raum - an der Stelle, wo sich einst ein Flaschenzug zur Beförderung von Waren befand - steht nun ein zentrales Treppenmöbel: Der Block aus gebürstetem, schwarz gebeiztem heimischen Fichtenholz birgt dabei nicht nur Schränke, Abstellflächen und eine Hausbar, sondern auch den Aufgang zu den weiteren Ebenen. So wird über den eingeschobenen Monolith unter anderem die private Ebene mit Familienbad, Schlaf- und zweigeschossigem Kinderzimmer sowie das Galeriegeschoss mit Arbeits-, Lese- und Musizierzimmer erreicht.

In sämtlichen Räumen wurden die 300 Jahre alten Holzbalken abgebürstet und mit einem Trockeneisverfahren gereinigt, die verstärkenden Stahlträger schwarz grundiert und der Boden mit gebürstetem Eichenparkett ausgelegt. In Kombination mit den hellen Oberflächen der teils selbst entworfenen Möbel ergibt sich eine angenehme und wohnliche Atmosphäre. Über bodentiefe Fensterbänder und südseitige Dachfenster gelangt ausreichend Tageslicht in den 12 m tiefen Grundriss.

Mit dem neuen Statikkonzept, ansprechender Innenraumgestaltung und sehr viel Liebe zum Detail ist aus der ehemaligen Scheune innerhalb von zwei Jahren ein modernes Refugium geworden, das nicht nur vergangene Geschichten bereithält, sondern auch genügend Raum für neue liefert (Quelle: CUBE Stuttgart 02/19).

5.4 Rekonstruktion

Unter Rekonstruktion versteht man die weitgehend werkgerechte Wiederherstellung von zerstörten historischen Gebäuden. Rekonstruiert werden überwiegend kunsthistorisch bedeutsame Gebäude und Ensembles. In der früheren DDR stand der Begriff Rekonstruktion generell für die Modernisierung und Sanierung von Bauwerken.

Die Rekonstruktion eines Gebäudes sollte so originalgetreu wie möglich erfolgen. Nach intensiver Quellenforschung wird man möglichst mit denselben Baustoffen und denselben Konstruktionen arbeiten. Sofern vorhanden verwendet man vorhandene Originalbauteile. So werden zum Beispiel oft Hölzer und Ziegel aus abgerissenen Häusern erneut verwendet.

Das Knochenhaueramtshaus in Hildesheim gilt als gelungenes Beispiel für eine Rekonstruktion. Die Tatsache, dass aus früheren Zeiten Zeichnungen und Fotos des Knochenhaueramtshauses vorhanden waren, erwies sich als großer Vorteil. Dennoch war die Rekonstruktion mit einer Reihe von Schwierigkeiten verbunden, die aber Schritt für Schritt gelöst werden konnten. Besonders der Nachweis der Standsicherheit bereitete erhebliche Schwierigkeiten. Das Holzfachwerk einschließlich der zimmermannsmäßigen Verbindungen war in seiner Gesamtheit auf der Grundlage der einschlägigen Vorschriften nicht nachweisbar. Die vertikalen Lasten konnten gut aufgenommen werden, während die Aufnahme der horizontalen Lasten erhebliche Probleme bereitete.

Da nur zimmermannsmäßige Verbindungen verwendet werden sollten, stellten die mit den Verbindungen zu übertragenden Kräfte ein Problem dar. Die Lösung bestand darin, sämtliche Hölzer durch Ultraschall im Hinblick auf ihre Festigkeit zu prüfen, um auf dieser Grundlage über die einschlägigen Vorschriften hinausgehende zulässige Spannungen festlegen zu können. So war es möglich, die Konstruktion in ihren früheren Abmessungen in traditioneller Zimmermannskunst zu rekonstruieren.

Bei den Baustoffen griff man soweit möglich auf Materialien zurück, die aus dem Abriss alter Gebäude stammten. So konnte man die Gefache des äußeren Ständerwerks mit alten handgeformten Ziegelsteinen füllen und für die Dacheindeckung wurden 150 Jahre alte Dachziegel verwendet.

Bild 5.2 Das Kochenhaueramtshaus nach Schäfer

5.5 Denkmalschutz und Bestandsschutz

Die Internationale Charta von Venedig aus dem Jahr 1964 (Anhang 1) legt fest, dass sich der Denkmalbegriff nicht nur auf Kunstwerke bezieht, sondern auch auf nicht als Kunst zu bezeichnende Werke, die aber im Lauf der Zeit eine kulturelle Bedeutung bekommen haben. Vorrangiges Auswahlkriterium ist die geschichtliche Bedeutung. Künstlerische Qualitäten können, müssen aber nicht vorliegen.

Für das Thema Energieeinsparung in Fachwerkgebäuden sind die Artikel 5 und 10 von Bedeutung. In Artikel 5 heißt es: „Die Erhaltung der Denkmäler wird immer begünstigt durch eine der Gesellschaft nützliche Funktion. Ein solcher Gebrauch ist daher wünschenswert, darf aber Struktur und Gestalt der Denkmäler nicht verändern. Nur innerhalb dieser Grenzen können durch die Entwicklung gesellschaftlicher Ansprüche und durch Nutzungsänderungen bedingte Eingriffe geplant und bewilligt werden." Artikel 10 besagt: „Wenn sich die traditionellen Techniken als unzureichend erweisen, können zur Sicherung eines Denkmals alle modernen Konservierungs- und Konstruktionstechniken herangezogen werden, deren Wirksamkeit wissenschaftlich nachgewiesen und durch praktische Erfahrung erprobt ist." Damit sind Möglichkeiten und Grenzen baulicher Maßnahmen im Rahmen des Denkmalschutzes eindeutig beschrieben, was aber nicht heißt, dass man nicht Rücksicht zu nehmen hätte auf die in den Denkmalschutzgesetzen der Bundesländer enthaltenen Vorschriften.

Vor diesem Hintergrund gewinnt der Bestandsschutz für ein Gebäude an Bedeutung (Anlage 2). Er sichert dem Eigentümer zu, dass ein Gebäude weiterhin so genutzt werden darf, wie es ursprünglich genehmigt wurde. Der Eigentümer wird in die Lage versetzt, einen bestehenden Zustand zu erhalten. Ein solcher Schutz ist wichtig, um den Abriss eines Hauses oder bauliche Veränderungen zu verhindern, die nicht im Sinne des Eigentümers sind. Zu beachten ist, dass sich der Bestandsschutz nicht nur auf das Gebäude selbst, sondern auch auf dessen Nutzung bezieht. Das bedeutet im Umkehrschluss, dass nicht jede beliebige Nutzung dem Bestandsschutz unterfällt, sondern lediglich die rechtmäßig aufgenommene und funktionsgerechte Nutzung. In der Folge kann man kein Recht auf eine Nutzungsänderung, eine Erweiterung eines bestehenden Gebäudes oder die Errichtung eines Ersatzneubaus ableiten.

5.5.1 Der gesetzliche Denkmalbegriff

Der Denkmalbegriff ist in den Denkmalschutzgesetzen der Bundesländer definiert. In einigen Landesgesetzen wird der Begriff Kulturdenkmal anstelle von Denkmal in gleicher Bedeutung genutzt.

Der Denkmalschutz ist in Deutschland Angelegenheit der Bundesländer. So sieht es die Aufgabenverteilung zwischen Bund und Ländern vor. Aus diesem Grunde sind die Organisationsformen und der Aufbau der Denkmalschutzbehörden in den einzelnen Bundesländern unterschiedlich. Die Bundesländer sind für den Erlass von Denkmalschutzgesetzen und in ihrer Eigenschaft als Oberste Denkmalbehörden prinzipiell für den Gesetzesvollzug zuständig.

Die Oberste Denkmalschutzbehörde ist ein zuständiges Landesministerium oder eine Senatsbehörde. Sie üben die Fachaufsicht über die unterstellten Denkmalbehörden aus.

Die Aufgaben des Denkmalschutzes und der Denkmalpflege sowie die Schutz- und Erhaltungsvorschriften, die Eintragung in das Verzeichnis der Kulturdenkmale, die Nutzung von Denkmalen und die bei Nichtbeachtung der Vorschriften drohenden Maßnahmen sind in den jeweiligen Landesgesetzen geregelt.

5.5.2 Der Begriff des Denkmalschutzes

Unter Denkmalschutz versteht man hoheitliche Maßnahmen, die dem Erhalt von Denkmalen dienen. Als Beispiele sind hoheitliche Akte wie Genehmigungen und ihre Versagung sowie Anordnungen und Verfügungen mit Eingriffscharakter zu nennen. Zur Durchsetzung von Denkmalschutzmaßnahmen stehen den Behörden auch Zwangsmittel zur Verfügung. Das bedeutet, dass vor dem Hintergrund des Denkmalschutzes Anweisungen gegen den Willen der jeweiligen Eigentümer erfolgen und im Extrem auch durgesetzt werden können. Daraus ergibt sich die Notwendigkeit zur Erhaltung und Nutzung eines Denkmals durch den Denkmaleigentümer, sofern künstlerische, wissenschaftliche, geschichtliche, volkskundliche oder städtebauliche Gründe vorliegen. Die Rechtfertigung dafür, dass durch Maßnahmen des Denkmalschutzes in die Rechte des Eigentümers eingegriffen werden kann, ist im Grundgesetz verankert.

5.5.3 Das Denkmal als Sache

Ein Denkmal ist eine unbewegliche oder eine bewegliche Sache oder ein Teil davon, die aus vergangener Zeit stammen. Der Begriff „Sache“ im Bereich des Denkmalrechts ist zu unterscheiden vom bürgerrechtlichen Sachenbegriff (§ 90 BGB i.V.m. § 93 BGB). Nach dieser Definition sind dies körperliche Gegenstände in fester (wie z. B. Bücher, Laptop, Stein etc.) oder flüssiger Form (wie z. B. Wasser, Bier, Saft etc.).

Dass der Begriff „Sache“ im Bereich des Denkmalschutzes lediglich heißt, dass es sich um einen körperlichen Gegenstand handelt, ist nicht unumstritten. Neuere Auffassungen bringen deutlich zum Ausdruck, dass im Laufe der Zeit der Begriff des Denkmals immer weiter gefasst wurde. In der Folge können immer mehr Dinge Denkmal sein, die nicht zwingend eine körperliche Sache sind, wie Stadt-, Orts- und Straßenbilder.

5.5.4 Das Baudenkmal

Bei Baudenkmalen bezieht sich der Denkmalschutz nicht notwendigerweise auf ein Gebäude allein. So ist es durchaus üblich, dass unter einem Baudenkmal auch ein ganzes Ensemble zu verstehen ist. Beispiele dafür sind Altstädte, Bauernhöfe sowie Burg- und Schlossanlagen. Genauso ist es üblich, aber rechtlich durchaus umstritten, nur Teile von baulichen Anlagen unter Denkmalschutz zu stellen. So kann man eine Fassade, ein Treppenhaus, Balkone oder das Fach- oder Tragwerk schützen.

5.5.5 Die Denkmalpflege

Im Gegensatz zum Denkmalschutz geht es bei der Denkmalpflege um Maßnahmen nicht hoheitlicher Art, die ebenfalls dem Erhalt und der Sicherung von Denkmälern dienen. Darunter versteht man z.B. Handlungen, die unmittelbar der Instandsetzung und Instandhaltung dienen. Gleiches gilt für die Inventarisierung und Erforschung von Denkmälern sowie die Beratung und Unterstützung von Denkmaleigentümern. Bei der Denkmalpflege fehlt der Eingriffscharakter des Verwaltungsaktes, wie es ihn beim Denkmalschutz gibt. Aus denkmalpflegerischer Sicht steht die Notwendigkeit der Erhaltung des historischen Bestandes im Vordergrund. Denkmalpflege bedeutet Konservieren der originalen Bausubstanz, was nicht heißt, dass die Denkmalpflege grundsätzlich jeglichem Abbruch und jeder Neubaumaßnahme ablehnend gegenübersteht. Sie findet ihre Grenze in der wirtschaftlichen Zumutbarkeit, weshalb von staatlicher Seite Zuschüsse gewährt werden können.

Die Denkmalschutzgesetze der Bundesländer grenzen die Begriffe Denkmalschutz und Denkmalpflege nicht deutlich voneinander ab, sodass sich die Tätigkeiten von Denkmalschutz und Denkmalpflege in der Praxis nicht immer deutlich trennen lassen. Insofern ist es unbedingt notwendig, die Regelungen der jeweiligen Denkmalschutzgesetze, die sich im Grunde ähneln, zu beachten. So heißt es zum Beispiel im Niedersächsischen Denkmalschutzgesetz:

§ 10 Genehmigungspflichtige Maßnahmen

(1) Einer Genehmigung der Denkmalschutzbehörde bedarf, wer

1. *ein Kulturdenkmal zerstören, verändern, instand setzen oder wiederherstellen,*
2. *ein Kulturdenkmal oder einen in § 3 Abs. 3 genannten Teil eines Baudenkmals von seinem Standort entfernen oder mit Aufschriften oder Werbeeinrichtungen versehen,*
3. *die Nutzung eines Baudenkmals ändern oder*
4. *in der Umgebung eines Baudenkmals Anlagen, die das Erscheinungsbild des Denkmals beeinflussen, errichten, ändern oder beseitigen will.*

(2) Instandsetzungsarbeiten bedürfen keiner Genehmigung nach Absatz 1, wenn sie sich nur auf Teile des Kulturdenkmals auswirken, die für seinen Denkmalwert ohne Bedeutung sind.

(3) Die Genehmigung ist zu versagen, soweit die Maßnahme gegen dieses Gesetz verstoßen würde. Die Genehmigung kann unter Bedingungen oder mit Auflagen erteilt werden, soweit dies erforderlich ist, um die Einhaltung dieses Gesetzes zu sichern. Insbesondere kann verlangt werden, dass ein bestimmter Sachverständiger die Arbeiten leitet, dass ein Baudenkmal an anderer Stelle wieder aufgebaut wird oder dass bestimmte Bauteile erhalten bleiben oder in einer anderen baulichen Anlage wiederverwendet werden.

(4) Ist für eine Maßnahme eine Baugenehmigung oder eine die Baugenehmigung einschließende oder ersetzende behördliche Entscheidung erforderlich, so umfasst diese die Genehmigung nach Absatz 1. Absatz 3 gilt entsprechend.

(5) Maßnahmen nach Absatz 1 bedürfen keiner Genehmigung der Denkmalschutzbehörde, wenn sie an Kulturdenkmalen im Eigentum oder im Besitz des Bundes oder des Landes ausgeführt werden sollen und die Leitung der Entwurfsarbeiten und die Bauüberwachung dem Staatlichen Baumanagement Niedersachsen übertragen sind. Maßnahmen nach Absatz 1, die durch die Klosterkammer Hannover an Kulturdenkmalen im Eigentum oder Besitz einer von ihr verwalteten Stiftung ausgeführt werden, bedürfen ebenfalls keiner Genehmigung der Denkmalschutzbehörde. Maßnahmen nach den Sätzen 1 und 2 sind dem Landesamt für Denkmalpflege mit Planungsbeginn anzuzeigen.

(6) Bei Maßnahmen nach Absatz 1 an Kulturdenkmalen im Eigentum oder Besitz des Bundes oder des Landes, die nicht durch das Staatliche Baumanagement Niedersachsen betreut werden, ist der an die Denkmalschutzbehörde gerichtete Antrag auf Genehmigung zeitgleich auch dem Landesamt für Denkmalpflege zu übermitteln.

Vor dem Ergreifen von Sanierungsmaßnahmen steht selbstverständlich die Pflicht zur Erhaltung eines Baudenkmals.

§ 6 Pflicht zur Erhaltung

(1) Kulturdenkmale sind instand zu halten, zu pflegen, vor Gefährdung zu schützen und, wenn nötig, instand zu setzen. Verpflichtet sind der Eigentümer oder Erbbauberechtigte und der Nießbraucher; neben ihnen ist verpflichtet, wer die tatsächliche Gewalt über das Kulturdenkmal ausübt. Die Verpflichteten oder die von ihnen Beauftragten haben die erforderlichen Arbeiten fachgerecht durchzuführen.

(2) Kulturdenkmale dürfen nicht zerstört, gefährdet oder so verändert oder von ihrem Platz entfernt werden, dass ihr Denkmalwert beeinträchtigt wird.

Es gibt aber auch Grenzen:

§ 7 Grenzen der Erhaltungspflicht

(1) Erhaltungsmaßnahmen können nicht verlangt werden, soweit die Erhaltung den Verpflichteten wirtschaftlich unzumutbar belastet.

(2) Ein Eingriff in ein Kulturdenkmal ist zu genehmigen, soweit

1. *der Eingriff aus wissenschaftlichen Gründen im öffentlichen Interesse liegt,*
2. *ein öffentliches Interesse anderer Art, zum Beispiel*
   a) *die nachhaltige energetische Verbesserung des Kulturdenkmals,*
   b) *der Einsatz erneuerbarer Energien oder*
   c) *die Berücksichtigung der Belange von alten Menschen und Menschen mit Behinderungen,*
   d) *das Interesse an der unveränderten Erhaltung des Kulturdenkmals überwiegt und den Eingriff zwingend verlangt oder*
3. *die unveränderte Erhaltung den Verpflichteten wirtschaftlich unzumutbar belastet.*

Bemerkenswert ist, dass die Grenzen der Erhaltungspflicht zugleich der energetischen Verbesserung Vorrang einräumen, womit ein Bogen zur Internationalen Charta von Venedig geschlagen wird.

5.6 Städtebauliche Modernisierungsfähigkeit

Städtebauliche Sanierungsmaßnahmen dienen der Verbesserung der innerstädtischen Lebens-, Wohn- und Arbeitsverhältnisse, wobei der Erhaltung historisch wertvoller Bausubstanz besondere Bedeutung zukommt. Verlagerung und Ansiedlung von Betrieben sowie Sicherung und Stärkung von Kleingewerbe, Handwerk und Einzelhandel sind häufig in den Erneuerungsprozess integriert. Erneuerungsmaßnahmen mit dem Ziel der Bestandserhaltung und Bestandssicherung erhalten dabei ein immer größeres Gewicht. Dabei geht es um Aufgaben, die mit den Stichworten „Wohnumfeldverbesserung“, „Verdichtung“, „Baulückenschließung“, „Verkehrsberuhigung“, „Instandsetzung“ sowie „Erhaltung historischer Stadtkerne“ umschrieben werden können.

Fallbeispiel: Der Marktplatz in Hildesheim

Heutzutage prägt der Historische Marktplatz das Stadtbild Hildesheims. Hier blickt man auf ein Fachwerkhausensemble, das schön anzusehen ist und Zeugnis ablegt über die Baustile der vergangenen Jahrhunderte. Aber nicht alle diese Häuser sind tatsächlich Fachwerkhäuser. Bei etlichen wurde nur eine Fachwerkfassade vorgesetzt, was erst auf den zweiten Blick zu erkennen ist.

Fast alle Gebäude am Marktplatz von Hildesheim sind im Zweiten Weltkrieg zerstört worden. Als einzige Gebäude überstanden das Rathaus und das Tempelhaus den verheerenden Bombenhagel im März 1945 mehr oder weniger unversehrt. Weitgehend unbeschädigt blieb nur der als Rolandbrunnen bekannte Marktbrunnen.

Niemand vermochte sich nach dem Krieg einen Wiederaufbau der historischen Gebäude vorzustellen. So entwarf Gerhard Graubner 1950 einen modernen Marktplatz, der nach Norden durch zusätzliche Veranstaltungsorte vergrößert werden sollte. An der Stelle des Knochenhauer Amtshauses gegenüber dem Rathaus entstand 1960 in der Folge nach einem Entwurf von Dieter Oesterlen ein siebengeschossiges Hochhaus, das Hotel Rose. Das Rathaus und das in der Nachbarschaft liegende Tempelhaus auf der gegenüberliegenden Seite des Platzes wurden im Inneren neu aufgebaut, wobei auch ihr Fassadenbild ein wenig verändert wurde.

Vielen Hildesheimern galt das Knochenhaueramtshaus als das Symbol Alt-Hildesheims schlechthin, und so blieb der Wunsch nach Rekonstruktion und Wiederaufbau lebendig. Das 26 Meter hohe Knochenhaueramtshaus war das Gildehaus der Fleischer (Knochenhauer) gewesen. Neben der Nutzung als Verkaufsraum hatte man die Kellergewölbe als Lagerraum verwendet. Im ersten Stock wurden Sitzungen der Gilde abgehalten, und in den weiteren Obergeschossen waren Vorratsräume sowie Wohnungen untergebracht.

Mehrere Bürgerinitiativen forderten immer wieder nachdrücklich eine Rekonstruktion des Marktplatzes sowie seiner Randbebauung und konnten schließlich die Stadtverwaltung überzeugen. Als das Hotel Rose in Konkurs ging und die Hildesheimer Stadtsparkasse zur gleichen Zeit einen Neubau ihres Hauptsitzes auf der Südseite des Marktplatzes mit einer Rekonstruktion des Wedekindhauses plante, bot sich in den 1980er-Jahren die Chance zu einer Neugestaltung des Platzes.

Nach dem Abriss der Nachkriegsbauten wurden die Platzseiten innerhalb weniger Jahre rekonstruiert, neben dem Knochenhaueramtshaus auch das benachbarte Bäckeramtshaus. Das Wedekindhaus und das Rolandhaus erhielten historisch anmutende Fassaden vor einer Stahlbetonkonstruktion. Ähnliches gilt für andere Gebäude des Marktplatzes. Der unversehrte Rolandbrunnen wurde für die Erweiterung der Tiefgarage 1984 abgebaut, kopiert und an alter Stelle wieder aufgestellt.

An der Tatsache, dass man rekonstruierte historische Fassaden durch eine Luftschicht getrennt vor eine neuzeitliche Baukonstruktion gehängt hatte, entzündete sich ein heftiger Expertenstreit. Die Vokabel „Disneyland“ machte die Runde.

Bild 5.3 Vorher: Hotel Rose

Bild 5.4 Nachher: Knochenhaueramtshaus

Ausgehend von dem Ursprung des Wortes „Fassade“, das auf das italienische „faccia“ (Gesicht) zurückgeht, findet man in deutschen Texten des 17. und 18. Jahrhunderts die leicht abgewandelte Bezeichnung „Facciade“. Im Sinne des Wortes ist die Fassade also unabhängig von der Konstruktion das Gesicht und damit die Schauseite eines Hauses. Insofern hat das Ministerium für Wissenschaft und Kunst (MWK) in Niedersachsen seinerzeit durch Erlass vom 10.06.1983 konsequenterweise festgelegt, dass der Marktplatz Hildesheim mit Rathaus, Tempelhaus, Marktbrunnen und der gesamten Freiplatzfläche einschließlich der alten Pflasterung und der überkommenen Parzellenstruktur Baudenkmal ist. Das Institut für Denkmalpflege führte zu diesem Erlass weiter aus: „Dabei ist die unterschiedliche Wertigkeit der einzelnen Gebäude aus der Sicht des MWK unterschiedlich zu beurteilen. Aus diesem Grunde konnte man sich bei der Rekonstruktion von Wedekindhaus und Rolandhaus auf die Fassaden beschränken."

Im Gegensatz zu den Gebäuden auf der Nord- und Südseite des Platzes, bei denen nur die Fassaden eng an die ursprüngliche historische Gestaltung angelehnt wurden, wurde das Knochenhaueramtshaus von 1986 bis 1989 zusammen mit dem links benachbarten Bäckeramtshaus in Fachwerkbauweise rekonstruiert. Hierzu wurden 400 Kubikmeter Eichenholz verbaut und unter Verwendung von ca. 7500 Holznägeln über 4300 Holzverbindungen hergestellt.

Heute beherbergt das Gebäude unter anderem ein Restaurant und das Hildesheimer Stadtmuseum. Der Platz selbst wurde Historischer Marktplatz genannt und ist heute touristischer Mittelpunkt von Hildesheim. Die Tatsache, dass es sich bei vielen Gebäuden noch nicht einmal um Rekonstruktionen im eigentlichen Sinne handelt, trat in den Hintergrund.

Fallbeispiel 2: Das Scheunenviertel „Schünebusch" in Estorf

Scheunenviertel sind besondere Kleinode ländlicher Baukultur. Aus Angst vor Feuersbrünsten wurden die Gebäude außerhalb von Dörfern errichtet und boten viel Platz für Lagergut und Unterstellmöglichkeiten. Zwischen 1650 und 1750 entstand in Estorf das Scheunenviertel mit bis zu 40 Vorratsscheunen. „Schünebusch" wurde dieser Bereich genannt.

Infolge des Strukturwandels in der Landwirtschaft verfielen die Gebäude mehr und mehr. 1981 zeigte sich das Scheunenviertel in einem trostlosen Zustand. Etwa ein Drittel der Bausubstanz war abgängig. Eine Nutzung war nicht mehr gesichert und die Gebäude waren dem Verfall preisgegeben. Dann kam die Rettung.

Bild 5.5 Eine Estorfer Scheune vor der Sanierung

1981 wurde Estorf eines von zehn Dörfern in Niedersachsen, in dem ein Dorferneuerungsprojekt startete. Damit war die Möglichkeit gegeben, im Laufe der Jahre sieben Scheunen aufwendig zu restaurieren. Heute bieten die Scheunen Raum für unterschiedlichste Nutzungen. Sie beherbergen ein Heimatmuseum mit verschiedenen Ausstellungen (landwirtschaftliche Geräte, bäuerliche Wohnkultur, Backstube, Geschichte des Dorfes) und die Radler-Scheune, in der Gruppen nach Voranmeldung ihr Nachtlager aufschlagen können. Außerdem finden im „Schünebusch" in unregelmäßigen Abständen besondere Feste und Aktionen der Dorfgemeinschaft statt.

Bild 5.6 Das sanierte Scheunenviertel

Zu den Instrumenten, die der Vorbereitung und Durchführung der städtebaulichen Erneuerung dienen, gehören die Bebauungspläne. Sie enthalten die rechtsverbindlichen Festsetzungen für das Konzept der städtebaulichen Neuordnung und bilden die Grundlage für weitere Maßnahmen wie z. B. Abbruch- und Baugebote.

Kriterien für die Durchführung der städtebaulichen Gesamtmaßnahme sind die städtebaulichen Missstände (Substanz- und Funktionsschwächen), die baukulturelle Bedeutung der Gebiete, die qualitätsvolle Durchführung der Sanierung, ein fest umgrenztes Sanierungs- oder Fördergebiet. Die betroffenen Bürger werden in die Entwicklung der Gesamtmaßnahmen einbezogen und eingehend informiert.

Die rechtlichen Grundlagen finden sich im „Besonderen Städtebaurecht" des Baugesetzbuches, in den Verwaltungsvereinbarungen zwischen Bund und Ländern über die Gewährung von Finanzhilfen, in den Städtebauförderungsrichtlinien und Erlassen der Bundesländer sowie in den Richtlinien und Satzungen der Gemeinden. Die Städtebauförderung ist ein weitgefächertes Förderprogramm des Bundes und der Länder zur Förderung von Städten, selbstverständlich auch Dörfern.

5.7 Instandhaltung

Instandhaltung umfasst laut DIN 31051 „Grundlagen der Instandhaltung" vier Einzelmaßnahmen, und zwar:

- Wartung

  Alle Maßnahmen zur Verzögerung des Abbaus des vorhandenen Abnutzungsvorrats zur Erhaltung des Instandhaltungsobjektes (Nachstellen, Schmieren, Konservieren).
- Inspektion

  Alle Aktivitäten, die dazu beitragen, den aktuellen Zustand eines Instandhaltungsobjektes zu erfassen und zu beurteilen (Kontrolle).
- Instandsetzung

  Alle Aktivitäten an einem fehlerhaften Objekt zur Wiederherstellung des definierten Soll-Zustandes.
- Verbesserung

  Alle Aktivitäten zur Steigerung der Zuverlässigkeit und der Schwachstellenbeseitigung, ohne das Objekt in seiner ursprünglichen Funktion zu ändern.

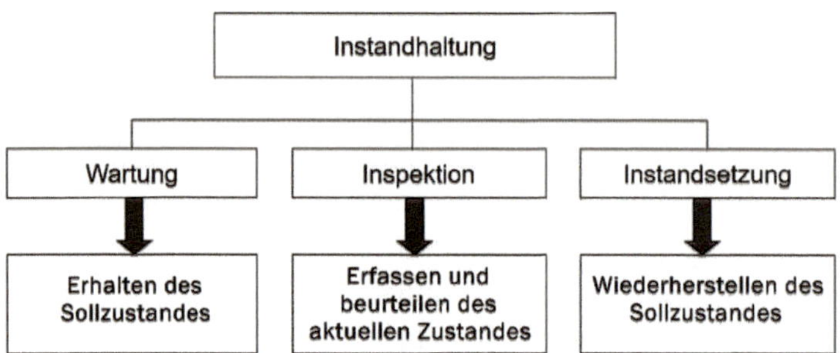

Bild 5.7 Instandhaltung nach DIN 31051

Der prinzipielle Ablauf einer Fehleranalyse mit der Prüfung, ob eine Verbesserung technisch machbar und wirtschaftlich vertretbar ist, wird als Anhang A in der DIN 31051 dokumentiert. Solch eine Fehlerdiagnose dient der Fehlererkennung, Fehlerortung und Ursachenfeststellung mit dem Ziel, Möglichkeiten und Handlungshilfen für einen geplanten und verantwortungsvollen Ablauf aufzuzeigen.

Bezogen auf Gebäude bezeichnet Instandhaltung die Maßnahmen, die erforderlich sind, um den ursprünglichen baulichen Zustand und die Funktionsfähigkeit eines Gebäudes aufrechtzuerhalten. Darunter fallen alle Maßnahmen, die im Laufe der Nutzungsdauer der Erhaltung des bestimmungsgemäßen Gebrauchs dienen und die durch Abnutzung, Alterung und Witterungseinwirkung entstehenden baulichen und sonstigen Mängel beseitigen.

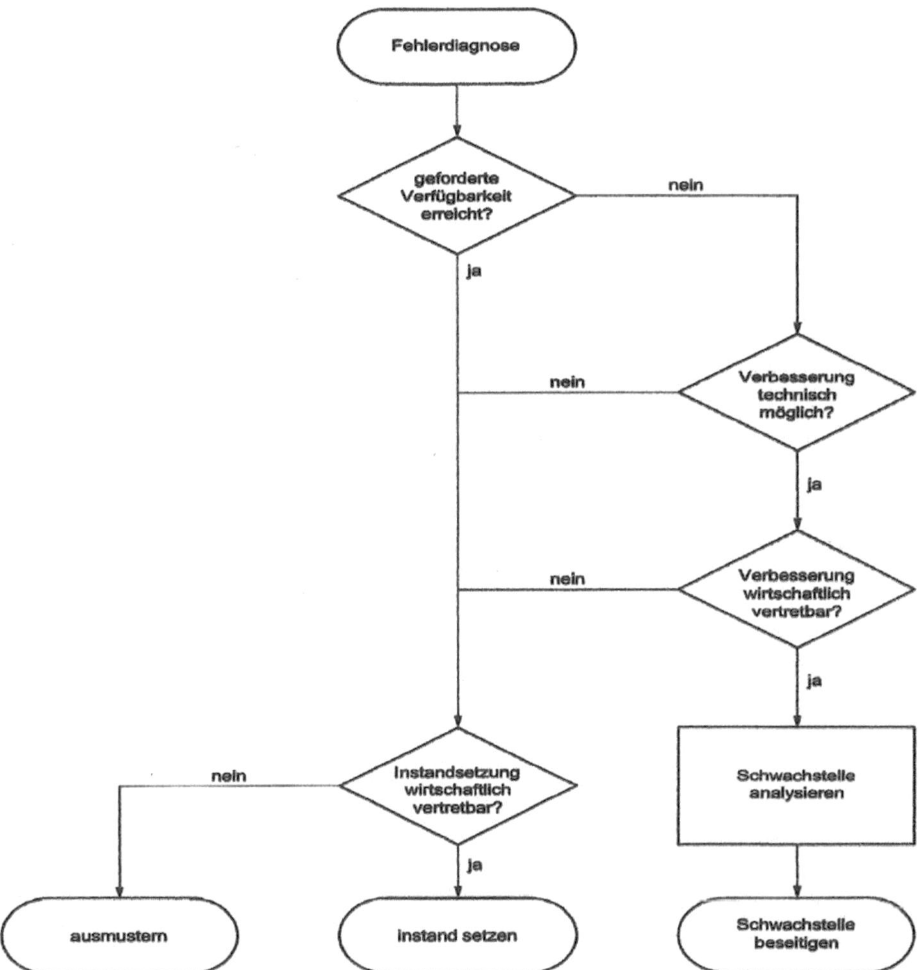

Bild 5.8 Fehlerdiagnose nach DIN 31051

5.7.1 Wartung

Wartungsmaßnahmen dienen dazu, die Abnutzung an Bauteilen, technischen Einrichtungen und Geräten so gering wie möglich zu halten, also den Sollzustand zu bewahren. Unter die Kategorie „Bauteile" fallen unter anderem die Fassade oder die Dachbedeckung. Geräte sind beispielsweise Aufzüge oder Heizungsanlagen. Den Wartungsmaßnahmen liegt ein Wartungsplan zugrunde, aus dem Ort, Termin, auszuführende Maßnahmen und spezielle bauliche Besonderheiten hervorgehen müssen.

5.7.2 Inspektion

Bei der Inspektion wird der aktuelle Zustand des Gebäudes und seiner technischen Einrichtungen im Verlauf einer Begehung erfasst und beurteilt. Dabei wird die Ursache von Veränderungen am Gebäude oder an Geräten, beispielsweise durch Abnutzung, festgestellt. Im Laufe der Inspektion werden die Ergebnisse dokumentiert, um im Anschluss konkrete Maßnahmen zur Verbesserung des Istzustandes bis hin zur späteren Freigabe zu erarbeiten. Folgende Arbeitsschritte zählen dazu:

- Auftrag und Auftragsdokumentation,
- Feststellung des Istzustandes; festgehalten werden Angaben über den Ort, den Zeitpunkt, die teilnehmenden Personen, die für die Ermittlung angewendete Methode, die notwendigen Maßnahmen und besondere gebäudebezogene Merkmale.
- Dokumentation des Istzustandes zum Begehungstermin sowie Analyse und Auswertung der festgestellten Ergebnisse,
- Planung und Bewertung durchzuführender Maßnahmen,
- Festlegung der durchzuführenden Maßnahmen bzw. Entscheidung für eine alternative Lösung (Instandsetzung oder Verbesserung),
- Kontrolle.

5.7.3 Instandsetzung

Unter den Begriff Instandsetzung fallen alle Maßnahmen, mit denen sich entweder der ursprüngliche Zustand (Sollzustand) oder die generelle Funktionsfähigkeit eines Gebäudes bzw. eines Bauteils erhalten oder wiederherstellen lässt. Die Vorbereitung der Arbeiten, deren Durchführung und die Abnahme sind Teil der Instandsetzung. Hierzu gehören folgende Planungs- und Arbeitsschritte:

- Auftrag und Auftragsdokumentation,
- Vorbereitung der Durchführung, Kostenschätzung, Terminplanung,
- Festlegung der durchzuführenden Maßnahmen,
- Durchführung der bautechnischen bzw. technischen Maßnahmen,
- Abnahme und Funktionsprüfung nach Fertigstellung,
- Nachkalkulation und Feststellung möglicher Verbesserungen in Planung und Ausführung,
- Verbesserung bzw. Modernisierung.

5.7.4 Verbesserung

Maßnahmen zur Erfüllung normativer oder gesetzgeberischer Forderungen, die nach dem Bau eines Gebäudes gültig wurden, fallen unter den Begriff Verbesserung. Darunter zählen alle Maßnahmen, die beispielsweise von der Energieeinsparverordnung (EnEV) oder dem Gebäudeenergiegesetz (GEG) gefordert werden. Maßnahmen zur Gewährleistung der Sicherheit oder der Wertsteigerung fallen ebenfalls unter die Verbesserung. Das ist der Fall, wenn beispielsweise von einem Gebäude nur noch die statisch notwendigen und optisch stilbildenden Gebäudeteile stehen bleiben.

5.8 Kosten

5.8.1 Kostenermittlungen

Im Spannungsfeld Modernisierung, Sanierung, Rekonstruktion und Denkmalschutz kommt den Baukosten eine zentrale Rolle zu. Nicht alles, was technisch machbar ist, ist unter Kostengesichtspunkten sinnvoll. Es ist daher im Zuge einer jeden Maßnahme von Anbeginn notwendig, Kostenbetrachtungen auf einer soliden Grundlage vorzunehmen, um nicht später unliebsam überrascht zu werden.

Wenn die Bestandsaufnahme vollzogen und ein Planungskonzept für die Modernisierungsmaßnahme ausgearbeitet worden ist, müssen die voraussichtlichen Baukosten geschätzt werden, um den Kostenrahmen zu fixieren. Grundlage hierfür bildet DIN 276 „Kosten im Bauwesen". DIN 276 erlaubt es, frühzeitig eine genaue Vorstellung über die zu erwartenden Baukosten zu erlangen.

Kostenrahmen	auf der Basis der Bedarfsplanung • *Leistungsphase 1 „Grundlagenermittlung"*
Kostenschätzung	auf der Basis der Vorplanung • *Leistungsphase 2 „Vorplanung"*
Kostenberechnung	auf der Basis der Entwurfsplanung • *Leistungsphase 3 „Entwurfsplanung"*
Kostenvoranschlag	auf der Basis der Ausführungsplanung und der Vorbereitung der Vergabe • *Leistungsphase 6 „Vorbereitung der Vergabe"*
Kostenanschlag	auf der Basis der Vergabe und Ausführung" • *Leistungsphase 7 „Mitwirkung bei der Vergabe"*
Kostenfeststellung	Ermittlung der entstandenen Kosten • *Leistungsphase 8 „Objektüberwachung"*

Bild 5.9 Kostenermittlungen nach DIN 276

Erfasst werden können Kosten und Aufwendungen für die Herstellung, den Umbau und die Modernisierung von Bauwerken. Dabei werden neun Kostengruppen berücksichtigt:

- Kosten für das zu bebauende Grundstück,
- rechtliche Kosten,
- technische und steuerliche Nebenkosten,
- Kosten der Erschließung,
- Baukosten für die Erstellung des Bauwerks,
- Konstruktionskosten,
- Kosten für technische Anlagen,
- Kosten für Außenanlagen,
- Baunebenkosten.

Durch die Festlegung dieser Kostengruppen stellt die DIN 276 sicher, dass Kostenermittlungen vergleichbar sind. Ziel ist die Strukturierung der Kosten, um eine Baumaßnahme kostensicher, transparent und wirtschaftlich umzusetzen. Die Norm ist für folgende Leistungsphasen der HOAI (Honorarordnung für Architekten und Ingenieure) relevant:

- Kostenberechnung in der Leistungsphase 3 nach der HOAI,
- Kostenanschlag als Grundlage für Entscheidungen über die Ausführungsplanung,
- Ermittlung der anrechenbaren Kosten mit Bezug auf § 4 Abs. 1 HOAI.

5.8.2 Kostenschätzung

Bei der Modernisierung von Fachwerkbauten wird man, wenn nicht ganz besondere Umstände eine größere Genauigkeit erforderlich machen, zum Instrument der Kostenschätzung greifen. Ist eine genauere Schätzung erforderlich oder gewünscht, kann man eine Kostenberechnung durchführen.

Nach Bestandsaufnahme des Gebäudes und Festlegung der gewünschten Sanierungsmaßnahmen werden über den im Bruttorauminhalt (BRI) multipliziert mit einem zu ermittelnden Kostenkennwert die Baukosten geschätzt. Die Schätzung dient als Entscheidungsgrundlage im Zuge der Vorplanung. Ihre Genauigkeit sollte ±30 % betragen. Erreichbar sind bei guter Datenlage ±10 bis 15 %. Nach HOAI hat die Kostenschätzung in der Leistungsphase 2 zu erfolgen.

Ist eine größere Genauigkeit erforderlich oder gewünscht, wird man eine Kostenberechnung durchführen, die im Grunde genommen ebenfalls eine Kostenschätzung ist, auch wenn der Begriff etwas anderes suggeriert. Die Kostenberechnung weist einen größeren Genauigkeitsgrad auf als die Kostenschätzung.

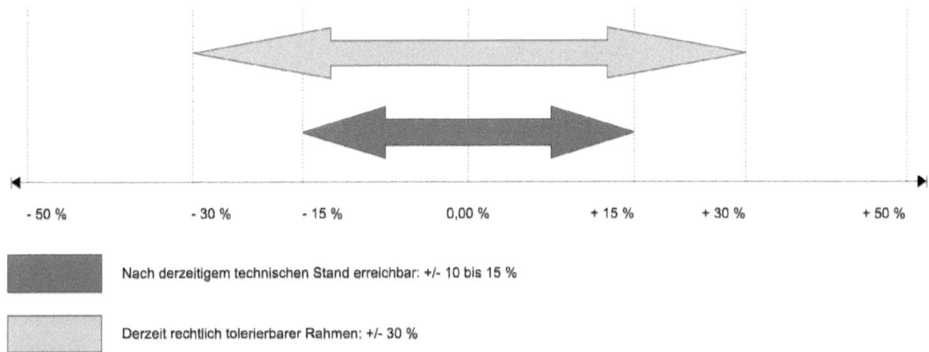

Bild 5.10 Genauigkeiten von Kostenschätzungen

5.8.3 Kostenberechnung

Eine Kostenberechnung dient als Grundlage für die Entscheidung über die Entwurfsplanung. Dazu wird die 2. Ebene der Kostengliederung ausgearbeitet. Aus der Planung werden die Mengen ermittelt und die Preise werden geschätzt. Die Genauigkeit der Kostenberechnung, liegt bei ±20 %. Erreichbar sind durchaus ±5 bis 10 %.

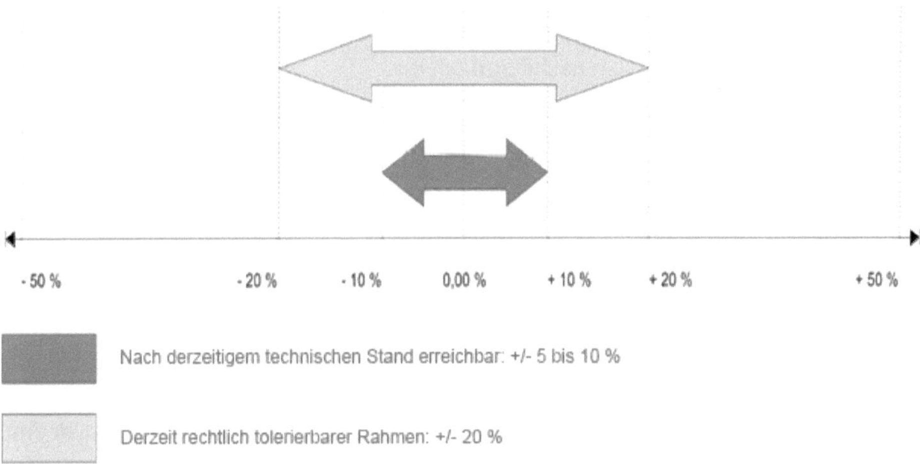

Bild 5.11 Genauigkeiten von Kostenberechnungen

Voraussetzung für eine verlässliche Kostenberechnung ist die Aufstellung eines Schadenskatasters im Zuge einer Bestandsaufnahme. Ohne genaue Kenntnis der diversen Baumängel kann eine Kostenberechnung, auch wenn sie bis zur dritten Gliederungsebene der Bauteile durchgeführt wird, nicht die notwendige Genauigkeit einer Kostenberechnung erreichen.

5.8.4 Praktische Umsetzung

Die Art und Weise der Kostenschätzung ist dem Bauplaner freigestellt. In der Praxis erfolgt sie oft über sogenannte „Grob-Leistungsverzeichnisse" oder auf Grundlage von Raumbüchern.

In den Anlagen 3 und 4 zur DIN 276 werden jeweils Mengen und Bezugseinheiten für die Bestimmung von Kostenkennwerten empfohlen. Kostenkennwerte sind Flächen- oder Raumkennwerte. Sie beschreiben das Verhältnis der Baukosten zu bestimmten Bezugseinheiten wie Flächen und Rauminhalte. Auf diese Weise erhält man Kostenangaben in € je m^2 Netto-Grundfläche (NGF) oder in € je m^3 Brutto-Rauminhalt (BRI).

Ein probates Instrument zur Verifizierung der ermittelten Kostenkennwerte ist die BKI-Baukostendatenbank. Sie enthält Zehntausende von Kostenkennwerten und stellt damit eine realistische Basis zu einer sicheren Kostenschätzung dar, auf deren Grundlage die Baukosten in jeder Planungsphase schnell und exakt ermittelt werden können. Weil es sich um Daten realisierter und abgerechneter Bauten handelt, sind alle Kostenkennwerte realistisch und überprüfbar. Ein Verzeichnis von Vergleichsobjekten ermöglicht es dem Anwender außerdem, von der Kostenkennwertmethode zur Objektvergleichsmethode zu wechseln und die ermittelten Kosten so auf Plausibilität zu prüfen.

Je nach Anspruch und Notwendigkeit können die folgenden Kostengruppen gemäß DIN 276 Bestandteil der Kostenschätzung sein:

- 100 Grundstück,
- 200 Herrichten und Erschließen,
- 300 Bauwerk - Baukonstruktionen,
- 400 Bauwerk - Technische Anlagen,
- 500 Außenanlagen,
- 600 Ausstattung und Kunstwerke,
- 700 Baunebenkosten.

Die Kostengruppen 300 und 400 bilden die eigentlichen Bauwerkskosten. Um eine hinreichende Vergleichbarkeit der Ergebnisse herzustellen, ist die Angabe des Kostenstandes notwendig.

In der nachfolgenden Tabelle sind die Kostengruppen detailliert aufgeführt.

Tabelle 5.1 Kostenschätzung bzw. Kostenrechnung nach DIN 276:2018-12

Bauvorhaben:			Kostenstand: Tag, Monat, Jahr		
Kostengruppe (KG)		Menge	Einheit	Kosten-kenn-wert	Einzel-kosten
110	Grundstückswert				
120	Grundstücksnebenkosten				
130	Freimachung				
100	**Summe Grundstück**				
210	Herrichten				
220	öffentliche Erschließung				
230	nichtöffentliche Erschließung				
240	Ausgleichsabgaben				
250	Übergangsmaßnahmen				
200	**Summe Herrichten und Erschließen**				
310	Baugrube				
320	Gründung				
330	Außenwände				
340	Innenwände				
350	Decken				
360	Dächer				
370	Baukonstruktive Einbauten				
390	Sonstige Maßnahmen für Baukonstruktion				
300	**Summe Bauwerk – Konstruktion**				
410	Abwasser-, Wasser-, Gasanlagen				
420	Wärmeversorgungsanlagen				
430	Lufttechnische Anlagen				
440	Starkstromanlagen				
450	Fernmelde- und informationstechnische Anlagen				
460	Förderanlagen				
470	Nutzungsspezifische Anlagen				
480	Gebäudeautomation				
490	Sonstige Maßnahmen für technische Anlagen				

Tabelle 5.1 (Forts.) Kostenschätzung bzw. Kostenrechnung nach DIN 276:2018-12

Bauvorhaben:			Kostenstand: Tag, Monat, Jahr		
Kostengruppe (KG)		Menge	Einheit	Kostenkennwert	Einzelkosten
400	**Summe Bauwerk – Technische Anlagen**				
510	Geländeflächen				
520	Befestigte Flächen				
530	Baukonstruktion in Außenanlagen				
540	Technische Anlagen in Außenanlagen				
550	Einbauten in Außenanlagen				
560	Wasserflächen				
570	Pflanz- und Saatflächen				
590	Sonstige Maßnahmen für Außenanlagen				
500	**Summe Außenanlagen**				
610	Ausstattung				
620	Kunstwerke				
600	**Summe Ausstattung und Kunstwerke**				
710	Bauherrenaufgaben				
720	Vorbereitung der Objektplanung				
730	Architekten- u. Ingenieurleistungen				
740	Gutachten und Beratung				
750	Künstlerische Leitungen				
760	Finanzierungskosten				
770	Allgemeine Baunebenkosten				
790	Sonstige Baunebenkosten				
700	**Summe Baunebenkosten**				
	Gesamtkosten (Netto)				
	Mehrwertsteuer				
	Gesamtkosten (Brutto)				

Auf der Grundlage der in der vorstehenden Tabelle enthaltenen Struktur lassen sich Kostenschätzungen bzw. Kostenberechnungen leicht und übersichtlich erstellen. Das nachfolgende Beispiel verdeutlicht die Vorgehensweise anhand zweier ausgewählter Kostengruppen.

Tabelle 5.2 Beispiel einer Kostenschätzung nach DIN 276:2018-12

KG	DIN 276-1 Hochbau	Menge	Einheit	Kostenkennwert	Einzelkosten
300	Bauwerk - Baukonstruktionen				
322	Flachgründung				
	Streifenfundamente -Beton	13,13	m^3	150,00 €/m^3	1969,50 €
	Streifenfundamente - Anteil Schalung	52,50	m^2	110,00 €/m^2	5775,00 €
	Stb.-Bodenplatte - Anteil Beton	10,50	m^3	150,00 €/m^3	1575,00 €
	Stb.-Bodenplatte - Anteil Stahl	2000	kg	1,2 €/kg	2400,00 €
	Stb.-Bodenplatte - Anteil Schalung	20,10	m^2	80 €/m^2	1608,00 €
334	Außentüren und -fenster				
	Fenster - Drehkippbeschlag 140 × 150 cm	5	Stck.	1500,00 €/Stck.	7500,00 €
	Fenster - Drehkippbeschlag 140 × 190 cm	2	Stck.	1800,00 €/Stck.	3600,00 €
	Oberlicht Flur	1	Stck.	550,00 €/Stck.	550,00 €
	Innenfensterbank - Holz, lackiert	9,80	m	45,00 €/m	441,00 €
	Eingangstür	1	Stck.	4500,00 €/Stck.	4500,00 €

5.9 Fazit

Die Begriffe Sanierung und Modernisierung sind wie auch andere in diesem Kontext gebrauchte Begriffe nicht eindeutig geregelt. Es empfiehlt sich daher, sich hinsichtlich der verwendeten Begriffe rechtzeitig abzustimmen, um Fehlinterpretationen zu vermeiden. Das gilt vor allem im Zusammenhang mit Verträgen.

Die Frage, ob es sich lohnt, ein Gebäude zu modernisieren, ist zunächst eine Frage der Wirtschaftlichkeit. Wenn das Ergebnis der Kostenschätzung Modernisierungskosten in Höhe von 90 % eines Neubaus ausweist, kann man ziemlich sicher annehmen, dass ein Neubau wirtschaftlicher wird. Wirtschaftlich erscheint eine Modernisierungsmaßnahme immer dann, wenn die Summe der dauernden Lasten aus dem Altbestand und den Modernisierungskosten unter Einrechnung möglicher Fördergelder geringer ist als die Kosten eines Neubaus unter Berücksichtigung der Restwerte und der Abbruchkosten.

Als Wertmaßstab für die Modernisierung darf aber nicht nur der wirtschaftliche Wert gelten, obwohl ein solcher Ansatz im Einzelfall entscheidend sein kann. Vielmehr muss der Nutzwert - vor und nach der Modernisierung - betrachtet werden.

Bei unter Denkmalschutz stehenden Gebäuden ist die Sanierung in enger Abstimmung mit der zuständigen Denkmalschutzbehörde vorzubereiten und durchzuführen. Es ist unumgänglich, bei der Modernisierung denkmalgeschützter Gebäude mehrere, oft widersprüchliche Ziele in Einklang zu bringen:

- Wunsch der Nutzer nach zeitgemäßem Ausstattungsstandard und verbessertem Erhaltungszustand des Gebäudes,
- verantwortungsvoller Umgang mit natürlichen Ressourcen, insbesondere energiesparender Wärmeschutz,
- Schutz baugeschichtlich wesentlicher Einzelgebäude oder Bauteile,
- Erhalt stadtbildprägender Einzelgebäude oder Ensembles.

Aus Sicht des Denkmalschutzes dürften folgende Maßnahmen unstrittig sein:

- sachgerechte Ertüchtigung von Bauteilen,
- angepasste Erneuerung oder Ausbesserung der Dacheindeckung und der Entwässerung,
- Trockenlegung stark durchfeuchteter Bauteile durch Abdichtungsmaßnahmen,
- Ausbesserung oder Erneuerung von Putzen und Anstrichen und anderen Wandbekleidungen.

Neben den die Substanz erhaltenden Maßnahmen wird der Denkmalschutz in der Regel auch Maßnahmen zur Standardverbesserung zustimmen, und zwar:

- Wärmeschutz gemäß den Regeln der Technik,
- Feuchteschutz gemäß den Regeln der Technik,
- Schallschutz gemäß den Regeln der Technik,
- Brandschutz gemäß den Regeln der Technik,
- Einbau neuer Heizungsanlagen,
- Einbau zeitgemäßer Bäder und Küchen, speziell bei Nutzung als Wohnraum.

Wenn wegen besserer wirtschaftlicher Verwertbarkeit des Gebäudes eine Nutzungsänderung angestrebt wird, gibt es schon eher Hemmnisse. In einem solchen Fall ist es erforderlich, die neue Nutzung so sensibel in das denkmalgeschützte Gebäude zu integrieren, dass der Denkmalschutz der Nutzungsänderung zustimmen kann. Zu Recht abgelehnt werden zumeist folgende Veränderungen:

- grobe Grundrissveränderungen,
- Öffnen der Dachfläche durch Einbau großflächiger Erker oder Loggien,
- modernistische Erneuerung von Fenstern und Türen,
- Abbruch von original erhaltenen Bauteilen wie Treppen, Treppengeländern und verzierten Innentüren.

Wie dem auch sei: Eine enge und frühzeitige Zusammenarbeit mit dem Denkmalschutz ist in jedem Fall sinnvoll und richtig!

6 Bestandsaufnahme

6.1 Allgemeines

Fachwerkhäuser sind handwerklich konstruierte Bauten, deren Struktur im Wesentlichen durch Erfahrungswerte geprägt ist. Entwurfs- oder Ausführungspläne sind die Ausnahme. Daraus folgt, dass man im Zuge einer Bestandsaufnahme zunächst eine gründliche Inaugenscheinnahme vornimmt, bevor man aufwendige Untersuchungen durchführt. Oft genug wird schon auf den ersten Blick deutlich, wo es Probleme gibt, ohne in irgendeiner Weise „Hand" angelegt zu haben. Die im Einzelfall notwendigen Untersuchungsinstrumente ergeben sich aus den Untersuchungsparametern, die jeweils eine Untergruppe des Untersuchungsbereiches sind.

Tabelle 6.1 Untersuchungsinstrumente bei der Bestandsaufnahme

Untersuchungsbereich	Untersuchungsparameter	Untersuchungsinstrument
Gebäudetechnik	Planerstellung Standsicherheit	Gebäudeunterlagen u. a. m. Baubegehung Aufmaß Raumbuch Statische Überschlagsberechnung
Bautechnik	Schadenskataster Sanierungskonzept	Holzuntersuchung Dendochronologie Thermografie Endoskopie Mauerwerksfestigkeit

Untersuchungsbereich	Untersuchungsparameter	Untersuchungsinstrument
Feuchteschutz	Aufsteigende Feuchte Witterungsschutz Schädlingsbefall Salzsanierung	Zerstörungsfreie Feuchteuntersuchung Zerstörungsarme Feuchteuntersuchung Salzuntersuchung
Wärmeschutz	Sanierung der Gebäudehülle Nachträgliche energetische Sanierung der Gebäudetechnik	Wasserdampfdiffusion Thermografie Luftdichtheitsmessung
Schallschutz	Luft- und Trittschalldämmung der Geschossdecken und Trennwände Luftschalldämmung der Außenbauteile (z. B. Fenster), Installationsgeräusche (Einlaufgeräusche, WC-Spülung).	Trittschallmessung Luftschallmessung

Auch wenn es eine nicht endende Menge an Untersuchungsinstrumenten gibt, bleibt doch die Inaugenscheinnahme das Mittel der Wahl. Äußerlich erkennbare Schäden lassen sich schnell mit etwas Erfahrung nach Art und Umfang lokalisieren. Offene Fugen und Feuchteerscheinungen sind mit bloßem Auge erkennbar. Versteckte Mängel an der Holzkonstruktion kann man lokalisieren, indem man das Holz abklopft, am besten mit einem Latthammer. Ein hohler Klang auf einer vermeintlich intakten Holzoberfläche verrät, dass hier möglicherweise ein Schaden vorliegt.

Bild 6.1 Offene Fuge zwischen Ständer und Ausfachung sowie deutlich erkennbare Trockenränder

Wenn das Holz bereits morsch ist, reicht schon ein Messer als Werkzeug aus. Lässt sich die Klinge ohne Widerstand in das Holz drücken, bedarf es keiner weiteren Untersuchungen. Erweist sich das Holz bei der Stichprobe nach wenigen Millimetern Eindringtiefe als sehr fest, kann es als intakt gelten. Die äußerlich geschädigte Holzoberfläche ist aber ein Indiz dafür, dass das Holz hier in besonderer Weise beansprucht worden ist. Das sollte Anlass genug sein, der Sache auf den Grund zu gehen. Allein diese wenigen Beispiele zeigen, dass Beobachtungen per Augenschein den Vorrang vor Untersuchungen mit Probenahme zu geben ist und erst recht vor aufwendigen Untersuchungen im Labor.

Bild 6.2 Morsche Schwelle durch Durchfeuchtung

Prinzipiell steht ein breites Spektrum an Untersuchungsverfahren zur Verfügung, wobei man zerstörungsfreie, zerstörungsarme und zerstörende Untersuchungen unterscheidet. Je weniger die Substanz durch die Untersuchungen beeinträchtigt wird, desto empfehlenswerter das Verfahren. Die Ergebnisse werden als Protokolle, Berichte und dergleichen Bestandteil einer Dokumentation der Bestandsaufnahme.

Art und Umfang einer Bestandsaufnahme hängen primär vom Zustand der Holzkonstruktion ab. Dabei stehen die tragenden Fachwerkhölzer und die Holzbalkendecken im Fokus. Die Vertrauenswürdigkeit der Ergebnisse wird von der jeweiligen Untersuchungsmethode bestimmt. Eine einzige Untersuchungsmethode, die als Nonplusultra gelten kann, gibt es nicht. Alle zur Verfügung stehenden Methoden weisen Vor- und Nachteile auf, sodass oft eine Kombination mehrerer Verfahren angezeigt ist, um ein verlässliches Untersuchungsergebnis zu erhalten.

Bestandsbeurteilung von Außenwänden, Fachwerk

Beschreiben der Fachwerkwand-Konstruktion **Objekt:**	☐ Geschoßbauweise ☐ Ständerbauweise ☐ Ausgemauertes Gefach ☐ Lehmgefach ☐ Mischkonstruktion Gefach ☐ Besonderes:............

	A	B	C
Beurteilungskriterien			
Außenwand, Fassade			
Standsicherheit der Wände			
Wandoberfläche außen (s.a. gesonderte Schadenskartierung)			
Wasserableitende Bauelemente, z.B. Regenfallrohre, Blechabdeckungen			
Schutz gegen Niederschläge			
Feuchteschutz des Sockels			
Wärmedämmung der Wände			
Besondere Gestaltungselemente, z.B. Stuck, Plastiken			
Besondere Bauteile, z.B. Balkone, Wintergärten, Vordächer			
Außenfenster			
Außentüren, Hauseingänge			

Schadenskartierung von **Gefach** außen	A	B	C	**Schadenskartierung** von **Ständerwerk** außen	A	B	C
Schadensbilder:				**Schadensbilder:**			
Absanden				Insektenbefall			
Schuppenbildung				Pilzbefall			
Schalenbildung				Feuchte			
Ausbruch, Fehlstelle				Risse			
Steinersatz				Verformungen			
Abbröckeln				Ausbrüche			
Sichtbare Feuchtstelle				Verbindungsfugen			
Biologischer Bewuchs				Fehlstellen			
Graffiti				Fehlende Hölzer			
Verschmutzung, Verfärbungen				Fehlerhafte Reparatur			
Ausblühungen				Anstrichschäden			
Fehlerhafte Reparatur				Fehlerhaft. Umbauten			
Offene Fuge				Bewuchs			
Verformungen				Verschmutzung			
Anstrichschäden				Verfärbungen			
Risse				Schäden durch Schutzmittel			

Spalte A:	**Spalte B:**	**Spalte C:**
Zustandsbewertung zum Bauelement	Schätzung zum Ausmaß möglicher Schädigung	Dringlichkeit von Instandsetzungsmaßnahmen
+ = guter Zustand	**/** = keine Schätzung	**S** = sofortige Behebung
0 = mittlerer Zustand	**10** = unter 10 %	**M** = mittelfristige Behebung
- = schlechter Zustand	**25** = 10 bis 25 %	**L** = langfristige Behebung
? = nicht feststellbar	**50** = 25 bis 50 %	**K** = keine Maßnahmen erforderlich
x = nicht vorhanden	**75** = 50 bis 75 %	
	100 = 75 bis 100 %	

nach: Beurteilen von Schwachstellen im Hausbestand
Hrsg. Landesinstitut für Bauwesen und angewandte Bauschadensforschung NRW 1995

Bild 6.3 Beurteilung von Fachwerkwänden (Formblatt)

Diese Problematik verleitet unter Umständen dazu, so viele Messergebnisse wie möglich zusammenzutragen, anstatt eine Inaugenscheinnahme mit Augenmaß durchzuführen. Wie gesagt bildet allein sie die Grundlage für die weiteren Untersuchungsschritte. Mitunter wird gemessen, ohne sicher zu sein, ob und wie die Untersuchungsergebnisse korrelieren.

Am Beispiel von Feuchtigkeitsmessungen lässt sich das gut verdeutlichen. Von Pilz befallenes Holz weist bekanntermaßen eine höhere Feuchtigkeit auf, während im Umkehrschluss trockenes Holz als frei von Pilzen gilt. Mit Pilz befallenes Holz gibt, wenn es trocknet, Wasser ab und nimmt umgekehrt wieder Wasser auf. Wird also in einem für längere Zeit trockenen Holz, das mit Pilz befallen ist, die Feuchtigkeit gemessen, so entspricht diese dem von trockenem Holz. Dennoch liegt ein Pilzbefall vor, den es zu bewerten gilt. Nur beim Hausschwamm sieht es anders aus, weil er die Feuchtigkeit selbst produziert und in der Folge sogar trockene Hölzer befällt.

Unter bestimmten Umständen mag es interessant sein, die Pilzart zu kennen. Für die Praxis ist es aber viel wichtiger, den Schaden als solchen zu bewerten, indem man die Tragfähigkeit der betreffenden Konstruktion und die Qualität des befallenen Holzes überprüft. Ohne weitere Feuchtigkeitszufuhr besteht bei ausreichenden Restquerschnitten meist kein Grund zu handeln. Eine Ausnahme bilden womöglich Auflager und Anschlüsse.

Nicht zu unterschätzen ist für eine nachhaltige Sanierung die genaue Kenntnis des Zustandes der tragenden Bauteile. Historische Konstruktionen müssen daher von einem Tragwerksplaner in Augenschein genommen und nach besonderen Kriterien bewertet werden. Dies ist vor allem von Bedeutung, wenn die betreffenden Konstruktionen infolge Zerstörung oder Umbauten nicht mehr im Urzustand vorhanden sind.

Je nach Notwendigkeit können folgende Maßnahmen angezeigt sein:

- *Recherchen in Archiven und in der Literatur zu historischen Fachwerkgebäuden*

  Damit erhält man einen ersten Überblick über die Bedeutung eines Gebäudes und über die denkmalpflegerisch wertvollen Bestandteile. Alte Pläne und Fotografien geben Auskunft über das frühere Aussehen eines Fachwerkhauses.

- *restauratorische Untersuchungen*

  Ein Restaurator kann Aussagen über die ursprüngliche Farbigkeit von Fassaden und Innenausstattung machen und manchmal unter jüngeren Anstrichen oder Putzen verborgene Malereien feststellen.

- *Bestandserfassung*

  Für die Anfertigung von Bestandsplänen sind zunächst Aufmaße vor Ort erforderlich, die Aufschluss über Konstruktion, Abmessungen und Zustand geben. Fotoaufnahmen erleichtern das Anfertigen der Ansichten.

- *Erstellen eines Raumbuches*

  Die systematische schriftliche und fotografische Dokumentation in einem Raumbuch hält den Ist-Zustand in übersichtlicher Form fest.

- *Dendochronologie*

  Durch eine dendrochronologische Untersuchung des Holzes kann sein Alter meist auf wenige Jahre genau datiert werden.

- *Schädlingsbekämpfung*

  Sind Schädlinge noch aktiv, müssen sie bekämpft werden. Aber nicht jeder Hinweis auf Schädlingsbefall macht eine Holzschutzbehandlung notwendig.

- *Kontrolle der Standsicherheit*

  Eine Überprüfung der Standsicherheit ist in den meisten Fällen angeraten, weil ihr Ergebnis unmittelbaren Einfluss auf das Sanierungskonzept hat.

- *bauphysikalische Untersuchungen*

  Wärme- und Feuchtigkeitsschutz sollten im Rahmen des technisch Machbaren verbessert werden. Gleiches gilt für den Schallschutz.

- *Schadensanalyse*

  Erst die eingehende Analyse aller gewonnenen Erkenntnisse ermöglicht die Erarbeitung eines präzisen Sanierungskonzeptes und eine verlässliche Kostenschätzung.

6.2 Sichtung vorhandener Gebäudeunterlagen

Die erste und naheliegendste Quelle ist die Nutzung vorhandener Unterlagen. Da Fachwerkhäuser eine lange Nutzungsgeschichte aufweisen, können je nach Bedeutung des Gebäudes Informationen aus alten Plänen und Fotografien, aus Urkunden und Chroniken sowie aus Hausbüchern und Archiven gewonnen werden. Wichtige Unterlagen sind soweit vorhanden Bestandspläne, Pläne von Umbaumaßnahmen, alte Rechnungen über Baumaterial und Handwerkerleistungen.

6.3 Baubegehung

Die Baubegehung ist der wichtigste Schritt, um sich ein Bild vom Ist-Zustand des Gebäudes zu machen. Die Begehung muss gründlich vorbereitet und durchgeführt werden und sollte daher nach einer Erstbesichtigung stattfinden. Danach ist es möglich, die Bestandsaufnahme systematisch zu planen und ggf. weitere fachliche Unterstützung zu organisieren. Die Ergebnisse werden schriftlich festgehalten und durch Fotos ergänzt. Oberstes Ziel muss es sein, die verschiedenen Informationen nachvollziehbar zu ordnen und diese im Sinne der digitalen Kommunikation über definierte Schnittstellen allen Beteiligten zur Verfügung zu stellen.

6.4 Bauaufmaß

Sind Bestandspläne vorhanden, sind diese auf Vollständigkeit und Richtigkeit zu überprüfen. Gibt es keine Pläne, ist ein Aufmaß notwendig, das Aufschluss über Konstruktion, Zustand und Dimensionierung der einzelnen Bauteile gibt.

Das Bauaufmaß besteht zum einen aus der exakten Vermessung des Gebäudes und zum anderen aus einer zeichnerischen Darstellung des Gemessenen. Die Darstellung von Bauaufnahmezeichnungen ist durch DIN 1356, Teil 6 normativ geregelt. Diese Norm legt die Art und Weise der zeichnerischen Darstellungen, die textlichen Inhalte, Zeichnungsinhalte und Bemaßungen bei Bauzeichnungen in Bezug auf den Verwendungszweck fest. Dies gilt insbesondere für die digitale Erfassung und Dokumentation. Die Norm kennt die Informationsdichten I und II, die sich aus den Aufgabenstellungen im Zusammenhang mit dem Bauaufmaß ableiten.

Bauaufnahmezeichnungen nach Informationsdichte I werden mit einem zerstörungsfreien Aufmaß erstellt. Nicht alle Maße, die zur genauen grafischen Darstellung erfasst werden müssen, werden dokumentiert. Es sind jedoch mindestens die Außenabmessungen und die lichten Raummaße anzugeben. In Abhängigkeit von der Aufgabenstellung können weitere Angaben als Zusatzleistung vereinbart werden.

Zeichnungen nach Informationsdichte I dienen als Grundlage für die Darstellung des Bestandes für folgende Zwecke:

- Erstellung von Grundrissen, Ansichten und Schnittdarstellungen,
- Erstellung einer Objektübersicht/Gesamtübersicht,
- Grundrissgliederung,
- Höhenentwicklung und Darstellung der Ansichten,

und weitere Informationen, wie z. B.

- überschlägige Flächenberechnung,
- Angaben von Höhen,
- Volumenangaben,
- generelle Aufnahme der Oberflächen ohne Details,
- Nutzungsanalyse.

Zeichnungen nach Informationsdichte II dienen als Grundlage für Genehmigungs- und Sanierungsmaßnahmen. Sie bilden die Grundlage für Orts- und Stadtbildanalysen und die daraus abgeleiteten Gestaltungssatzungen. Das Aufmaß ist annähernd wirklichkeitsgetreu. Es dient zum Beispiel folgenden Zwecken:

- Aufstellen eines Baualtersplans,
- Darstellung von Bauschäden,
- Rauminhalte nach DIN 277-1,
- weitere Bearbeitung als Zeichnung oder Bauvorlagezeichnung,
- genauere Aufnahme der Oberflächen mit Details.

Informationsdichte II unterscheidet sich von Informationsdichte I durch eine vermehrte Messdichte und durch eine größere Anzahl an textlichen und grafischen Informationen.

Das Aufmaß erfolgt für alle relevanten Bauteile. Es umfasst:

- Außen- und Innenwände,
- Fenster und Türen,
- Geschossdecken einschl. der Spannrichtung,
- Unterzüge,
- Dach,
- Treppen.

Werden beim Aufmaß fehlende Konstruktionshölzer, stärkere Holzzerstörung oder Brüche festgestellt, sollte man das bereits in den Plänen vermerken. Sind tragende Bauteile betroffen, muss die Standsicherheit überprüft werden. Während und nach Durchführung der Untersuchungen sind alle Unterlagen auf Plausibilität zu überprüfen. Sollte man die Ergebnisse nicht im gesamten Umfang in den Plänen erfassen können, müssen sie gesondert in einem technischen Bericht dokumentiert werden.

Die klassische Methode zur Bestandsaufnahme ist das Handaufmaß, kommt aber heute immer weniger zum Einsatz. Zur Distanzmessung werden Zollstock, Rollmaßband, oder Laserdistanzmessgerät verwendet. Um Höhenunterschiede zu messen, kann man eine Wasserwaage, eine Schlauchwaage, eine Laserwasserwaage oder ein Nivelliergerät benutzen.

Für die Bestandsdokumentation von Gebäuden werden heutzutage die Möglichkeiten der Ingenieurvermessung genutzt. Mit einem Theodolit lassen sich sowohl Horizontalrichtung als auch Vertikalwinkel bestimmen. Hierzu wird der Theodolit auf einem Stativ lotrecht über einem Bezugspunkt aufgestellt. Bevor man die gewünschten Messergebnisse ablesen kann, muss der Theodolit waagerecht ausgerichtet und zentriert werden. Dazu wird das Gerät zuerst mit einem Lot zentriert und dann mithilfe von Libellen horizontal ausgerichtet. Die exakte Aufstellung ist extrem wichtig, um Messfehler zu vermeiden.

Ein grafisches, computerunterstütztes Verfahren zur Bestandsaufnahme ist die Tachymetrie. Mit einem Tachymeter werden Horizontalrichtungen und Vertikalwinkel sowie die Entfernung von diversen Messpunkten bestimmt, auch schräg gemessene Entfernungen. Das Tachymeter weist im Vergleich zu einem Theodolit bessere Messmöglichkeiten auf. Die gemessenen, über eine spezielle Software ausgewerteten Daten werden in CAD-Pläne umgesetzt, die ihrerseits ergänzt und mit zusätzlichen Informationen versehen werden können. Die Punkte sollten so verteilt liegen, dass sie von möglichst vielen Standorten einsehbar sind. Für die Erfassung der kompletten Gebäudegeometrie sind viele Einzelmessungen notwendig.

Wenn eine Schnittstelle für den CAD-Export zur Verfügung steht, können auch Grundrisse importiert werden, um Flächen und Volumina nach DIN 277 zu bestimmen. Mithilfe von 2D- und 3D-Zeichenfunktionen können Ansichtszeichnungen und Grundrisse erstellt und Schäden kartiert werden. Um die Aussagekräftigkeit zu erhöhen, ist es möglich, Farben zu hinterlegen und Ansichten auf digitalen Fotos nachzuzeichnen.

Verformungsgetreue Aufmaße erfolgten früher als Handaufmaß. Wegen des hohen Aufwandes wird es heute nicht mehr angewendet. Stattdessen erfolgt die Erfassung der Gebäudegeometrie einschließlich aller Verformungen in Grundrissen, Ansichten und Schnitten in einer Kombination von 3D-Laserscanning und tachymetrischen Aufnahmen. Als Ergebnis erhält man geometrisch aufeinander abgestimmte CAD-Zeichnungen, die direkt digital weiterverarbeitet werden können.

Bild 6.4 Handaufmaß Altes Zollhaus in Wennigsen

Ein preiswertes und sehr komfortables Instrument zur Bestandsaufnahme von Fassaden ist das Fotoaufmaß. Mit einer handelsüblichen Digitalkamera fotografiert man alle Seiten eines Gebäudes, überträgt die Fotografien auf einen Rechner und liest sie in eine Anwendung zur Generierung eines Fotoaufmaßes ein. Das Herstellen des Maßbezuges erfolgt, indem man quadratische, rechteckige oder freie Referenzmaße auswählt und dann die tatsächlichen Abmessungen eingibt. Während des Fotografierens muss man weder Abstand noch Winkel zum Gebäude beachten, weil Perspektivfehler korrigiert werden. So lässt sich mit EDV-Unterstützung zeitsparend ein Fotoaufmaß mit EDV-Unterstützung durchführen. Auch Texturen können eingearbeitet werden.

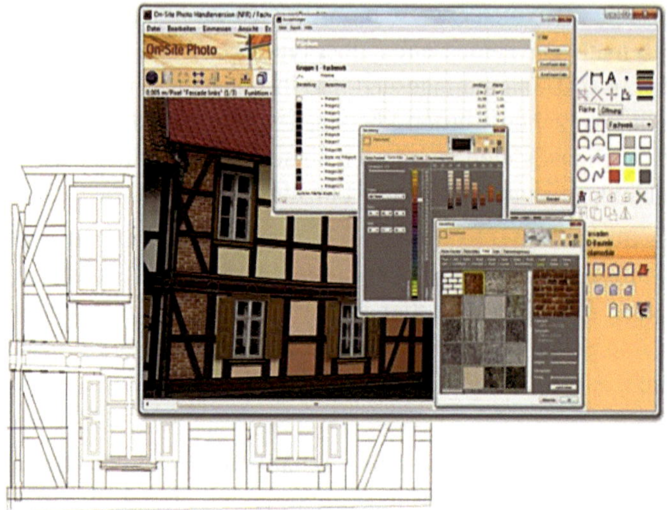

Bild 6.5 Fotoaufmaß

Beim Aufmaß von Fachwerkwänden können die sogenannten Abbundzeichen eine Orientierungshilfe sein. Denn Abbundzeichen kennzeichnen jeweils die ursprünglich lot- und fluchtrechten Fachwerkseiten. Außenwände haben ihre Bundseite außen.

Üblicherweise werden die Abbundzeichen mit der Stoßaxt oder dem Stemmeisen in die einzelnen Hölzer eingeschlagen und eingeschnitten, und zwar immer von links nach rechts – gleichgültig, an welcher Hausecke man beginnt. Die Zeichnung erfolgt mit römischen Zahlen. Zusätzlich weist jede Wand ein Sonderzeichen auf, sodass die zu einer Wand gehörenden Hölzer fortlaufend markiert und mit dem Sonderzeichen für diese Wand versehen sind. Die Sonderzeichen bestehen aus Ruten (schräge Striche), Ausstichen (Fähnchen) und Stockzeichen, die alle mit der Ecke der Stoßaxt oder mit dem Stemmeisen ausgestochen werden. Alle Längswände erhalten Ruten, die erste Wand eine Rute, die zweite Wand zwei Ruten usw. Analog erhält die erste Querwand einen Ausstich, die zweite zwei Ausstiche usw. Um die Hölzer der einzelnen Stockwerke zu erkennen, bekommen diese für das erste Stockwerk ein, für das zweite Stockwerk zwei Stockzeichen usw.

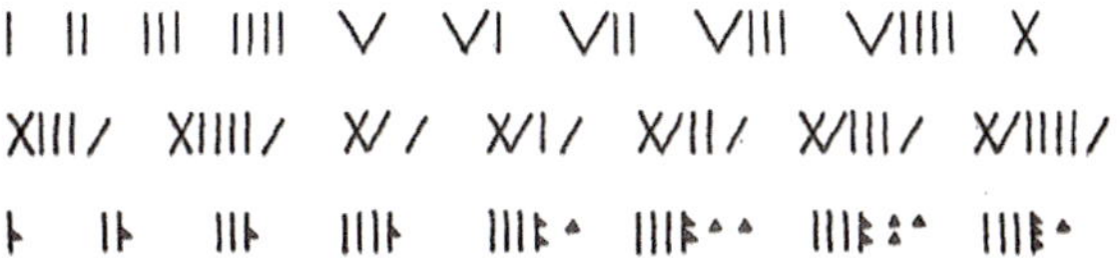

I II III IIII V VI VII VIII VIIII X

XIII/ XIIII/ X/ / X/I/ X/II/ X/III/ X/IIII/

Bild 6.6 Beispiele für Abbundzeichen

obere Reihe: Zahlen 1 - 10

mittlere Reihe: Zahlen 13 - 19 mit dem Sonderzeichen 1 Rute;

untere Reihe: Zahlen 1 - 4 mit dem Sonderzeichen 1 Ausstich; Zahl 4 mit 2 Ausstichen und 1 Stockzeichen, Zahl 4 mit 2 Ausstichen und 2 Stockzeichen, Zahl 4 mit 2 Ausstichen und 3 Stockzeichen, Zahl 4 mit 3 Ausstichen und 1 Stockzeichen

Je nach Baukonstruktion sind verschiedene Methoden üblich und folgen auch lokal und nach Werkstatt unterschiedlichen Sitten. Eine Besonderheit ist, dass die Zahl 4 oft nicht als „IV“, sondern als „IIII“ markiert wird, um Verwechslungen zu vermeiden. Ebenso wird die Zahl 9 als „VIIII“ dargestellt. Die Nummerierung muss auch nicht zwangsläufig mit der Zahl 1 beginnen.

■ 6.5 Raumbuch

Das Raumbuch dient der raumweisen Erfassung der Merkmale eines Gebäudes und wird seit Jahrzehnten im denkmalpflegerischen Bereich erfolgreich eingesetzt. Üblicherweise werden die Feststellungen im Raumbuch nach Form, Funktion, Konstruktion und Baustoff festgehalten. Die Beschreibung selbst erfolgt nach Räumen, innerhalb eines Raumes nach Wänden und je Wand nach Befundstellen geordnet. Zwischenzeitlich hat sich das Raumbuch zu einem Informationssystem in Form einer EDV-gestützten Datenbank gewandelt. Dadurch ist die Anwendung von Raumbüchern viel einfacher und effizienter geworden. Denn das Auswerten, Suchen und Bearbeiten der aufgenommenen Daten ist leichter und schneller als in früheren Zeiten möglich.

Aufgrund der positiven Erfahrungen mit dem Instrument „Raumbuch“ liegt es auf der Hand, es bei der Bestandsaufnahme zu nutzen und so anzulegen, dass es später als Sanierungsraumbuch weitergeführt werden kann. Dabei muss auf eine sinnvolle und rationelle Bearbeitung geachtet werden.

Der erste Schritt ist die Anfertigung einer Fotodokumentation mit einem möglichst hohen Qualitätsstandard. Dazu gehören:

- Übersichtsaufnahmen aus größerer Entfernung, um den Bezug des Gebäudes zur Umgebung zu dokumentieren (Lage in der Landschaft, städtebauliche Situation),
- Außenaufnahmen aller Ansichten im Uhrzeigersinn beginnend mit der Hauptansicht,
- Innenaufnahmen aller Räume, und zwar für jeden Raum mindestens ein aussagekräftiges Übersichtsfoto und jeweils eine Aufnahme pro Wand sowie Decke und Fußboden,
- für die Bauweise und die Ausstattung des Gebäudes maßgebende Detailaufnahmen von Befunden.

Man sollte sich bei der Datenaufnahme grundsätzlich von außen nach innen und im Inneren des Gebäudes geschossweise von unten nach oben bewegen, gegliedert nach Wänden, Fußböden, Decken, Ausbauteilen und Sonderausstattungen mit Angaben zu Bauweise, Konstruktion, Material, Gestaltungselementen und Ausstattungsmerkmalen. Aber nicht jede Tür und nicht jedes Fenster müssen maßstäblich aufgenommen werden; oftmals reicht ein Foto, auf dem auch ein Meterstab erkennbar ist, völlig aus. Alle Räume werden systematisch nummeriert. Dabei soll aus der Raumnummer auch das Geschoss erkennbar sein (E 5 Raum 5 im EG; O 1-5 Raum 5 im 1. OG). Die Raumnummern müssen in alle Pläne übernommen werden. Während der Erstellung des Raumbuches können noch nicht alle Maßnahmen in letzter Konsequenz übersehen werden. Für solche Fälle muss festgelegt werden, dass einvernehmliche Absprachen mit dem Auftraggeber getroffen werden müssen.

Am Ende werden die Fotos und Skizzen mit den Zeichnungen verknüpft und wo notwendig erläutert. Damit ist das Sanierungsraumbuch komplett und eine Grundlage geschaffen für eine lückenlose Planung und Ausschreibung der Sanierungsarbeiten und falls notwendig der wissenschaftlichen Dokumentation. Um den Aufwand zur Führung eines Raumbuches angemessen zu gestalten, sollte stets nach dem Grundsatz verfahren werden: „So viel wie nötig und so wenig wie möglich."

Raumbuch: Fassade			**Seite 1**
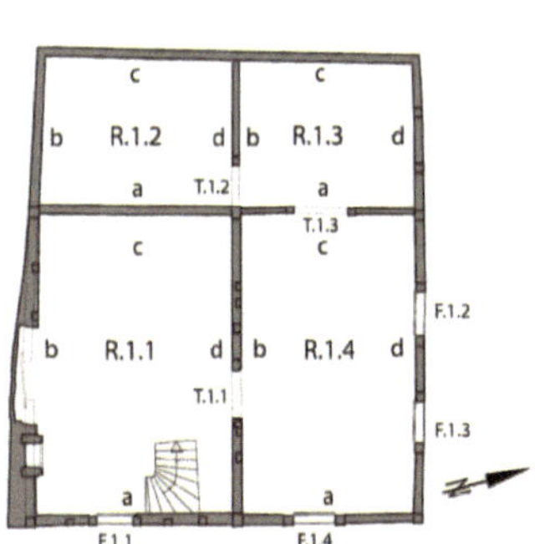	Nideggen-Muldenau, Brückenstr. 9 **Wohnhaus** der Fachwerkhofanlage		
	Objekt-Nr.: 12345	UDB-Nr.: A678	Eintragung: 03.05.1985
	Bearbeitung: Kristin Dohmen LVR-ADR, Referat Bauforschung		Datum: 01.07.2011
	Ansicht von Nordosten_Nordfassade		
	Übersicht	**Gesamtansicht**	Detailansicht
	Bezeichnung: Fachwerkgiebel Wohnhaus		Bild-/Datei-Bez.: F_06-07.jpg

Die Fachwerk-Hofanlage liegt ortsbildprägend im Dorfkern von Muldenau, direkt an der Brückenstraße und dem nördlich vorbeifließenden Muldenauer Bach. Die dahinter gelegenen Freiflächen schaffen markante Sichtbezüge zu der Pfarrkirche St. Barbara sowie zu den großen Höfen des Ortes. Es handelt sich um einen historisch gewachsenen Dreikanthof. Die nördliche Hofseite am Bach wird von einer großen Scheune und dem giebelständigen Wohnhaus eingefasst, dessen hoher Fachwerkgiebel nach Norden hin weithin sichtbar ist.

Das zweigeschossige Wohnhaus besitzt ein hohes Dachgeschoss mit ausgebildetem Drempel und Satteldach sowie einen taufseitigen Anbau mit abgeschlepptem Pultdach. Das Fachwerk ist als geschossweise abgezimmerter Ständerbau über einem Bruchsteinsockel aufgeführt. Das erste und zweite Geschoss des Hauptbaus gliedert sich in fünf Gefachachsen mit jeweils zwei Riegellagen. In den äußeren Gefachachsen steifen jeweils geschosshohe Streben den Abbund auf, in der zweiten und vierten Gefachachse liegen hochrechteckige Fenster (einflügelig mit Sprossenkreuz). Der hohe Fachwerkgiebel ist aus vier Riegellagen mit symmetrisch angeordneten Streben ausgebildet. Die mittlere Gefachachse weist ein durch Pfosten abgeteiltes Giebelfenster auf. Der traufseitige Anbau besitzt drei Fachwerkachsen mit mittig gelegenem Fenster desselben Typs. Die Balkenlagen der Geschosseinteilung binden außenseitig durch.

Die Gefache weisen bis zum Dachgiebel noch die originale Lehmstakenfüllung mit teils aufliegendem Kalkfeinputz auf. Das Giebeldreieck des Hauptbaus besitzt keine Gefachfüllung mehr. Der Fachwerkabbund ist ohne Veränderungen aus der Erbauungszeit überkommen. Die einflügeligen Fenster stammen aus jüngerer Zeit.

Bild 6.7 Musterseite aus einem Raumbuch

■ 6.6 Untersuchungs- und Diagnoseverfahren

Bei der Baustoffprüfung unterscheidet man zerstörungsfreie, zerstörungsarme und zerstörende Prüfverfahren. Man sollte stets bestrebt sein, so zerstörungsfrei wie möglich zu arbeiten. Zerstörende Prüfverfahren sollten die Ausnahme bleiben, es sei denn, Bauteile der Fachwerkkonstruktion sind bereits zerstört.

6.6.1 Latthammer

Um Hohlräume oder Fehlstellen aufzufinden, verwendet man einen Latthammer oder ein Beil. Durch leichtes Klopfen mit einem Hammer oder einem Beil lassen sich sehr gut Hohlräume durch den unterschiedlichen Klang der verglichenen Stellen orten. Da das Abklopfen ein stark subjektives Verfahren ist, spielt der Erfahrungsschatz des Prüfers eine große Rolle. Das Abklopfen ist auch gut bei schädlingsbefallenem Holz einsetzbar. Liegt der Verdacht auf Schädlingsbefall vor, muss man das Holz zur weiteren Überprüfung gezielt abbeilen.

Bild 6.8 Latthammer

6.6.2 Rissüberprüfung mit Rissbreitenmesser

Ein einfaches Verfahren zur Feststellung von Rissbreiten ist das Anlegen eines Rissbreitenmessers. Mithilfe der aufgebrachten Strichstärken lässt sich die Breite eines Risses bestimmen. Die Messgenauigkeit beträgt 1/10 mm. Die Dokumentation durch Fotos dokumentiert den Sachverhalt.

Risse können sich innerhalb kurzer Zeit verändern, innerhalb mittlerer Zeitspannen z. B. Tag-Nacht-Temperaturunterschied oder über längere Zeiträume, z. B. in Abhängigkeit von den klimatischen Bedingungen oder Setzungen. Die Häufigkeit und das Ausmaß der Rissbreitenänderungen sind bei der Festlegung der Sanierungsmaßnahmen entscheidend.

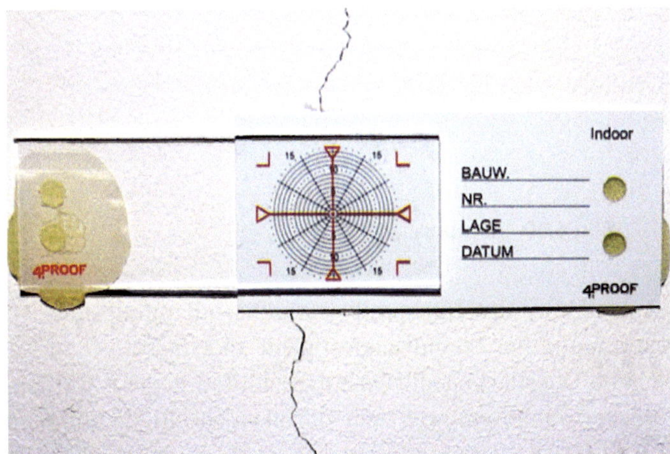

Bild 6.9 Rissüberprüfung mit Rissbreitenmesser

Möchte man wissen, ob sich Risse verändern, sollte man Rissmonitore verwenden. Rissmonitore dienen der qualitativen und quantitativen Erfassung von Veränderungen in Rissen. Durch die Anordnung eines Fadenkreuzes über einem Strichraster ist die Verformung direkt ablesbar. Im Gegensatz zu Gipsmarken ist die Montage mittels Dübeln oder Klebstoff schneller und einfacher. Allerdings sind die Anschaffungskosten der Rissmonitore deutlich höher als die Kosten für Gips, relativieren sich aber durch die mehrfache Verwendbarkeit.

Es gibt Rissmonitore für die Beobachtung von Rissen in der Ebene, in Ecken sowie für den horizontalen Versatz. Die Dokumentation erfolgt üblicherweise über Fotos, die die Lage des Fadenkreuzes über dem Strichraster zeigen.

6.6.3 Mauerwerksfestigkeit – Rückprallprüfung

Der Rückprallhammer (Schmidt-Hammer) ist ein Instrument zur zerstörungsfreien Baustoffprüfung. Mit seiner Hilfe kann die Druckfestigkeit von Beton punktweise gemessen werden.

Seit nunmehr 30 Jahren ist auch der Zusammenhang zwischen den Rückprallwerten an Ziegeln und deren Druckfestigkeit bekannt. Diese Abhängigkeit wurde durch Versuche an Bestandsgebäuden verifiziert.

Bild 6.10 Rückprallhammer

Die Probestelle ist bei Anwendung des Rückprallverfahrens mit mindestens 10 Einzelprüfungen zur Bestimmung der Steindruckfestigkeit zu erfassen. Glatt geformte oder glatt gestrichene Oberflächen dürfen ungeschliffen geprüft werden, ansonsten sind die Oberflächen von losem, weichem Mörtel zu beseitigen und raue Oberflächen glatt zu schleifen. Der Rückprallhammer muss in einem Winkel von 90° zur zu überprüfenden Oberfläche angesetzt werden und mit stetig steigendem Druck gegen die Oberfläche gepresst werden, bis der Schlag ausgelöst wird. Der Rückprallweg ist dann abzulesen.

In Weiterführung der Idee der Ziegelprüfung wurde ein analoges Verfahren zur Bestimmung der Mörteldruckfestigkeit entwickelt, sodass sowohl Mauersteine als auch Mörtelfugen zerstörungsfrei untersucht und Erkenntnisse über die Festigkeiten gewonnen werden können.

6.6.4 Thermografie

Die Thermografie hat sich im Laufe der Jahre als zuverlässiges, zerstörungsfreies Messverfahren etabliert. Sie hilft beim Aufspüren von Wärmelecks wie z. B. Fehlstellen in der Wärmedämmung, an Wänden, Dächern und Heizkörpernischen sowie undichten Fenstern. Eine Thermografie muss allerdings fachlich richtig durchgeführt und kompetent bewertet werden, sonst ist sie wenig hilfreich.

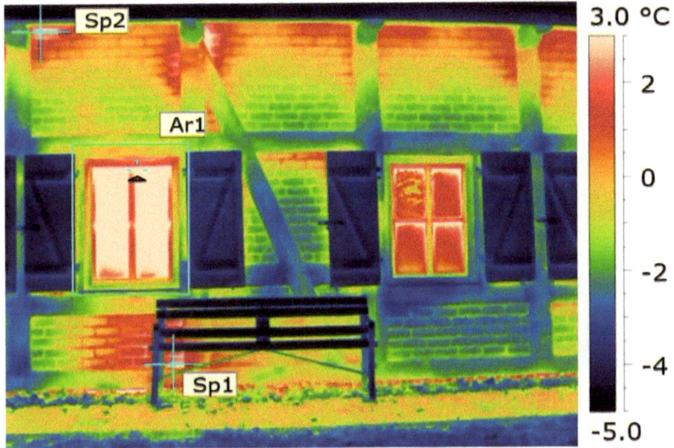

Bild 6.11 Infrarot-Thermografie einer Fachwerkwand

Die Visualisierung von Oberflächentemperaturen und die sich dadurch ergebenden Wärmeströme sind primär von technischer Bedeutung, zeigen aber auch dem Nicht-Fachmann durch die farbige Wärmeskala schnell die Energieverluste auf; auch wenn zu einer exakten Bewertung einer thermografischen Aufnahme viel Erfahrung und Expertenwissen notwendig ist.

Wärmebrücken jeglicher Art müssen beseitigt werden, verursachen sie doch unnötige Wärmeverluste. Außerdem kann sich an den unterkühlten Bauteilen erfahrungsgemäß Feuchtigkeit niederschlagen, was gerade im Fachwerkbau zu dramatischen Bauschäden führen kann.

Um hinreichend große Temperaturdifferenzen zwischen Innen- und Außenraum zu haben, misst man am besten während der kalten Jahreszeit. Die Visualisierung der Oberflächentemperaturen und die sich dadurch ergebenden Wärmeströme zeigen auch dem Nicht-Fachmann schnell die Energieverluste auf; auch wenn zur Deutung einer thermografischen Aufnahme viel Erfahrung und Expertenwissen notwendig ist.

Thermografie hilft bei der Lokalisierung von verborgenem Fachwerk, indem z. B. von überputzten Fassaden Infrarotaufnahmen angefertigt werden. Punkt für Punkt werden die Oberflächentemperaturen, die wegen der unterschiedlichen Materialeigenschaften von Fachwerk und Ausfachung voneinander abweichen, abgetastet, sodass der Verlauf der Ständer, Streben, Kopfhölzer und sogar der Schmuckelemente unter dem Putz zu erkennen ist.

Bild 6.12 Fachwerk unter Putz

Ohne zerstörerische Eingriffe lässt sich feststellen, ob unter dem Putz ein architektonisch wertvolles Fachwerk liegt, ob sich seine Freilegung lohnt und wie sich diese auf die Nachbarbebauung auswirken wird. Bei Nahaufnahmen sind die Fachwerkfiguren bis in ihre Details gut zu erkennen. Störungen im Fachwerk wie fehlende Stäbe oder veränderte Öffnungen für Fenster und Türen werden ebenfalls sichtbar und lassen erste Rückschlüsse hinsichtlich notwendiger Erneuerungsarbeiten zu. Das erleichtert die Sanierungsplanung und die Schätzung der Sanierungskosten.

Anhaltspunkte für Holzschädigungen wird man mittels Thermografie kaum finden können. Da aber die Schadensbehebung nicht zum unkalkulierbaren Risiko werden kann und darf, muss die Suche nach Schäden bei Fachwerkhölzern unter Putz äußerst gründlich erfolgen. Das heißt, dass der Erhaltungszustand der Hölzer verputzter Fachwerkaußenwände an erfahrungsgemäß besonders häufig betroffenen Stellen wie den Fensterstreichpfosten unterhalb der Fensterbänke, den untersten Schwellen und den Knotenpunkten vom oberen Rähm mit Dachbalken und Giebelsparren durch Abschlagen des Putzes überprüft werden muss.

Fallbeispiel

Ein etwa 300 Jahre altes Haus in einer mittleren Kleinstadt in Süddeutschland hatte durch den sanierungsbedürftigen und überalterten Innenausbau stark gelitten und war in seinem Wert stark gemindert. Wegen der herrschenden Wohnungsnot entschloss man sich in den 1970er-Jahren, die Wohngeschosse zu modernisieren und die haustechnische Ausstattung zeitgemäß zu sanieren.

Die verputzte Fassade selbst war einige Jahre zuvor in Verbindung mit einer kleineren Umbaumaßnahme im Erdgeschoss erneuert worden, indem die Außenwände einen Glattputz erhalten hatten und die alten einfachverglasten Holzfenster gegen Holzverbundfenster ausgewechselt worden waren.

Bild 6.13 Haus im Urzustand

Merkmale wie z.B. die auskragenden Geschosse deuteten darauf hin, dass sich hinter der Putzfassade eine Fachwerkkonstruktion verbergen könnte. Infolgedessen veranlasste thermografische Aufnahmen zeigten, dass die Außenwände des Erdgeschosses aus Mauerwerk bestehen. Hinter den verputzten Außenwandflächen der beiden Obergeschosse konnte man aber deutlich Ausfachungen samt Ständerwerk unter den sich weiß abzeichnenden Fensteröffnungen erkennen. Offensichtlich war die Fachwerkkonstruktion in früherer Zeit verputzt worden, um optisch den Charakter eines Mauerwerksbaus zu erzielen.

Bild 6.14 Sanierung in den 1960er-Jahren

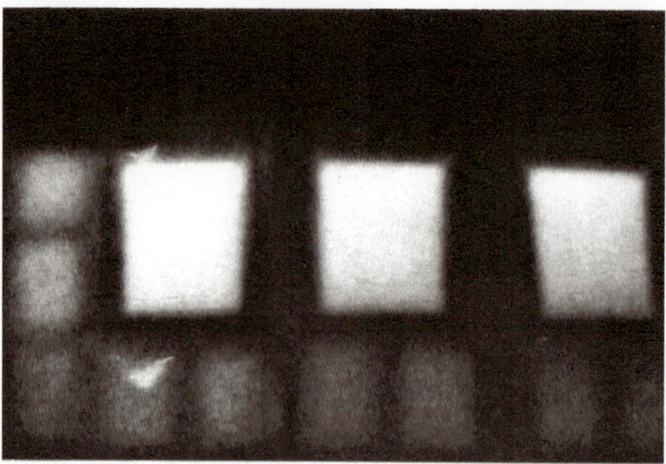

Bild 6.15 Thermografieaufnahme Anfang der 70er-Jahre

Bild 6.16 Freilegung des Fachwerks

Das Ergebnis der Thermografie bewog die Baubeteiligten, das Fachwerk freizulegen und in die Modernisierungsmaßnahme einzubeziehen. Dadurch stiegen zwar die Modernisierungskosten gegenüber der ursprünglichen Kostenschätzung, führten aber zu einer deutlichen Aufwertung des Gebäudes und blieben immer noch knapp unter den Baukosten eines vergleichbaren Neubaus an diesem Ort.

6.6.5 Endoskopie

Auch der Erhaltungszustand von Holzbalkendecken lässt sich weitgehend zerstörungsfrei überprüfen. Die übliche Methode der Untersuchung des Zustandes von Holzbalkendecken besteht aus einem Öffnen der Deckenoberseite, um die tragenden Bauteile visuell beurteilen zu können. Dabei muss zumindest in allen als kritisch geltenden Bereichen - es sind dies stets die Balkenköpfe in gemauerten Außenwänden - der Oberboden entfernt und eine gegebenenfalls vorhandene Schüttung samt Schalung ausgeräumt werden. Die freigelegten Deckenbalken werden dann durch Anstechen, Kratzen und vor allem Abbeilen untersucht. Bei tiefer ins Holz reichenden Schäden können Art und Zustand des Holzes in Bohrlöchern und Bohrlochwandungen betrachtet werden.

Als zeit- und kostensparende Alternative steht die bautechnische Endoskopie zur Verfügung. Der besondere Vorteil der Endoskopie besteht darin, dass das Verfahren sehr zerstörungsarm ist. Im Allgemeinen reicht es aus, kleine Löcher mit einem Durchmesser von 10 bis 14 mm in den Fußboden, eventuell auch über Kopf in die Decke, zu bohren, um die Örtlichkeit durch das Endoskop zu betrachten.

Die Endoskopie verlangt eine gewisse Übung im Umgang mit dem Instrumentarium und vor allem Erfahrung bei der Interpretation der Bilder.

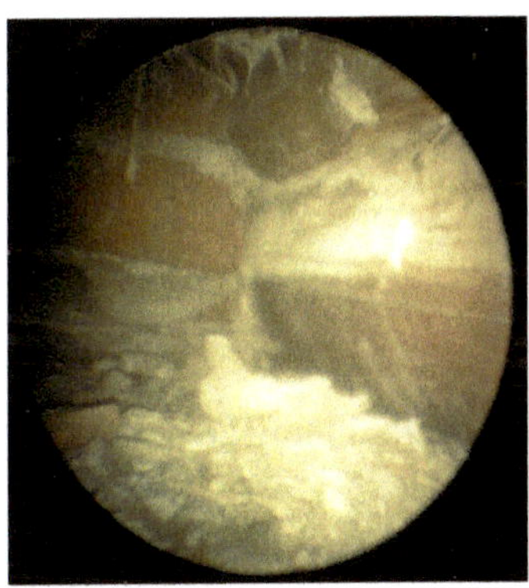

Bild 6.17 Endoskopie einer Holzbalkendecke

Mit dem Einführen des Endoskops in das Bohrloch beginnt die eigentliche Untersuchung. Sie besteht zunächst in der Inaugenscheinnahme gefährdeter Stellen. Hierfür stehen verschiedenste Arten von Endoskopen zur Verfügung. Zum Einsatz kommen in der Regel flexible Endoskope mit verschiedenen Baulängen und verschiedenen Objektiven (Weitwinkel- bzw. Telewirkung). Bei gutem Lichteinfall und geeigneter Beobachtungsdistanz ist eine genaue Analyse der Holzoberfläche ohne Schwierigkeiten möglich. Schäden durch tierische Schädlinge können endoskopisch leichter erkannt werden als Pilzkulturen, es sei denn, man trifft auf einen Fruchtkörper. Die Dokumentation erfolgt durch Fotos oder Videos.

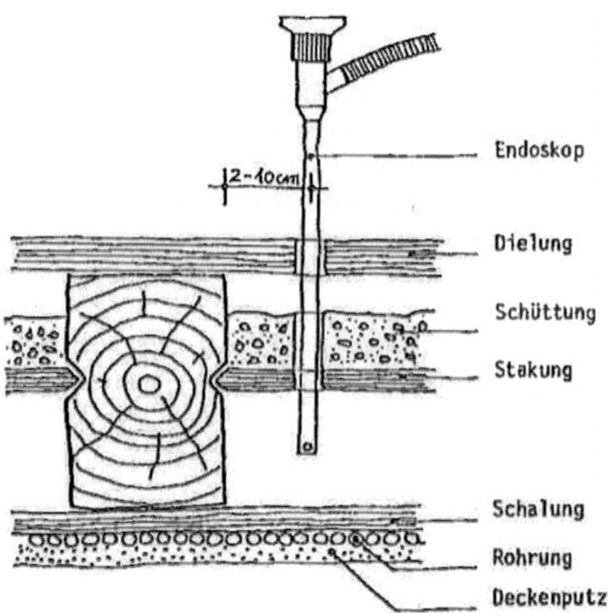

Bild 6.18 Endoskopie eines Balkenauflagers

Haben sich durch die Endoskopie Hinweise auf Pilzschäden und/oder tierische Schädlinge ergeben, müssen die als geschädigt erkannten Bereiche geöffnet werden. Die Öffnung hat behutsam zu erfolgen, damit vorhandene Schadensbilder - das gilt speziell bei Pilzbefall - nicht unbeabsichtigt zerstört werden.

6.6.6 Rasterelektronenmikroskopie

Nach wie vor gilt das klassische Lichtmikroskop in der Denkmalpflege als primäres Charakterisierungsinstrument der Stoffeigenschaften im Mikrobereich. Allerdings reicht der visuelle mikroskopische Eindruck alleine oft nicht zur sicheren Materialidentifikation aus. Vielmehr ist in Sonderfällen die Analytik mithilfe eines Rasterelektronenmikroskops häufig die bessere Wahl.

Mit dem Rasterelektronenmikroskop (REM) kann man die Topografie die Strukturen von Oberflächen darstellen. Der Vorteil liegt in der dreidimensionalen Darstellung bei großer Tiefenschärfe und hoher Auflösung. Das REM-Bild ist ein naturgetreues Abbild der Probe.

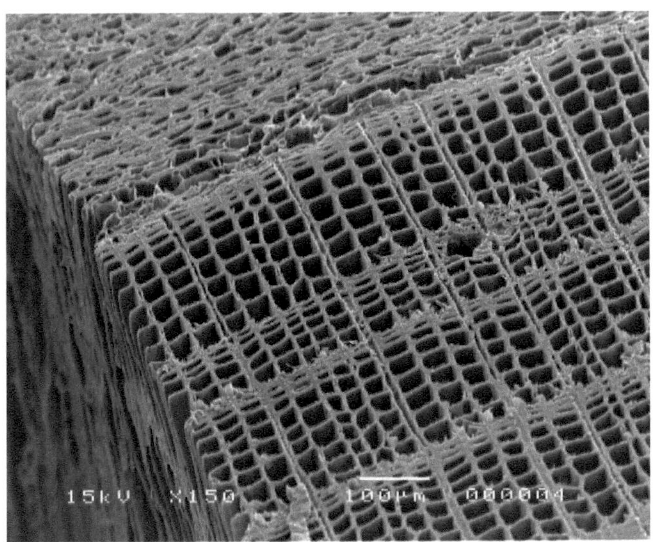

Bild 6.19 Fichtenholz (Querschnitt) unter dem Rasterelektronenmikroskop

Das Abbild entsteht durch Abtasten der Probenoberfläche mit einem gebündelten Elektronenstrahl (Rasterung). Durch die Wechselwirkung der Primärelektronen mit der Probenoberfläche entstehen verschiedene Signale, die von geeigneten Detektoren erfasst werden und durch Umwandlung ein naturgetreues Abbild der Probe ergeben. Da die Röntgenspektren der unterschiedlichen chemischen Elemente sich deutlich voneinander unterscheiden, ist das Risiko einer Fehlinterpretation minimal.

6.6.7 Frostwiderstand

Frostwiderstand wird in unseren Breiten von allen Baustoffen gefordert, die der Witterung ausgesetzt sind, so auch von Mauersteinen. Als frostbeständig gelten Baustoffe, die Temperaturen unter 0°C schadlos standhalten. Erscheinungsbilder bei Frostschäden an Mauersteinen sind Risse an der Oberfläche, Abplatzungen und fortschreitende Materialzerstörungen. Mauersteine mit hoher Saugfähigkeit, geringer Scherbenfestigkeit, Mauerwerk mit Frostschäden geringem Porenvolumen und ungünstiger Porengrößenverteilung begünstigen die Materialzerstörung infolge Frostbelastung. Mörtelfugen mit starker Wasseraufnahmefähigkeit erhöhen das Risiko von Frostschäden zusätzlich.

Frostzerstörungen entstehen durch die Sprengwirkung des gefrorenen Wassers, weil sich das Volumen beim Übergang von Wasser zu Eis um rund 9% vergrößert. Durch Frost-Tau-Wechsel tritt eine Lockerung des Gefüges auf, die den Baustoff nach und nach zerstört. Die Bestimmung des Frost-Tau-Widerstandes von Mauerziegeln kann nach E DIN 772-22 Prüfverfahren für Mauersteine - Teil 22 Bestimmung von Frost-Tau-Widerstand von Mauerziegeln erfolgen.

Bild 6.20 Sichtmauerwerk mit Frostschäden

6.6.8 Altersnachweis – Dendrochronologie

Für den Nutzwert, die gestalterische Qualität und Modernisierungswürdigkeit ist das Gebäudealter von sekundärer Bedeutung, nicht aber unter baugeschichtlichen oder denkmalpflegerischen Aspekten.

Rückschlüsse auf das Alter lassen Hausinschriften, gegebenenfalls Chroniken oder andere schriftliche Belege zu. Auch Vergleiche der angetroffenen Konstruktionen und Schmuckformen mit denen von sicher datierten Häusern können Auskunft über das Gebäudealter geben.

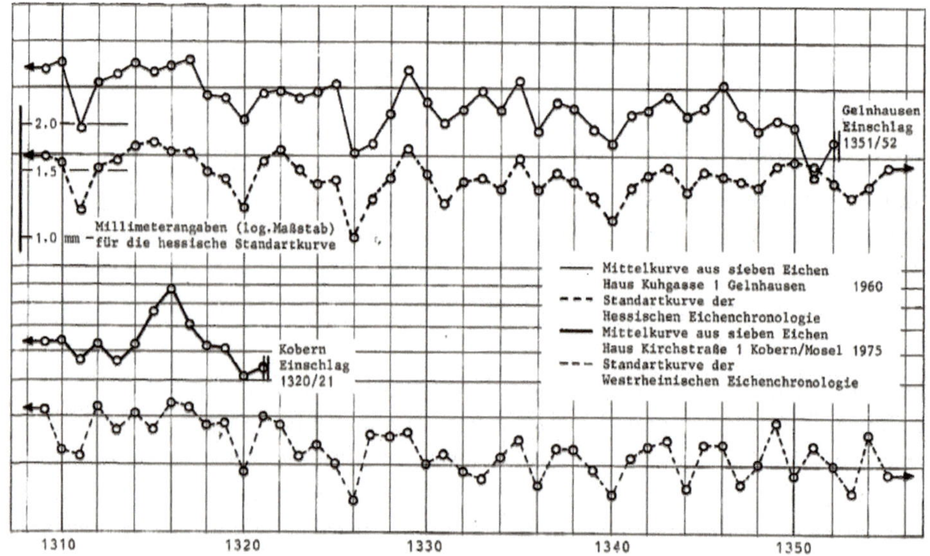

Bild 6.21 Dendochronologische Datierung nach der Hessischen Eichenchronologie

Am genauesten ist das Verfahren der Dendrochronologie, einer wissenschaftlich abgesicherten Methode zur Altersbestimmung anhand der Jahresringe. Dabei wird durch Vergleich der Jahresringbreite mit einer Standardkurve das Fälljahr des Holzes ermittelt und durch Spuren der Axthiebe Sommer- oder Wintereinschlag bzw. saftfrische oder trockene Verzimmerung analysiert. Notwendig hierfür sind etwa 5 cm dicke Scheiben aus Hölzern, die mit Sicherheit aus der ersten Bauphase stammen. Besteht keine Möglichkeit, derartige Scheiben aus dem eingebauten Holz herauszuschneiden, können auch Bohrkerne mit 15 bis 25 mm Durchmesser entnommen und mikroskopisch untersucht werden. Die Proben sollen an mindestens einer Stelle eine Baumkante und eine möglichst große Anzahl der Jahresringe (80 und mehr) aufweisen.

Aufschluss über das Alter des Holzes erhält man, indem man die Jahresringbreiten in einer Kurve aufträgt und diese mit Standardkurven bestimmter Wachstumsregionen vergleicht. Hat man die mit einer Standardkurve korrespondierende Stelle herausgefunden, steht das Fälldatum und damit das Alter fest.

6.6.9 Folientest

Eine einfache Möglichkeit, um qualitativ Feuchte nachzuweisen, ist der sog. Folientest. Auf eine glatte Fläche legt man dicht eine ca. 1 m × 1 m große, wasserdampfdichte und transparente Kunststofffolie und klebt die Ränder luftdicht ab. Wenn sich nach 24 bis 48 Stunden Wassertröpfchen an der Unterseite der Folie gebildet haben, ist das Bauteil als feucht zu bewerten. Der Vorteil des Folientestes ist, dass man einerseits eine größere Prüffläche hat und andererseits nur einen minimalen Aufwand betreiben muss.

Bild 6.22 Folientest zur Prüfung der Feuchtigkeit

6.6.10 Feuchtemessung

Auch ohne unmittelbare Befeuchtung wie zum Beispiel durch Schlagregen nimmt Holz Feuchtigkeit aus der Luft auf und gibt sie durch Trocknen auch wieder ab. In Abhängigkeit der Umgebungslufttemperatur und der relativen Luftfeuchtigkeit stellt sich ein Feuchtegleichgewicht ein - die sogenannte Ausgleichsfeuchte. Die Holzfeuchte wird im Allgemeinen in drei Bereiche aufgeteilt und in Masse-Prozent (M-%) gemessen, und zwar gilt:

- 0 bis 6 M-% = trocken
- 6 bis 35 M-% = feucht
- > 35 M-% = nass

Jede Holzart reagiert aufgrund ihrer spezifischen Faserstruktur anders auf Feuchtigkeit und deren Einlagerung in die Holzzellen beziehungsweise deren Zwischenräume.

Für die Holzfeuchtemessung nach dem Widerstandsverfahren gilt: Je feuchter das Holz ist, desto höher ist seine elektrische Leitfähigkeit und umso geringer der elektrische Widerstand. Die Holzfeuchtemessung mithilfe des Widerstandsprinzips lässt sich sehr gut im Bereich zwischen 6 und 30 M-% anwenden, da der Zusammenhang zwischen Holzfeuchte und elektrischem Widerstand nahezu linear ist. Das Holz darf also weder ganz trocken noch ganz nass sein. Zwischen dem darrtrockenen Zustand und etwa 6 M-% Feuchte nimmt der elektrische Widerstand im Holz exponentiell ab. Oberhalb des Fasersättigungspunktes ist das Holz quasi vollkommen „durchnässt“ und sein elektrischer Widerstand damit gering.

Bild 6.23 Holzfeuchtemessung nach dem Widerstandsverfahren mit der Rammelektrode

Besonders bedeutsam für die Widerstandsmessung ist das richtige Einbringen der Elektroden in das Holz. Meist werden die Elektroden so eingebracht, dass die Verbindungslinie quer zur Faserrichtung verläuft und mehrere Fasern kreuzt. So sind die Messergebnisse den geringsten Streuungen unterworfen. Werden Tiefenelektroden bis zu 1/4, höchstens 1/3, der Holzdicke eingesetzt, entspricht das Resultat in guter Annäherung dem Feuchtegehalt nach DIN 52183. Für solche Messungen empfiehlt es sich, Rammelektroden zu verwenden, weil Feuchtemessgeräte mit Rammelektroden genauere Messergebnisse erbringen als Geräte mit Einstechnadeln.

Das Calciumcarbid-Verfahren (CM-Messung) ist eine schnelle und ausreichend genaue Methode zur Feuchtemessung durch Entnahme von kleinen Materialproben, z. B. bei Mörteln und Putzen. Um Feuchtigkeitsverluste bei der Probenentnahme zu minimieren, muss diese so schnell wie möglich durchgeführt werden. Die Probe wird so weit zerkleinert, dass die Bruchstücke nicht größer als 10 mm sind, damit die Probenbestandteile leicht in den Druckbehälter gefüllt und anschließend durch Schütteln des Behälters vollständig zerkleinert werden kann. Die Probenvorbereitung CM-Gerät darf nicht bei Sonneneinstrahlung bzw. Luftzug vorgenommen werden.

Zunächst wird die abgewogene Menge der feuchten Probe in den Druckbehälter gegeben, in dem sich bereits die für das Zerkleinern notwendigen Stahlkugeln befinden. Dann wird eine Glasampulle mit Calciumcarbid vorsichtig eingelassen. Anschließend wird der Druckbehälter verschlossen, die Probe durch kräftiges Schütteln zerkleinert und mit dem Calciumcarbid vermischt. Das in der Probe enthaltene Wasser reagiert mit dem Calciumcarbid und bildet Acetylengas. Das entstandene Acetylen führt zu einem Überdruck im CM-Gerät. Sobald der Druck konstant ist, lässt sich nach nochmaligem kurzem Schütteln mithilfe des ermittelten Drucks auf dem Manometer der Feuchtegehalt bestimmen. Bei diesem Verfahren muss man mit Messabweichungen von ±1 % bis 3 % der vorhandenen Feuchte rechnen.

Bild 6.24 Gerätschaft für die Calciumcarbid-Messung

6.6.11 Mikrowellen-Feuchtemessung

Für einmalige Referenz-Feuchtemessungen reicht es oft aus, stichprobenartig zu prüfen und den Feuchtegehalt mit dem CM-Verfahren zu ermitteln. Will man hingegen eine Fläche untersuchen und ein Messfeld anlegen, wären solche Stichproben mit einem unverhältnismäßig hohen Aufwand verbunden. In diesen Fällen ist das Mikrowellen-Messverfahren, das zur Kategorie der dieleketrischen Messverfahren gehört, das Mittel der Wahl.

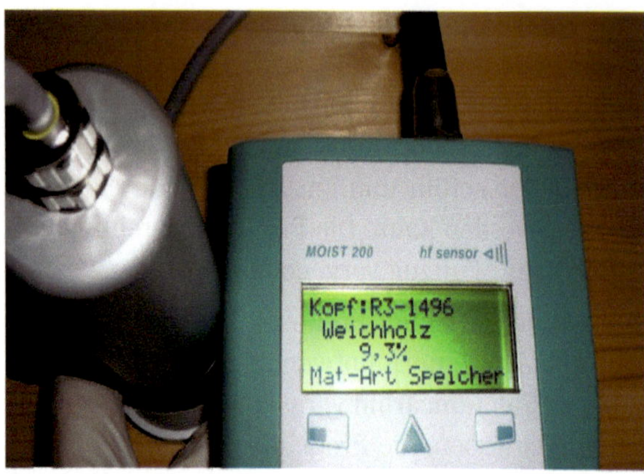

Bild 6.25 Messung mit dem Mikrowellengerät

Feuchtemessungen mit dem Mikrowellengerät beruhen auf den dielektrischen Eigenschaften des Wassers, wonach sich Wassermoleküle in einem elektrischen Feld ausrichten. Wird von außen ein elektromagnetisches Wechselfeld angelegt, beginnen die Moleküle mit der Frequenz des Feldes zu rotieren. Der dielektrische Effekt von Wasser ist sehr viel stärker ausgeprägt als der der meisten Feststoffe. Wegen dieses Unterschiedes lassen sich schon sehr kleine Wassermengen sehr gut nachweisen. Ein großer Vorteil dieser Methode besteht darin, dass auch große Eindringtiefen von 20 bis 30 cm je nach eingesetztem Messkopf möglich sind.

Idealerweise werden elektronische Feuchtemessungen in Ergänzung zum CM-Verfahren durchgeführt. So können repräsentative Rastermessungen bei gleichen Bedingungen durchgeführt und auf andere Bereiche übertragen werden.

6.6.12 Holzdichtemessung

Die Methode der Bohrwiderstandsmessung kann für die Untersuchung von Fachwerkhölzern und Holzverbindungen in situ verwendet werden. Mit einem speziellen Bohrgerät, dem Resistographen, wird eine Bohrnadel mit konstanter Vorschubgeschwindigkeit in das zu untersuchende Holz gebohrt. Hartes Holz setzt der Bohrnadel einen größeren Widerstand entgegen als weiches Holz. Während des

Bohrvorganges wird die Leistungsaufnahme des Motors als Maß für den Bohrwiderstand aufgezeichnet. Auf der Abszisse des Messdiagramms wird die Bohrtiefe in cm und auf der Ordinate der Bohrwiderstand als dimensionslose Größe in % aufgezeichnet. Ein Anstieg der Kurve signalisiert eine Dichtezunahme, während ein flacher Kurvenverlauf typisch ist für Dichteabnahmen wie Fäulniszonen, Risse oder Fraßgänge von Insekten. Mithilfe von Bohrwiderstandsmessungen können der innere Zustand von Hölzern festgestellt und Aussagen zur Tragfähigkeit am verbauten Holz gemacht werden. Zur exakten Erfassung der Lage und des Umfanges von Schwächungen sind mehrere Bohrungen notwendig.

Bild 6.26 Bohrwiderstandsmessung mit dem Resistographen

Bohrwiderstandsmessungen lassen Rückschlüsse auf den inneren Zustand der Fachwerkhölzer zu. Es sind Aussagen über für den statischen Nachweis erforderliche Restquerschnitte bzw. die Restfestigkeit des Holzes möglich. Es lassen sich auch Stellen lokalisieren, die durch Pilz- oder Insektenbefall geschädigt sind.

Bedingt durch die Bauart des sogenannten Resistographen sind Balkenköpfe unter geneigten Dächern nur sehr schwer zugänglich. Die Auswertung ist bedingt durch die Besonderheiten des Verfahrens subjektiv und beruht auf der Erfahrung und Kenntnis des Anwenders. Treten Messfehler auf, werden sie durch verborgene Hohlräume wie z. B. Zapfenlöcher oder andere Fehlstellen verursacht.

6.6.13 Bohrkernanalyse

Zur Zustandsuntersuchung von Fachwerkhölzern können Bohrkerne entnommen werden. Anhand der Bohrkerne können Schäden und Schadensumfang ermittelt werden. Gebohrt wird so, dass die Jahresringe senkrecht zum Bohrkern stehen. Bohrkerne ab 4 mm Durchmesser eignen sich für eine visuelle Untersuchung. Nach der Probenentnahme werden die Entnahmestellen mit Holzdübeln geschlossen, sodass die Schädigung des Holzes minimiert wird.

Die Bohrkernentnahme hat den Vorteil, dass ohne größeren Aufwand vergleichsweise sicher eine Aussage über das Schadensausmaß und Restquerschnitt gemacht werden kann. Die Bohrkerne können zudem für weitere Untersuchungen wie die Ermittlung der Holzfeuchte, der Rohdichte etc. verwendet werden.

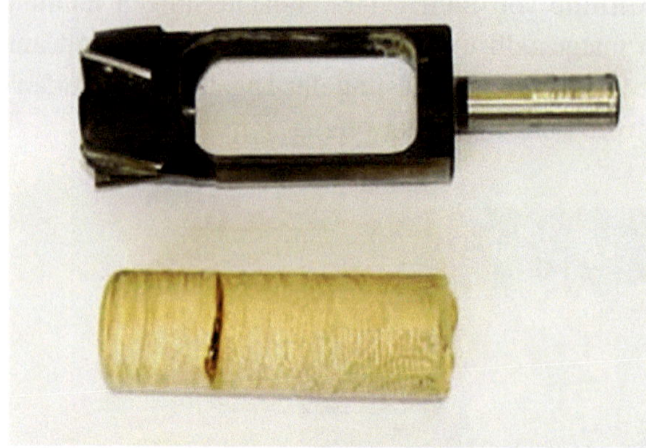

Bild 6.27 Holzbohrer mit Bohrkern

6.6.14 Ortung von Deckenbalken

Bei der Bestandsaufnahme sind Lage und Richtung der Holzbalken festzustellen. Die Ortung ist unverzichtbar, weil es durchaus möglich sein kann, dass die Balken nicht wie üblich über die kurze Raumseite gespannt worden sind. Auch die Lage von sichtbaren Nagelköpfen kann die Balkenlage anzeigen, was aber nicht unbedingt in jedem Fall zutrifft. Ist zum Beispiel eine Querlattung auf den Deckenbalken befestigt, zeigt die Nagelung nicht die Balkenlage an.

Bild 6.28 Akustische Balkenprüfung

Zur Ortung der Balken gibt es mehrere Verfahren. Die akustische Ortung kann gute Hinweise geben, weil beim Klopfen auf den Fußboden der hellere Ton die Lage der Balken anzeigt. Verifizieren kann man das Klopfergebnis, indem man im Bereich der Balkenfugen ein paar kleine Löcher bohrt. Wenn man auch nach 4 bis 5 cm Tiefe noch Bohrmehl zutage fördert, dürfte der Balken geortet sein. Sofern erforderlich kann man die Balken mit einem Draht ertasten.

Eine andere Möglichkeit ist der Einsatz elektronischer Balkensucher. Die Anzeige erfolgt akustisch und/oder optisch. Es gibt zwei Arten von Balkensuchern, und zwar Kantensucher und Zentrumssucher. Kantensucher registrieren die Kanten eines Balkens. Der Sensor in einem Kantensucher erkennt, wenn sich die Dichte im Untergrund verändert. Sie müssen also hin und her bewegt werden, um beide Kanten zu finden, sodass die Balkenmitte festgestellt werden kann. Zentrumssucher erkennen die Mitte des Balkens. Diese Werkzeuge registrieren die dielektrische Leitfähigkeit mittels mehrerer Sensoren und benutzen die verschiedenen Messwerte, um die Position der Mitte des Zieles zu bestimmen. Allerdings haben Messgeräte das Problem, das gefundene Holz nicht unterscheiden zu können. So kann sich das Ergebnis auch auf Latten und sonstige Unterkonstruktionen aus Holz beziehen.

6.6.15 Karsten'sches Prüfröhrchen

Mit dem Karsten'schen Prüfröhrchen kann man die Wasseraufnahme und das Saugverhalten von Mauerwerk prüfen. Hierzu wird das Prüfröhrchen am Untersuchungsort mit einem wasserdichten Kitt fixiert und im Anschluss mit einer bestimmten Menge an Wasser gefüllt. Der Kitt sollte so dick wie nötig, aber so dünn wie möglich aufgetragen werden, um die Größe der Prüffläche nicht zu beeinträchtigen.

Das über die Prüffläche des Röhrchens eingedrungene Wasser lässt den Wasserspiegel im Röhrchen im Laufe der Zeit absinken. Auf diese Weise sind Rückschlüsse auf den Wasseraufnahmekoeffizienten des Untergrundes möglich. Die Auswertung sollte erst etwa fünf Minuten nach Messbeginn einsetzen, damit der durch die Benetzung der Untergrundoberfläche auftretende Effekt nicht in das Messergebnis einfließt.

Das Karsten'sche Röhrchen ist leicht zu handhaben und eignet sich sehr gut für Vergleichsmessungen. Mit dem Prüfröhrchen den Wasseraufnahmekoeffizienten zu bestimmen, wird nicht zu empfohlen, da der im Labor ermittelte Wert gerade bei schwach saugenden Materialien teilweise um ein Vielfaches übertroffen wird. Sind genaue Werte für den Wasseraufnahmekoeffizienten gewünscht, müssen Materialproben entnommen und im Labor untersucht werden.

Bild 6.29 Karsten'sches Prüfröhrchen

6.6.16 Salzuntersuchung

Ein wichtiger Faktor bei Beurteilung von Mauerwerk ist der Gehalt an bauschädlichen Salzen. In Abhängigkeit von der Art der Salze, ihrer Konzentration und der zur Verfügung stehenden Feuchtigkeit schädigen Salze das Mauerwerk. Salze sind leicht wasserlöslich und gelangen durch die kapillare Wasseraufnahme in das Mauerwerk. Sie werden an die Bauteiloberfläche transportiert, an der die Salze auskristallisieren. Es entstehen Ausblühungen. Durch jede erneute Feuchtigkeitsaufnahme, sei es kapillare Wasseraufnahme oder Hygroskopie aus der Umgebungsluft, werden sie wieder gelöst. Beim erneuten Trocknen kristallisieren sie wieder aus. Die eigentlichen Salzschäden entstehen durch den Kristallisationsdruck während dieser Trocknungsphasen. Eines haben alle Ausblühungen gemeinsam. Ihre Ursachen, die immer mit Feuchtigkeitseinwirkungen zusammenhängen, müssen erkannt und behoben werden.

Zur Ermittlung der Salzarten können als sehr einfaches Diagnoseinstrument Teststäbchen herangezogen werden. Vor dem Einsatz der Stäbchen muss des pH-Wert der Eluates, das ist das Gemisch aus einem Lösungsmittel, hier destilliertes Wasser, und der in ihm gelösten Substanz (Fugenmörtel) überprüft und sofern erforderlich durch Zugabe bestimmter Chemikalien eingestellt werden. Nach dem Eintauchen des Teststäbchens in diese Lösung lässt sich anhand der auftretenden Verfärbung mithilfe einer beigefügten Farbreihe der dazu gehörende Messwert in mg/l ablesen.

Mit dem Köster-Diagnosekoffer ist es möglich, Untersuchungen auf die gängigen Schadsalze (Chlorid, Nitrat und Sulfat) direkt vor Ort durchführen und die Salzkonzentration in Masse-% aus den beigefügten Tabellen zu entnehmen. Die Diagnose beginnt mit damit, dass man eine Mörtelprobe (möglichst kein Putz ohne direkte Salzausblühungen) aus dem Bauteil entnimmt und mit dem Hammer fein zerkleinert. Dann wird die Waagschale mit dem zerkleinerten Probematerial (ca. 10 g) gestrichen gefüllt, in eine der Laborflaschen gegeben, mit destilliertem Wasser bis zur Hälfte (ca. 50 ml) aufgefüllt und kräftig geschüttelt. Anschließend werden kleine Mengen der angesetzten Flüssigkeit nach und nach mit Weinsäure auf eine pH-Wert von 5 eingestellt und mit den pH-Teststreifen überprüft.

Zur Messung und Auswertung heißt es in der Anleitung:

- Je Salzart ein Analysestäbchen entnehmen und Röhrchen sofort wieder verschließen.
- Das Testfeld nicht mit den Fingern berühren, da sonst das Testergebnis verfälscht werden kann.
- Das Analysestäbchen mit allen Reaktionszonen ca. 1 Sekunde in die Messlösung eintauchen und überschüssige Flüssigkeit vom Stäbchen abschütteln.
- Nach ca. 1 Minute das Farbmuster der Reaktionszonen bestmöglich einer Farbreihe des Etiketts zuordnen und den dazu gehörenden Messwert in mg/l ablesen.
- Aus dem abgelesenen Wert die Salzkonzentration in Masse-% aus der jeweiligen Tabelle entnehmen und entsprechend der Arbeitsanweisung auswerten.

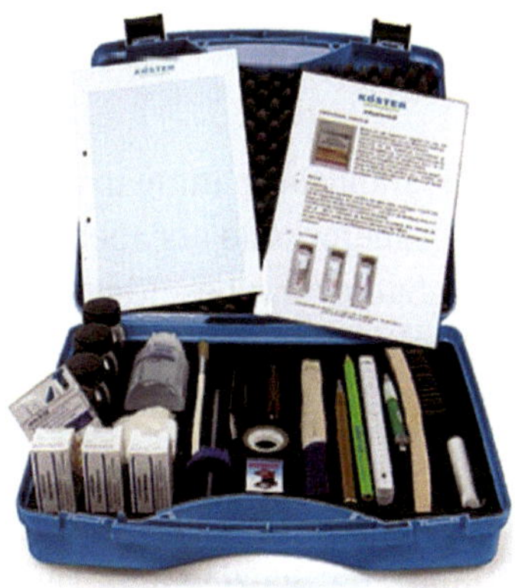

Bild 6.30 Köster-Diagnosekoffer

6.6.17 Baulicher Schallschutz

Der bauliche Schallschutz von Fachwerkhäusern ist ein schwieriges Feld. Mit Sicherheit lässt sich sagen, dass der Trittschallschutz von Holzbalkendecken den heutigen Erfordernissen nicht genügt, weil die Masse der Rohdecke zu gering ist.

Die Luftschalldämmung ist auf jeden Fall immer dann unzureichend, wenn die Bauteile Leckagen aufweisen.

Einfachverglaste Fenster, die aus wärmeschutztechnischen Gründen ohnehin nicht ausreichend sind, bieten keinen hinreichenden Schutz gegen Außenlärm.

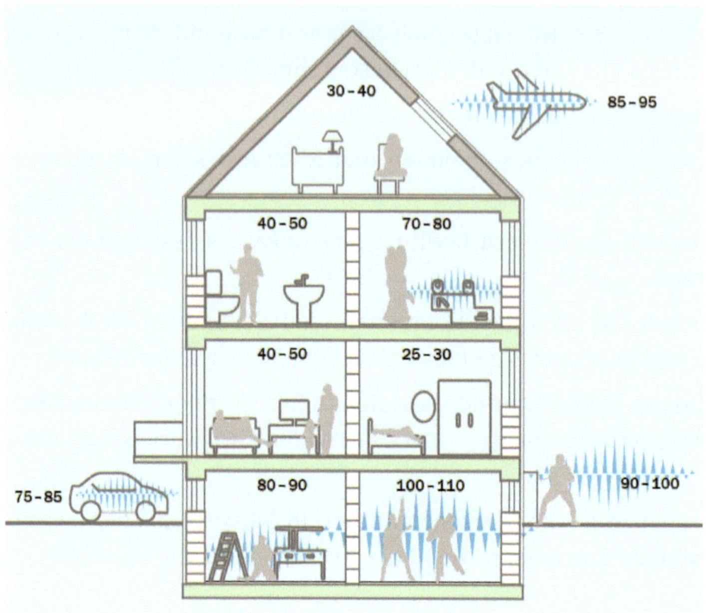

Bild 6.31 Schallpegel verschiedener Lärmquellen in dB(A)

Konstruktionsbedingte Schallbrücken sind im Zuge der Bestandsaufnahme in aller Regel nicht zu erkennen. Das gilt sowohl für Innen- und Außenwände als auch für Geschossdecken. Das alles sind Defizite, die im Zuge der Sanierung beseitigt werden müssen, wenn wegen der zukünftigen Nutzung, das gilt insbesondere für die Geschossdecken, Schallschutzanforderungen nach den einschlägigen Vorschriften erfüllt werden sollen.

Eine Beurteilung des baulichen Schallschutzes ist verlässlich nur durch fachspezifische Messungen möglich und gehört daher in die Hand von Spezialisten. Dies betrifft:

- die Luft- und Trittschalldämmung von trennenden Bauteilen fremdgenutzter Bereiche (z. B. Wohnungs- und Haustrennwände, Geschossdecken),
- die Luftschalldämmung der Außenbauteile (vor allem der Fenster),
- Installationsgeräusche (z. B. Einlaufgeräusche, WC-Spülung usw.),
- Geräusche haustechnischer Anlagen (z. B. Aufzugsgeräusche).

7 Holzschädlinge und Holzschutz

Pilze und Insekten bauen Holz ab. Wie schnell dieser Abbau vonstattengeht, hängt von den Beanspruchungen ab, denen das Holz ausgesetzt ist. Holzschädlinge benötigen ganz bestimmte Temperaturen und Feuchtigkeiten, die trotz korrekter Konstruktionsdetails am Bau nicht immer zu vermeiden sind. Unter günstigen Umständen überdauert Holz Jahrhunderte. Verbautes Holz kann sowohl durch Pilze als auch durch Insekten in Mitleidenschaft gezogen und schlussendlich zerstört werden, wobei Pilzbefall die häufigere Schadensursache ist.

Allein die Menge des in einem Fachwerkhaus verbauten Holzes macht deutlich, wie wichtig die Überprüfung der Hölzer im Hinblick auf einen möglichen Schädlingsbefall ist. Ganz besonders gilt dies für die statisch wirksamen Hölzer, weil deren Erhaltungszustand für die Standsicherheit des Gebäudes maßgebend ist.

7.1 Holzfäule

Voraussetzung für das Auftreten holzzerstörender Pilze ist eine 18 bis 20% überschreitende Holzfeuchte. Unterhalb dieser Feuchtigkeitswerte erfolgt im Allgemeinen kein Pilzwachstum, wenn man vom Echten Hausschwamm einmal absieht. Dieser nimmt eine Sonderstellung ein, weil er das für das Wachstum notwendige Wasser selbst transportiert und somit auch auf trockenes Holz und auch Mauerwerk übergreifen kann. Aufgrund dieser gefährlichen Eigenschaften muss der Befall mit dem Echten Hausschwamm der Bauaufsichtsbehörde angezeigt und bei der Bekämpfung mit besonderer Sorgfalt vorgegangen werden.

Holzzerstörende Pilze ernähren sich von den Holzsubstanzen, vor allem der Zellulose. Dadurch wird die Holzfestigkeit im Laufe der Zeit soweit gemindert, dass sich die Struktur schließlich weitgehend auflöst und die Tragfähigkeit verloren geht. Zu den häufigsten vorkommenden holzzerstörenden Pilzen gehören:

- echter Hausschwamm,
- Kellerschwamm,
- Porenschwamm.

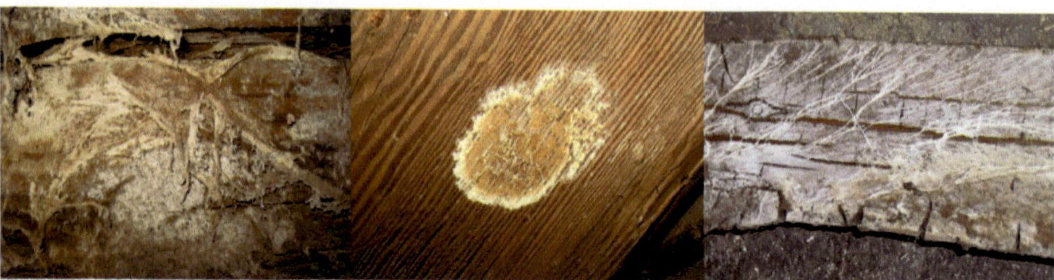

Bild 7.1 Hausschwamm, brauner Kellerschwamm, Porenschwamm

Der Echte Hausschwamm ist ein typischer Oberflächenpilz und bildet ein weißes, watteartiges Myzel, das sich später stellenweise zitronengelb, mitunter auch tonfarbig, violett-rötlich, olivgrün oder bräunlich verfärbt und schließlich eine schmutzig-graue Farbe annimmt. Aus dem Myzel bilden sich bleistiftdicke Stränge, die in trockenem Zustand spröde sind und zerbrechen. Mithilfe dieser Myzelstränge kann der Echte Hausschwamm auch Bereiche anderen Materials überbrücken, ohne dieses anzugreifen. Er kann durch Fugen und Ritzen von Mauerwerk wachsen, das für das Wachstum erforderliche Wasser in dem Strangmyzel nachziehen und leicht weiter entfernte und relativ trockene Holzteile befallen. So kann der Hausschwamm im Gegensatz zu allen anderen holzzerstörenden Pilzen überleben, wenn die Feuchtezufuhr unterbrochen ist.

Daher ist der Hausschwamm eine besondere Gefahr, da bei nicht fachgerechter, unvollständiger Sanierung eine latente Gefahr des Neubefalls besteht. Insbesondere Komplettsanierungen, die oft mit Änderungen der bauphysikalischen Bedingungen verbunden sind, können einen lange verborgen gebliebenen Befall aufleben lassen.

Sporen des Hausschwamms und Myzelstücke im Holz oder Mauerwerk sind sehr langlebig. Sie können in trockenem Zustand Jahre überdauern, ohne abzusterben. Unter entsprechend günstigen Bedingungen nimmt der Pilz das Wachstum wieder auf.

Der Fruchtkörper des Echten Hausschwamms ist elastisch und liegt meistens fest am Holz an. Er hat eine rundliche bis ovale Form mit einem wulstigen weißen Rand. Die Mittelpartie ist braunrot bis braun. Das Auftauchen von Fruchtkörpern lässt auf eine weitgehende Zerstörung der betroffenen Hölzer schließen. Es ist ein ernst zunehmendes Warnsignal. Das befallene Holz weist dann eine Würfel- oder Quaderstruktur der Holzkohle vergleichbar auf.

Tabelle 7.1 Die wichtigsten Unterschiede holzzerstörender Pilze

Pilzart	Vorkommen	Erkennungsmerkmal	Fruchtkörper
Echter Hausschwamm	günstigster Feuchtegehalt 30 bis 40 %; befällt Nadel- und Laubholz sowie holzhaltige Baustoffe; überbrückt Mauerwerk	weißes bis graues, watteartiges Oberflächenmyzel mit bis zu 3 cm dicken, grau bis grau-braunen Strängen, verzweigt mit lappigem Zwischenmyzel, knackt beim Brechen, wenn es trocken ist	rostbraun mit weißem Rand, von fleischig-weicher Konsistenz und dennoch zäh, leicht von der Unterlage ablösbar und leicht faulend
Kellerschwamm	günstigster Feuchtegehalt 50 bis 60 %; befällt feuchtes Holz, Nadelholz und Laubholz	kein Oberflächenmyzel, die Holzoberfläche bleibt intakt, wurzelartig verzweigte Stränge, treten selten auf, können aber weite Strecken überwinden und erscheinen dann als braune bis schwarze Fäden	braun mit anfangs weiß-gelblichem Rand, die dem Holz aufliegende Kruste ist im Alter brüchig und schwer von der Unterlage ablösbar
Porenschwamm	günstigster Feuchtegehalt 30 bis 50 %; befällt bevorzugt Nadelholz, generell aber auch feuchtes Holz	Luftmyzel sind weiß, watte- oder eisblumenartig, die Stränge sind ziemlich glatt und selbst in trockenem Zustand sehr biegsam	anfangs weiß, später gelblich und von polsterartiger Erscheinung

Der ebenfalls Braunfäule erzeugende Kellerschwamm kommt nicht nur, wie der Name impliziert, in Kellerräumen, sondern in allen Gebäudeteilen, in denen Holz durchfeuchtet ist, vor. Er befällt hauptsächlich Nadelholz, gelegentlich auch Laubholz, und kann nicht auf trockenes Holz übergreifen.

Das von Kellerschwamm befallene Holz wird zuerst von weißlichem, dann dunkelbraunem und schlussendlich braunem bis schwarzbraunem Oberflächenmyzel überwachsen, das wurzelförmig verzweigte, haarfeine Stränge ausbildet. Der Kellerschwamm gedeiht am besten bei einer Holzfeuchte von 50 bis 60 % und einer Lufttemperatur von 24 bis 25 °C. Seine Zerstörungskraft ist sehr groß und rührt her aus seinem schnellen Wachstum. Der Kellerschwamm ist neben dem Echten Haus schwamm der häufigste holzzerstörende Pilz in Wohngebäuden. Er ist aber wesentlich leichter zu bekämpfen als der Hausschwamm. Schon eine dauernde Austrocknung des Schwammherdes stoppt ein Weitergreifen der Fäule. Das zerstörte Holz ist dadurch gekennzeichnet, dass es in kleine würfelartige Stücke zerfällt und sich leicht zu Pulver verreiben lässt.

Der Porenschwamm erzeugt ebenfalls Braunfäule, befällt jedoch vorwiegend Nadelholz. Das Myzel ist im frischen wie auch im trockenen Zustand von weißer Färbung. Es bildet dünne weiße Stränge, die auch nach dem Austrocknen noch elastisch bleiben.

Der Porenschwamm benötigt für sein Wachstum eine fortwährende Feuchtigkeitszufuhr. Seine optimalen Wachstumsbedingungen liegen bei ca. 50 % Holzfeuchte und 27 °C Lufttemperatur. Der Pilz stirbt beim Austrocknen des Holzes ab, sodass er wie der Kellerschwamm durch Austrocknung des Schwammherdes und Beseitigen der Feuchtigkeitsursache bekämpft werden kann. Der gelegentlich verwendete Begriff „Trockenfäule“ erweckt den Eindruck, als ob Holz in trockenem Zustand faulen könne. Dieser Eindruck ist falsch. Mit „Trockenfäule“ wird vielmehr der bereits abgeschlossene Zersetzungsprozess im Holz gekennzeichnet, also nicht die Krankheit selbst, sondern das Stadium im ausgetrockneten Zustand.

7.2 Tierische Schädlinge

Die andere große Schädlingsgruppe von verbautem Holz ist die der Insekten. Besonders hervorzuheben ist der Hausbockkäfer, der trockenes oder halbtrockenes Nadelholz befällt, während Eichenholz nicht von ihm angegriffen wird. Die Fressgänge von Insekten sind im Holz leicht zu erkennen. Schwieriger wird die Beurteilung, ob ein lebender Befall - die Voraussetzung für eine Bekämpfungsmaßnahme - vorliegt oder nicht.

Tabelle 7.2 Die wichtigsten Unterschiede zwischen Hausbock und Holzwurm

Merkmal	Hausbock	Holzwurm (Anobien)
Ort des Befalls	Dachstühle, Holzhäuser	Holzbekleidungen, Möbel im Keller, Treppenhäuser, Scheunen
Bevorzugte Holzart	Splintholz von Nadelhölzern	Holz von Laub- und Nadelhölzern, selten auch Kernholz
Dauer des Larvenstadiums	4 bis 18 Jahre	3 bis 4 Jahre
Nachweis	Fraßgeräusche, ovale Löcher in Holz	Holzmehlhäufchen, Fraßgeräusche, kleine runde Löcher im Holz

Die eigentlichen Schäden verursachen seine Larven. Sie fressen sich durch Bauteile aus Splintholz und verwerten nur das Eiweiß. Die Zellulose, welche das Holzgerüst bildet, wird wieder ausgeschieden und bleibt als lockeres Bohrmehl in den

Fressgängen zurück. Die Hausbocklarven werden bis zu 3 cm lang und haben eine Entwicklungszeit von 3 bis 6, manchmal sogar 10 Jahren.

Vorwiegend betroffen sind Dachböden, wobei der Grad des Befalls relativ schwer zu erkennen ist. Denn die Larven lassen eine papierdünne Holzhaut stehen, sodass man den Befall auf den ersten Blick kaum feststellen kann. Ein deutlicher Hinweis auf das Vorhandensein von Hausbockkäfern sind die ovalen Ausflugöffnungen, die der schlüpfende Käfer hinterlässt. Die Löcher haben einen Längsdurchmesser von 5 bis 10 mm, ihre Ränder sind unregelmäßig gezackt.

Bild 7.2 Hausbockbefall an einer Probe

Auch anhaltend herausrieselndes Holzmehl weist auf einen lebenden Befall hin. Sicherheit erhält man durch Abheilen der betroffenen Hölzer. Bei frischem Befall stäubt hellgelbes bis weißliches Fressmehl auf, bei altem Befall hingegen dunkelgelbes oder bräunliches Mehl.

In verschiedenen Arten weit verbreitet sind die Nage- oder Pochkäfer, im Volksmund als „Holzwurm" bezeichnet, die zur Gruppe der Anobien gezählt werden. Der gewöhnliche Nagekäfer (anobium punctatum) befällt u. a. auch eingebautes Holz und bevorzugt trockenes Nadel- oder Laubholz. Er benötigt zu seiner Ernährung vorzugsweise Nadelholz (Fichte, Kiefer-Splint), kann aber auch im nicht dauerhaften Splintholz von Laubhölzern leben. Kernhölzer werden nicht angegriffen. Den Befall erkennt man am Vorhandensein zahlreicher kreisrunder Fluglöcher von 1 bis 3 mm Durchmesser.

Anobien benötigen eine Holzfeuchte, die in Kellern oder nicht beheizten Gebäuden wie Kirchen oder Scheunen anzutreffen ist. In modernen, zentralbeheizten Gebäuden oder intakten Dächern finden sie kaum Entwicklungsmöglichkeiten. Häufig befallen werden Möbel, die in feuchten Räumen untergebracht worden sind.

Bild 7.3 Anobienbefall an einer Probe

Während Anobien im Bereich der Decken und unteren Wandbereiche vom Fachwerk vorkommen, ist der Hausbock im Dachstuhl und der Balkenlage des Obergeschosses anzutreffen. In reetgedeckten Gebäuden treten Holzwürmer aufgrund der höheren Feuchten auch im Dachstuhl auf, während die Schäden durch Hausbock tendenziell seltener sind.

Bevor Maßnahmen zur Schädlingsbekämpfung ergriffen werden, sind die befallenen Hölzer zu sanieren. Geringfügige Schäden lassen sich schon durch Abheilen der befallenen Stellen beheben, bei stärkeren Schäden müssen die kranken Hölzer entfernt und durch gesunde ersetzt werden. Generell gilt hierbei, dass so wenig wie möglich in die tragende Substanz eingegriffen werden soll, damit das ursprüngliche Gefüge möglichst ungestört bleibt und keine Kräfteumlagerungen erfolgen können.

Allein die Menge des in einem Fachwerkhaus verbauten Holzes macht deutlich, wie wichtig die Überprüfung der Hölzer im Hinblick auf einen möglichen Schädlingsbefall ist. Ganz besonders gilt dies für die statisch wirksamen Hölzer, weil deren Erhaltungszustand für die Standsicherheit des Gebäudes maßgebend ist.

■ 7.3 Holzschutz

Wesentliche Voraussetzung für eine mängelfreie und dauerhafte Sanierung von Fachwerkbauten ist ein fachgerechter Holzschutz nach DIN 68800. Die Norm umfasst vier Teile, und zwar:

- DIN 68800-1 (2019-06) Holzschutz – Teil 1: Allgemeines,
- DIN 68800-2 (2022-02) Holzschutz – Teil 2: Vorbeugende bauliche Maßnahmen im Hochbau,

- DIN 68800-3 (2020-03) Holzschutz – Teil 3: Vorbeugender Schutz von Holz mit Holzschutzmitteln,
- DIN 68800-4 (2020-12) Holzschutz – Teil 4: Bekämpfungsmaßnahmen gegen Holz zerstörende Pilze und Insekten und Sanierungsmaßnahmen.

Die vier Normteile berücksichtigen den Schutz tragender und nicht tragender Hölzer mit unterschiedlicher Zielrichtung. Sie sind allgemein anerkannte Regeln der Technik. An erster Stelle sind die Teile 1 und 2 zu beachten, weil sie über die Muster-Verwaltungsvorschrift Technische Baubestimmungen (MVV TB) bauaufsichtlich eingeführt sind. DIN 68800-3 ist anzuwenden, wenn mit den grundsätzlichen baulichen Maßnahmen kein ausreichender Schutz erreicht werden kann und Teil 4 enthält die Anforderungen zur Bekämpfung von holzzerstörenden Pilzen und Insekten.

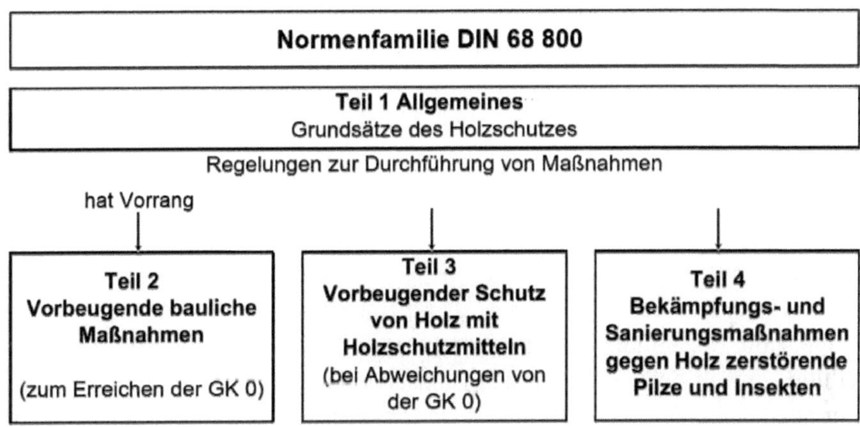

Bild 7.4 Die Normenfamilie DIN 68800

Fachwerkhäuser weisen zwei unterschiedlich zu bewertende Bereiche auf. Während die Hölzer von Dachstühlen bei intakter Dacheindeckung und die Hölzer der Innenwände und der Geschossdecken keiner Bewitterung oder Durchfeuchtung ausgesetzt sind, unterliegen die Hölzer der Außenwände immer einer Bewitterung. Dies erfordert eine unterschiedliche Herangehensweise an die Holzschutzproblematik.

7.3.1 DIN 68800-1: Allgemeines

DIN 68800-1 definiert die grundlegenden Vorgaben zum Holzschutz und vervollständigt die Maßnahmen in Bezug auf die Standsicherheit und Gebrauchstauglichkeit während der Nutzungsdauer in Verbindung mit den Teilen 2 und 3. Die Vorgaben nach DIN 68800-2 sind im Sinne eines baulichen Holzschutzes von Anbeginn zu berücksichtigen.

Für tragende Bauteile müssen geeignete Maßnahmen zum Schutz des Holzes gegen Holz zerstörende Organismen für die vorgesehene Nutzungsdauer ergriffen werden. Für nicht tragende Bauteile entfällt das „Muss". Vielmehr heißt es, dass geeignete Maßnahmen gegen Holz zerstörende Organismen für die vorgesehene Nutzungsdauer vorgenommen werden sollten.

Wird bei tragenden Holzbauteilen der Schutzerfolg allein durch bauliche Maßnahmen nach DIN 68800-2 und die natürliche Dauerhaftigkeit des Holzes nicht sichergestellt, so sind zusätzlich vorbeugende Holzschutzmaßnahmen mit Holzschutzmitteln nach DIN 68800-3 vorzunehmen. Wenn bereits durch Holz zerstörende Organismen Bauschäden aufgetreten sind, müssen diese Bauschäden beseitigt werden.

Mit der Formulierung „Ausführungen mit besonderen baulichen Holzschutzmaßnahmen nach DIN 68800-2 sollten gegenüber Ausführungen bevorzugt werden, bei denen vorbeugende Schutzmaßnahmen mit Holzschutzmitteln nach DIN 68800-3 erforderlich sind" in der DIN 68800-1 ist beim Holzschutz die besondere bauliche Maßnahme zum Normalfall erklärt worden. Das Ziel ist es, Gefährdungen für Mensch und Umwelt aus biozidhaltigen Holzschutzmitteln, die während der Bauzeit, aber auch später, entstehen können, zu vermeiden. Mithin steht der bauliche bzw. konstruktive Holzschutz im Vordergrund.

Als „konstruktiven Holzschutz" bezeichnet man chemiefreie, rein bauliche Maßnahmen, deren Hauptaufgabe es ist, den Baustoff Holz vor Feuchtigkeit zu schützen bzw. dafür zu sorgen, dass feuchtes Holz zügig wieder abtrocknen kann. Zahlreiche Standardlösungen sorgen für den dauerhaften Erhalt der Bauteile. Oftmals hilft schon einfachstes Wissen weiter:

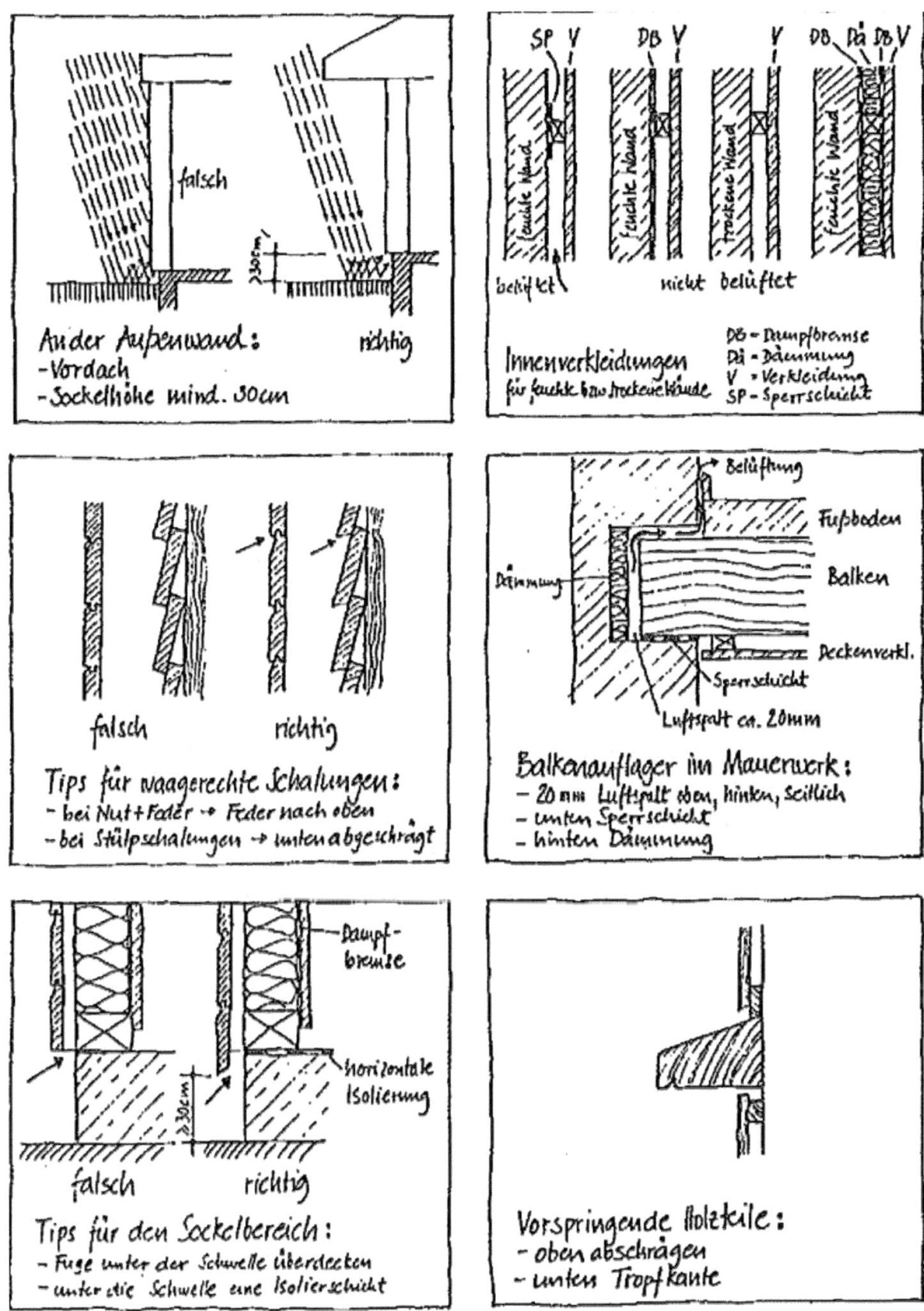

Bild 7.5 Beispiele für konstruktiven Holzschutz

Ausgangspunkt für die Bewertung der Holzschutzproblematik nach DIN 68800 ist die Zuordnung der Hölzer zu sogenannten Gebrauchsklassen (GK), und zwar werden

Holzbauteile entsprechend ihres Gefährdungspotenzials in fünf Gebrauchsklassen eingestuft. Die Gebrauchsklassen richten sich nach den unterschiedlichen Einbausituationen von Holz. Maßgebendes Kriterium ist dabei die Holzfeuchte im Gebrauchszustand. Es wird unterschieden, ob das Holz ständig trocken oder gelegentlich, häufig bzw. ständig feucht ist, ohne dass Zahlenwerte angegeben werden. Als Kriterium für „trocken" gilt im Allgemeinen eine mittlere Holzfeuchte von 20 %, bei der eine Gefährdung durch holzschädigende Pilze nicht vorliegt. Eine Gefährdung liegt vor, wenn der Fasersättigungsbereich erreicht bzw. überschritten wird und in den Zellen freies Wasser über einen Zeitraum von mindestens drei Monaten vorliegt.

Für Fachwerkhäuser spielen die Gebrauchsklassen GK 0 und GK 3.1 die größte Rolle. GK 2 kommt zum Tragen, wenn mit Tauwasser zu rechnen ist. GK 3.2 bzw. GK 4 kann für den Schwellenbereich zutreffen. GK 0 kann in vielen Fällen nach der Norm durch baulichen Holzschutz mit Konstruktionen „unter Dach" erreicht werden. Die Formulierung „unter Dach" beschreibt, dass Dachüberstände solche senkrechten Bauteilbereiche, die bezogen auf einen Winkel von höchstens 60° zur Waagerechten zwischen der Vorderkante des Dachüberstandes und der Unterkante eines Bauteils liegen, vor der Bewitterung geschützt sind. Schlagregen dürfte mit dieser Regelung kaum hinreichend erfasst werden.

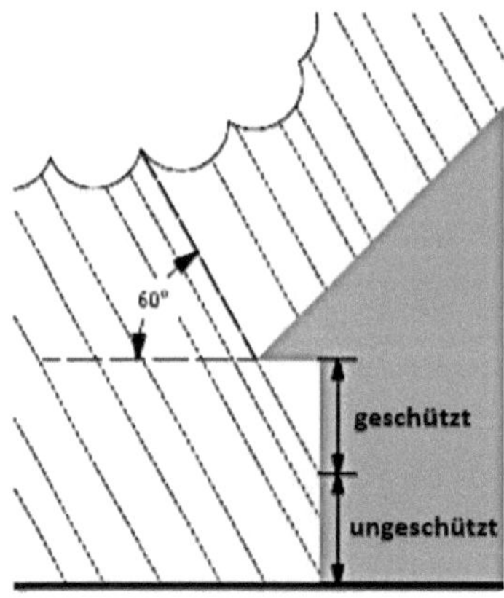

Bild 7.6 Geschützter Bereich (60°-Linie) mit GK 0

Der Anhang D zur DIN 68800-1 enthält zur Verdeutlichung Beispiele für die Zuordnung von Holzbauteilen zu einer Gebrauchsklasse, die aber für die Zuordnung im Einzelfall nicht verbindlich sind. Vielmehr sind die jeweiligen Gebrauchsbedingungen und die Holzfeuchte im Gebrauchszustand maßgebend.

Von den Gebrauchsklassen nach DIN 68800 zu unterscheiden sind andere Klassifizierungen, z. B.:

- Nutzungsklassen von Holzbauteilen nach DIN EN 1995-1-1 Bemessung und Konstruktion von Holzbauten,
- Wassereinwirkungsklassen nach DIN 18533 Abdichtung erdberührter Bauteile.

Tabelle 7.3 Gebrauchsklassen nach DIN 68800

Gebrauchsklasse	Holzfeuchte, Exposition[a), b)]	Allgemeine Gebrauchsbedingungen	Gefährdung durch Insekten	Gefährdung durch Pilze	Auswaschbeanspruchung	Gefährdung durch Moderfäule
0	trocken (ständig ≤ 20 %) mittlere relative Luftfeuchte bis 85 %	Holz oder Holzprodukt unter Dach, nicht der Bewitterung und keiner Befeuchtung ausgesetzt, Bauschäden durch Insekten können ausgeschlossen werden[c)]	nein	nein	nein	nein
1	trocken (ständig ≤ 20 %) mittlere relative Luftfeuchte bis 85 %	Holz oder Holzprodukt unter Dach, nicht der Bewitterung und keiner Befeuchtung ausgesetzt	ja	nein	nein	nein
2	gelegentlich feucht (> 20 %) mittlere relative Luftfeuchte über 85 % oder zeitweise Befeuchtung durch Tauwasser (Kondensation)	Holz oder Holzprodukt unter Dach, nicht der Bewitterung ausgesetzt, eine hohe Umgebungsfeuchte kann zu gelegentlicher, aber nicht dauerhafter Befeuchtung führen	ja	ja	nein	nein
3.1	gelegentlich feucht (> 20 %) Anreicherung von Wasser im Holz, auch räumlich begrenzt, nicht zu erwarten	Holz oder Holzprodukt nicht unter Dach, mit Bewitterung, aber ohne ständigen Erd- oder Wasserkontakt, Anreicherung von Wasser im Holz ist aufgrund von rascher Rücktrocknung nicht zu erwarten	ja	ja	ja	nein

Tabelle 7.3 (Forts.) Gebrauchsklassen nach DIN 68800

Gebrauchsklasse	Holzfeuchte, Exposition[a), b)]	Allgemeine Gebrauchsbedingungen	Gefährdung durch Insekten	Gefährdung durch Pilze	Auswaschbeanspruchung	Gefährdung durch Moderfäule
3.2	häufig feucht (> 20 %) Anreicherung von Wasser im Holz, auch räumlich begrenzt, zu erwarten	Holz oder Holzprodukt nicht unter Dach, mit Bewitterung, aber ohne ständigen Erd- oder Wasserkontakt, Anreicherung von Wasser im Holz, auch räumlich begrenzt, ist zu erwarten[d)]	ja	ja	ja	nein
4	Vorwiegend bis ständig feucht (> 20 %)	Holz oder Holzprodukt in Kontakt mit Erde oder Süßwasser und so bei mäßiger bis starker Beanspruchung vorwiegend bis ständiger Befeuchtung ausgesetzt	ja	ja	ja	ja

a) Die Begriffe „gelegentlich“, „vorwiegend“ und „ständig“ zeigen eine zunehmende Beanspruchung an, ohne dass hierfür wegen der sehr unterschiedlichen Einflussgrößen genaue Zahlenangaben möglich sind.
b) Der Wert 20 % enthält eine Sicherheitsmarge (siehe DIN 68.800 - 1,4.2.2, Anmerkung 1)
c) Punkt 5.2.1 besagt sinngemäß: Das Risiko von Bauschäden durch Insekten wird vermieden, wenn Holz in Räumen mit üblichem Wohnklima oder vergleichbaren Räumen verbaut ist oder die Bauteile in entsprechender Weise beansprucht werden, oder wenn das Holz gegen Insektenbefall allseitig durch eine geschlossene Bekleidung abgedeckt ist, oder wenn das Holz... so offen angeordnet ist, dass es kontrolliert werden kann und entsprechend darauf hingewiesen wird. Das geschieht um den Preis, dass, wenn in seltenen Fällen Insektenbefall auftritt, nachträgliche Maßnahmen erforderlich werden.
d) Bauteile, bei denen über mehrere Monate Ablagerungen von Schmutz, Erde, Laub und Ähnliches zu erwarten sind sowie Bauteile mit besonderer Beanspruchung zum Beispiel durch Spritzwasser, sind in GK 4 einzustufen

7.3.1.1 Gebrauchsklasse GK 0

Holzbauteile, die weder durch Feuchte noch durch Insektenbefall gefährdet sind, werden der GK 0 zugeordnet. Das Holz befindet sich innen, ist ständig trocken und hat keinen Kontakt zu Süß- oder Salzwasser. Hier ist kein Schutz notwendig. Das wird unter anderem erreicht, wenn

- der Feuchteschutz (Witterungsschutz und Wasserdampfdiffusion) nachgewiesen wird,
- Wasserdampfkonvektion durch eine intakte Luftdichtung ausgeschlossen ist,
- das Holz keiner Bewitterung ausgesetzt ist,
- das Holz selbst nicht mit einer Außenabdichtung versehen wird,
- Verschmutzungen oder Ablagerungen auf dem Holz keinen Nährboden für Schädlinge bilden,
- das Holz keinen Kontakt zum Erdreich hat.

Beispiele für Konstruktionen, bei denen die Bedingungen der Gebrauchsklasse GK 0 erfüllt sind, enthält Anhang A von DIN 68800-2. Für die dort aufgeführten Konstruktionen sind Nachweise nach DIN 4108-3 bereits erbracht worden, sodass es keines erneuten Nachweises bedarf. Bei abweichenden Konstruktionsarten ist jedoch ein Tauwassernachweis gemäß DIN 4108-3 unter Berücksichtigung von Trocknungsreserven erforderlich.

Wenn Dachräume ausgebaut werden sollen und das vorhandene Dachwerk schadensfrei ist, ist es ohne weiteres möglich, die Dachschrägen so auszubilden, dass die Gebrauchsklasse 0 zugrunde gelegt werden kann. Hierzu sind die nachfolgenden Kriterien einzuhalten:

1. nicht belüfteter Querschnitt und keine Insektenzugänglichkeit zu den Konstruktionshölzern,
2. beliebige Art der Dacheindeckung (Dachsteine oder -ziegel auf Unterspannbahn oder Vordeckung, Blech- oder Schieferdeckung auf Schalung),
3. diffusionsoffene Schicht unter der Dacheindeckung (z. B. Unterspannbahn, Vordeckung auf Schalung) mit $s_d \leq 0{,}2$ m,
4. mineralische Faserdämmstoffe nach DIN 18165-1 oder Dämmstoffe mit entsprechendem Verwendbarkeitsnachweis in den Gefachen,
5. luftdichte Ausbildung der Raumseite in der Fläche sowie im Bereich von Durchdringungen und Anschlüssen,
6. Holzfeuchte $u \leq 20$ %,
7. Nachweis für Konstruktionen, die von den in DIN 68800-2 vorgegebenen Bedingungen abweichen.

Die nachfolgenden Dachaufbauten zeigen fünf geneigte, im Sparrenzwischenraum nicht belüftete Dächer, die nach DIN 68800-2 ohne weiteren Nachweis der Gebrauchsklasse GK 0 zugeordnet werden können.

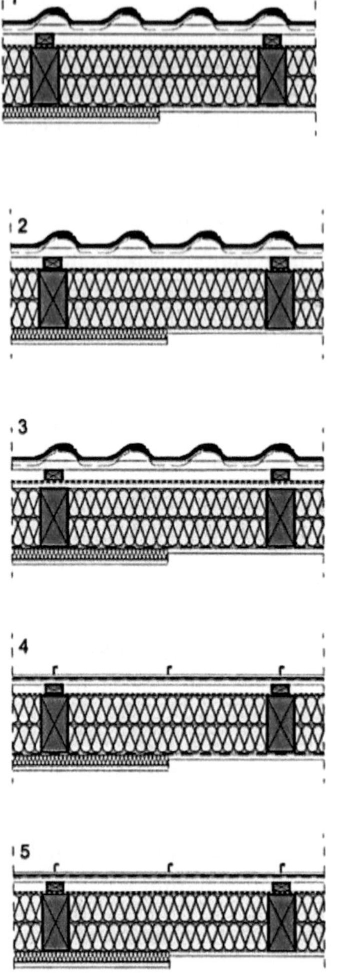

Bild 7.7 Konstruktionsprinzipien nach DIN 68 800-2 für Dächer der Gefährdungsklasse GK 0

1. Obere Abdeckung (Unterspannbahn oder dergleichen) diffusionsoffen mit sd ≤ 0,2 m
2. Obere Abdeckung (Unterspannbahn) extrem diffusionsoffen mit sd ≤ 0,02 m; auf die unterseitige Dampfsperre kann verzichtet werden, wenn der Tauwasserschutz nach DIN 4108-3 für den Dachquerschnitt eingehalten ist
3. Obere Abdeckung aus offener Bretterschalung (Brettbreite ≤ 100 mm, Fugenbreite ≥ 5 mm) mit aufliegender, extrem diffusionsoffener (sd ≤ 0,02 m) wasserableitender Schicht
4. Sonderdeckung (z. B. Blech, Schiefer) auf Zwischenlage und Bretterschalung, unterlüftet; übriger Dachquerschnitt und obere Abdeckung wie unter 2.
5. Sonderdeckung (z. B. Blech, Schiefer) auf Zwischenlage und Brettschalung, unterlüftet; übriger Dachquerschnitt und obere Abdeckung wie unter 2.

Zusätzliche Hinweise zu den einzelnen Ausbildungen:

Der Hohlraum oberhalb der oberseitigen Abdeckung der Sparren (Konterlattenebene) muss zum Feuchteschutz der dort angeordneten Holzteile (Lattung, Schalung) in jedem Fall belüftet sein; diese Holzteile brauchen jedoch nicht gegen Insekten geschützt zu werden, können also ebenfalls der GK 0 zugeordnet werden.

Die Anordnung zusätzlicher Schichten auf der Raumseite des Bauteils ist möglich, wenn sich daraus keine Tauwassergefahr ergibt. Erforderlichenfalls ist ein rechnerischer Nachweis nach DIN 4108-3 notwendig. „Installationsebenen" zur Aufnahme von Elektro-, ggf. auch von Wasserinstallationen, als zusätzliche Schichten auf der Raumseite sind zwar mitunter aufwendig, stellen jedoch im Hinblick auf die Luftdichtheit die sicherste Lösung dar.

7.3.1.2 Gebrauchsklasse GK 1

Holzbauteile der Gebrauchsklasse GK 1 sind nicht durch Feuchte, jedoch durch Holzinsekten gefährdet. Das Holz befindet sich im Innenbereich und ist weder Witterung noch Befeuchtung ausgesetzt. Doch stellen Hausbock oder diverse Nagekäferarten eine mögliche Gefährdung dar.

Schäden durch Insekten werden vermieden, wenn je nach Einzelfall eines der nachfolgenden Kriterien gegeben ist:

- Räume mit üblichem Wohnklima oder vergleichbare Räume,
- begehbare unbeheizte Dachräume, bei denen das Holz zum Raum hin offen angeordnet ist, sodass es kontrollierbar bleibt und an sichtbarer Stelle ein Hinweis auf die Notwendigkeit einer regelmäßigen Kontrolle angebracht ist,
- eine allseitig geschlossene Bekleidung des Holzes gegen Insektenbefall,
- Verwendung von Brettschichtholz, Balkenschichtholz, Brettsperrholz oder Holzwerkstoffe bzw. Bauschnittholz, das bei mindestens 55 °C und über 48 Stunden technisch getrocknet wurde, mit einer Holzfeuchte ≤ 20 % im Gebrauchszustand,
- Holzprodukte mit CE-Kennzeichnung und ausgewiesener natürlicher Dauerhaftigkeit gegen Hausbock und Anobien,
- Verwendung von Farbkernhölzern, die einen Splintholzanteil ≤ 10 % aufweisen.

7.3.1.3 Gebrauchsklasse GK 2

Bauteile in Gebrauchsklasse GK 2 dürfen gelegentlich feucht (u > 20 %) werden. Eine solche Beanspruchung kann bei Umgebungsbedingungen mit einer relativen Luftfeuchte oberhalb von 85 % oder bei Tauwasseranfall auf Bauteiloberflächen vorliegen. Das Holz befindet sich unter einem Dach und ist keiner starken Witterung – Regen oder Schlagregen – ausgesetzt. Bei Berücksichtigung der konstruktiven Anforderungen für die Einstufung in GK 0 wird GK 2 praktisch vermieden. Es ist ein vorbeugender Schutz gegen holzschädigende Insekten und gegen Pilze erforderlich.

7.3.1.4 Gebrauchsklasse GK 3

Bauteile, die der direkten Bewitterung ausgesetzt sind, werden in die Gebrauchsklasse GK 3 eingestuft. Hierbei wird unterschieden, ob die Bauteile nur gelegentlich feucht (GK 3.1) oder häufig feucht (GK 3.2) sind. Bei GK 3.2 wird von einer Anreicherung von Wasser im Holz ausgegangen, sodass ein Schutz gegen holzschädigende Insekten und Pilze sowie ein Schutz vor Auswaschung erforderlich ist.

7.3.1.5 Gebrauchsklasse GK 4

Holzbauteile, die dauerhaft im Kontakt mit Erde oder Süßwasser stehen, sind vorwiegend bzw. ständig Feuchte ausgesetzt und werden in GK 4 eingestuft. Sie sind durch Moderfäule durch im Boden vorhandene Pilze gefährdet. Moderfäule kann aber auch in Bereichen mit Schmutzansammlungen oder bei hoher Spritzwasserbeanspruchung wie z. B. zu tief liegenden Grundschwellen auftreten.

7.3.2 DIN 68800-2: Vorbeugende bauliche Maßnahmen im Hochbau

DIN 68800-2 liegt der Grundsatz zugrunde, solche Konstruktionen zu bevorzugen, bei denen auf einen chemischen Holzschutz verzichtet werden kann. Jedoch ist Voraussetzung, dass die in der Norm vorgegebenen baulichen Möglichkeiten umgesetzt werden können. Anderenfalls wird vorbeugender chemischer Holzschutz gemäß DIN 68800-3 notwendig.

DIN 68800-2 unterscheidet nach baulichen Maßnahmen, die grundsätzlich einzuhalten sind, und solchen, die möglich sind. Sie sollen die Dauerhaftigkeit von Bauteilen aus Holz und von Holzwerkstoffen sichern. Für tragende Bauteile ist die Norm als Technische Baubestimmung in der Muster-Verwaltungsvorschrift Technische Baubestimmungen (MVV TB) des Deutschen Instituts für Bautechnik (DIBt) enthalten und damit verbindlich. Für nicht tragende Bauteile ist die Anwendung „nur" empfohlen.

DIN 68800-2 regelt die Maßnahmen zur Vermeidung einer erhöhten Holzfeuchte zur Vermeidung von Schädlingsbefall. Dazu umfasst sie vorbeugende bauliche Holzschutz-Maßnahmen in folgenden Bereichen:

- Bauplanung,
- Konstruktion,
- Bauphysik und
- organisatorische Maßnahmen.

Die vorbeugenden Maßnahmen zum konstruktiven Holzschutz sind also schon von Anbeginn an bei der Planung zu berücksichtigen und im weiteren Ablauf permanent zu beachten. Erst, wenn alle Möglichkeiten ausgeschöpft sind, sollen Holzschutzmittel nach DIN 68800-3 zum Einsatz kommen. Für Innenräume, die Aufenthaltsräume sind, sollten chemische Holzschutzmittel nicht verwendet werden.

7.3.3 DIN 68800-3: Vorbeugender Schutz von Holz mit Holzschutzmitteln

Die DIN 68800-3 regelt den vorbeugenden Schutz von Holz und Holzwerkstoffen. Dennoch hat baulicher und konstruktiver Holzschutz nach DIN 68800-2 Vorrang. In Abschnitt 8.2 enthält die Norm besondere Anforderungen an den Schutz von tragenden Holzbauteilen und in Abschnitt 8.3 Anforderungen an den Schutz von nicht tragenden Hölzern. Hinweise zur Anwendung bei nicht tragenden Holzbauteilen, die anschließend beschichtet werden sollen, werden im Anhang C gegeben. Die Verwendung von Holzschutzmitteln erfordert ausreichend Kenntnisse über den Baustoff Holz und das zu erreichende Schutzziel. Ferner ist die Gebrauchsklasse zu berücksichtigen, in der das Holz eingesetzt werden soll. In Abhängigkeit von der Gebrauchsklasse stellt DIN 68800-3 unterschiedliche Anforderungen an das Holzschutzmittel.

Tabelle 7.4 Auswahl der Holzschutzmittel in Abhängigkeit von der Gebrauchsklasse nach DIN 68800-3

Gebrauchsklasse	Anforderungen an das Holzschutzmittel	Kurzzeichen
0	keine Holzschutzmittel notwendig	
1	vorbeugend gegen Insekten wirksam	Iv
2[a), b)]	vorbeugend gegen Insekten wirksam pilzwidrig (Fäulnisschutz)	Iv P
3[b)]	vorbeugend gegen Insekten wirksam pilzwidrig (Fäulnisschutz) witterungsbeständig	Iv P W
4	vorbeugend gegen Insekten wirksam pilzwidrig (Fäulnisschutz) witterungsbeständig moderfäulewidrig	Iv P W E

a) Bei Holzbauteilen, für die keine Gefährdung durch Insektenbefall vorliegt, kann auf eine insektenvorbeugende Wirkung verzichtet werden.
b) Bei Gefährdung durch Bläuepilze an verbautem Holz in den Gebrauchsklassen 2 und 3 kann eine bläuewidrige Wirksamkeit (Kurzzeichen B) zweckmäßig sein, hierfür ist eine besondere Vereinbarung erforderlich.

Für tragende Holzbauteile gelten im bauaufsichtlichen Verwendbarkeitsnachweis festgelegte Einbringmengen (kg/m³) bzw. Aufbringmengen (g/m²). Es dürfen nur Holzschutzmittel verwendet werden, die nach den gesetzlichen Bestimmungen verkehrsfähig sind. Bauliche Informationen zu Holzschutzmittel-Produktgruppen sowie Betriebsanweisungen finden sich im Gefahrstoff-Informationssystem der Berufsgenossenschaften der Bauwirtschaft (GISBAU). Holzschutz kann nicht durch chemisch vorbeugenden Holzschutz ersetzt werden.

Holzschutzmittel werden in unterschiedlichen Verfahren aufgebracht. Die Auswahl erfolgt in Abhängigkeit von der Art des Schutzmittels und der späteren Verwendung des Holzes. Sprühen darf außerhalb stationärer Anlagen nicht erfolgen. Dies gilt aber nicht für Holzschutzmaßnahmen, die nachträglich notwendig werden, z. B. im Rahmen von Bekämpfungsmaßnahmen nach DIN 68800-4 oder an bestehenden Dachkonstruktionen. Beim Verstreichen von Holzschutzmitteln sind für tragende Holzbauteile unabhängig von der aufbringbaren Menge in der Regel mindestens zwei Arbeitsgänge vorgeschrieben. Für alle anderen Hölzer sind zwei Arbeitsgänge zweckmäßig. Um die notwendigen Schutzmittelmengen aufzubringen, können auch mehr Arbeitsgänge erforderlich sein. In jedem Fall müssen die in den Gebrauchsanweisungen und technischen Merkblättern der Hersteller angegebenen Holzschutzmittelmengen eingebracht werden.

7.3.4 DIN 68800-4: Bekämpfungs- und Sanierungsmaßnahmen gegen Holz zerstörende Pilze und Insekten

DIN 68800-4 regelt bewährte Maßnahmen zur Bekämpfung von Pilz- und Insektenbefall bei verbautem Holz und bei Holzwerkstoffen. Als verbautes Holz im Sinne der Norm gelten sowohl tragende als auch nicht tragende Bauteile. Die Anwendung für Möbel, Einbauten, Kunstgegenstände und dergleichen wird empfohlen. Maßnahmen zur Behandlung des Mauerwerks gegen den Echten Hausschwamm sind eingeschlossen. Die Norm gilt in Verbindung mit DIN 68800-1 bis DIN 68800-3 für folgende Bauteile:

- tragende Holzbauteile,
- nichttragende Holzbauteile,
- Mauerwerk bei einem Befall durch Echten Hausschwamm,
- weitere Bereiche wie Mobiliar und Kunstgegenstände.

Die Entscheidung über Notwendigkeit sowie Art und Umfang einer Bekämpfungsmaßnahme hängt ab von einer sorgfältigen Diagnose durch hierfür qualifizierte Sachverständige. Bei der Planung müssen die nachfolgenden Kriterien beachtet werden:

- Schadensart und -umfang,
- Bauweise und Bauzustand (Bei tragenden Holzbauteilen ist die Standsicherheit zu überprüfen),
- Bauteilfeuchte,
- Befallsursache zur Festlegung der Bekämpfungsmaßnahmen.

Kann die Ursache nicht eindeutig bestimmt werden, ist eine Laboruntersuchung notwendig. Die Ergebnisse der Untersuchungen und Hinweise zu den notwendigen Bekämpfungsmaßnahmen sind in einem Untersuchungsbericht darzulegen. Der Untersuchungsbericht des Sachverständigen für Holzschutz enthält den Befallsnachweis, die Befallsausbreitung, die Befallsursachen und Empfehlungen zur Bekämpfung. Die Bekämpfungsmaßnahmen selbst erfordern einschlägige Kenntnisse und Erfahrungen im Umgang mit Holzschutzmitteln. Sie dürfen daher nur von Fachbetrieben bzw. qualifizierten Fachleuten durchgeführt werden.

Sobald feststeht, um welchen Holzschädling es sich handelt, können die entsprechenden Bekämpfungsmaßnahmen eingeleitet werden. Balken von Dach- und Deckenkonstruktionen, die eine sehr starke Beschädigung aufweisen, müssen ausgetauscht werden. Manchmal reicht eine Verstärkung der Balken, wenn zuvor befallenes Holz samt Schädlingen durch Abbeilen entfernt wurde. Holzschutzspezialisten können das befallene Holz auch gezielt mit Bohrungen versehen, in die Holzschutzpräparate injiziert werden. So wird erreicht, dass tiefer sitzende Larven der Holzschädlinge abgetötet werden. Um einen Wiederbefall zu verhindern, wird im Anschluss das restliche Holz mit zugelassenen Holzschutzmitteln imprägniert.

Im Zusammenhang mit den Bekämpfungsmaßnahmen spricht DIN 68800-4 in Abschnitt 4.3 von Maßnahmen der Regelsanierung. Das sind:

- bei Pilzbefall:
  a) grundsätzlich die Beseitigung der Ursache erhöhter Feuchte und die Trocknung der Schadensbereiche,
  b) das Entfernen von befallenen Materialien, Mycel und Fruchtkörpern,
  c) der Ausbau schadhafter und befallener Holzbauteile,
  d) die Behandlung von im Sanierungsbereich verbleibender Holzbauteile mit vorbeugend wirksamen Holzschutzmitteln,
  e) bei Befall durch Echten Hausschwamm die Behandlung von Mauerwerk mit einem Schwammsperrmittel,
  f) im Einzelfall als Sondermaßnahme zur Bekämpfung des Echten Hausschwamms das Heißluftverfahren;
- bei Insektenbefall:
  a) der Ausbau befallener Holzbauteile,
  b) die Anwendung bekämpfend wirkender Holzschutzmittel,

c) die Anwendung des Heißluftverfahrens,

d) die Anwendung des Begasungsverfahrens.

Das weitverbreitete Heißluftverfahren ist ein rein physikalisches Bekämpfungsverfahren und wird heute mit gleichem Erfolg alternativ zu chemischen Bekämpfungen eingesetzt. Das Heißluftverfahren kann daher in vielen Fällen ohne weitere vorbeugende Holzschutzgifte als Regelverfahren angewandt werden.

Darüber hinaus gibt es aber auch andere, nicht genormte Anwendungen, die als Sonderverfahren auf den speziellen Einzelfall abgestimmt und in Verbindung mit dem Regelverfahren Anwendung finden können. Das WTA-Merkblatt 1-10-15/D. Sonderverfahren im Holzschutz, Teil 1: Bekämpfungsmaßnahmen enthält eine Übersicht zu den in der Holzschutzpraxis immer wieder vorzufindenden ungeregelten Holzschädlingsbekämpfungsmaßnahmen.

Tabelle 7.5 Sonderverfahren gemäß WTA-Merkblatt 1-10

Verfahren	Besonderheiten	längere Praxisbewährung	Wirkungsbeschränkungen	Anwendung in der Praxis
Warmluftverfahren	wie Heißluft wirksam, geregelte Umluftfeuchte	ja	am Gebäude sehr aufwendig, daher weniger sinnvoll	sinnvoll stationär im Raum oder Container
Mikrowellenverfahren	Strahlungsverfahren kurzwellig	ja	sinnvoll bei lokalem Insektenbefall	oft angewandt, lokal/begleitend
Hochfrequenzverfahren	Aufbau eines Wechselfelds	nein	komplizierte Technik	ganz selten, begleitend
Infrarotverfahren	Strahlungsverfahren langwellig	nein	physikalische Grenzen	ganz selten, begleitend
Kontaktheizungsverfahren	Heizmatten, Heizstäbe	nein	lokal, nur unterstützend anzuwenden	Hindernisse, lokal begleitend

7.4 Fazit

Die Normenreihe DIN 68800 enthält die Verpflichtung, vorrangig besondere bauliche Maßnahmen nach DIN 68800-2 zum Schutz gegen Holzschädlinge zu ergreifen. Wird trockenes Holz verbaut und/oder kann es durch entsprechende konstruktive Maßnahmen trocken gehalten werden, muss das Holz nicht mit chemischen Holzschutzmitteln vorbeugend gegen Schädlinge geschützt werden. Um einen wirksamen Schutz langfristig zu erreichen, müssen primär so viele Maßnahmen des Feuchteschutzes wie möglich ergriffen werden. Baulicher Holzschutz ist das Wissen um den optimalen Feuchteschutz.

Wurde früher der Nachweis gefordert, dass vorbeugende chemische Holzschutzmaßnahmen nicht erforderlich sind, muss heute die Notwendigkeit eines chemischen Holzschutzes belegt werden. Mit Eichenholz kann bis zur Gebrauchsklasse 3 ohne zusätzlichen chemischen Schutz gebaut werden, wenn splintfreies Holz verwendet wird. Gebrauchsklasse 3 (Holz der Witterung, aber nicht dem Erdkontakt ausgesetzt) liegt zum Beispiel für die Grundschwelle bzw. sichtbare Fachwerkhölzer eines Fachwerkbaus vor.

So richtig es ist, dass heute beim Holzschutz das Minimierungsgebot zur Verwendung von Bioziden umgesetzt wird und damit vor allem die Anforderungen an gesundes Bauen erfüllt werden, so unübersichtlich ist die Umsetzung durch DIN 68800. Zwar erscheint die Zuordnung zu einer Gebrauchsklasse auf den ersten Blick einfach. Doch die Kleinteiligkeit der Vorgaben verlangt ein sehr differenziertes Vorgehen bei der Zuordnung der Gebrauchsklassen, wie die nachstehende Abbildung verdeutlicht.

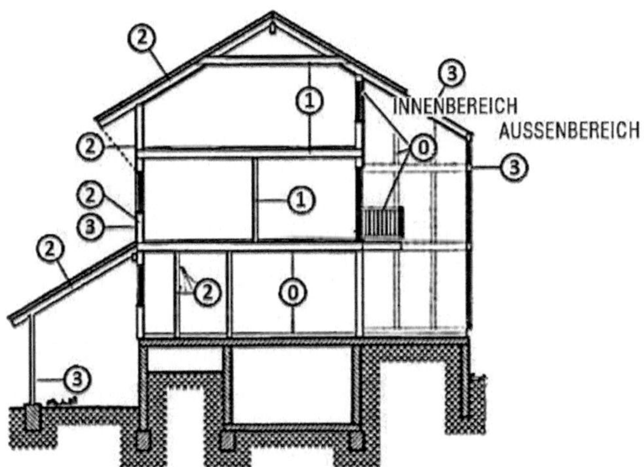

Bild 7.8 Schematische Darstellung der Gebrauchsklassen

Gebrauchsklasse 0 kann in nahezu allen Fällen durch baulichen Holzschutz von Konstruktionen „unter Dach“ erreicht werden. Gebrauchsklasse 2 kommt nur in wenigen Fällen zum Tragen, wenn beispielsweise mit einer Befeuchtung durch Tauwasserbildung zu rechnen ist. Gebrauchsklasse 3.1 kann bei Konstruktionen, die der Bewitterung ausgesetzt sind, durch bauliche Maßnahmen erlangt werden.

Vor dem Einsatz von Bekämpfungsmaßnahmen ist zu klären, ob ein Lebendbefall durch tierische Schädlinge vorliegt. Sind Anzeichen für einen aktiven Befall vorhanden, sind je nach Ort des Befalls und seinem Ausmaß Bekämpfungsmaßnahmen zu ergreifen. Tragende Bauhölzer und andere stark befallene Hölzer sollten durch eine sachverständige Fachfirma begutachtet werden. Sobald feststeht, um welche Art Schädling es sich handelt, können die entsprechenden Bekämpfungsmaßnahmen eingeleitet werden. Wenn ein Befall nicht mehr aktiv und/oder das befallene Holz nicht mehr tragfähig sind, ist eine Bekämpfungsmaßnahme wenig sinnvoll. Stattdessen sind die betreffenden Hölzer zu ersetzen. Eine normgerechte Bekämpfung von Pilzen im Holz ist mit chemischen Mitteln grundsätzlich nicht möglich. Die einzige Maßnahme zur Bekämpfung von Pilzen im Holz besteht in der Demontage der befallenen Holzteile. Holzschutzmittel gegen Pilze sind nur vorbeugend einsetzbar.

Im Hinblick auf die Sanierung von Fachwerkhölzern empfiehlt es sich daher, pragmatisch vorzugehen und die Hölzer je nach Erhaltungszustand zu reparieren oder auszutauschen. Kleinere Risse und Löcher lassen sich durch Spachteln schließen. Oft handelt es sich oberflächennahe Schäden, sodass die Reparatur nur aus optischen Gründen erfolgt. Zur Vorbereitung der Reparatur werden die Spalten zunächst ausgefräst. Risse über 10 mm Breite können durch Ausspanen gefüllt werden. Senkrechte Fugen dürfen nicht wasserführend sein. Durch die Spachtelung der Oberfläche bzw. das Füllen der Holzrisse mit einem natürlichen Holzersatzmaterial ist die Fachwerksanierung besonders ökologisch und rohstoffschonend.

Bei alten Zapfenverbindungen mit Holznägeln sind die Nägel oft verfault und die Nagellöcher infolgedessen sehr vergrößert. Das einfache Ersetzen des Holznagels reicht dann nicht aus, um die Verbindung zu sichern, geschweige denn die Öffnung passgenau zu schließen. Man muss in solchen Fällen das Nagelloch so groß wie nötig aufbohren, einen passgenauen Holzdübel einleimen und diesen nach der Aushärtung des Leims zur Aufnahme des neuen Holznagels aufbohren.

Bei größeren Defiziten geht man in den letzten Jahren immer mehr dazu über, Maßnahmen zur Reparatur der Hölzer zu ergreifen. Damit wurde beileibe kein Neuland betreten. Denn seit alters her wurden Holzkonstruktionen repariert, indem Hölzer ausgewechselt, angeschuht oder mit Brettern bzw. Bohlen verstärkt wurden. Das Fachwerk selbst wie auch der Dachstuhl lassen in aller Regel den Austausch von Hölzern ohne größere Probleme zu. Aus der Vergangenheit sind etliche handwerkliche Reparaturverfahren bekannt, die das ursprüngliche Gefüge nicht verändern. Ziel war es, so viel wie möglich an Originalsubstanz zu erhalten und das Gefüge nicht zu stören. Als Material wurde immer Holz der gleichen Holzart, ob neu oder alt, verwendet.

Weil sich die meisten Reparaturverbindungen einfach und problemlos herstellen lassen, sind vor allem Verbindungen zum geraden Anschuhen der Hölzer anzutreffen. Aber auch spezielle Reparaturverbindungen mittels Zapfen und Blatt sind überliefert. Wenn substanzielle Schäden vorhanden sind, hilft nur das Austauschen der geschädigten Hölzer in ihrer Gesamtheit. Dabei müssen die Querschnittsabmessungen der neuen Balken denen der entfernten entsprechen. Das gilt insbesondere für Hölzer in Holzbalkendecken. Auch die Balkenabstände zu den Nachbarbalken dürfen nicht überschritten werden, damit das statische System nicht verändert wird.

8 Tragverhalten

Die Überprüfung der Standsicherheit bei der Sanierung von Fachwerkhäusern setzt die Annahme zutreffender statischer Systeme voraus und ist die Grundvoraussetzung für eine erfolgreiche Sanierung. Fachwerkbauten sind im eigentlichen Sinne Skelettbauten, deren Ausfachungen nicht tragend sind und die keine aussteifende Funktion haben. Ausgangspunkt für eine korrekte Systemwahl ist zunächst die genaue Kenntnis der geometrischen Verhältnisse. Hier sind verformungsgetreue Aufmaße, die nach einer Bestandsaufnahme bereits vorliegen sollten, eine wesentliche Hilfe. Anhand dieser Planunterlagen können Informationen über mögliche Kraftflüsse im Gebäude gewonnen werden, die ihrerseits Grundlage für die Aufstellung eines umfassenden statischen Konzeptes sind.

Zur richtigen Systemwahl gehört auch die Festlegung realistischer Steifigkeiten der Holztragglieder einschließlich der Verbindungen untereinander. Berechnet man beispielsweise Deckenbalken, die auf Unterzügen lagern als Mehrfeldträger mit starren, unnachgiebigen Zwischenauflagern, ergeben sich vergleichsweise geringe Beanspruchungen für die Deckenbalken, während die Unterzüge rechnerisch deutlich überbeansprucht werden. Erfasst man die Deckenkonstruktion jedoch als Trägerrost, werden die Kräfte von den Unterzügen in die Deckenbalken umgelagert, sodass ein Deckensystem vorliegt, das die Verhältnisse realitätsnäher beschreibt, dessen Nachweis aber aufwendiger ist.

Bild 8.1 Altholz für die Wiederverwendung

Altes Holz weist infolge der handwerklich bedingten Herstellung mitunter ausgeprägte Baumkanten auf und erfüllt damit die den heutigen Vorschriften zugrunde liegenden Anforderungen an Bauholz nicht. Mitunter hat es mehr die Form von Rundhölzern als Kanthölzern. Daher müssen Querschnittsschwächungen infolge von Baumkanten und vergleichbarer Einflüsse berücksichtigt werden. Dann steht es einer Verwendung bei der Berechnung der entsprechenden Festigkeitswerte nach DIN 1052 nicht im Wege.

Nach einer genauen Prüfung der verbauten Holzqualitäten vor Ort unter Berücksichtigung von Bauschäden bzw. Veränderungen lässt sich die Trag- und Funktionsfähigkeit der Altholzbauteile mithilfe der primär auf Neubauten ausgerichteten Normen rechnerisch nachweisen. Zugleich ist zu festzuhalten, welche Anforderungen aus den Normen nicht eingehalten werden können und welche Konsequenzen daraus folgen.

Nach DIN 1052 ist es erlaubt, Grenzwerte der Verformungen (Durchbiegungen) im Grenzzustand der Gebrauchstauglichkeit für Balken ohne Überhöhung bei verformungsempfindlichen Konstruktionen von l/200 anstelle von l/300 zu vereinbaren und damit größere Durchbiegungen zuzulassen. Dies stellt für Fachwerkhäuser eine wesentliche Erleichterung dar, weil man auf möglicherweise notwendig werdende Verstärkungen biegebeanspruchter Bauteile verzichten kann. Hierüber sollte aber zwischen den Bauvertragsparteien eine Vereinbarung geschlossen werden. Damit ist es möglich, bei Fachwerkhäusern, die in der Regel ohnehin durch Formänderungen geprägt sind, denkmalgerechte Lösungen ohne die andernfalls notwendigen Verstärkungen zu realisieren.

Werden bei Fachwerkhäusern infolge von Bauschäden oder durch Veränderungen im Grundrisszuschnitt Eingriffe in die historische Bausubstanz notwendig, müssen die statischen Nachweise nach den einschlägigen bauaufsichtlichen Regeln geführt werden – im Wesentlichen DIN 1052 „Entwurf, Berechnung und Bemessung von Holzbauwerken – Allgemeine Bemessungsregeln und Bemessungsregeln für den Hochbau“ und DIN 1055 „Einwirkungen auf Tragwerke“. Die Nachweise betreffen die Holzbauteile, die Holzverbindungen und Auflager sowie und die räumliche Stabilität des Gebäudes.

Holz ist ein geregeltes Bauprodukt. Damit sind die Festigkeitskennwerte nach Norm auch für verbautes Holz anwendbar. Das bedeutet, dass das vorhandene Holz einer Sortierklasse nach DIN 4047-1 bzw. DIN 4047-5 zugeordnet wird. Streng genommen gilt die Bestimmung der Sortierklasse nach DIN 4074-1 bzw. DIN 4074-5 aber nur für unverbautes Holz. Es braucht also ein gewisses Maß an Erfahrung, um das verbaute Holz in zutreffender Art und Weise visuell zu sortieren und eine Zuordnung der Sortierklasse festzulegen. Dann ist durchaus möglich das verbaute Altholz quasi „maschinell“ zu sortieren, indem eine Ermittlung von Festigkeits- und Steifigkeitskennwerten in Kombination mit der Einhaltung von visuellen Sortierkriterien nach DIN 4047- 1, Tabelle 2, 3 und 4 und DIN 4074-5, Tabelle 2 und 3 erfolgt.

In der Praxis findet eine Festigkeitssortierung leider kaum statt, weil die Bedeutung einer zutreffenden Festigkeitssortierung als eine wesentliche Voraussetzung für den Nachweis der Tragfähigkeit gar nicht bekannt ist oder aber unterschätzt wird.

Die Bemessung von Holzbauwerken im Allgemeinen erfolgt auf Grundlage der geltenden nationalen und europäischen Normen und beruht auf DIN EN 1995-1-1 (EUROCODE 5). Die Normen zum Eurocode 5 behandeln die Bemessung und Konstruktion von Hochbauten und Ingenieurbauwerken bzw. Bauteilen aus Holz (Vollholz, gesägt, gehobelt oder als Rundholz, Brettschichtholz oder andere Bauprodukte aus Holz für tragende Zwecke, wie z. B. Furnierschichtholz) oder Holzwerkstoffen, die geklebt oder mit mechanischen Verbindungsmitteln zusammengefügt sind. Sie behandeln Anforderungen an die Gebrauchstauglichkeit, die Tragfähigkeit, die Dauerhaftigkeit und den Feuerwiderstand von Tragwerken aus Holz oder Holzwerkstoffen.

Bei der Sanierung und Modernisierung steht der Erhalt des Bestandes im Vordergrund. Eingriffe sollten daher minimiert werden. Es ist durchaus eine Überlegung wert, auf einen statischen Nachweis zu verzichten. Dennoch ist und bleibt die Bewertung der Tragfähigkeit und der Gebrauchstauglichkeit der verbauten Bauteile die primäre Aufgabe. Man muss also sorgfältig prüfen, ob die Eingangsgrößen für die Standsicherheitsbetrachtungen wie Lastannahmen, Festigkeiten, Tragfähigkeit der Verbindungen und Querschnittsabmessungen der vorhandenen Konstruktion noch gerecht werden.

In der Folge wird man die statischen Betrachtungen stufenweise durchführen. Schritt für Schritt wird der Tragwerksplaner über erste Näherungen die Konstruktion nach und nach erfassen, um schließlich ein zutreffendes Bild vom Tragvermögen und von der Standsicherheit zu erhalten. Der unbedachte Einsatz von Bemessungssoftware führt leicht zu Fehlschlüssen. Schnell gelangt man zu dem Ergebnis, dass die Konstruktion nicht mehr standsicher ist und rechnerisch bereits versagt, obwohl das Gebäude Jahrhunderte überlebt hat. Dies ist ein sicheres Indiz dafür, dass die Modellbildung die Realitäten unzureichend erfasst und die getroffenen Annahmen der historischen Tragstruktur nicht gerecht werden.

8.1 Fachwerkgefüge

Ein Fachwerkgefüge besteht aus dem Ständerwerk der Innen- und Außenwände, aus den Giebeldreiecken und den Balkenlagen der Decken. Der Dachstuhl ist eine eigenständige Konstruktion und bildet zusammen mit der Fachwerkkonstruktion ein statisches Ganzes, weil er seine Lasten an das Fachwerkgefüge abgibt. Die Trennung von Tragstruktur von raumabschließenden Elementen ermöglicht ein Höchstmaß an Gestaltungsfreiheit. In diesem Sinne sollte der Fachwerkbau als traditionelle Mischbauweise betrachtet werden, durch Kombination verschiedener Materialien innerhalb eines Bauteiles. Nicht selten trifft man Konstruktionen sowohl in Abhängigkeit von den lokalen Rohstoffvorkommen als auch aufgrund regional typischer Ausprägungen der Holztragwerke an.

Die senkrechten Hölzer sind für die Aufnahme der vertikalen Lasten und deren Weiterleitung zuständig. Sie wirken als Pendelstützen und leiten die Lasten an das Fundament weiter und werden auf Druck sowie teilweise auf Knicken beansprucht. Solche Hölzer sind:

- Ständer,
- Stiele,
- Eckstiele und Fensterpfosten.

Die Balkenlagen werden vorwiegend auf Biegung beansprucht. Waagerechte Hölzer sind:

- First- und Mittelpfetten,
- Deckenbalken,
- Längs- und Querschwellen,
- Sturz- und Brüstungsriegel.

Zur Aussteifung der Konstruktion dienen schräge Hölzer. Sie bilden mit Schwelle und Rähm Dreiecke und werden auf Druck und/oder Zug beansprucht. Dazu gehören:

- Windrispen,
- Streben,
- Kopfbänder,
- Auskreuzungen,
- statisch wirksame Hölzer.

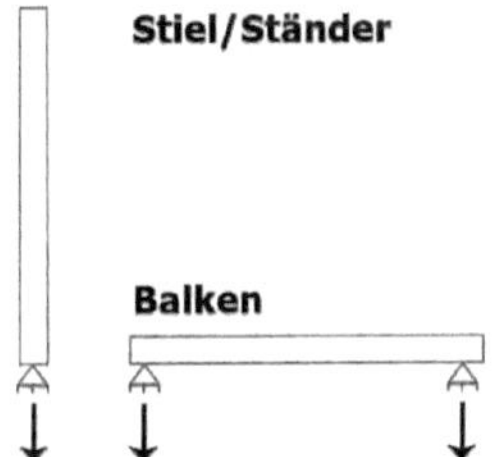

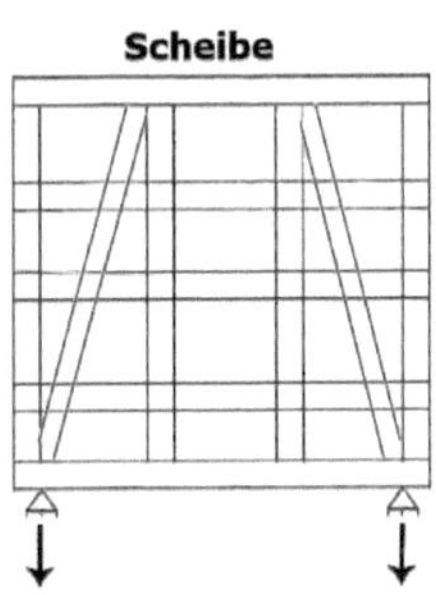

Bild 8.2 Statische Elemente einer Fachwerkwand

Dreiecke sind aus statischer Sicht unverschieblich. Die Knotenpunkte an den Stabenden werden als gelenkig gelagert angesehen, sodass die Stäbe als sogenannte Zweigelenkstäbe nur Zug- oder Druckkräfte und keine Biegemomente übertragen. Die äußeren Kräfte greifen an den Knotenpunkten an, deren Übertragung durch eine geeignete Ausbildung der Knotenpunkte nachweislich sichergestellt sein muss.

Die Erfahrung zeigt, dass sich das Tragverhalten von Fachwerkhäusern sowohl mithilfe der bekannten vereinfachten Rechenmodelle als auch mit den modernen Rechenverfahren – räumlichen Stabwerksprogrammen – gut abbilden lässt. Es handelt sich im Prinzip um eine Skelettkonstruktion aus gelenkig miteinander verbundenen Stäben, bei der mit Ausnahme der Deckenbalken nur Kräfte auftreten, die in Richtung der Stabachsen wirken.

Ein verlässliches Standsicherheitskonzept kann erst erstellt werden, wenn Vorschläge zu Verstärkungen, Instandsetzungsmaßnahmen und Entlastungen gemacht bzw. Abweichungen von den Regelungen für Neubauten plausibel erläutert wurden. Pauschale Hinweise auf Sicherheitsreserven verbunden mit der Feststellung, dass historische Holzkonstruktionen in aller Regel überdimensioniert sind, sind nicht stichhaltig. Es mag sein, dass viele der tragenden Bauteile hinreichend Reserven aufzuweisen haben. Für die Verbindungen, die zimmermannsmäßigen Regeln folgen, trifft das in den seltensten Fällen zu.

Von grundlegender Bedeutung ist es, dass eine Verbindung kraftschlüssig ist. Jeder Knoten muss einzeln nachgewiesen werden und eventuell vorhandene Exzentrizitäten sind zu berücksichtigen. Auch der Nachweis der Gesamtstabilität muss für Fachwerkhäuser wie für andere Gebäude geführt werden. Es muss sichergestellt sein, dass Horizontallasten jedweder Art von der Krafteinleitung über aussteifende Wände und Decken zum Fundament weitergeleitet werden. Beispiele für horizontale Einwirkungen sind Lasten aus Wind, ungewollte Schiefstellung, Anprall sowie Erdbebenlasten.

Aus diesem Grund ist man gut beraten, die üblichen Aussteifungsregeln für Gebäude zu beachten, wonach Wände, Rahmen, Decken und Verbände so angeordnet und ausgeführt sein müssen, dass sie in ihrer Gesamtheit ein funktionstüchtiges räumliches Tragsystem zu bilden. Zur Einleitung der Horizontallasten in die aussteifenden Wände sind ausreichend steife Decken erforderlich, damit horizontale Lasten über die Decken direkt zu den vertikalen Aussteifungselementen weitergeleitet werden. Bei entsprechender Beplankung gelten Holzbalkendecken als aussteifende Scheiben.

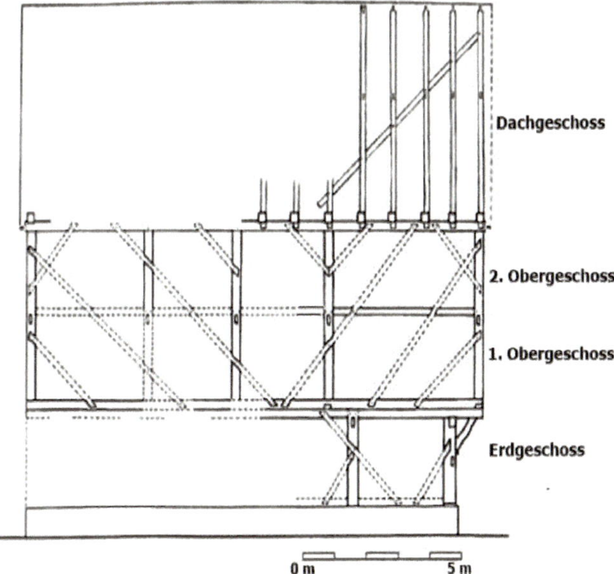

Bild 8.3 Aussteifung durch Überblattung in Esslingen, Webergasse 8

Bei rechteckigen Grundrissen werden die Windlasten getrennt nach Längs- und Querrichtung senkrecht zu den Außenwänden angesetzt. Daraus folgt, dass ein Gebäude in beiden Richtungen durch eine ausreichende Anzahl von Wänden ausgesteift sein muss, um die Windlasten und gegebenenfalls die Horizontallasten aus der Schiefstellung des Gebäudes aufnehmen zu können. Daher hat man in die Fachwerke Streben o. Ä. integriert. Diese können, wenn sie planmäßig auf Druck beansprucht werden, die ihnen zugewiesenen Lasten aufnehmen. Doch muss die Übergabe der Druckkräfte an die Fachwerkkonstruktion sowohl am Kopf- als auch am Fußende nachgewiesen werden, was bei den üblichen Stoßausbildungen eher Probleme bereitet. Der durch Ausfachungen de facto gegebene Aussteifungseffekt, der insbesondere bei intakter Ziegelausfachung gegeben ist, ist rechnerisch nicht nachweisbar. Den Ausfachungen kommt daher ausschließlich eine raumabschließende Funktion zu.

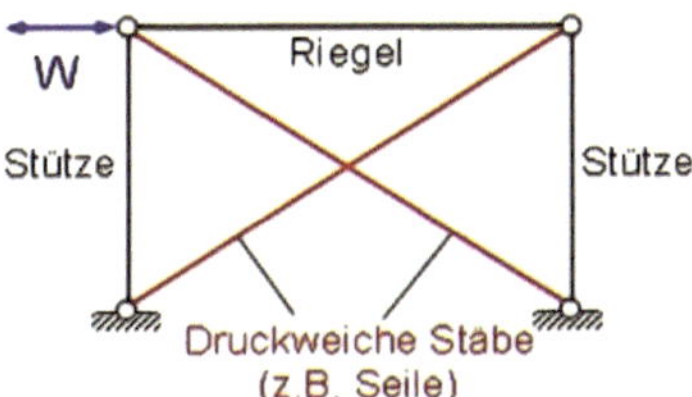

Bild 8.4 Aussteifung mit druckweichen Stäben

Eindeutig ist eine Aussteifung durch druckweiche Glieder, wobei sich, je nachdem aus welcher Richtung der Wind angreift, das System ändert. Die Diagonale, die keine Zugkraft erhält, fällt aus und wird so behandelt, als wäre sie nicht existent.

Man kann im Bestand Streben finden, die mit einfachen Aufblattungen bzw. Versätzen oder Verzapfungen an Schwelle und Rähm angeschlossen sind. Gekreuzte Streben mit Überblattung als Andreaskreuz sind ebenfalls anzutreffen.

Aus statischer Sicht eindeutig und bei der Sanierung gut auf der Innenseite der Wände integrierbar sind Aussteifungsverbände mit druckweichen Stäben in Form eines Andreaskreuzes. Diese Stäbe werden nur durch Normalkräfte auf Zug beansprucht. In der Regel verwendet man Zugglieder aus Stahl wie Rundstähle oder Windrispenbänder bzw. Flachbleche.

Bild 8.5 Aussteifung mit innenseitigem Flachstahl 4 × 40

Je nachdem, aus welcher Richtung der Wind angreift, ändert sich das System. Die Diagonale, die keine Zugkraft erhält, fällt aus und wird so behandelt, als wäre sie nicht existent. Auch kann man an ein Aussteifungselement noch weitere Stütze-Riegel-Konstruktionen anhängen, ohne dass eine Verschiebung eintritt.

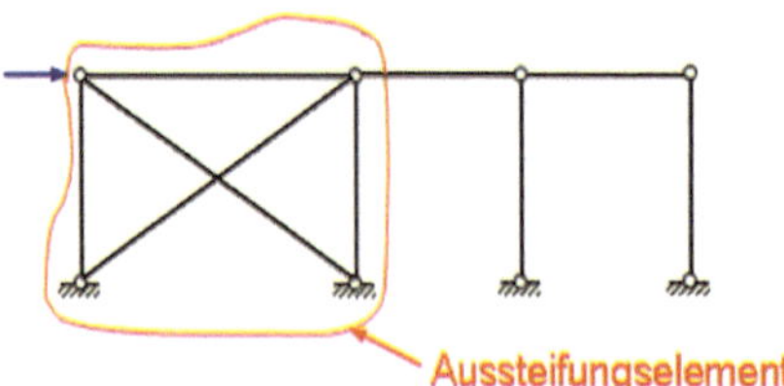

Bild 8.6 Aussteifung einer Wand

Um ein Gebäude dreidimensional auszusteifen, benötigt man mehrere Aussteifungsverbände, die in ihrer Gesamtheit das Aussteifungssystem für das Gebäude bilden. Für ein räumliches System in Form eines Quaders sind drei vertikale Aussteifungselemente und ein als starre Scheibe wirkendes horizontales Deckenelement notwendig.

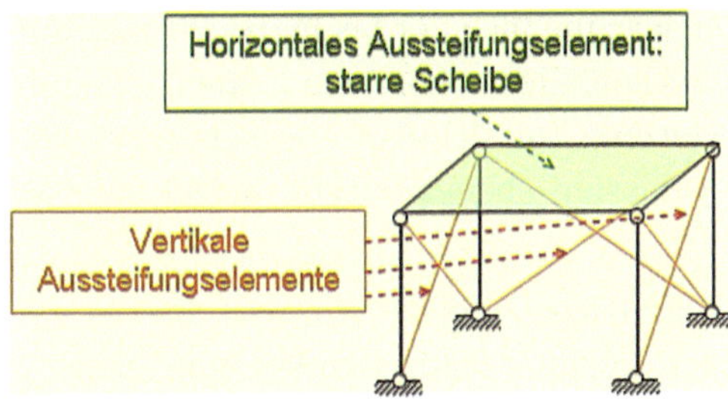

Bild 8.7 Räumliche Aussteifung

Hinweise und Beispiele zum Vorgehen beim Nachweis der Standsicherheit beim Bauen im Bestand hat die Fachkommission Bautechnik der Bauministerkonferenz (ARGEBAU) erarbeitet (Anlage 3). Sie geben Auskunft darüber, nach welchen Regeln Standsicherheitshinweise zu erstellen sind und worauf im Detail zu achten ist.

8.2 Decken

Die einfachste Form einer Holzbalkendecke brauchte nur einige tragfähige Holzbalken, um den Freiraum zu überspannen, sowie quer aufgebrachte Bretter, die den Fußboden bilden. Mit wachsenden Anforderungen an den Wohnkomfort - das gilt vor allem im Hinblick auf den Trittschallschutz - reichte diese Konstruktionsweise aber nicht mehr aus. So bildete sich im Mittelalter eine verbesserte Ausprägung aus, indem man die tragenden Deckenbalken an den Seiten mit Nuten versah, in die dann Bretter eingeschoben wurden. So entstand ein Hohlraum zwischen dem Fußboden auf der Balkenoberseite und den zwischen den Balken eingebrachten Brettern, den man mit unterschiedlichen Füllungen versah. Zugleich wurde die Untersicht durch Bearbeitung der sichtbaren Balkenunterseiten gestalterisch aufgewertet. Statt der eingeschobenen Bretter hat man auch auf Latten aufgerollte und anschließend überputzte Lehmwickel verwendet und diese unterseitig verputzt.

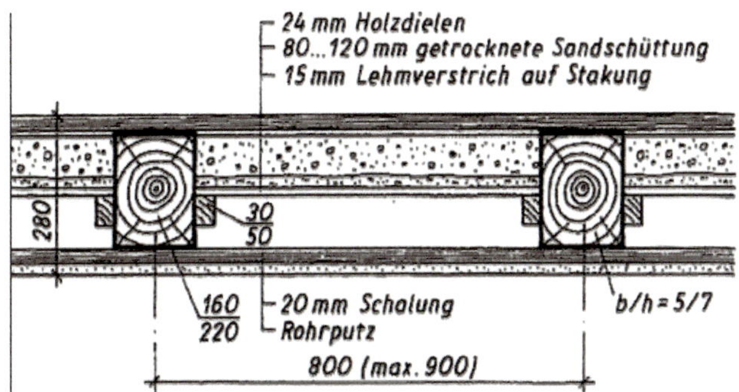

Bild 8.8 Aufbau einer Holzbalkendecke

Mit dem späten 17. Jahrhundert bildete sich schließlich der bis in das 20. Jahrhundert praktizierte Aufbau von Holzbalkendecken, die vollkommen glatte Deckenunterseiten aufwiesen. Die bisher gegliederten, holzsichtigen Deckenunterseiten wurden zugunsten verputzter und hell gefasster, ebener Deckenspiegel aufgegeben.

Die Tragfähigkeit von Holzbalkendecken ist leicht zu ermitteln, weil die Deckenbalken meist als Einfeldträger, dem einfachsten aller statischen Systeme, über die kurze Seite eines Raumes spannen. Maßgeblich ist bei Flächenlast die Beanspruchung des Balkens in Feldmitte, also mitten im Raum. Etwas komplizierter wird es, wenn die Deckenbalken über zwei Räume durchlaufen und ein Zwischenauflager den Balken unterstützt. In diesem Fall liegt ein Zweifeldträger vor, bei dem die stärkste Beanspruchung nicht im Feld, sondern über dem mittleren Auflager auftritt.

Da Ein- und Zweifeldträger ein unterschiedliches Tragverhalten aufweisen, ist es bei der statischen Analyse einer Bestandsdecke von großer Bedeutung, zu Beginn der Untersuchung das bestehende Tragsystem festzustellen. Dies ist nicht immer einfach, da oft nicht ohne weiteres erkennbar ist, ob ein Deckenbalken über einer Trennwand durchläuft oder ob er dort gestoßen ist.

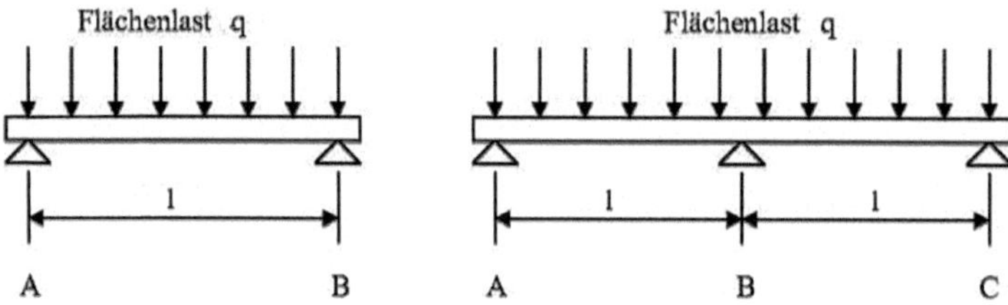

Bild 8.9 Einfeld- und Zweifeldträger

Die maximale Spannweite ergibt sich aus seinen Abmessungen (Breite und Höhe) des Holzbalkens und der Qualität des Holzes. Da ist zunächst die Durchbiegung des Balkens, die maximal 1/300 ggf. 1/200 der Balkenlänge betragen sollte. Bei 4,0 m Spannweite sind das etwa 1,3 cm bzw. 2,0 cm in Balkenmitte. Bei runden Balken legt man als Bemessungsgrundlage ein gedachtes innen liegendes Rechteck zugrunde. Als Faustformel für die erforderliche Balkenhöhe kann man pro Meter Stützweite 4 cm rechnen und zusätzlich als Sicherheit 4 cm. Bei einer Spannweite von 4,0 m sind das $4 \times 4 + 4 = 20$ cm. Die Breite des Balkens ergibt sich zu $b = 5/7 \times h = 14$ cm.

8.3 Dächer

Ältere Hausdächer weisen oft deutlich sichtbare Verformungen auf. Man neigt daher auf den ersten Blick dazu, die Standsicherheit kritisch zu bewerten, weil größere Verformungen den Eindruck vermitteln, als sei die Konstruktion einsturzgefährdet. Man muss aber unterscheiden, ob „nur" eine Beeinträchtigung der Gebrauchstauglichkeit infolge großer Verformungen vorliegt oder aber tatsächlich die Standsicherheit durch ungenügende Festigkeit gefährdet ist. Die Erfahrung lehrt, dass unterdimensionierte Dächer nicht versagen, solange die Verbindungen nicht versagen. Überbelastete Holzkonstruktionen zeigen durch übermäßige Verformungen ihr Versagen an. Bei unzureichender Standsicherheit muss das Dachtragwerk selbstverständlich verstärkt oder gar erneuert werden. Eine Beeinträchtigung der Gebrauchstauglichkeit bei ansonsten intakter Konstruktion kann geduldet werden, wenn wegen der Nutzungsbedingungen kein Eingreifen erforderlich ist.

Bild 8.10 Statisch gesichertes, schiefes Haus in Ulm, Schwörhausgasse 6

Die statische Untersuchung eines vorhandenen Dachstuhles erfordert auf jeden Fall eine sorgfältige Bestandsaufnahme. Dabei erschweren Um- und Ausbauten oft eine klare Zuordnung. Der Kräftefluss ist häufig nur schwer erkennbar. Folgende Punkte müssen untersucht und geklärt werden:

- statische Modellbildung (Sparrendach, Kehlriegeldach, Pfettendach, Mischform),
- Ursache und Größe von Durchbiegungen,
- Horizontalaussteifung der Dachfläche,
- Stabilisierung der Giebelwände durch das Dach,
- Aufnahme der Horizontalkräfte an den Sparrenfußpunkten (Sparrendach, Kehlriegeldach).

8.3.1 Grundformen der Dachtragwerke

Die wesentlichen Unterschiede im Tragverhalten von hölzernen Steildächern sollen daher an dieser Stelle noch einmal kurz beschrieben werden. Neben einer Vielzahl von Steildachmischformen gibt es drei Grundformen, und zwar das Sparren-, das Kehlriegel- und das Pfettendach. Das Pfettendach ist in seinen diversen Varianten das verbreitetste Dachtragwerk von historischen Gebäuden. Je nach Größe des Daches werden die Sparren als Einfeld- oder als Durchlaufträger ausgeführt. Pfettendächer können mit nahezu allen Dachneigungen ausgeführt werden und machen bei entsprechender Unterstützung große Abmessungen möglich. In der ursprünglichen Form verfügt das Pfettendach im First über keine konstruktive Verbindung zwischen den Sparren. Die beiden Dachhälften sind statisch gesehen voneinander getrennt.

Das Pfettendach ist gekennzeichnet durch die Lastabtragung von einem Tragglied auf das andere. Die Sparren liegen mehr oder weniger frei auf, wirken in der Regel als Durchlaufträger und sind biegebeanspruchte Träger. Sie stützen sich auf die parallel zur Traufe verlaufenden Pfetten ab. In ihrer einfachsten Form liegen die beiden Fußpfetten auf den Außenwänden, während Stiele mit Kopfbändern die Firstpfette unterstützen, wodurch eine Längsaussteifung erzielt wird.

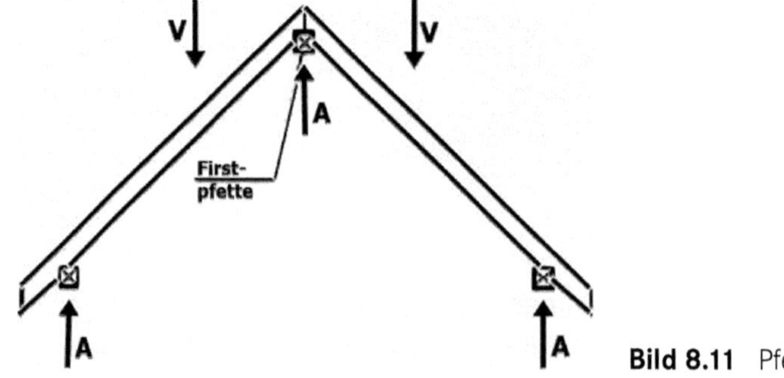

Bild 8.11 Pfettendach

Aufgrund der Tatsache, dass die Pfetten die waagerecht wirkenden Lasten des Daches tragen und die senkrecht wirkenden Kräfte über die Dachstiele weitergegeben werden, sind die beiden Dachflächenhälften statisch voneinander unabhängig. So können beim Pfettendach die Sparren der gegenüberliegenden Dachflächen anders als beim Sparrendach auch versetzt liegen.

Bei größeren Dächern treten Mittelpfetten hinzu, die zusammen mit den Unterstützungen den sogenannten Stuhl bilden. Man unterscheidet Pfettendächer mit stehendem Stuhl und solche mit liegendem Stuhl. Bei ersterem wird unterschieden in:

- Pfettendächer mit einfach stehendem Stuhl (Firstpfette mit Firststielen),
- Pfettendächer mit zweifach stehendem Stuhl (Mittelpfetten mit Stielen),
- Pfettendächer mit dreifach stehendem Stuhl (Fuß-, Mittel- und Firstpfetten mit jeweiligen Unterstützungen).

Dabei wird nicht selten auf eine Firstpfette verzichtet. Stattdessen werden die Sparren im First per Gelenk miteinander verknüpft, wodurch das Dachwerk statisch komplexer wird.

Beim stehenden Dachstuhl erfolgt die vertikale Lastabtragung durch Stiele, deren Kicklänge durch Kopfbänder verkürzt wird. Die Unterstützung der Pfetten mithilfe von Stielen richtet sich nach der räumlichen Disposition des Untergeschosses, damit die Lasten auf tragende Bauteile im Gebäudeinnern abgetragen werden können.

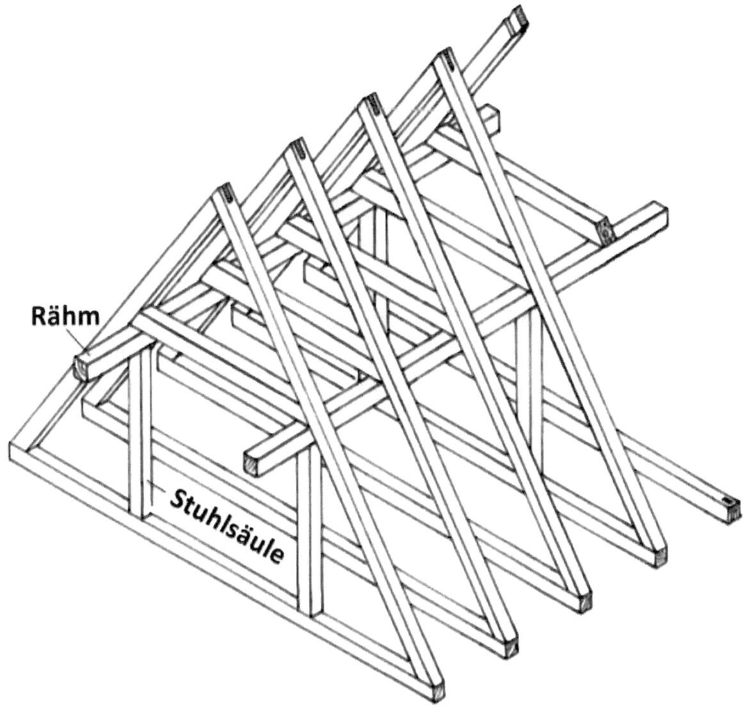

Bild 8.12 Stehender Stuhl

Beim liegenden Dachstuhl wird auf die Stützen verzichtet, indem die Lasten über „liegende“ Stiele weitergeleitet werden. Der Vorteil des liegenden Stuhls besteht darin, dass der Dachraum wegen der fehlenden Stiele frei bleibt. Dadurch, dass die Lasten schräg in Richtung der Außenwände und nicht vertikal wie beim stehenden Dachstuhl abgetragen werden, werden die Lasten verstärkt über Normalkräfte abgetragen.

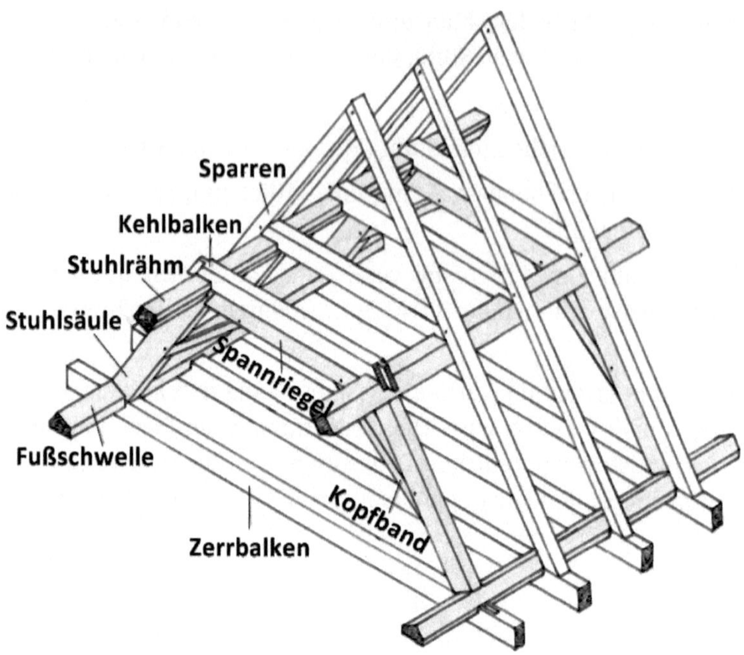

Bild 8.13 Liegender Stuhl

Zudem belastet der liegende Stuhl die darunterliegenden Deckenbalken in unmittelbarer Nähe der Auflager und trägt nur unwesentlich zum Biegemoment bei.

Wenn die Sparren Durchlaufträger sind, entstehen an den Pfetten Biegemomente und Verdrehungen. Durch 2 bis 4 cm tiefe Einkerbungen - die sogenannten Kerven - erfolgt eine kraftschlüssige Verbindung der Sparren zu den Pfetten, über welche sowohl vertikale als auch horizontale Kräfte auf die Pfetten übertragen werden. Die Lagesicherung erfolgt über Nägel.

Die Abtragung der horizontalen Windlasten auf die Längsseite parallel zur Traufe erfolgt in der Regel über den Dachfußpunkt. Das aus den Windlasten resultierende Versatzmoment wird über ein vertikal wirkendes Kräftepaar in die Pfetten geleitet und erhöht deren vertikale Belastung. Sind die Dachstiele zusätzlich durch Streben ausgesteift, können die Windlasten auch über die Pfettenebene abgetragen werden. Die Pfetten werden dann zusätzlich in horizontaler Richtung beansprucht und der statische Nachweis erfolgt auf Doppelbiegung.

Die Vorteile des Pfettendaches sind:

- einfache Dachkonstruktion,
- problemlose Dachüberstände,
- Integration von Walmdächern einschließlich Krüppelwalm,
- leichter Einbau von Gauben und Dachflächenfenstern,
- keine komplizierte Konstruktion der Drempel.

Nachteile sind:

- eingeschränkter Dachausbau,
- Weiterleitung der Lasten in das Untergeschoss.

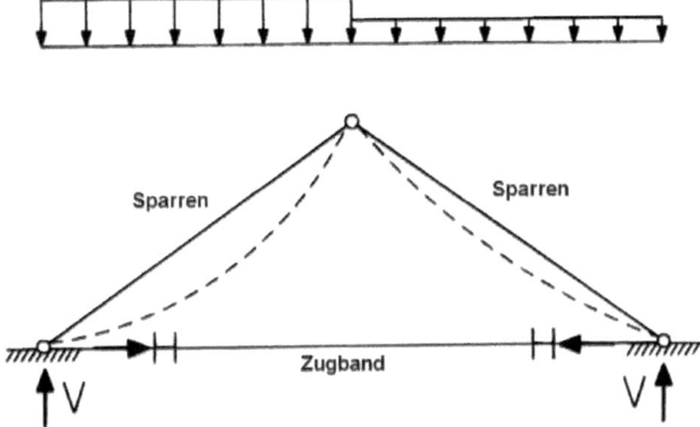

Bild 8.14 Sparrendach

Sparrendächer eignen sich für Dächer ab 30° und können auch bis über 60° Dachneigung ausgeführt werden. Unter 30° nimmt der Horizontalschub im Fußpunkt überproportional zu, weshalb der Verbindung Grenzen gesetzt sind.

Beim Sparrendach stützen sich die gegenüberliegenden Sparren gegenseitig ab und bilden unverschiebliche Dreiecke, die tragend wirken; Pfetten entfallen. Das Sparrenpaar wird als „Gebinde“ bezeichnet und wirkt statisch als Dreigelenkrahmen. Die Lasten werden ausschließlich über die Außenwände abgetragen. Am Sparrenfuß entstehen nach außen gerichtete Horizontalkräfte, für deren Aufnahme aufwendige Holzverbindungen notwendig sind. Sie werden in der Regel als Versatz ausgeführt.

Fügt man in den Dreigelenkrahmen ein horizontales Tragelement - den sogenannten Kehlriegel (auch Kehlbalken genannt) - ein, entsteht mit dem Kehlriegeldach eine Weiterentwicklung des Sparrendaches. Jedes Gespärre erhält im oberen Drittel einen waagerechten Kehlriegel, wodurch sich größere Spannweiten und stützenfreie Gebäudetiefen realisieren lassen. Die Kehlriegel wurden traditionell über Zapfen oder schwalbenschwanzförmige Blätter an die Sparren angeschlossen, während heute die Verbindung überwiegend mit Laschen oder Lochplatten erfolgt oder der Kehlriegel zweigeteilt als Zange ausgebildet wird.

Die Vorteile des Kehlriegeldaches sind:

- ein stützenfreier Dachraum,
- ein geringerer Holzverbrauch als bei Pfettendächern.

Nachteilig sind:

- der größere konstruktive Aufwand zur Aufnahme des Horizontalschubes am unteren Sparrenauflager,
- Einschränkungen beim Einbau von Dachgauben und Anlegen von Dachöffnungen mit größeren Längen.

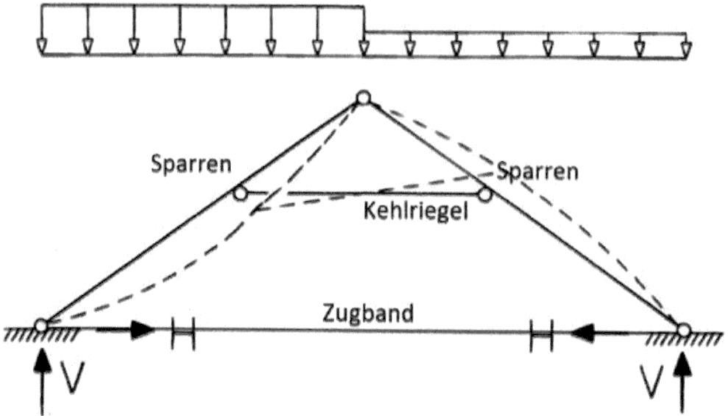

Bild 8.15 Kehlriegeldach

8.3.2 Steildachformen

Die beschriebenen drei Grundformen wurden im Laufe der Jahrhunderte immer wieder abgewandelt und weiterentwickelt. In der Realität findet man viele weitere Abwandlungen, sodass die Zuordnung der angetroffenen Dachformen und die Festlegung eines zutreffenden Tragwerksmodells nicht immer einfach sind. Fast immer handelt es sich um statisch mehrfach unbestimmte Systeme. Zu stark vereinfachende Annahmen führen leicht zu dem Ergebnis, dass die Konstruktion nicht tragfähig ist und schon längst hätte einstürzen müssen.

Nicht selten hat man im Laufe der Zeit leichtfertig einzelne Hölzer von Dachkonstruktionen entfernt und keine oder nur ungenügende Ersatzmaßnahmen ergriffen. Daher sind Dachstühle auf ihr ursprüngliches statisches System und auf Mängel zu untersuchen. Können die erforderlichen Überprüfungen der Standsicherheit nicht zur Zufriedenheit geführt werden, werden Verstärkungen oder Auswechslungen notwendig. Verstärkungen erhöhen die Tragfähigkeit einzelner Tragglieder und Auswechslungen beinhalten den Austausch stark geschädigter Hölzer oder aber des gesamten Bauteiles.

8.4 Verbindungen

Um die Standsicherheit zu überprüfen und nachzuweisen, ist es nicht ausreichend, allein die stabförmigen Tragglieder eines Fachwerkhauses zu beurteilen. Es ist gleichermaßen wichtig, die Verbindungen im Hinblick auf ihr Trag- und Verformungsverhalten zu erfassen. Denn alle zimmermannsmäßigen Verbindungen sind nach überlieferten Regeln hergestellt und nicht statisch berechnet worden. Die heutigen technischen Bestimmungen, die auf moderne Ingenieurbauwerke ausgerichtet sind, erfassen viele der historischen zimmermannsmäßigen Verbindungen nicht, sodass man auf in der einschlägigen Literatur aufgeführte Bemessungsmodalitäten zurückgreifen muss.

8.4.1 Holznägel

Gleiches gilt für Holznägel, die mehrere Funktionen zu übernehmen haben. Sie dienen als Montagehilfe, um die Konstruktionen in der gewünschten Form zu halten. Sie können als Sicherung für eine Verbindung dienen. Sie können aber auch Tragglieder kraftschlüssig verbinden. Das Tragverhalten von Holznägeln gleicht dem der anderen stiftförmigen Verbindungsmittel wie Nägel, Stabdübel oder Bolzen. Wegen des im Vergleich zu Verbindungsmitteln aus Stahl geringeren Biegewiderstandes versagen Holznägel leichter durch Überschreiten des Biegewiderstandes und weniger der Lochleibungsfestigkeit. Der Biegewiderstand hängt neben der Querschnittsausbildung von der Rohdichte des Holzes ab. Da die Holznägel früher durch Spalten von Hand hergestellt wurden, kann man mit großer Sicherheit davon ausgehen, dass die Holzfasern in Nagellängsrichtung verlaufen und infolgedessen die Festigkeit hauptsächlich von der Rohdichte bestimmt wird.

Langandauernde Belastungen in der Vergangenheit haben Kriechverformungen zur Folge. Überlastungen führen zu Brüchen von Hölzern. Tierischer oder pflanzlicher Befall der Holzsubstanz tun das ihrige, um das ursprüngliche statische System zu beinträchtigen und zu verändern. Je nach Bedeutung des einzelnen Bauteils für das Tragverhalten der gesamten Konstruktion werden Fragen aufgeworfen, die im Rahmen der Beurteilung der Standsicherheit zu klären sind. Daher ist akribisch zu überprüfen, ob die Gebrauchstauglichkeit der verbauten Hölzer im Hinblick auf die weitere Nutzung gegeben ist.

Holznägel werden als abgerundete oder kantige schwach verjüngte Holzstäbe meist aus Eichenholz hergestellt. Nägel für Verblattungen erhalten oft einen Kopf, wobei von einem quadratischen Querschnitt alle vier Kanten so tief abgezogen werden, dass ein kleinerer, wiederum quadratischer Querschnitt entsteht und ein Kopf stehen bleibt. Wird der vierkantige Nagel in das runde Bohrloch eingeschlagen, sitzt er dauerhaft fest. Eine Verzapfung hingegen muss zur Fixierung nicht festgenagelt, sondern nur gesichert werden, weswegen der Nagel keinen Kopf und keinen ausgesprochen festen Sitz benötigt.

Im Nationalen Anhang zu DIN EN 1995-1-1 ist die Berechnung von Holznägeln aus Eichenholz mit Durchmessern zwischen 20 und 30 mm geregelt. Der charakteristische Wert der Tragfähigkeit pro Scherfläche erhält man danach aus der Gleichung $F_{Rk} = 9{,}5\,d^2/1000$ in kN. Diese Formel gilt nur bei guter Passung des Verbindungsmittels, nämlich keine klaffende Fuge und schadensfreies Holz, d.h. Holz mit $\rho_k \geq 350\,kg/m^3$, mindestens der Sortierklasse S10 nach DIN 4074-1.

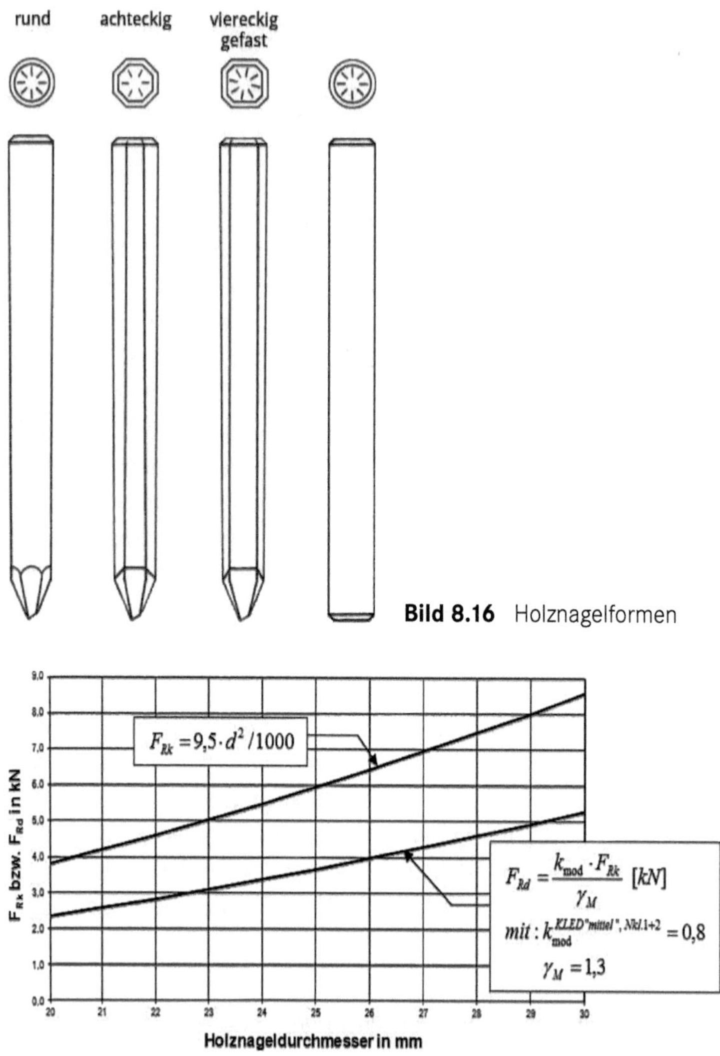

Bild 8.16 Holznagelformen

Bild 8.17 Charakteristischer Wert der Tragfähigkeit und Bemessungswert (KLED „mittel“, Nutzungsklasse 1 und 2) für Eichenholznägel in Abhängigkeit vom Durchmesser, Mindestholzdicken: $t_{req} \geq 2$ d und Nageldurchmesser: 20 mm $\leq d \leq$ 30 mm und $\rho_k \geq 350$ kg/m³; ist $t_{req} < 2$ d gilt eine Abminderung von F_{Rk} mit kt = t1 / t_{req} oder kt = t2 / t_{req})

8.4.2 Zimmermannsmäßige Holzverbindungen

Zimmermannsmäßige Holzverbindungen gibt es in vielerlei Ausführungen. Es handelt sich immer um reine Holz-Holz-Anschlüsse, die durch das Ausschneiden positiver und/oder negativer Formen entstehen. Damit verbunden sind aber Querschnittsschwächungen, was zu Folge hat, dass in der Vergangenheit häufig größer dimensionierte Balkenquerschnitte verbaut worden sind, als das für die Aufnahme der Lasten letztlich notwendig gewesen wäre.

Mit dem Aufkommen der metallischen Verbindungsmittel wie zum Beispiel Nägel, Klammern und Schrauben Mitte des 19. Jahrhunderts dominieren Verbindungen, die größere Kräfte übertragen können und deren Tragkraft berechnet werden kann. Damit ergeben sich neue Möglichkeiten für die Verbindung von Holzstäben, die bei der Sanierung von Fachwerkhäusern, sofern nötig, Anwendung finden können.

Nach DIN 1052 Abschnitt 15 gelten als „Zimmermannsmäßige Verbindungen für Bauteile aus Holz“ Versätze, Zapfenverbindungen und Holznagelverbindungen. Für Versätze werden geometrische Bedingungen wie die Tiefe der Einschnitte und die Vorholzlängen angegeben. Die Kräfte werden durch Kontaktkräfte in den Fugen übertragen. Die Tragfähigkeit eines Zapfens ergibt sich aus der Geometrie, der Schubfestigkeit und der Druckfestigkeit rechtwinklig zur Faser. Der eine Teil des Nachweises berücksichtigt den Ausklinkungseffekt und der andere Teil ist der Querdrucknachweis für den Zapfen. Für die Tragfähigkeit einer Holznagelverbindung aus Eichenholznägeln und Bauteilen aus Holz mit $\rho_k \geq 380\,kg/m^3$ wird je Scherfläche die übertragbare Kraft mit $R_k = 9{,}5\,d^2$ in N angegeben und der Gültigkeit im Bereich von $20\,mm \leq d \leq 30\,mm$. Der erforderliche Mindestholzdicke beträgt 2d. Die Mindestabstände untereinander und die Randabstände von den Rändern betragen ebenfalls 2d.

Weitere zimmermannsmäßige Holzverbindungen sind in der Norm nicht geregelt. Es gibt aber Literaturbeiträge, die im Einzelfall als Grundlage bei der Bemessung nicht genormter Verbindungen dienen können. Eine umfangreiche Darstellung findet sich in:

Andreas Müller et al.: Historische Holzverbindungen, Untersuchung des Trag- und Lastverformungsverhaltens von historischen Vollholzverbindungen und Erstellung eines Leitfadens für die Baupraxis. Berner Fachhochschule Institut für Holzbau, Tragwerke und Architektur, Bern/Schweiz 2016. Abrufbar unter: *https://www.bfh.ch/.documents/ris/2015-023.478.245/BFHID-264911236-4/Historische%20Holzverbindungen-Leitfaden.pdf.*

Holzverbindungen sind aufgrund jahrhundertelanger Erfahrung und handwerklicher Überlieferung entstanden. Ihre Formenvielfalt ist sehr groß, was damit zusammenhängt, dass im Laufe der Zeit zahlreiche Mischformen verschiedener Typen entstanden sind. Mitte des 19. Jahrhunderts war die Entwicklung im Prinzip abgeschlossen. Dieser Entwicklungsstand wird in der Fachliteratur für Zimmerleute aus dieser Zeit ausführlich dokumentiert. Dessen ungeachtet ist es wichtig, solche Verbindungen im Bestand identifizieren zu können, um vor dem Beginn der Sanierungsarbeiten die richtigen Schlussfolgerungen ziehen zu können.

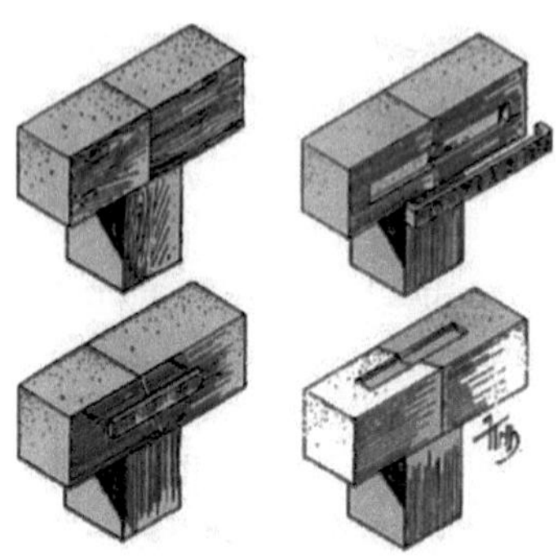

Bild 8.18 Überblick über frühere Verbindungen: Stoßverbindungen

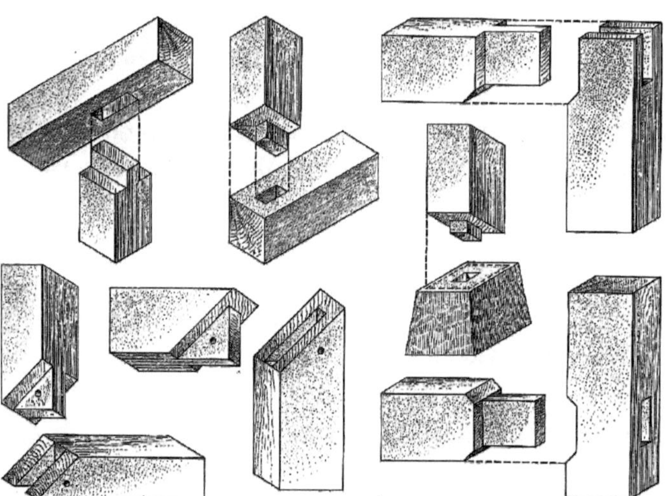

Bild 8.19 Überblick über frühere Verbindungen: Verzapfungen

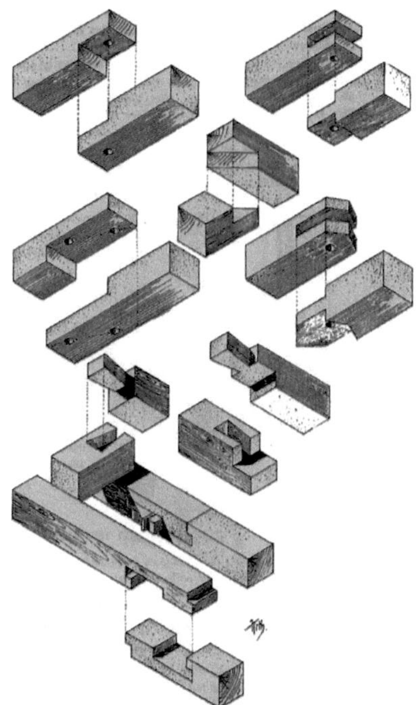

Bild 8.20 Überblick über frühere Verbindungen: Anblattungen

Bild 8.21 Überblick über frühere Verbindungen: Überblattungen und Überschneidungen

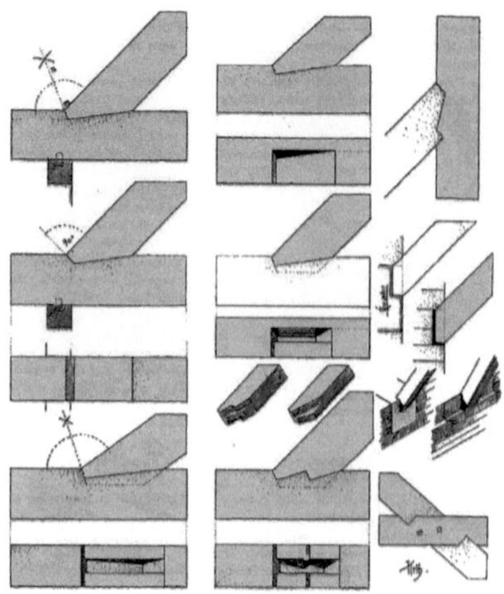

Bild 8.22 Überblick über frühere Verbindungen: Versatzungen

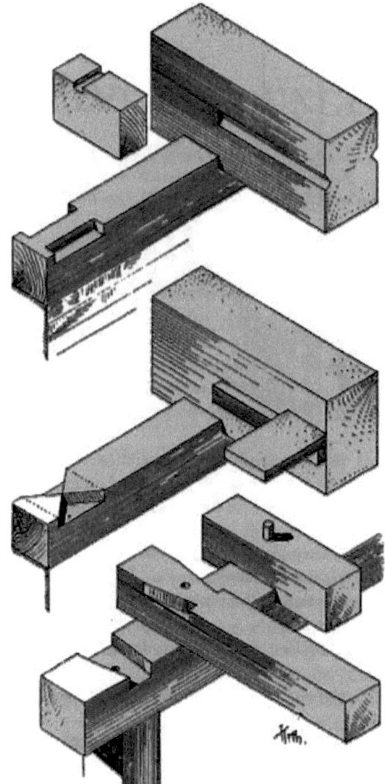

Bild 8.23 Überblick über frühere Verbindungen: Verkämmungen

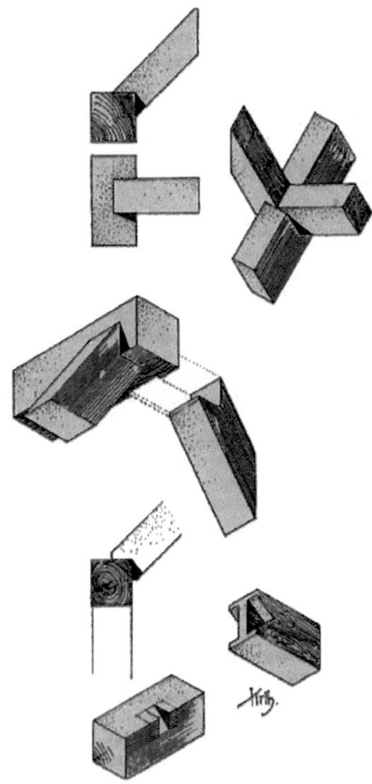

Bild 8.24 Überblick über frühere Verbindungen: Verklauungen

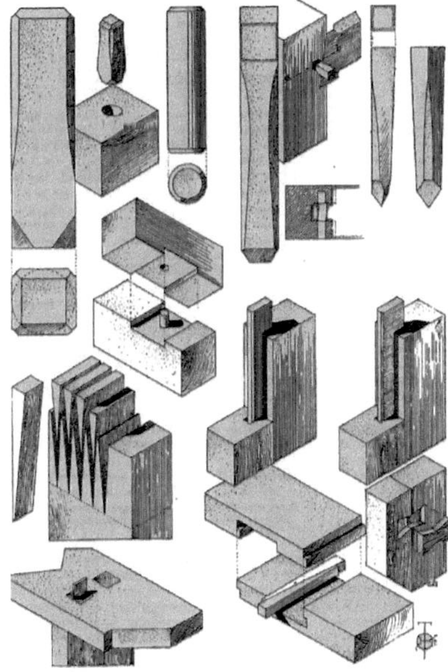

Bild 8.25 Überblick über die früheren hölzernen Hilfsmittel für Holzverbindungen

Zimmermannsmäßige Holzverbindungen können heute dank technischer Hilfsmittel rationell und mit so hoher Passgenauigkeit hergestellt werden, dass sie fast immer ohne metallische Hilfsmittel auskommen. Sie wirken wie früher allein durch das Ineinandergreifen positiver und negativer Formen. Trotzdem machen die entstehenden Querschnittsschwächungen und auch die häufig anzutreffenden exzentrischen Kraftübertragungen solche Holzverbindungen im statischen Sinne zu Schwachpunkten der Konstruktion. Lokal auftretende große Querdruck- bzw. Querzugbeanspruchungen begrenzen die Tragfähigkeit. Müssen Hölzer in ihrer Position gesichert werden, sind Holznägel Bolzen oder andere Verbindungsmitteln aus Metall vorzuziehen (Anlage 4.2).

Die Bandbreite der zimmermannsmäßigen Verbindungen ist groß. Allein im deutschsprachigen Raum gibt es mehr als 350 verschiedene Verbindungen. Sie lassen sich grob unterteilen in:

- Längsverbindungen,
- Eckverbindungen,
- Kammverbindungen,
- Zapfen,
- Versätze.

8.4.2.1 Stoßverbindungen

Eine Verbindung „auf Stoß“, bei der die Hölzer stumpf gestoßen werden, ist die einfachste Form einer Holzverbindung. Die Holzteile müssen kaum bearbeitet werden. Zur Lagesicherung wurden früher Klammern oder seitliche Laschen eingesetzt, heute in der Regel Nagelbleche. Neben der Verbindung tragender Hölzer, also allen Auflagerverbindungen, sind Stöße zum Verlängern von Hölzern in Längsrichtung oder übereck gängige Verbindungsformen. Als Eckverbindung finden Stumpfstöße vor allem für die Verbindung von übereck liegenden Schwellen Verwendung.

Bei einer Schrägverbindung treffen zwei Konstruktionshölzer nicht senkrecht, sondern in einem Winkel schräg aufeinander. Für diese Holzverbindungen wird meistens der Versatz gewählt. Die Versatztiefe ist abhängig von der Neigung der Strebe und die Größe der Druckkraft. Prinzipiell ist die Belastbarkeit sehr hoch, allerdings abhängig von der Länge des Vorholzes.

Die nachfolgend angegebenen Abmessungen sind Richtmaße und hängen vom Anwendungszweck ab.

8.4.2.2 Blattverbindungen

Blattverbindungen bestehen aus zwei Hölzern, die man jeweils zur Hälfte so ausgespart hat, dass sie aufeinanderliegend in einer Höhe verlaufen. Sie werden eingesetzt, um zwei Hölzer in der gleichen Richtung, im rechten Winkel oder auch schräg miteinander zu verbinden. Blattverbindungen zählen zu den häufigsten zimmermannsmäßigen Verbindungen und dienen meistens zur Verlängerung von Schwellen und Pfosten. Sie weisen von allen Verbindungsarten die meisten Varianten auf.

Die Blattverbindung hat sich durch Ausbildung eines schrägen Schnittes aus dem Stumpfstoß entwickelt. Im Vergleich zum Stumpfstoß mit nur einer Kontaktfläche verfügt der Blattstoß über drei Kontaktflächen. Um 90° gedreht ergibt sich das stehende Blatt, das besser gegen Feuchteeinwirkung geschützt ist. Durch Abschrägen der mittleren Auflagefläche entsteht eine Verbreitung, sodass bei gleichzeitiger Auflast auch Zugkräfte aufgenommen werden können. Sollen die beiden Hölzer unverschieblich miteinander verbunden werden, verwendet man die etwas komplizierteren Hakenblätter oder Schwalbenschwanzblätter.

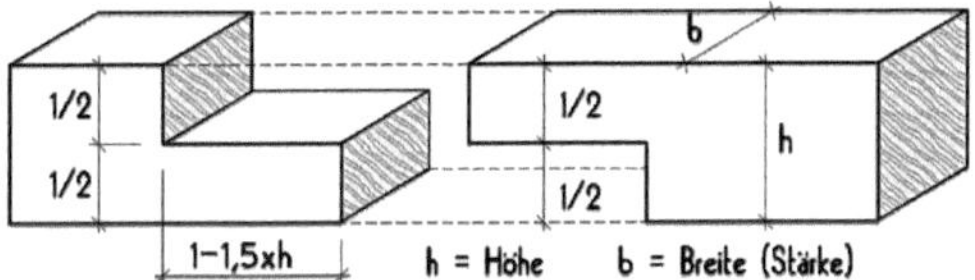

Bild 8.26 Das gerade Blatt

Das gerade Blatt ist die am häufigsten verwendete Längsverbindung. Die Verbindung zeichnet sich durch eine einfache Geometrie aus und wird in der Regel mit zwei Holznägeln gesichert. Sie kann allerdings nur Druckkräfte aufnehmen und eignet sich daher ausschließlich für die Verlängerung horizontaler Bauteile, die über die ganze Länge gelagert sind. Die Blattlänge richtet sich nach der Höhe des Holzes und sollte mindestens das Einfache der Höhe betragen. Je länger das Blatt ist, desto größer ist die Scherfläche zum Befestigen.

Das stehende Blatt funktioniert wie das gerade Blatt, nur dass die Holzbalken um 90 Grad gedreht werden. Dank der vertikalen Fugenausbildung kann sich kein Wasser in der Verbindung ansammeln.

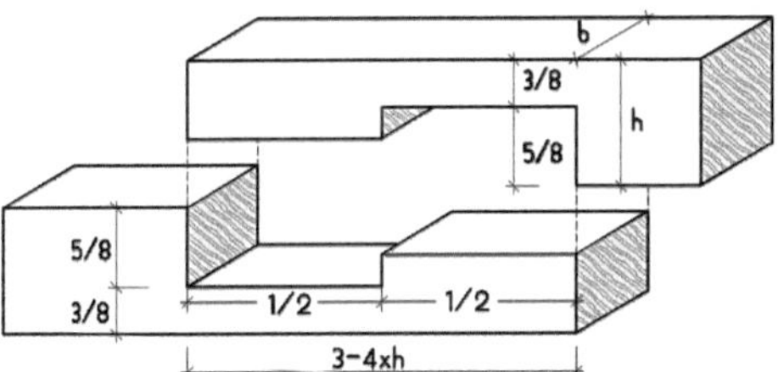

Bild 8.27 Das gerade Hakenblatt

Das gerade Hakenblatt ist eine Weiterentwicklung des geraden Blattes. Etwas aufwendiger in der Herstellung kann es leichte Zugkräfte aufnehmen, und zwar ohne zusätzliche Verbindungsmittel. Bei entsprechender Lagesicherung können hohe

Druckkräfte aufgenommen werden. Das gerade Hakenblatt wird gerne für Holz-Längsverbindungen verwendet, insbesondere für Schwellen.

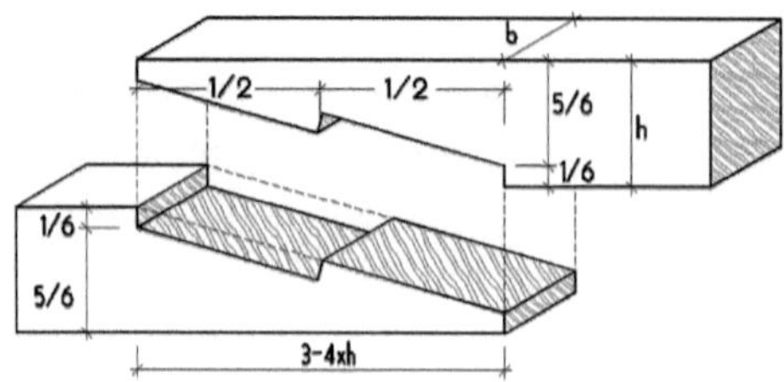

Bild 8.28 Das schräge Hakenblatt

Das schräge Hakenblatt ist durch quer zur Schräge verlaufende Haken gekennzeichnet. Daher ist die Herstellung entsprechend aufwendig und erfordert große Genauigkeit. Das schräge Hakenblatt kann im Gegensatz zum geraden Hakenblatt auch zur Übertragung von größeren Zugkräften verwendet werden und verfügt wegen seiner Haken im Gegensatz zum Gerberstoß bereits über eine Lagesicherung. Um eine höhere Kraftschlüssigkeit zu erreichen, empfiehlt es sich, die Blätter zusätzlich durch Bolzen zu sichern. Das schräge Hakenblatt kommt bei Pfetten zum Einsatz. Die Blattmitte sollte idealerweise im Momentnullpunkt liegen. Überschlägig liegt dieser bei 1/7 der Spannweite. Bei falscher Anordnung droht Spaltgefahr.

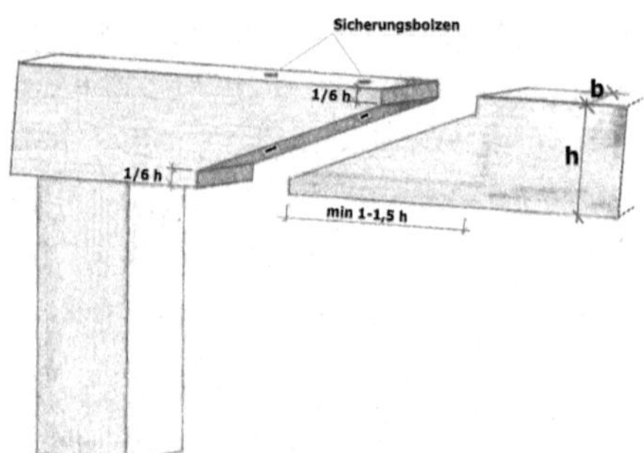

Bild 8.29 Der Gerberstoß

Der Gerberstoß ähnelt dem schrägen Hakenblatt, hat aber keinen Haken. Der Gerberstoß wird auch Gerbergelenk genannt. Das glatte schräge Blatt dient zur Verlängerung von Hölzern mit größeren Querschnitten wie Mittelpfetten oder Unterzüge.

Vorteil dieser Verbindung ist das gerade Blatt und der volle Holzquerschnitt, der ganz angerechnet werden kann. Bei der Ausführung des Stoßes ist darauf zu achten, dass das obere Blatt dem auskragenden Teil angehört und das untere Blatt untergehängt wird. Ansonsten droht ein Aufreißen des Balkenquerschnittes. Der Abstand bis zur Blattmitte ist als Nullpunkt der Biegemomentenlinie im Standsicherheitsnachweis zu finden. Optimal wählt man den Nullpunkt so, dass Feld- und

Stützmoment gleich groß und damit minimal werden. Des Weiteren muss die Verbindung gegen seitliches Verschieben mit Bolzen gesichert werden.

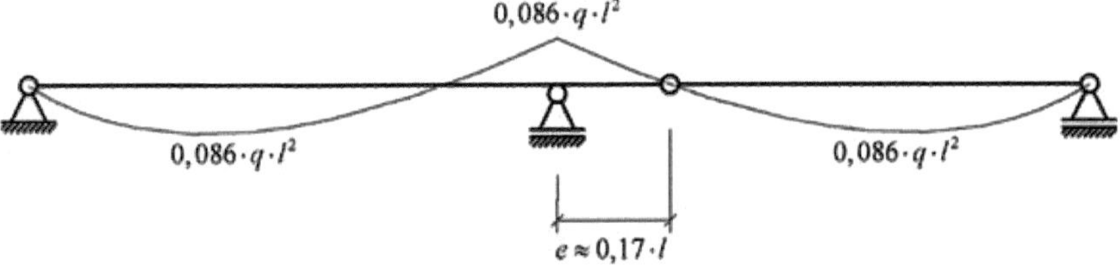

Bild 8.30 Gelenkposition zur Optimierung der Biegemomente am 2-Feld-Träger

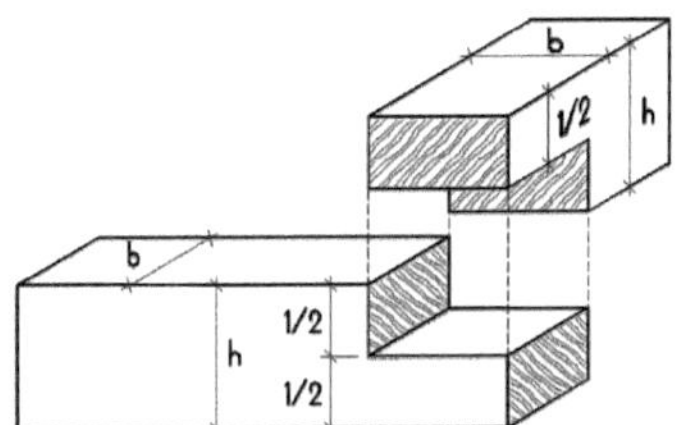

Bild 8.31 Das glatte Eckblatt

Das glatte Eckblatt ist das Pendant zum geraden Blatt. Es wird als über Eck laufende Verlängerung verwendet, z. B. bei unterstützten Ecken von Schwellen. Meist steht auf dem Eckblatt ein Pfosten, der Druckkräfte auf die Holzverbindung überträgt. Die Verbindung ist nicht abhebefest, seitenschubfest oder zugfest und muss deshalb zusätzlich gesichert werden. Sie lässt sich einfach herstellen, besitzt allerdings wegen der waagerechten Lagerfugen einen schlechten konstruktiven Holzschutz.

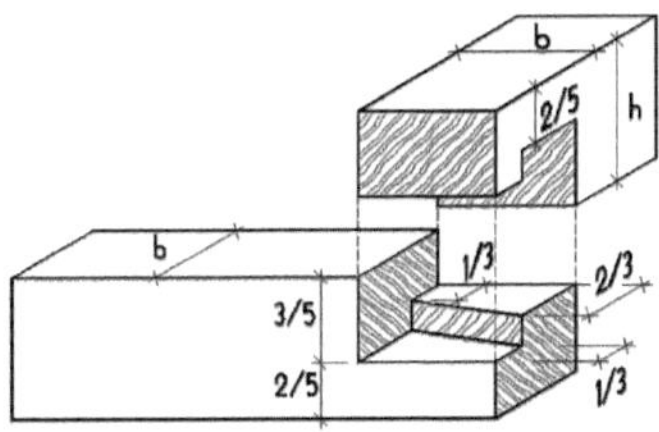

Bild 8.32 Das Schwalbenschwanzeckblatt

Das Schwalbenschwanzeckblatt kommt ebenfalls für unterstützte Ecken zum Einsatz, lässt sich aber nur mit großem Aufwand herstellen. Ein Vorteil dieser Holzverbindung ist die gute horizontale Lagesicherung. Nachteile sind die horizontale Bauteilfuge in Verbindung der vertikalen Fuge und das sichtbare Hirnholz.

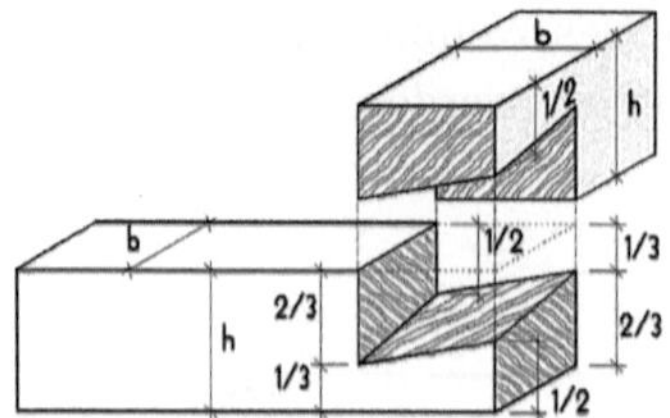

Bild 8.33 Das schräge Eckblatt

Das schräge Eckblatt, auch französisches Blatt genannt, besitzt geneigte Kontaktflächen. Das macht die Herstellung zwar schwieriger, dafür schließen sich die Bauteilfugen unter Auflast besser, weil die Verbindung sich bedingt durch die besondere Ausbildung bei Druck von selbst zusammendrückt und so formschlüssig schließt. Ein weiterer Vorteil ist, das eindringendes Wasser am tiefsten Punkt wieder abgeleitet wird. Das Französische Blatt kann mittlere bis hohe Querkräfte aufnehmen und eignet sich gut für Schwellen.

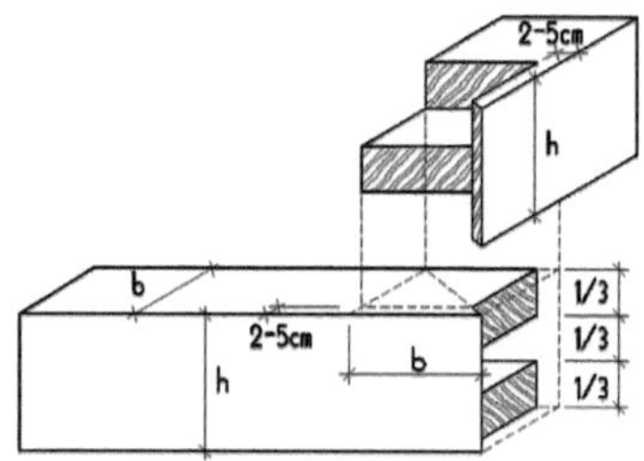

Bild 8.34 Das verdeckte Eckblatt

Das verdeckte Eckblatt ist die elegante Variante zum oben genannten glatten Eckblatt, denn es wird zum Ende hin auf Gehrung geschnitten. Dies verhindert, dass das Hirnholz sichtbar ist, was den Vorteil hat, dass es witterungsbeständiger ist. Allerdings wird die Stabilität auf Kosten des Witterungsschutzes und Aussehens gemindert.

8.4.2.3 Kammverbindungen

Kammverbindungen sind winkelartige Verbindungen, bei denen zwei waagerecht verlaufende Hölzer jeweils zu weniger als der Hälfte ausgespart und zusammengefügt werden. Die Hölzer bilden daher keine ebene Oberfläche. Verkämmungen kann man auch als eine Sonderform der Blattverbindungen ansehen. Sie kommen nur liegend vor. Anders als Blattverbindungen können Kammverbindungen nur geringe Zugkräfte übertragen. Sie werden als Quer-, Eck- und Kreuzverbindungen ausgeführt.

Schon die ältesten Fachwerkbauten weisen bereits Kammverbindungen auf. Sie finden sich vor allem bei Schwellen und Deckenbalken. Mithilfe von Holznägeln lassen sich diese Verbindungen zusätzlich sichern.

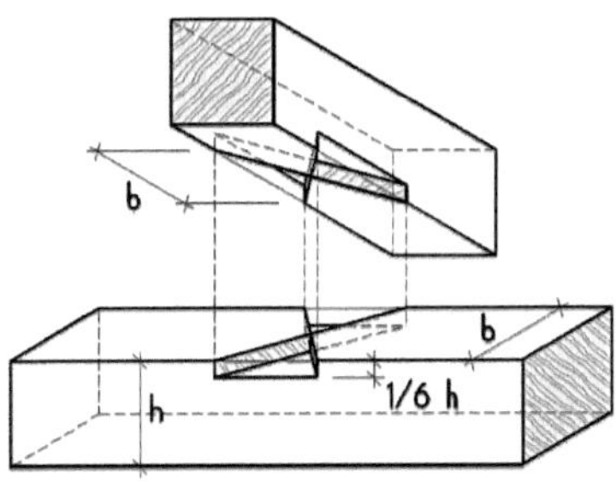

Bild 8.35 Der Kreuzkamm

Mit einem Kreuzkamm lassen sich zwei senkrecht zueinanderstehende Balken verbinden. Zur Herstellung werden die zu verbindenden Holzbalken übereinandergelegt und der Kammbereich angerissen. Danach wird im Kreuzungspunkt beider Hölzer ein gegenseitiger, passgenauer Ausschnitt angefertigt. Die Tiefe dieser Ausschnitte hängt von der jeweiligen Anwendung ab, sollte aber mindestens 2 cm betragen.

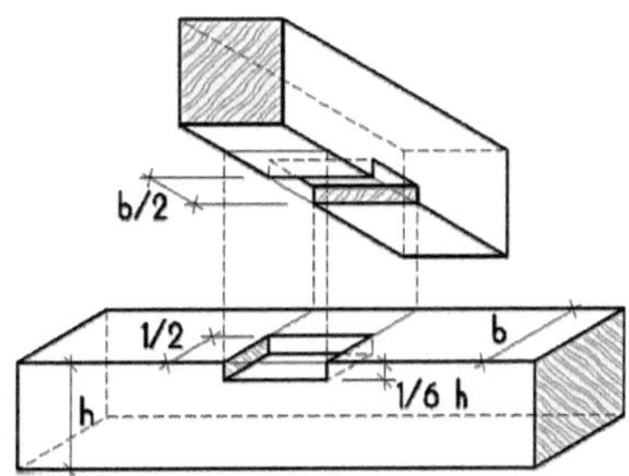

Bild 8.36 Der doppelte Kamm

Der doppelte Kamm ist einfacher als der Kreuzkamm ausgebildet, weil nur jeweils eine Hälfte der Verkämmung abgetragen wird. Er ist allerdings nicht so stabil wie der Kreuzkamm.

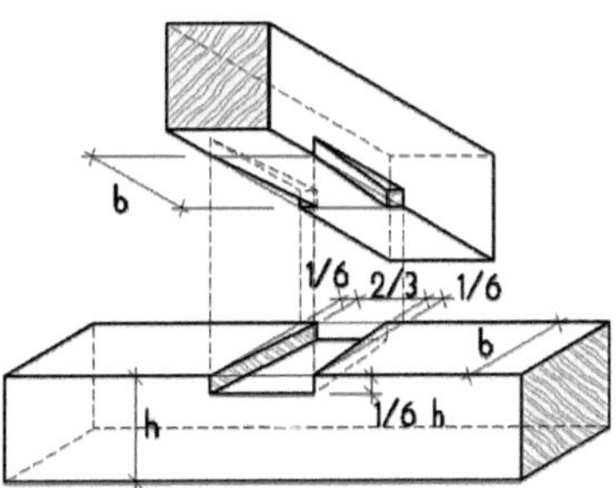

Bild 8.37 Der Schwalbenschwanzkamm

Der Schwalbenschwanzkamm kommt bei Balkenlagen und Fachwerkwänden zum Einsatz und ist sehr praktisch, weil sich die zu verbindenden Hölzer bei Verschiebungen ineinander verkeilen. Bei dieser Verbindung ist die Gefahr, dass Holz ausbricht, gering.

8.4.2.4 Zapfenverbindungen

Bei Zapfenverbindungen handelt es sich um Verknüpfungen, die dazu dienen, zwei aufeinanderstoßende Hölzer mittels eines Zapfens zu verbinden. Ihre Kennzeichen sind ein Zapfen, ein Zapfenloch und ein Befestigungsmittel. In dem einen Holz wird das Zapfenloch ausgenommen und in dem anderen Holz der Zapfen ausgearbeitet. In der Regel liegen beide Hölzer in der gleichen Ebene und stehen senkrecht (90°) zueinander. Eine Ausnahme sind die schrägen Zapfen. Durch die Zapfen werden die einzuzapfenden Hölzer in zwei Richtungen gesichert.

Die Zapfenbreite beträgt ca. 1/3 der Breite des Holzes, das eingezapft werden soll. Als Maß für die Zapfenlänge kann man entweder 1/3 der Höhe des Holzes mit dem Zapfenloch zugrunde legen oder 4,5 bis 5,5 cm. Das Zapfenloch sollte man 5 bis 10 mm tiefer ausarbeiten, als der Zapfen lang ist, sodass über die Stirnfläche des Zapfens keine Lasten übertragen werden können.

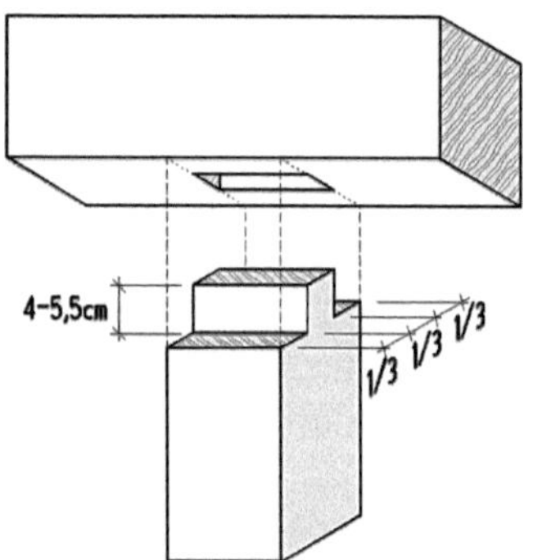

Bild 8.38 Der gerade Zapfen

Der gerade Zapfen ist die einfachste Zapfenverbindung. Er bildet eine druckfeste und waagerecht unverschiebliche Verbindung, die unsichtbar ist. Das Zapfenloch wird wenige Millimeter tiefer ausgestemmt, als der Zapfen lang ist. Die Verbindung kann mit einem Holznagel gesichert werden. Problematisch ist, dass sich bei untenliegenden Zapfen Wasser in den Zapfenlöchern ansammeln kann und zu Schäden führt. Ein zurückgesetzter Zapfen ist optisch schöner, weil das Zapfenloch auf keiner Seite sichtbar ist. Die Verbindung in einer Schwelle ist dann etwas besser gegen das Eindringen von Wasser geschützt.

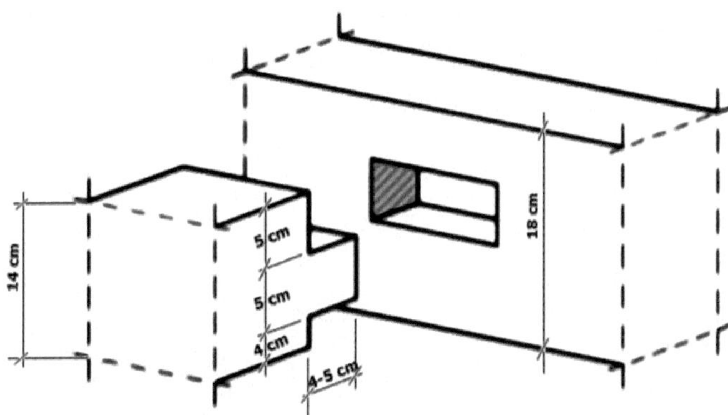

Bild 8.39 Der waagerechte Zapfen

Den waagerechten Zapfen findet man bei Fachwerkhäusern standardmäßig, und zwar als Haupt-Nebenträger-Verbindung, aber auch zur Verbindung von Balken mit Wechseln. Er stellt eine druckfeste Verbindung dar, die waagerecht und senkrecht unverschieblich ist, und sollte durch Holznägel gesichert werden.

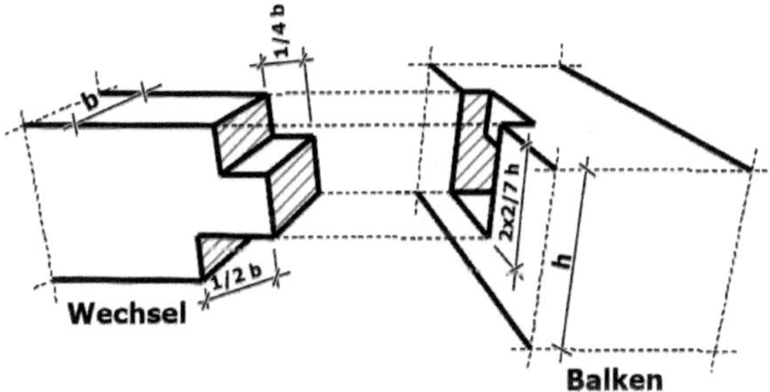

Bild 8.40 Der Brustzapfen

Der Brustzapfen ist stabiler als ein einfacher Zapfen und bewirkt eine druckfeste Verbindung, die waagerecht und senkrecht unverschieblich ist. Der Brustzapfen ist eine liegende Querverbindung, bei der im Unterschied zum einfachen Zapfen eine Brustverstärkung belassen ist. Er wird beispielsweise eingesetzt, wenn eine Balkenlage zum Anlegen einer Öffnung ausgewechselt wird. Auch das Anlegen von Fenster- oder Türöffnungen ist so leicht möglich.

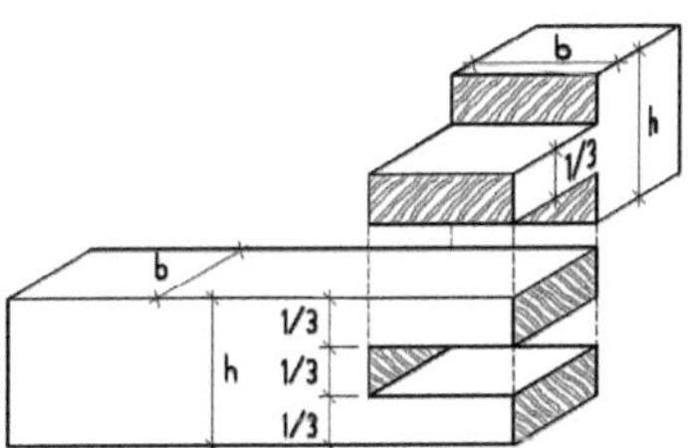

Bild 8.41 Der Scherzapfen

Der Scherzapfen ist eine Abwandlung des Zapfenstoßes, in der einer der Balken um 90° gedreht wird. So entsteht eine Eckverbindung, die ein Verdrehen und vertikales Verschieben des Holzes verhindert. Nachteilig für den konstruktiven Holzschutz sind die horizontale Bauteilfuge und das sichtbare Hirnholz.

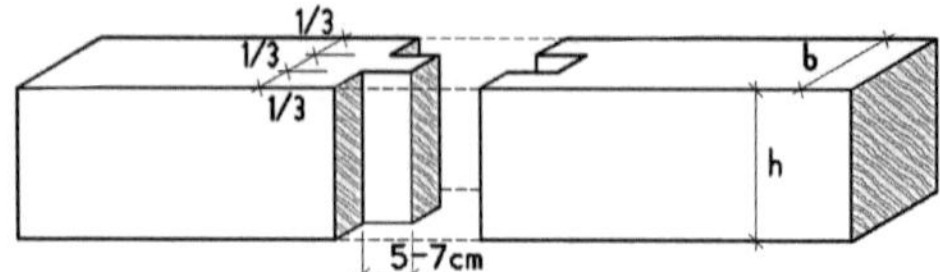

Bild 8.42 Der Zapfenstoß

Der Zapfenstoß eignet sich wie das gerade und stehende Blatt für die Längsverbindung von Schwellen. Das Holz muss auf der ganzen Länge aufliegen. Die Holzverbindung kann nicht nur hohe Druckkräfte, sondern auch Torsionskräfte aufnehmen. Nach der zusätzlichen Sicherung mit Holznägeln kann der Zapfenstoß außerdem Zugkräfte übertragen.

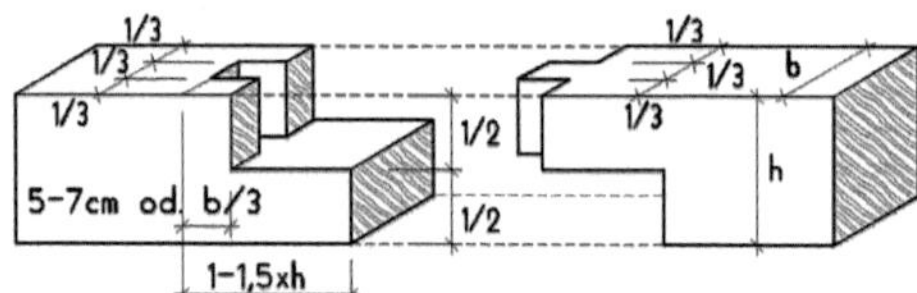

Bild 8.43 Der Zapfenblattstoß

Beim Zapfenblattstoß werden Zapfenstoß und gerades Blatt miteinander kombiniert. Die Holzverbindung kommt bei Schwellen zum Einsatz und muss ganzflächig aufliegen. Sie kann hohe Druckkräfte und nicht ganz so hohe Torsions- und Querkräfte aufnehmen. Nachteile sind die Verbindung horizontaler und vertikaler Fugen sowie der vergleichsweise hohe Arbeitsaufwand für die Herstellung.

Der Blattstoß mit Schwalbenschwanz ist wie der Zapfenblattstoß eine Längsverbindung. Diese Verbindung ist jedoch zugstabil durch die konische Form des Schwalbenschwanzes.

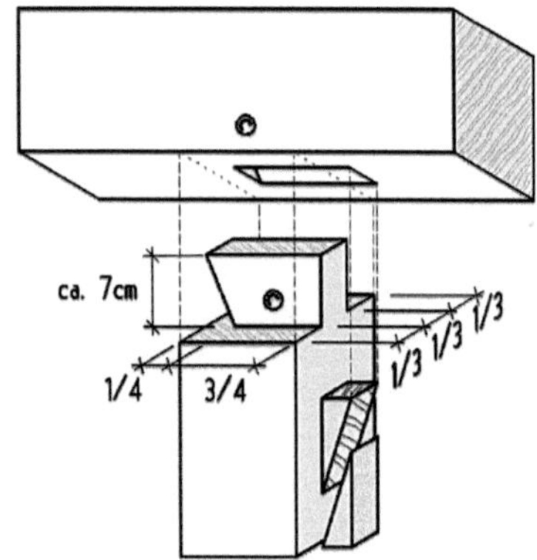

Bild 8.44 Der Schwalbenschwanzzapfen

Schwalbenschwanzzapfen sind aufwendiger als Brustzapfen herzustellen. Über diese Holzverbindung können Querkräfte und geringe Zugkräfte übertragen werden. Sie dient vor allem als Anschluss von Nebenträgern an Hauptträger. Beim schwalbenschwanzförmigen Zapfen wird durch den schräg eingeschnittenen Zapfen und die dazugehörige Sicherung mit Doppelkeilen versucht, Zugkräfte zu übertragen. Dazu müssen aber die Keile mit einem Nagel gegen Lockern gesichert werden.

8.4.2.5 Versatz

Der Versatz wird seit alters her als Verbindung eingesetzt, wenn zwei Hölzer schräg verbunden werden sollen. Dabei werden häufig schräg verlaufende Hölzer wie Sparren an horizontal verlaufende Deckenbalken angeschlossen. Die Verbindung nimmt eine aus dem schrägen Holz resultierende Druckkraft auf, die an den Deckenbalken übergeben wird. Der Versatz ist so ausgebildet, dass neben der Auflagekraft auch die parallel zu den Holzfasern wirkende Schubkraft in dem waagerechten Holz aufgenommen werden kann. Eine ausreichend große Vorholzlänge – das ist die Länge von Einschnitt der Innenkante bis zum Balkenende – verhindert ein Abscheren des waagerechten Balkens.

Versätze entwickelten sich aus Kerven, die mit einem Beil in ein waagerecht verlaufendes Holz geschlagen wurden. Ein Ausweichen gegen seitlich wirkende Kräfte wurde durch Ausbildung von sogenannten Führungszapfen vermieden. Heute verwendet man Laschen aus Holz oder Nagelbleche.

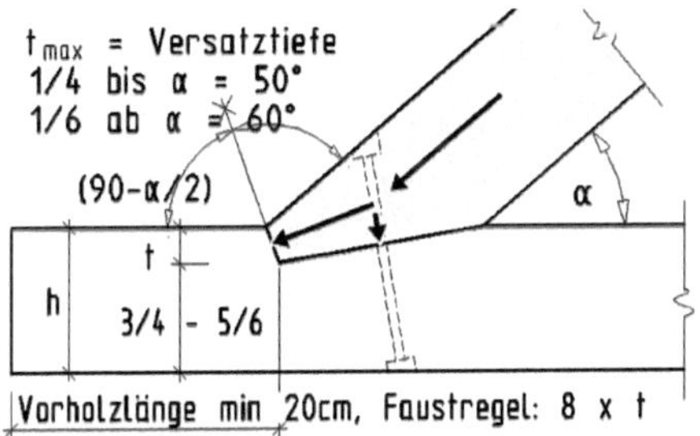

Bild 8.45 Der Stirnversatz

Der Stirnversatz stellt eine druckfeste Verbindung zwischen zwei Hölzern her und kommt zum Beispiel bei Streben und Kopfbändern zum Einsatz, um die Kräfte in den Stiel bzw. in Rähm oder Schwelle abzuleiten. Das aufnehmende Holz erhält eine keilförmige Ausklinkung, in die der Druckstab eingepasst wird. Dabei bildet die Stirnfläche der Ausklinkung die Winkelhalbierende des stumpfen Außenwinkels. In der Regel wird zusätzlich ein Sicherungsbolzen eingesetzt, um das seitliche Verschieben zu verhindern. Der Stirnversatz kann auch mit einem Zapfen kombiniert werden.

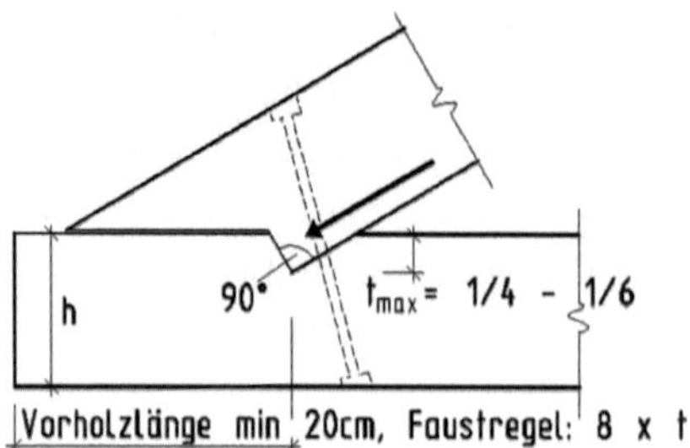

Bild 8.46 Der Fersenversatz

Der Fersenversatz kommt dort zum Einsatz, wo die Vorholzlänge nur sehr kurz ist. Je nach Konstruktion kann dieser Versatz sinnvoller sein, allerdings keine so großen Druckkräfte wie der Stirnversatz übertragen. Wichtig beim Fersensatz ist ein Luftspalt zwischen dem waagerechten Schnitt der Strebe und der Schwellenoberkante, um ein Aufspalten der Strebe zu verhindern.

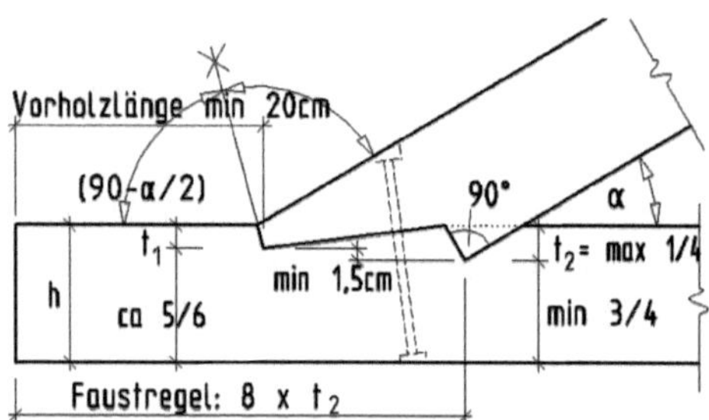

Bild 8.47 Der doppelte Versatz

Sollte die auf die Verbindung der Streben wirkende Kraft zu groß für das kraftaufnehmende Holz werden, bietet sich der doppelte Versatz als Alternative zum Stirn- oder Fersenversatz an. Er ist eine Kombination aus Stirn- und Fersenversatz und vereint die Vorteile der beiden anderen Versatzformen in sich. Er besitzt eine hohe Druckspannungsfähigkeit bei reduzierter Vorholzlänge. Allerdings ist die Herstellung sehr aufwendig und es ist eine hohe Präzision erforderlich, weshalb er seltener verwendet wird.

Die Bandbreite der zimmermannsmäßigen Verbindungen ist groß. Die angegebenen Maße sind Richtmaße und hängen vom Anwendungszweck ab.

8.4.3 Heutige Verbindungsmittel

Im traditionellen Fachwerk gab es außer den konstruktiven Verbindungen und Verbindungshilfsmitteln kaum Möglichkeiten, Hölzer so zu verbinden, dass die Verbindungen den statischen Gegebenheiten auf Dauer standhalten konnten. Hiervon profitiert die Gegenwart, weil es heute möglich ist, für nahezu jede Verbindung im Fachwerkbau eine geeignete Lösung zu finden. Trotz der Schwächung des Holzes an der Verbindungsstelle und des hohen Arbeitsaufwandes lassen sich konstruktive Details mithilfe CNC-gesteuerter Abbundanlagen maschinell fertigen.

Holz-Holz-Verbindungen können zudem mit metallischen Verbindungsmitteln kombiniert werden. Mit Verbindungsmitteln wie Nägel, Nagelbleche, Schrauben, Stabdübel oder Dübel besonderer Bauart können Verbindungen konstruiert und berechnet werden, die größere Kräfte übertragen können. Damit ergeben sich zusätzliche Möglichkeiten für die Verbindung von Holzstäben, die bei der Sanierung von Fachwerkhäusern gegebenenfalls Anwendung finden können.

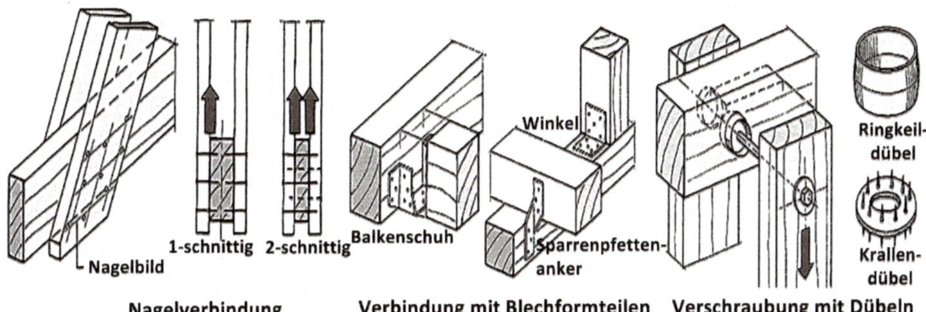

Bild 8.48 Verbindungen mit metallischen Verbindungsmitteln

■ 8.5 Fazit

Fachwerkhäuser sind einfach zu ertüchtigen, wenn das Konstruktionsgefüge substanziell in Ordnung ist. Je größer die Schäden sind, desto aufwendiger ist die Sanierung. Liegen keine Schäden durch Insekten oder Pilze vor, kann uneingeschränkt mit der Tragfähigkeit des Holzes gerechnet werden. Für Wände, Decken und Dächer gibt es geeignete Verstärkungsmaßnahmen, wobei dem handwerklichen Geschick des Zimmermanns Tür und Tor geöffnet ist. Was den Nachweis der Standsicherheit betrifft, sollte man sich im Einzelfall nicht scheuen, gegebenenfalls räumliche Tragwerksmodelle zum Nachweis der Standsicherheit zu entwickeln.

Werden bei einer Bestandsaufnahme Schäden festgestellt, so sind die notwendigen Sanierungsarbeiten vor jeder anderen Baumaßnahme durchzuführen. Die häufigsten Schäden an den konstruktiven Teilen sind:

- Pilzbefall infolge dauernder Durchfeuchtung,
- Befall durch Holzschädlinge,
- fehlende konstruktive Teile, die man zuvor entfernt hat,

- beschädigte, nicht tragfähige Anschlüsse,
- zu schwach bemessene Querschnitte und daraus resultierende Bruchstellen.

Die Baubeteiligten müssen klären, auf welcher Grundlage statische Nachweise geführt werden sollen. Auf jeden Fall sind die unmittelbar von einer Änderung betroffenen Konstruktionen nach den aktuellen Vorschriften nachzuweisen. Es ist zu prüfen, ob und inwieweit Einwirkungen wie Wind und Schnee nach den aktuellen Vorschriften Einfluss auf die Standsicherheit der nicht unmittelbar betroffenen Bauteile haben.

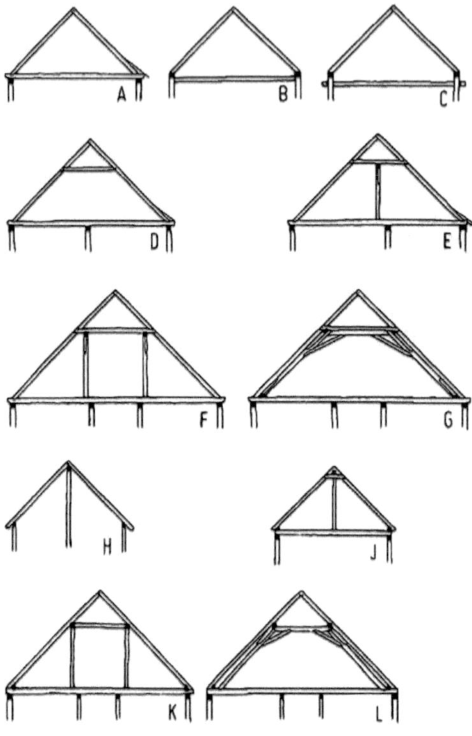

Bild 8.49 Dachformen

A Sparrendach, rechts mit Aufschiebling
B Sparrendach mit Oberrähmverzimmerung
C Sparrendach mit Ankerbalken und Zapfenschloss
D Kehlriegeldach, links angeblattet, rechts eingezapft, unten rechts mit Aufschiebling
E Kehlriegeldach mit einfachem stehendem Stuhl und rechts überkragendem Aufschiebling
F Kehlriegeldach mit doppeltem stehendem Stuhl und längsversteift durch Büge
G Kehlriegeldach mit doppeltem liegendem Stuhl, durch obere und untere Büge längsversteift
H Pfettendach mit Firstsäule
I Pfettendach mit abgefangener Firstsäule oder einfachem stehendem Stuhl und Zange
K Pfettendach mit doppeltem stehendem Stuhl
L Pfettendach mit doppeltem liegendem Stuhl und Kopfbügen

Historische Dachkonstruktionen wurden nach Erfahrungswerten konstruiert. So hatte der Zimmermann ein Gefühl dafür, dass die Sparren zusammen mit den Pfetten eine Art elastisches System bilden. Daher wurden Pfetten mit vergleichsweise kleinem Querschnitt und Sparren mit größerem Querschnitt verwendet. Aufgrund ihrer Nachgiebigkeit unterliegen Pfetten kleineren Biegespannungen, als wenn sie wie üblich als starre Auflagerung fungieren. Die Modellierung eines Dachtragwerkes als räumliches Gebilde mit den tatsächlichen Nachgiebigkeiten und Steifigkeiten der einzelnen Tragglieder kommt dem wirklichen Tragverhalten sehr viel näher und sollte in solchen Fällen erfolgen, um unnötige Verstärkungsmaßnahmen einzelner Tragglieder zu vermeiden.

9 Sanierungsbausteine

Die regelmäßige Instandhaltung und Instandsetzung von Fachwerkgebäuden ist für deren Lebensdauer von entscheidender Bedeutung - wie auch für andere Gebäude. Gut unterhaltene Fachwerkhäuser haben Jahrhunderte überdauert, während schlecht unterhaltene Häuser im Laufe der Zeit verfallen sind.

Bild 9.1 Vom Verfall bedroht

Im Fachwerkbau früherer Jahrhunderte waren Tragfähigkeit und Standsicherheit die maßgebenden Parameter, während die Wärmedämmung eine untergeordnete Rolle spielte. Deswegen besitzen Fachwerkhäuser ein hohes Energieeinsparpotenzial, das es zu nutzen gilt. Grundsätzlich ist zu überlegen, welche Aspekte bei der Sanierung im Vordergrund stehen: die Minimierung der Wärmeverluste oder die denkmalgerechte Sanierung mit historischen Baustoffen. Beides ist gleichzeitig technisch kaum machbar.

Für die korrekte energetische Umsetzung muss man einige grundlegende Kennwerte des Wärmeschutzes und im komplexen Zusammenwirken von diversen Einflussfaktoren die sich daraus ergebenden Zusammenhänge beachten. Gerade bei der Umsetzung von Energieeinsparmaßnahmen muss die Schaffung schadensfreier bauphysikalischer Bedingungen im Vordergrund stehen.

Ganz ähnlich verhält es sich mit dem Schallschutz und dem Feuchteschutz. Beim Schallschutz sind die Geschossdecken die Schwachstelle, während beim Feuchteschutz zwei Bereiche zu beachten sind: zum einen ist es der Witterungsschutz der Fachwerkwände und zum anderen der Schutz vor Tauwasser, vor allem wenn eine Wärmedämmung als Innendämmung erfolgt.

9.1 Wärmeschutz

9.1.1 Temperatur

Für Temperaturangaben wie Außen- oder Innentemperaturen wird die allseits bekannte Einheit Celsius °C verwendet. Die Einheit für Temperaturdifferenzen hingegen lautet Kelvin K. Grundlage hierfür ist die absolute Temperatur, auch thermodynamische Temperatur genannt, die sich auf den physikalisch begründeten absoluten Nullpunkt bezieht und als 0 Kelvin festgelegt ist. 0 Kelvin entsprechen -273,15°C und 0°C=+273,13K. Die Celsius-Temperatur bildet die Temperatur der Kelvin-Skala mit einem um 273,15 verschobenen Zahlenwert ab. Eine Temperatur von 30°C entspricht demnach 303,15K. Temperaturdifferenzen haben infolgedessen in beiden Skalen den gleichen Betrag. Ein Kelvin entspricht einem Grad Celsius.

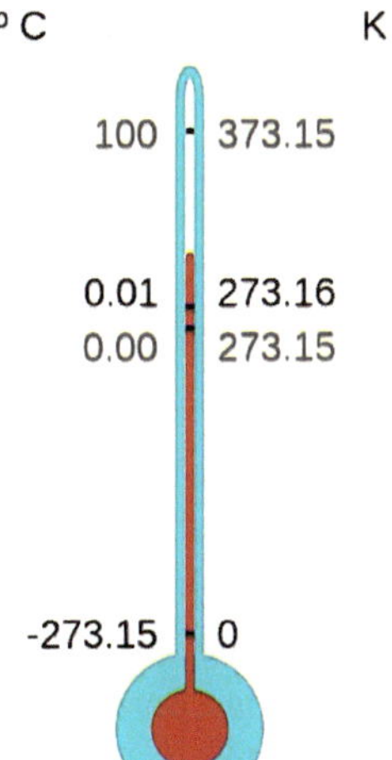

Bild 9.2 Zusammenhang zwischen °C und K

9.1.2 Wärmeleitfähigkeit

Die Wärmeleitfähigkeit eines Baustoffes beschreibt, wie gut ein Stoff die Wärme weiterleitet. Das Formelzeichen für die Wärmeleitfähigkeit ist λ (Lambda) mit der Einheit W/(mK). Die Leistung von einem Watt entspricht der Arbeit von einem Joule, die während einer Sekunde verrichtet wird. Deshalb gilt der Zusammenhang: 1 Watt = 1 Joule/s.

Je geringer der λ-Wert ist, desto besser ist die Wärmedämmwirkung. Kupfer hat eine Wärmeleitfähigkeit von mehr als 380 W/(mK), für Edelstahl liegt der Wert bei 15 W/(mK) und für Holz bei 0,13 W/(mK). Aber auch innerhalb der Gruppe der Wärmedämmstoffe gibt es noch ein relativ breites Spektrum. So erreichen Mineralwolle und Kunststoffschäume wie EPS und XPS in der Regel Werte zwischen 0,030 und 0,040 W/(mK), während Naturdämmstoffe eher im Bereich oberhalb von 0,040 W/(mK) zu finden sind. Mit Vakuum-Isolationspaneelen (VIP) hingegen lassen sich extrem niedrige Wärmeleitfähigkeiten zwischen 0,004 und 0,008 W/(mK) erreichen. Je geringer die Wärmeleitfähigkeit ist, desto besser ist die Dämmwirkung. Je porenreicher, leichter und trockener das Material, desto mehr wird der Wärmetransport verlangsamt.

Bei der Angabe von λ-Werten für Dämmstoffe sorgt immer wieder für Verwirrung, dass manchmal vom Bemessungswert λ, manchmal aber auch vom Nennwert λD die Rede ist. Der Nennwert ist der Wert, den die Dämmstoffhersteller im Rahmen der europäischen CE-Kennzeichnung für ihre Produkte verwenden. Für den Wärmeschutznachweis gemäß DIN 4108 ist aber der Bemessungswert λ zu verwenden. Er ist immer etwas höher als der Nennwert, weil bei seiner Bestimmung ein Sicherheitszuschlag eingerechnet wird. So kann es vorkommen, dass ein Hersteller für seinen Dämmstoff im Rahmen der CE-Produktkennzeichnung einen Nennwert von 0,030 W/(mK) ausweist, obwohl der Dämmstoff mit einem Bemessungswert von 0,035 W/(mK) in den Wärmeschutznachweis einfließen muss. Daher weisen viele Dämmstoffe neben dem CE-Zeichen das nationale Übereinstimmungszeichen (Ü-Zeichen) auf. In diesem Zeichen ist neben anderen Produktmerkmalen der Bemessungswert der Wärmeleitfähigkeit λ angegeben.

9.1.3 Wärmedurchlasswiderstand – „R-Wert“

Um die wärmetechnische Qualität einer Bauteilschicht zu beschreiben, verwendet man den Wärmedurchlasswiderstand. Das ist der Widerstand, den eine Schicht dem Wärmetransport von der warmen zur kalten Seite entgegensetzt. In der Wärmetechnik spricht man kurz vom R-Wert. Die Einheit des R-Wertes ist $(m^2 K)/W$, sprich: Quadratmeter und Kelvin pro Watt. Je größer der R-Wert, also der Widerstand, einer Bauteilschicht ist, desto besser ist die Wärmedämmwirkung. Beim R-Wert gilt also die Regel: je größer, desto besser.

Der Wärmedurchlasswiderstand ergibt sich durch die Division der Dicke mit der Wärmeleitfähigkeit der jeweiligen Schicht. Die Formel für eine Schicht lautet:

$$R = d/\lambda$$

Besteht ein Bauteil aus mehreren Schichten, muss der Widerstand für jede Schicht ermittelt werden.

$$R = \frac{d1}{\lambda 1} + \frac{d2}{\lambda 2} + \frac{dn}{\lambda n}$$

Addiert man anschließend noch die Wärmeübergangswiderstände zu beiden Seiten des Bauteils, ergibt sich der Wärmedurchlasswiderstand des Bauteils insgesamt:

$$R = Rsi + \frac{d1}{\lambda 1} + \frac{d2}{\lambda 2} + \frac{dn}{\lambda n} + Rse$$

Rsi und Rse bezeichnen die Wärmeübergangswiderstände zwischen Luft und Bauteil auf der Innen- und der Außenseite. Rsi ist der innere, Rse der äußere Wert. Nach DIN EN ISO 6946 gelten folgende Werte:

Tabelle 9.1 Wärmeübergangswiderstände nach DIN EN ISO 6946

	Richtung des Wärmestroms		
	Aufwärts	Horizontal	Abwärts
Rsi	0,10	0,13	0,17
Rse	0,04	0,04	0,04

9.1.4 Wärmedurchgangskoeffizient – „U-Wert“

Der Wärmedurchgangskoeffizient oder kurz U-Wert beschreibt die Wärmemenge, die in 1 Sekunde bei einem Temperaturunterschied von 1 K (entspricht 1 °C) durch 1 m^2 eines fertigen Bauteils mit all seinen Schichten geht. Der U-Wert ist somit ein Wert für die Wärmedurchlässigkeit eines Bauteils bzw. seinen Wärmeverlust. Die Einheit ist $W/(m^2 K)$. Er ergibt sich durch Bildung des Kehrwertes:

$$U = \frac{1}{R}$$

Der Wärmedurchgangskoeffizient ist die entscheidende Größe bei der Beurteilung des Wärmeschutzes. Je kleiner der U-Wert ist, desto weniger Wärme geht verloren. Es gilt also die Regel: je kleiner, desto besser.

In der Praxis möchte man gerne schnell eine Antwort auf die Frage haben, welche Dämmstoffdicke gebraucht wird, um einen bestimmten U-Wert UPlan zu erreichen. Da die Dämmeigenschaften eines Wärmedämmstoffs i. A. die Dämmqualität der anderen Bauteilschichten majorisieren, gilt für eine Überschlagsrechnung mit ausreichender Genauigkeit:

$$\text{UPlan} \approx \frac{1}{\text{RPlan}} = \frac{\lambda\text{Dä}}{\text{dDä}}$$

Aufgelöst nach d erhält man:

$$\text{dDä [m]} = \frac{\lambda\text{Dä [W/mK]}}{\text{UPlan [W/ (m}^2\text{/K)]}}$$

Daraus folgt:

$$\text{dDä [cm]} = 100\frac{\lambda\text{Dä}}{\text{UPlan}}$$

Beispiel:

λDä = 0,030 [W/mK] und UPlan = 0,60 [W/m²/K]

dDä = 100 × 0,030/0,60 = 5 cm

9.1.5 Wärmebrücken

Wenn wie bei Fachwerkwänden Bereiche mit unterschiedlicher Wärmedämmung nebeneinander angeordnet sind, liegen stoffliche Wärmebrücken vor. Das kann das Ständerwerk selbst sein, aber je nach Ausführung auch die Ausfachung. Auch wenn der mittlere Wärmedurchlasswiderstand den Anforderungen entspricht, besteht die Gefahr, dass sich bei üblicher Nutzung an den Stellen mit zu geringem Wärmeschutz Tauwasser bildet.

Bild 9.3 Wärmebrückenwirkung durch ein Bauteil mit höherer Wärmeleitfähigkeit

Da sich eine Wärmebrücke umso mehr auswirkt, je höher die Luftfeuchte in den betreffenden Räumen ist, sind solche Schäden vorwiegend in Küchen sowie in Schlafzimmern und Badezimmern zu finden. Problempunkte wie Fenster und Türen weisen in der Regel niedrigere Oberflächentemperaturen als angrenzende Wände auf. Dadurch wird die an Fenstern und Türen angrenzende Luft abgekühlt, die ihrerseits auch die angrenzenden Wandflächen abkühlt.

Hinzu kommt, dass an den Fensterleibungen wegen der geringen Bauteiltiefe von Fenstern und Türen nicht die Wand in ihrer ganzen Dicke als Wärmeschutz wirkt und somit die Oberflächentemperatur an der Leibung und auf den Wandinnenflächen in Fenster- und Türnähe niedriger ist als an den übrigen Wandflächen. Die Folgen sind oft verstärkter Tauwasseranfall und Schimmelpilzbildung.

In der Regel stehen beim Wärmedurchgang durch ein ebenes Bauteil der wärmeaufnehmenden Oberfläche innen gleich große wärmeabgebende Oberflächen gegenüber. Nicht so bei Raumecken, bei denen zwei oder drei Flächen (Wand/Decke) aneinanderstoßen. Hier besteht der wärmeaufnehmende Bereich nicht aus einer Fläche, sondern nur aus einer Linie oder sogar einem Punkt, während der wärmeabgebende Bereich deutlich größer ist. Diese Situation führt in Raumecken zu niedrigeren Oberflächentemperaturen als an den übrigen Bauteilflächen mit der Gefahr der Tauwasserbildung in den Raumecken.

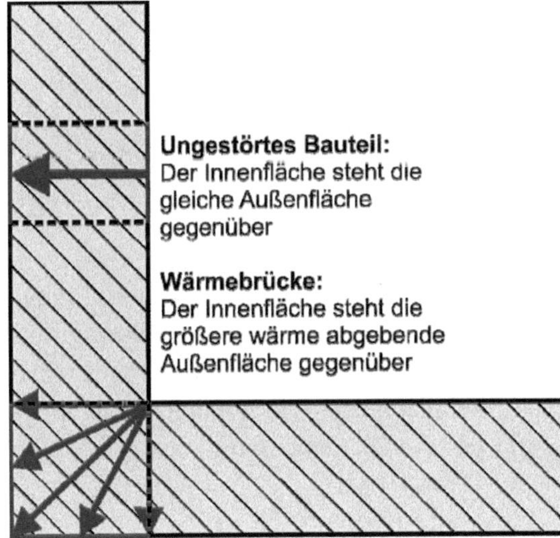

Bild 9.4 Wärmebrückenwirkung durch vergrößerte äußere Bauteilfläche

9.1.6 Wärmedämmstoffe

Die Auswahl an Wärmedämmstoffen ist groß. Den idealen, für jeden Einsatzbereich geeigneten Dämmstoff gibt es nicht. Man kann sie vier Gruppen zuordnen, und zwar:

- natürliche anorganische Dämmstoffe

  wie Blähton, Perlite, Calciumsilikat, Vermiculit (Blähglimmer),
- natürliche organische Dämmstoffe

  wie Hanf, Holzwolle, Kork, Schafwolle oder Dämmstoffe aus Recyclingmaterial wie Altpapier,
- synthetische anorganische Dämmstoffe

  wie Stein- oder Glaswolle, Schaumglas,
- synthetische organische Rohstoffe aus fossilen Rohstoffen(Erdöl)

  wie Polystyrol oder Polyurethan.

Wann welcher Dämmstoff in welcher Menge für welchen Zweck zum Einsatz gelangt, hängt vom Einzelfall ab. Es ist wichtig, den für den jeweiligen Einsatzbereich richtigen Dämmstoff auszuwählen. Neben den Kosten sollten bei der Auswahl folgende Aspekte berücksichtigt werden:

- Belastbarkeit je nach Einsatzbereich,
- Verarbeitung,
- Einfluss auf den Schallschutz,
- Umweltbelastung und Energiebedarf bei der Herstellung,
- Verfügbarkeit der Rohstoffe,
- Wiederverwendung bzw. Entsorgung.

Die gebräuchlichsten Dämmstoffe sind derzeit Produkte aus Polystyrol und mineralische Produkte aus Glas- oder Steinwolle. Diese Dämmstoffe sind meist energieaufwendiger in der Herstellung, schlecht zu recyceln und kostspielig in der Entsorgung im Gegensatz zu den natürlichen Dämmstoffen. Deren Produktion ist meist wesentlich umweltfreundlicher. Oft sind sie wieder- oder weiterverwendbar und leichter zu entsorgen.

Tabelle 9.2 Bauphysikalische Eigenschaften ökologischer Wärmedämmstoffe nach DIN 4108

Material	Wärmeleitfähigkeit λ [W/(mK)]	Rohdichte ρ [kg/m³]	Spez. Wärmekapazität c [J/(kgK)]	Wasserdampfdiffusionswiderstandszahl μ [-]
Baumwolle	0,040	20 bis 60	840 bis 1300	1 bis 2
Blähglimmer	0,07	70 bis 90	800 bis 1000	1 bis 4
Blähton	0,10 bis 0,16	350 bis 700	1000	2 bis 8
Calciumsilikat	0,050 bis 0,065	200 bis 800	850 bis 1000	5 bis 20
Flachs	0,036 bis 0,040	30 bis 60	1600	1 bis 2
Hanfmatten	0,040 bis 0,050	30 bis 42	1600	1 bis 2
Hanfschüttgut	0,045	60	2200	1 bis 2
Hobelspäne	0,045	70 bis 140	2100	1 bis 2
Holzfaserplatte	0,040 bis 0,052	140 bis 180	2100	2 bis 5
Holzfasereinblasdämmung	0,040	40 bis 55	2100	1 bis 5
Kokosfasern	0,040 bis 0,050	75 bis 125	1700	1
Korkschüttung/ -platten	0,040 bis 0,050	70 bis 160	1800	1 bis 2 5 bis 10
Mineralschaum	0,045	90 bis 130	1300	3 bis 5
Perlite	0,040 bis 0,060	80 bis 180	1000	3
Schafwolle	0,0326 bis 0,040	30 bis 90	1720	1 bis 5
Schaumglasplatten	0,040 bis 0,052	100 bis 165	1000	∞
Schilfrohr	0,055	145 bis 220	1200	2 bis 5
Stroh	0,0052 bis 0,080	90 bis 110	2000	1 bis 2
Strohplatten	0,099	380	2100	35 bis 40
Wiesengras	0,040	25 bis 65	2200	1 bis 2
Zellulose	0,039 bis 0,045	30 bis 55	2100	1 bis 2
Zum Vergleich:				
Glaswolle	0,035 bis 0,050	15 bis 80	1000	1
Polystyrolplatte	0,035 bis 0,040	11 bis 30	1400	30 bis 100

Zum Verständnis der Tabelle werden die Kenngrößen kurz erläutert:

Rohdichte

Ein weiterer wichtiger Kennwert zur Beurteilung von Dämmstoffen ist die Rohdichte. Die Werte werden in kg/m^3 angegeben. Eine geringe Rohdichte bedeutet in der Regel ein hohes Hohlraumvolumen und damit eine bessere wärmedämmende Wirkung des Stoffes.

Wärmekapazität

Auskunft über die Fähigkeit, Wärme zu speichern, gibt die spezifische Wärmekapazität in J/(kgK). Ein großer Wert bedeutet, dass der Wärmedämmstoff Wärme gut speichern kann. Dies hat vor allem im Dachbereich Auswirkung auf einen ausgeglichenen Temperaturverlauf im Tag- und Nachtverlauf.

Dampfdiffusionswiderstand

Der Dampfdiffusionswiderstand drückt aus, wie stark ein Baustoff die Diffusion von Wasserdampf verhindert. Er wird angegeben in der dimensionslosen Einheit μ. Je kleiner die μ-Zahl, desto leichter kann Wasserdampf den Dämmstoff durchdringen.

Nachwachsende Dämmstoffe sind zudem nahezu CO_2-neutral und enthalten in der Regel keine Schadstoffe, die an die Raumluft abgegeben werden können. Allerdings enthalten sie notwendigerweise Zusätze, um sie vor Feuchtigkeit, Brand oder Schädlingen zu schützen:

- Mottenschutzmittel: Borsalze, Harnstoffderivate (zum Beispiel Sulcofuron), Pyrethroide, Thorlan IW (Kaliumfluorotitanat IV);
- Brandschutzmittel: Molke, Aluminiumhydroxid, Soda, Ammoniumphosphat, Ammoniumsulfat, Borax/Borsäure;
- Feuchteschutzmittel: Latex, Paraffine;
- Stützfasern: synthetische Polymere (Polyolefine, Polyurethane, Polyester aus fossilen Rohstoffen), biobasierte Kunststoffe aus Maisstärke;
- Bindemittel: Kartoffel- oder Maisstärke, Wasserglas, Polyurethan-Harze;
- mineralische Zusätze: (bei Granulatherstellung) Wasserglas, Kalk, Tonerde.

Eines aber haben alle Dämmstoffe gemeinsam: Der Energieaufwand zur Herstellung und zum Einbau amortisiert sich durch die Heizenergieeinsparung in wenigen Jahren.

9.1.7 Entwicklung des Wärmeschutzes

Wärmeschutzanforderungen speziell für Fachwerkhäuser kannte man früher nicht. Man baute nach rein handwerklichen Gesichtspunkten. Die Folge waren wenig behagliche Wohnverhältnisse verbunden mit der Gefahr von Gesundheitsschäden durch Feuchte und Schimmel. Erst in den 1920er-Jahren des vorigen Jahrhunderts fand eine Art „Mindestwärmeschutz" in den Empfehlungen der preußischen Wohnungswirtschaft Erwähnung. Dort heißt es: „Größtmögliche Wohnlichkeit wird in erster Linie durch gute Wärmehaltung erreicht. Die Maßnahmen zum Schutze gegen Kälte, die gleichzeitig Schutz gegen Wärmeverluste sind und somit eine Herabsetzung der betrieblichen Aufwendungen, der Wohnkosten, herbeiführen, stehen in der Nachkriegszeit stark im Vordergrund. Neben einer wirksamen Beheizung des Hauses ist die Wahl der Baustoffe und Wandstärke für die Außenflächen unter dem Gesichtspunkt möglichst geringer Wärmedurchlässigkeit und möglichst großer Wärmespeicherung von Wichtigkeit." Die Grundlage war die Dicke einer gängigen Ziegelwand einschließlich Putz. Wärmedämmstoffe waren eher unüblich.

Erst im Jahr 1952 wurde mit der Einführung der DIN 4108 „Wärmeschutz im Hochbau" der Begriff „Mindestwärmeschutz" festgeschrieben. Er orientierte sich an den damals üblichen Außenwanddicken und legte Mindestwerte für den Wärmedurchlasswiderstand von Bauteilen für drei verschiedene Wärmedämmgebiete fest. Diese Werte sollten vor allem einem gesunden Wohnklima und dem Bautenschutz dienen und waren rein bauaufsichtlicher Natur. Energieeinsparung war noch kein Thema.

In den Jahren 1960 und 1969 wurde die DIN 4108 überarbeitet, wobei die wärmeschutztechnischen Standards nahezu unverändert blieben. Zusätzlich wurde die Vermeidung von Tauwasseranfall stärker thematisiert und der Einbau von Doppel- bzw. Verbundfenstern in Aufenthaltsräumen wurde empfohlen, für das Wärmedämmgebiet III vorgeschrieben. Unter dem Eindruck der ersten Ölkrise wurden in den Jahren 1974 und 1975 Beiblätter und ergänzende Bestimmungen veröffentlicht.

Im Jahr 1976 reagierte die Politik auf die Ölkrise. Das Parlament verabschiedete das Energieeinspargesetz (EnEG), um, wie der Name es zum Ausdruck bringt, Energie zu sparen und die Abhängigkeit von importierter Energie zu mindern. Das EnEG ermächtigte die Bundesregierung, Anforderungen an den baulichen Wärmeschutz und an Anlagen zu stellen, die der Beheizung und Kühlung sowie der Erwärmung von Brauchwarmwasser dienen. Zu Beginn der 1980er-Jahre wurde das Gesetz angepasst, um auch Anforderungen an Altbauten stellen zu können. Das EnEG war die Rechtsgrundlage für alle Verordnungen im Bereich der Energieeinsparung, zunächst der Wärmeschutzverordnung, ein Jahr später der Heizungsanlagenverordnung. Das Ziel dieser Verordnungen war es, den Energieverbrauch für die Beheizung von Gebäuden – hauptsächlich für neu zu errichtende Gebäude – zu reduzieren.

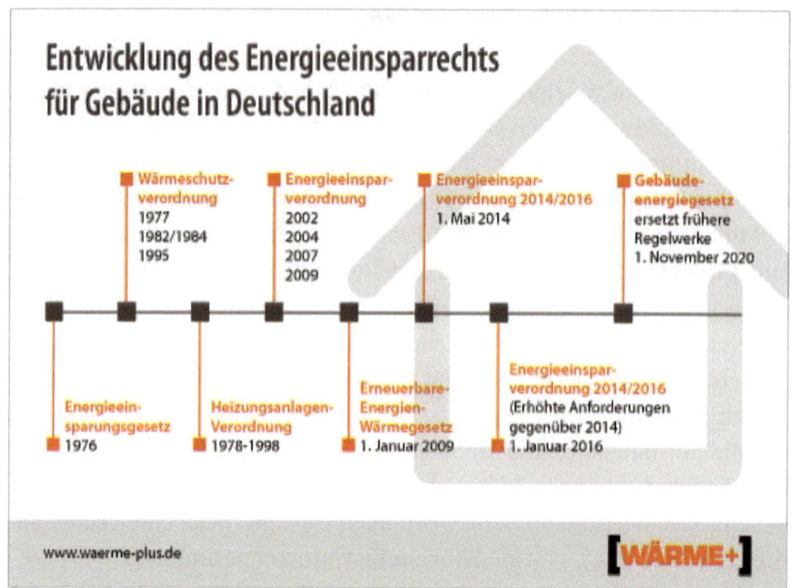

Bild 9.5 Von der Wärmeschutzverordnung zum Gebäudeenergiegesetz

Die ersten Wärmeschutzverordnungen zur Festlegung eines energiesparenden Wärmeschutzes setzten bei Einzelanforderungen an die Bauteile der wärmeübertragenden Gebäudehülle an. Es wurden Anforderungen in Form des maximalen Wärmedurchgangskoeffizienten km,max von Gebäuden in Abhängigkeit von deren A/V-Verhältnis und des mittleren Wärmedurchgangkoeffizienten km(W+F) für die Geschosse definiert. Zugleich wurden Mindestanforderungen an den Wärmedurchgangskoeffizienten von Fenstern kF in Abhängigkeit von Konstruktion und Verglasung gestellt. Des Weiteren wurde durch die Definition des Fugendurchlasskoeffizienten a die Dichtheit von Fensterkonstruktionen beschrieben.

Die Transmissionswärmeverluste wurden erstmals als ganzheitliches Phänomen betrachtet. Der erste Schritt zu der heutigen komplexen Betrachtung des Gesamtgebäudes war gemacht. Mit der Wärmeschutzverordnung 1994 erfolgte ein weiterer Schritt in Richtung Energiebilanzierung, indem interne und solare Energiegewinne sowie die Lüftungswärmeverluste in den Nachweis integriert wurden. Damit war erstmals der Nutzenergiebedarf als Anforderungsgröße definiert. Schließlich waren erstmals bei baulichen Veränderungen von Altbauten Anforderungen an den Wärmeschutz zu erfüllen.

Anforderungen an die Anlagentechnik stellte in den 1980er- und 1990er-Jahren die Heizungsanlagenverordnung. Auch sie orientierte sich an Einzelanforderungen. Die Auslegung des Wärmeerzeugers, aber auch die Ausrüstung mit Regelungseinrichtungen und die Dämmung von Rohrleitungen wurden in Form von Einzelmaßnahmen festgelegt.

Diese gesetzlichen Vorgaben machten es notwendig, die DIN 4108 neu zu bearbeiten. Unter Einbeziehung des klimabedingten Feuchteschutzes wurden im Jahr 1981 die drei Wärmedämmgebiete aufgehoben. Es galt nun ein einheitlicher Mindestwärmeschutz. Von 1996 bis 2001 traten weiterhin überarbeitete bzw. neu erarbeitete Teile der Norm in Kraft. Für Fenster wurde der Gesamtenergiedurchlassgrad gF eingeführt, der sich aus der Verglasungsart und einem Abminderungsfaktor infolge von Sonnenschutzmaßnahmen ergibt.

Durch die Energieeinsparverordnung (EnEV) von 2002 wurden die Wärmeschutzverordnung und Heizungsverordnung zusammengeführt. Die Anforderungen gegenüber der dritten Wärmeschutzverordnung wurden nochmals um 30% verschärft. Zugleich setzte man das Augenmerk auf die Umsetzung innovativer Heizungstechnik. Zur Beschreibung des Anforderungsprofils wurde der Jahresheizwärmebedarf QH als Zielgröße eingeführt. Dabei wurden Transmissions- und Lüftungswärmeverluste sowie interne und solare Gewinne erfasst. Es wurde der erste Schritt zu einer wirklichen Energiebilanzierung von Gebäuden gemacht, auch wenn zunächst Wärmebrückeneffekte, Luftundichtheiten, der Einfluss der Wärmespeicherfähigkeit sowie regionale Klimabedingungen nicht berücksichtigt wurden. Für Wärmeschutzmaßnahmen an Altbauten galten weiterhin die Anforderungen an die einzelnen Bauteile.

Während bei der Wärmeschutzverordnung 1994 die zur Verfügung zu stellende Raumwärme die Zielgröße ist und damit die Bilanzgrenze vor den Heizflächen liegt, ist bei der Energieeinsparverordnung als Zielgröße die Energiemenge zu bestimmen, die für die Beheizung des Gebäudes als solches und ggf. die Warmwasserbereitung notwendig ist. Konsequenz ist, dass Defizite beim baulichen Wärmeschutz in einem gewissen Maße mit effizienter Anlagentechnik kompensiert werden können. Andererseits müssen ineffiziente Heizsysteme durch höheren Wärmeschutz des Baukörpers ausgeglichen werden. Wegen der Kompensationsmöglichkeit von gebäude- und anlagentechnischen Maßnahmen ist daher gefordert, dass ein Minimum an energiesparendem Mindestwärmeschutz nicht unterschritten wird. Dies wird durch die Definition eines Maximalwertes für den spezifischen Transmissionswärmeverlust HT erreicht.

Es zeigte sich, dass der Bezug auf die Endenergie bei der Bilanzierung aus Sicht des Klimaschutzes nicht ausreicht. Deshalb ist man übereingekommen, eine primärenergetische Bewertung vorzunehmen, und zwar orientieren sich die Anforderungen an einen Referenzfall, der auf den hauptsächlich verwendeten Energieträgern Heizöl und Erdgas beruht.

Nach Novellierungen in den Jahren 2004, 2007 und 2009 ist zum 01.05.2014 schließlich die EnEV 2014 in Kraft getreten. Der Mindestwärmeschutz beruht im Prinzip auf der DIN 4108 aus dem Jahre 2003, wobei kaum Unterschiede zur Fassung von 2001 zu entdecken sind. Ohnehin dominiert in der heutigen Zeit der Aspekt des Klimaschutzes, was bedeutet, dass man prinzipiell so viel Wärmeschutz wie möglich realisiert. Die DIN 4108 hat sich seit der Einführung sukzessive zu einer Normenreihe weiterentwickelt und ihre Zielsetzung bedingt durch die vielschichtigen Veränderungen in den letzten Jahrzehnten vom Bautenschutz und dem hygienischen Wohnen hin zum konsequenten Klimaschutz verschoben.

Tabelle 9.3 Die Normenreihe DIN 4108

Norm	Inhalte
DIN 4108-2	Mindestanforderungen an die Dämmung von Bauteilen und im Bereich von Wärmebrücken im Hochbau; sommerlicher Wärmeschutz sowie Vermeidung unhygienischer Raumverhältnisse
DIN 4108-3	Anforderungen, Berechnungsverfahren und Hinweise für Planung und Ausführung für klimabedingten Feuchteschutz; Beispiele des Glaser-Verfahrens zur Wahrscheinlichkeitsberechnung von Tauwasser
DIN 4108-4	Wärme- und feuchteschutztechnische Bemessungswerte für Baustoffe. Auflistung von Nennwerten und physikalischen Eigenschaften zur Berechnung von Dämmung und Energieeinsparung
DIN V 4108-6	Berechnung des Jahresheizwärme- und des Jahresheizenergiebedarfs
DIN 4108-7	Anforderungen, Empfehlungen, Beispiele sowie eine Übersicht über geeignete Bauprodukte zur Einhaltung der Anforderungen an die Luftdichtheit von Gebäuden
DIN 4108-10	Anwendungsbezogene Anforderungen an werkmäßig hergestellte Wärmedämmstoffe sowie Anwendungsgebiete der Wärmedämmstoffe
DIN 4108 Beiblatt 2	Planungs- und Ausführungsbeispiele zu Wärmebrücken an Gebäuden

Aktuell legt die DIN 4108 die Vorgaben und Grenzwerte für den winterlichen und den sommerlichen Wärmeschutz fest, die bei der Planung und dem Bau von Gebäuden zu berücksichtigen sind. Der Nachweis erfolgt unter Zugrundelegung der Dicke der einzelnen Bauteilschichten und der Wärmeleitfähigkeit der einzelnen Baustoffe sowie dem Wärmedurchgangskoeffizienten der Bauteile. Daraus ergibt sich letztendlich der Transmissionswärmeverlust, der zusammen mit den Lüftungswärmeverlusten sowie den externen und internen Wärmegewinnen den Jahresheizwärmebedarf liefert.

Die Anwendung der Nachweisverfahren nach DIN 4108 ist mittlerweile leicht rückläufig. Denn seit der Erarbeitung der DIN V 18599 „Energetische Bewertung von Gebäuden“, die den Status einer Vornorm hat und sich mit der Berechnung des Nutz-, End- und Primärenergiebedarfs für Heizung, Kühlung, Lüftung, Trinkwarmwasser und Beleuchtung von Gebäuden befasst, tritt die DIN 4108 nach und nach in den Hintergrund. Kritiker bemängeln an der DIN 4108 deren statische Berechnungsverfahren, die kein Nutzerverhalten abbilden und somit ungenau seien. Seit der EnEV 2009 darf die Energiebilanznorm DIN V 18599 auch bei Wohngebäuden angewandt werden. Ihre Algorithmen sind so konzipiert, dass sowohl Wohn- als auch Nichtwohngebäude energetisch bilanziert werden können, unabhängig davon, ob es sich um Neu- oder Bestandsbauten handelt.

Das Prozedere gemäß DIN V 18599 im Hinblick auf die gesamtenergetische Bilanzierung ist von der Komplexität her kaum noch zu übertreffen und es bleibt abzuwarten, ob die energetische Sanierung von Wohngebäuden zukünftig tatsächlich nach diesem Normenwerk vorgenommen werden wird.

Das bisherige Energieeinsparungsgesetz (EnEG) und damit auch die EnEV wurden mit dem Gebäudeenergiegesetz (GEG) abgelöst. Auch das bisherige Erneuerbare-Energien-Wärmegesetz (EEWärmeG) trat mit dem Inkrafttreten des GEG außer Kraft. Wie das bisherige Energieeinsparrecht für Gebäude enthält das neue GEG Anforderungen an die energetische Qualität von Gebäuden, die Erstellung und die Verwendung von Energieausweisen sowie an den Einsatz erneuerbarer Energien in Gebäuden.

Um den Energiehaushalt des Gebäudes zu ermitteln, werden im Grundsatz wie bisher neben der Raumheizung und -kühlung auch die Brauchwassererzeugung, der Betrieb von Lüftungsanlagen sowie der Strom berücksichtigt, den diese Geräte im Betrieb benötigen (z. B. Heizungspumpen, Heizkessel, Regler). Zusätzlich muss ein Gebäude bestimmte Vorgaben zum Luftaustausch und zur Minimierung von Wärmebrücken erfüllen. Neu ist ferner, dass die beim Neubau bestehende Pflicht zur Nutzung erneuerbarer Energien künftig auch durch die Nutzung von gebäudenah erzeugtem Strom aus erneuerbaren Energien erfüllt werden kann. Inhaltlich haben sich dadurch keine strengeren Bestimmungen ergeben. Das aktuelle energetische Anforderungsniveau für Neubauten und Sanierung wird nicht verschärft.

Tabelle 9.4 Höchstwerte des Wärmedurchgangskoeffizienten nach GEG 2020

Bauteil	U [W/(m²K)]	Dämmschichtdicke [cm]
Außenwand (inkl. Rollladenkasten u. a. m.)	0,28	12
Fenster, Fenstertüren	1,30	2 Scheiben
Außentüren	1,80	konstruktionsbedingt divers
Dachflächenfenster	1,40	2 Scheiben
Dach, oberste Decke	0,20	18
Dachflächenfenster	1,40	2 Scheiben
Kellerdecke	0,35	10
Bodenplatte	0,35	10

Neu ist, dass die sich aus dem Primärenergiebedarf oder Primärenergieverbrauch ergebenden Kohlendioxidemissionen eines Gebäudes künftig zusätzlich im Energieausweis anzugeben sind. Damit enthält ein Energieausweis nun Informationen zur Klimawirkung.

9.1.8 Energieberatung

Allerdings verlangt das GEG nun bei umfassenden Sanierungen verpflichtend eine Energieberatung, wobei der Energieberater frei gewählt werden kann. Die Beratung ist immer dann notwendig, wenn ein Ein- oder Zweifamilienhaus verkauft wird oder wenn größere Sanierungsmaßnahmen geplant sind. Handwerker, die ein Sanierungsangebot abgeben, müssen Eigentümer schriftlich auf die Beratungspflicht hinweisen. Mehrfamilienhäuser sind von der Beratungspflicht ausgenommen.

Festgeschrieben ist die Pflicht zur Energieberatung im GEG 2020 an zwei Stellen:

§ 48 GEG Anforderungen an ein bestehendes Gebäude bei Änderung

Soweit bei beheizten oder gekühlten Räumen eines Gebäudes Außenbauteile im Sinne der Anlage 7 erneuert, ersetzt oder erstmalig eingebaut werden, sind diese Maßnahmen so auszuführen, dass die betroffenen Flächen des Außenbauteils die Wärmedurchgangskoeffizienten der Anlage 7 nicht überschreiten. Ausgenommen sind Änderungen von Außenbauteilen, die nicht mehr als 10 % der gesamten Fläche der jeweiligen Bauteilgruppe des Gebäudes betreffen. Nimmt der Eigentümer eines Wohngebäudes mit nicht mehr als zwei Wohnungen Änderungen im Sinne der Sätze 1 und 2 an dem Gebäude vor und werden unter Anwendung des § 50 Absatz 1 und 2 für das gesamte Gebäude Berechnungen nach § 50 Absatz 3 durchgeführt, hat der Eigentümer vor Beauftragung der Planungsleistungen ein informatorisches Beratungsgespräch mit einer nach § 88 zur Ausstellung von Energieausweisen berechtigten Person zu führen, wenn ein solches Beratungsgespräch als einzelne Leistung unentgeltlich angeboten wird. Wer geschäftsmäßig an oder in einem Gebäude Arbeiten im Sinne des Satzes 3 für den Eigentümer durchführen will, hat bei Abgabe eines Angebots auf die Pflicht zur Führung eines Beratungsgesprächs schriftlich hinzuweisen.

§ 80 (4) GEG Ausstellung und Verwendung von Energieausweisen

(2) Werden bei einem bestehenden Gebäude Änderungen im Sinne des § 48 ausgeführt, ist ein Energiebedarfsausweis unter Zugrundelegung der energetischen Eigenschaften des geänderten Gebäudes auszustellen, wenn unter Anwendung des § 50 Absatz 1 und 2 für das gesamte Gebäude Berechnungen nach § 50 Absatz 3 durchgeführt werden. Absatz 1 Satz 2 bis 4 ist entsprechend anzuwenden.

(3) Soll ein mit einem Gebäude bebautes Grundstück oder Wohnungs- oder Teileigentum verkauft, ein Erbbaurecht an einem bebauten Grundstück begründet oder über-

tragen oder ein Gebäude, eine Wohnung oder eine sonstige selbstständige Nutzungseinheit vermietet, verpachtet oder verleast werden, ist ein Energieausweis auszustellen, wenn nicht bereits ein gültiger Energieausweis für das Gebäude vorliegt. In den Fällen des Satzes 1 ist für Wohngebäude, die weniger als fünf Wohnungen haben und für die der Bauantrag vor dem 1. November 1977 gestellt worden ist, ein Energiebedarfsausweis auszustellen. Satz 2 ist nicht anzuwenden, wenn das Wohngebäude

1. *schon bei der Baufertigstellung das Anforderungsniveau der Wärmeschutzverordnung vom 11. August 1977 (BGBl. I S. 1554) erfüllt hat oder*
2. *durch spätere Änderungen mindestens auf das in Nummer 1 bezeichnete Anforderungsniveau gebracht worden ist.*

Bei der Ermittlung der energetischen Eigenschaften des Wohngebäudes nach Satz 3 können die Bestimmungen über die vereinfachte Datenerhebung nach § 50 Absatz 4 angewendet werden.

(4) Im Falle eines Verkaufs oder der Bestellung eines Rechts im Sinne des Absatzes 3 Satz 1 hat der Verkäufer oder der Immobilienmakler dem potenziellen Käufer spätestens bei der Besichtigung einen Energieausweis oder eine Kopie hiervon vorzulegen. Die Vorlagepflicht wird auch durch einen deutlich sichtbaren Aushang oder ein deutlich sichtbares Auslegen während der Besichtigung erfüllt. Findet keine Besichtigung statt, haben der Verkäufer oder der Immobilienmakler den Energieausweis oder eine Kopie hiervon dem potenziellen Käufer unverzüglich vorzulegen. Der Energieausweis oder eine Kopie hiervon ist spätestens dann unverzüglich vorzulegen, wenn der potenzielle Käufer zur Vorlage auffordert. Unverzüglich nach Abschluss des Kaufvertrages hat der Verkäufer oder der Immobilienmakler dem Käufer den Energieausweis oder eine Kopie hiervon zu übergeben. Im Falle des Verkaufs eines Wohngebäudes mit nicht mehr als zwei Wohnungen hat der Käufer nach Übergabe des Energieausweises ein informatorisches Beratungsgespräch zum Energieausweis mit einer nach § 88 zur Ausstellung von Energieausweisen berechtigten Person zu führen, wenn ein solches Beratungsgespräch als einzelne Leistung unentgeltlich angeboten wird.

Jede Energieberatung ist individuell. Dadurch variiert die Aufarbeitung der Ergebnisse der Gespräche, Berechnungen und Empfehlungen. Die Ergebnisse münden vor allem im Zuge einer vom BAFA geförderten Vor-Ort-Beratung Eingang in einen Sanierungsfahrplan. Dieser soll einerseits die Ergebnisse bundeseinheitlich leicht verständlich darstellen und andererseits den Energieberater bei der Erarbeitung von Konzepten für die Schritt-für-Schritt-Sanierung und die Komplettsanierung unterstützen. Er kann standardmäßig bei Energieberatungen angewendet werden, sowohl für eine Komplettsanierung als auch für eine Schritt-für-Schritt-Sanierung. Das Instrument lässt sich bei Ein- und Zweifamilienhäusern sowie bei Mehrfamilienhäusern anwenden. Die Erstellung des Sanierungsfahrplans erfolgt mithilfe der in der Bilanzierungssoftware integrierten Druckapplikation. Diese nutzt die Bilanz- und Projektdaten sowie die Ergebnisse der Berechnungen zur Erstellung des Fahrplans als PDF-Datei.

Bild 9.6 Sanierungsfahrplan

9.1.9 Fazit

Hohe Energiekosten sowie die Notwendigkeit zur Nachhaltigkeit und zum Umweltschutz sind bei jeder Sanierung ein wichtiger Aspekt. Setzt sich der gegenwärtige Anstieg bei der Nutzung fossiler Energiequellen in gleichem Ausmaß fort wie bisher, so werden sich die Kohlendioxid-Emissionen in den nächsten 50 Jahren verdoppeln.

Wärmeschutz ist notwendig für die Gesundheit der Bewohner durch ein hygienisches Raumklima und für einen dauerhaften Schutz der Baukonstruktion vor klimabedingten Feuchteeinwirkungen auf der Innenseite von Außenbauteilen. Hierbei wird vorausgesetzt, dass die Räume entsprechend ihrer Nutzung ausreichend beheizt und belüftet werden. Wärmeschutz verhindert die Bildung von Schimmel, der Gesundheitsrisiken in sich birgt und zu Bauschäden führt. Er kann im Bestand - insbesondere bei einer Kopplung mit ohnehin notwendigen Sanierungsmaßnahmen - wirtschaftlich realisiert werden zur Werterhaltung beitragen.

9.2 Tauwasserschutz

Dass Wasser in den drei Aggregatzuständen - Eis, Wasser und Wasserdampf - vorkommt, ist hinlänglich bekannt. Dennoch ist es immer wieder das Wasser, welches Schwierigkeiten in Fachwerkgebäuden bereitet. Mangelhafter Wärmeschutz führt zu abfallenden Temperaturen an der Innenoberfläche von Außenbauteilen, aber auch im Bauteilquerschnitt. Sinkt die Temperatur unter einen kritischen Wert, die sog. Taupunkttemperatur, führt dies zu Tauwasserausfall, was wiederum die Bildung von Schimmel an der Bauteiloberfläche fördert. Bei Fachwerkhäusern ist außerdem die im Bauteilinnern auftretende Feuchtigkeit ein besonderes Problem, weil sie in der Regel für das Auge des Betrachters erst sichtbar wird, wenn die Substanz bereits weitestgehend zerstört ist.

Tabelle 9.5 Aggregatzustände des Wassers und mögliche Auswirkungen

Aggregatzustand	Temperatur	Auswirkungen
fest (Eis)	$\Theta < 0°C$	Sprengwirkung infolge von Volumenzunahme, Eislinsen
flüssig (Wasser)	$0 < \Theta < 100°C$	Grundwasser, Regen (Schlagregen), Kapillar- und Sickerwasser, Kondensat
gasförmig (Wasserdampf)	$\Theta \geq 100°C$	Wasserdampfdiffusion, Wasserdampfkonvektion

Umgangssprachlich versteht man unter Wasserdampf gerne die sichtbaren Dampfschwaden von bereits kondensierendem Wasserdampf (Nassdampf), wie er auch als Nebel oder in Wolken vorkommt. Im technisch-naturwissenschaftlichen Kontext ist Wasserdampf gasförmiges Wasser, das in diesem Aggregatzustand wie Luft unsichtbar ist.

Wasserdampfmoleküle haben nur eine Größe von 0,3 nm und sind um ein Vielfaches kleiner als Wassertropfen. Die geringe Größe erklärt, warum wasserdichte Stoffe durch Wasserdampf durchdrungen werden können. Der Widerstand gegen den Wasserdampftransport ist umso geringer, je poröser ein Baustoff ist. Die Wasserdampfwanderung, die im Regelfall unter dem Einfluss eines Temperaturgefälles stattfindet, nennt man Wasserdampfdiffusion. So wie sich unterschiedliche Temperaturen von „warm" nach „kalt" ausgleichen, sind auch unterschiedliche Wasserdampfkonzentrationen unter dem Einfluss eines Dampfdruckgefälles von „feucht" nach „trocken" bestrebt, durch Transport des Wasserdampfes von der Seite des höheren Dampfdruckes zur Seite des niedrigeren Wasserdampfdruckes einen Druckausgleich zu bewirken. Dieser Wasserdampfdiffusion setzen Bauteile einen unterschiedlichen Widerstand entgegen, der umso höher ist, desto weniger Wasserdampf durch das Bauteil transportiert wird.

9.2.1 Grundlagen zur Tauwasserbildung

Luft ist ein Gemisch aus mehreren Komponenten. Aus chemischer Sicht stehen die einzelnen Elemente und Verbindungen wie Stickstoff, Sauerstoff, Kohlendioxid, Wasserstoff, Ozon, Methan und die Edelgase im Vordergrund. In der Bauphysik wird die Luft als Zweistoffgemisch behandelt und dann als feuchte Luft bezeichnet. Die beiden Mischungsanteile sind „trockene Luft" (bestehend aus den o.g. Anteilen) und Wasserdampf. Ob und in welchem Umfang es zu einer Bildung von Tauwasser auf der Bauteiloberfläche oder im Bauteilinnern kommt, wird durch Einbeziehung folgender thermischer Parameter verifiziert:

- Raumlufttemperatur,
- relative Luftfeuchte,
- Oberflächentemperatur,
- Sorption,
- Kapillarität,
- Taupunkttemperatur.

9.2.2 Raumlufttemperatur

Die Raumlufttemperatur beschreibt die in einem Raum herrschende Lufttemperatur, die mit der Strahlungstemperatur der Umfassungsflächen eine zusammenfassende Temperaturgröße darstellt. Sie definiert zusammen mit der Luftfeuchte und der Luftqualität (CO_2, Schadstoffe, Gerüche) das Raumklima. Die Raumlufttemperatur wird in °C angegeben und mit Thermometern gemessen.

9.2.3 Relative Luftfeuchte

Die relative Luftfeuchte ist ein dimensionsloser Wert. Sie ist definiert als das Verhältnis aus der jeweils vorhandenen Feuchtemenge in der Luft und der maximal möglichen Feuchtemenge. Wird sie dimensionslos angegeben, liegt dieser Wert zwischen 0 und 1. Das geläufige Maß für den Wasserdampfgehalt in der Luft ist die prozentuale Angabe. Bei der Angabe in Prozenten ergeben sich Werte zwischen 0% bis 100%.

Tabelle 9.6 Relative und absolute Luftfeuchte

relative Luftfeuchte	ϕ	%
absolute Luftfeuchtemenge	c	g/m^3
maximale Luftfeuchtemenge (Sättigungsfeuchte)	cs	g/m^3

Die absolute Luftfeuchte c beschreibt die auf ein Luftvolumen bezogene, tatsächlich gespeicherte Menge an Wasserdampf. Sie wird in g/m^3 angegeben. Je höher die Lufttemperatur ist, desto mehr Feuchtigkeit kann die Luft aufnehmen.

Die maximale Menge an Wasser in 1 m^3 Luft bei einer bestimmten Temperatur wird als Sättigungsfeuchte cs bezeichnet. Hierzu ist die Kenntnis des temperaturabhängigen Wasserdampfsättigungsdrucks ps notwendig. Dieser kann DIN 4108-3 entnommen werden.-

Tabelle 9.7 Wasserdampfsättigungsmenge cs bei Temperaturen Θ von –10 bis 30 °C nach DIN 4108-3

Θ [°C]	cs [g/m^3]	Θ [°C]	cs [g/m^3]	Θ [°C]	cs [g/m^3]	Θ [°C]	cs [g/m^3]
-10	2,13	0	4,84	10	9,38	20	17,25
-9	2,32	1	5,18	11	9,99	21	18,28
-8	2,52	2	5,55	12	10,64	22	19,37
-7	2,74	3	5,93	13	11,32	23	20,51
-6	2,98	4	6,34	14	12,04	24	21,71
-5	3,24	5	6,78	15	12,80	25	22,97
-4	3,51	6	7,24	16	13,60	26	24,30
-3	3,81	7	7,73	17	14,44	27	25,68
-2	4,13	8	8,25	18	15,33	28	27,14
-1	4,47	9	8,80	19	16,26	29	28,66
0	4,84	10	9,38	20	17,25	30	30,26

Die Feuchteaufnahme der Luft steht also im direkten Zusammenhang zu ihrer Temperatur. Je höher die Lufttemperatur ist, desto mehr Wasser kann die Luft aufnehmen. Dieser Zusammenhang lässt sich grafisch mithilfe der sogenannten Sättigungslinie(Taupunktkurve) verdeutlichen. Sie grenzt den Bereich der gesättigten Luft vom Bereich der ungesättigten Luft ab. Ist die Sättigungsfeuchte der Luft erreicht, kann die Luft kein Wasser mehr aufnehmen. Die Luft ist zu 100 % mit Wasserdampf gesättigt. Im Bereich der ungesättigten Luft ergeben sich in Abhängigkeit von der relativen Luftfeuchte ähnliche Kurvenverläufe für die jeweiligen relativen Feuchtewerte.

Wird feuchte Luft einer bestimmten Temperatur (Punkt A) abgekühlt, steigt die relative Luftfeuchtigkeit bei gleichbleibenden Wasserdampfgehalt nach und nach bis auf 100 % an (Punkte B und C). Die abgekühlte Luft besitzt dann den bei dieser Temperatur maximal möglichen Gehalt an Wasserdampf. Man sagt, die Luft hat ihren Taupunkt (Sättigung) erreicht. Sinkt die Temperatur noch weiter, fällt Tauwasser aus (Punkt D).

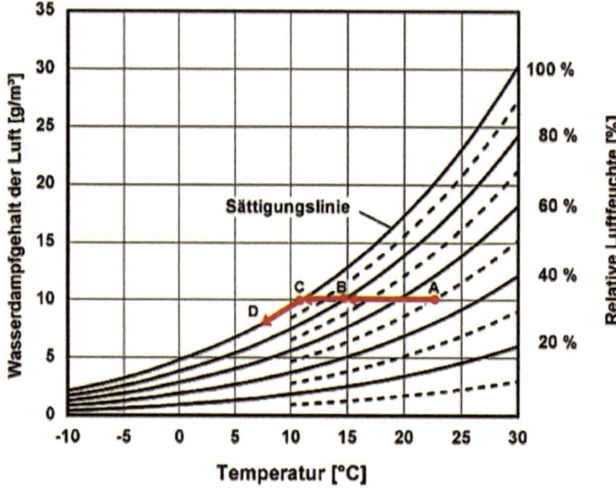

Bild 9.7 Zusammenhang zwischen Wasserdampfgehalt, Temperatur und relativer Luftfeuchte

Wasserdampf übt wie jedes andere Gas einen bestimmten Druck auf seine Umgebung aus. Dieser Wasserdampfdruck hängt ab von der Dampfmenge in der Luft sowie der Temperatur und ist Teil des Luftdruckes. Solange der Dampfdruck kleiner oder gleich dem Druck der restlichen Gase in der Luft ist, bleibt das Wasser im gasförmigen Zustand. Steigt aber die Dampfmenge und damit der Dampfdruck, kann das Gasgemisch nicht mehr verhindern, dass sich der Wasserdampf zu größeren Tropfen zusammenschließt. Der Sättigungsdampfdruck wird überschritten und die überschüssige Feuchtigkeit wird ausgeschieden. Es entsteht Tauwasser, weil mehr Wassermoleküle in die flüssige Phase übertreten als verdampfen. Der Wasserdampfdruck ist zugleich von der Temperatur abhängig, was nur eine andere Formulierung der Tatsache ist, dass warme Luft mehr Wasserdampf aufnimmt als kalte. Es ergibt sich ein ähnliches Bild wie zuvor.

Es ist gut zu erkennen, dass ein Absenken der Temperatur dazu führt, dass die 100%-Kurve, der Sättigungsdampfdruck, überschritten wird. In der Folge kondensiert das Wasser, weil vom Wasser mehr Wassermoleküle eingefangen werden als in die Dampfphase übergehen. Wird die Temperatur so hoch, dass der Sättigungsdampfdruck den „gesamten" Luftdruck erreicht, beginnt die Flüssigkeit zu verdampfen. Wenn man Wasser bei Normaldruck auf 100°C erhitzt, fängt es an zu kochen.

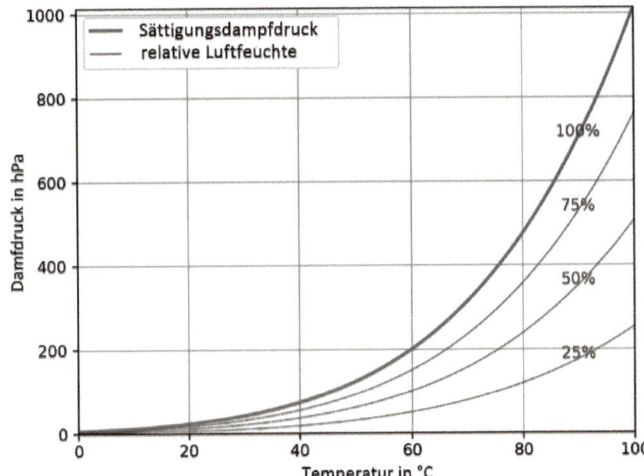

Bild 9.8 Zusammenhang zwischen Dampfdruck, Temperatur und relativer Luftfeuchte

9.2.4 Oberflächentemperatur

Unter der Oberflächentemperatur versteht man die auf der Oberfläche der raumabschließenden Bauteile (Wand, Decke, Fußboden) herrschende Temperatur. Sie hängt im Wesentlichen von folgenden Baustoffeigenschaften ab:

- primär
  - Wärmeleitfähigkeit in Abhängigkeit vom Baustofffeuchtegehalt,
  - spezifische Wärmekapazität,
  - Rohdichte;
- sekundär
  - Raumlufttemperatur,
  - Lufttemperatur außen,
  - Wärmeübergangskoeffizient,
  - Sonneneinstrahlung,
  - Windgeschwindigkeit.

Diese Größen können teilweise gemessen werden. Im Übrigen werden sie berechnet oder aus Tabellenwerken entnommen.

Da bei Fachwerkgebäuden die Baustoffeigenschaften und das Baustoffgefüge häufig nicht bekannt bzw. aus denkmalpflegerischen Gegebenheiten nur eine zerstörungsfreie Untersuchung der Baustoffe möglich ist, greift man gerne auf Erfahrungswerte zurück. Eine große Hilfe ist hierbei die Materialdatensammlung für die energetische Altbausanierung (MASEA): *https://www.masea-ensan.com/?utm_source=baulinks&utm_campaign=baulinks.*

Bei dieser Datenbank handelt es sich um eine Datensammlung aller notwendigen hygrothermischen Kennwerte für eine große Auswahl typischer Baustoffe bei der energetischen Altbausanierung. Die Datenbank wird im Rahmen eines Forschungsprogramms vom Fraunhofer-Institut für Bauphysik in Kooperation mit dem Institut für Bauklimatik der TU Dresden und dem Zentrum für umweltbewusstes Bauen (ZUB) in Kassel betreut. Sie beschreibt auch historische Baustoffe, die heute nicht mehr Verwendung finden, und ist im Internet frei verfügbar.

Bild 9.9 Datenbank MASEA

9.2.5 Feuchteaufnahme und Gleichgewichtsfeuchte

Wenn sich die relative Luftfeuchte erhöht, nehmen Baustoffe Feuchtigkeit auf und speichern sie. Sinkt die relative Luftfeuchte, geben sie die überschüssige Feuchtigkeit wieder an die Umgebungsluft ab. Die maximale Feuchteaufnahme wird maßgeblich von der Porosität bestimmt und über Sorptionsisotherme definiert. Baustoffe, die unter üblichen Nutzungsbedingungen viel Feuchtigkeit speichern können, verfügen über eine gute Feuchtepufferwirkung. Die Baustoffe wirken also klimaregulierend.

Der Zustand, bei dem ein Material längere Zeit ein und denselben Feuchtigkeitswert aufweist, wird als Gleichgewichtsfeuchte bezeichnet. Wenn die Umgebung über einen längeren Zeitraum die gleiche relative Luftfeuchte und eine konstante Temperatur besitzt, herrscht im Material selbst eine konstante Gleichgewichtsfeuchte. Sie wird in Prozent angegeben und beschreibt das Verhältnis zwischen der umgebenden Luftfeuchte und der im Material gespeicherten Feuchte.

Der Feuchtigkeitsanteil in Baustoffen kann sich entweder auf das Trockengewicht (massebezogener Feuchtegehalt) oder aber auf das Volumen (volumenbezogener Feuchtegehalt) des Materials beziehen. Der massebezogene Feuchtegehalt ergibt sich dabei aus dem Trockengewicht und dem Gewicht im feuchten Zustand. Der volumenbezogene Feuchtegehalt hingegen wird mithilfe der Rohdichte und dem zuvor bestimmten massebezogenen Feuchtegehalt errechnet. Die Gleichgewichtsfeuchte selbst wird auch als praktischer Feuchtegehalt bezeichnet.

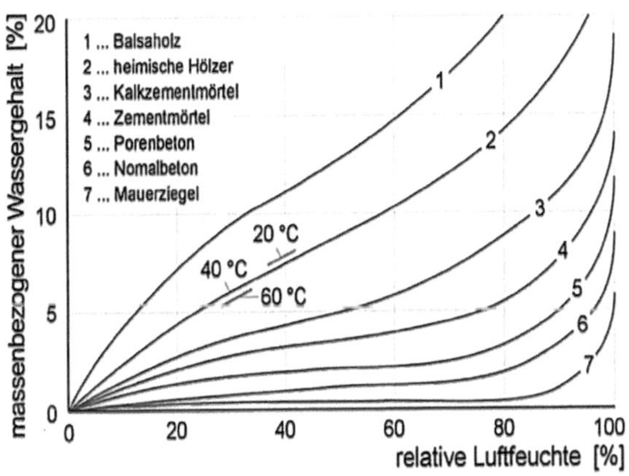

Bild 9.10 Feuchteaufnahme verschiedener Baustoffe

9.2.6 Sorption

Sorption beschreibt die Interaktion von Wasserdampf mit einem Baustoff. Die Aufnahme von Wasserdampf heißt Adsorption und die Abgabe Desorption. Die Sorptionsvorgänge spielen sich in der Nähe der Oberfläche eines Bauteils ab.

Die meisten Baustoffe sind sorptionsfähig; das heißt, bei fast allen verändert sich die Materialfeuchte in Abhängigkeit von der relativen Luftfeuchte in der Umgebung. Bei Baustoffen mit großer Hygroskopizität werden Wasserdampfmengen in größerem Ausmaß vergleichsweise schnell aufgenommen und auch wieder abgegeben. Hierzu zählen Baustoffe wie Holz, Naturfasern und auch Lehm. Glas, Metalle und Schaumkunststoffe hingegen sind praktisch nicht sorptionsfähig.

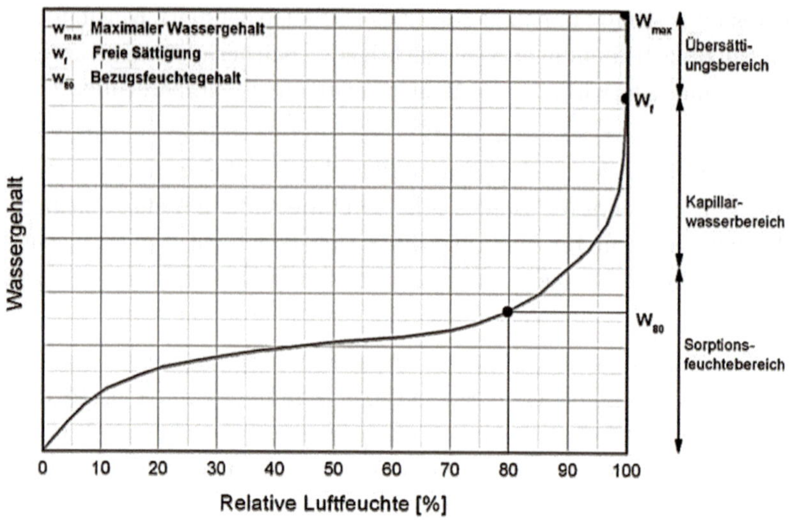

Bild 9.11 Schematische Darstellung der Feuchtespeicherfunktion eines hygroskopischen, kapillaraktiven Baustoffes

9.2.7 Kapillarität

Kapillarität beschreibt die Eigenschaft von Baustoffen, aufgrund ihrer Porenstruktur flüssiges Wasser transportieren zu können. Je poröser ein Baustoff ist und je kleiner die Poren sind, desto größer ist seine Kapillarität. Gleichzeitig auftretende Transportvorgänge durch Wasserdampfdiffusion und Flüssigwassertransport überlagern sich. Sie können sowohl gleich als auch entgegengesetzt gerichtet stattfinden.

Wenn die warme Seite eines Bauteils zugleich die feuchte Seite ist, findet der Transport in einer Richtung statt. Der entgegengesetzte Fall liegt vor, wenn infolge von Dampfdiffusion im Bauteilinneren Tauwasser ausfällt. Die Entstehung von flüssigem Wasser korrespondiert mit einem Anstieg des Kapillardruckes und es stellt sich Flüssigwassertransport, dessen Größe von der Kapillarität der angrenzenden Baustoffe abhängt, zu beiden Seiten hin ein.

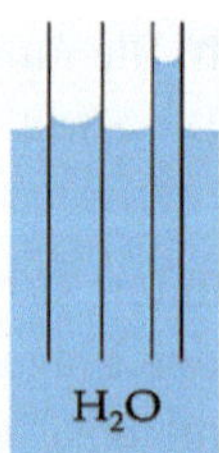

Bild 9.12 Kapillarität am Beispiel von Wasser

9.2.8 Taupunkttemperatur

Die Temperatur, bei der die vorhandene Wasserdampfkonzentration c der Wasserdampfsättigungskonzentration cs entspricht, wird als Taupunkttemperatur bezeichnet. Da Luft bei einer relativen Luftfeuchte von 100% – dies entspricht der Wasserdampfsättigungskonzentration cs – mit Wasserdampf gesättigt ist, fällt bei Abkühlung der Luft der Anteil des nicht mehr speicherbaren Wasserdampfes als Feuchtigkeit aus. Die Kenntnis der Taupunkttemperatur, die häufig auch fälschlicherweise als „Taupunkt“ bezeichnet wird, ist demnach für die Beurteilung des Auftretens von Tauwasser von besonderer Bedeutung.

Luft-Temp.	Taupunkttemperaturen in °C bei einer relativen Luftfeuchtigkeit von										
C°	45%	50%	55%	60%	65%	70%	75%	80%	85%	90%	95%
2°C	-7.77	-6.56	-5.43	-4.40	-3.16	-2.48	-1.77	-0.98	-0.26	0.47	1.20
4°C	-6.11	-4.88	-3.69	-2.61	-1.79	-0.88	-0.09	0.78	1.62	2.44	3.20
6°C	-4.49	-3.07	-2.10	-1.05	-0.08	0.85	1.86	2.72	3.62	4.48	5.38
8°C	-2.69	-1.61	-0.44	0.67	1.80	2.83	3.82	4.77	5.66	6.48	7.32
10°C	-1.26	0.02	1.31	2.53	3.74	4.79	5.82	6.79	7.65	8.45	9.31
12°C	0.35	1.84	3.19	4.46	5.63	6.74	7.75	8.69	9.60	10.48	11.33
14°C	2.20	3.76	5.10	6.40	7.58	8.67	9.70	10.71	11.64	12.55	13.36
15°C	3.12	4.65	6.07	7.36	8.52	9.63	10.70	11.69	12.62	13.52	14.42
16°C	4.07	5.59	6.98	8.29	9.47	10.61	11.68	12.66	13.63	14.58	15.54
17°C	5.00	6.48	7.92	9.18	10.39	11.48	12.54	13.57	14.50	15.36	16.19
18°C	5.90	7.43	8.83	10.12	11.33	12.44	13.48	14.56	15.41	16.31	17.25
19°C	6.80	8.33	9.75	11.09	12.26	13.37	14.49	15.47	16.40	17.37	18.22
20°C	7.73	9.30	10.72	12.00	13.22	14.40	15.48	16.46	17.44	18.36	19.18
21°C	8.60	10.22	11.59	12.92	14.21	15.36	16.40	17.44	18.41	19.27	20.19
22°C	9.54	11.16	12.52	13.89	15.19	10.27	17.41	18.42	19.39	20.28	21.22
23°C	10.44	12.02	13.47	14.87	16.04	17.29	18.37	19.37	20.37	21.34	22.23
24°C	11.34	12.93	14.44	15.73	17.06	18.21	19.22	20.33	21.37	22.32	23.18
25°C	12.20	13.83	15.37	16.69	17.99	19.11	20.24	21.35	22.27	23.30	24.22
26°C	13.15	14.84	16.26	17.67	18.90	20.09	21.29	22.32	23.32	24.31	25.16
27°C	14.08	15.68	17.24	18.57	19.83	21.11	22.23	23.31	24.32	25.22	26.10
28°C	14.96	16.61	18.14	19.38	20.86	22.07	23.18	24.28	25.25	26.20	27.18
29°C	15.85	17.58	19.04	20.48	21.83	22.97	24.20	25.23	26.21	27.26	28.18
30°C	16.79	18.44	19.96	21.44	23.71	23.94	25.11	26.10	27.21	28.19	29.09
32°C	18.62	20.28	21.90	23.26	24.65	25.79	27.08	28.24	29.23	30.16	31.17
34°C	20.42	22.19	23.77	25.19	26.54	27.85	28.94	30.09	31.19	32.13	33.11
36°C	22.23	24.08	25.50	27.00	28.41	29.65	30.88	31.97	33.05	34.23	35.06
38°C	23.97	25.74	27.44	28.87	30.31	31.62	32.78	33.96	35.01	36.05	37.03
40°C	25.79	27.66	29.22	30.81	32.16	33.48	34.69	35.86	36.98	38.05	39.11
45°C	30.29	32.17	33.86	35.38	36.85	38.24	39.54	40.74	41.87	42.97	44.03
50°C	34.76	36.63	38.46	40.09	41.58	42.99	44.33	45.55	46.75	47.90	48.98

Bild 9.13 Taupunkttemperatur der Luft in Abhängigkeit von Temperatur und relativer Luftfeuchte

9.2.9 Tauwasserbildung (Kondensation)

Tauwasserbildung tritt auf, wenn Wasserdampf vom gasförmigen in den flüssigen Aggregatszustand übergeht. Dieser Vorgang hängt ab von der Taupunkttemperatur und dem Wasserdampfsättigungsdruck. Treibende Kraft für den Diffusionsvorgang ist der Dampfdruckunterschied, wobei sich der Wasserdampf vom hohen zum niedrigen Dampfdruckniveau bewegt. Wird bei konstantem Wasserdampfgehalt die Temperatur reduziert, wird bei Erreichen der Sättigungskurve die Taupunkttemperatur erreicht und es fällt Tauwasser aus.

9.2.10 Tauwasser an Bauteiloberflächen

Luft kann, wenn kein Tauwasser ausfallen soll, nur bis auf eine Temperatur abgekühlt werden, bei der der vorhandene Wasserdampfgehalt gerade dem Wasserdampfsättigungsgehalt (Sättigungskurve) entspricht. Diese Temperatur wird als Taupunkttemperatur bezeichnet. Bei einer weiteren Abkühlung der Luft fällt zwangsläufig Tauwasser aus. Dieser Effekt tritt umso früher auf, je feuchter die Luft ist. Umgangssprachlich wird gerne vom sogenannten Taupunkt gesprochen, was aber nicht korrekt ist, weil es sich nicht um die Bezeichnung einer geometrischen Größe handelt. 1 m^3 Luft mit einer Temperatur von 20 °C und einer relativen Luftfeuchte von 40 % enthält 6,9 g Wasserdampf. Bei Sättigung (100 %) können maximal 17,25 g/m^3 aufgenommen werden. Sinkt nun die Temperatur auf 0 °C, kann die Luft nur noch 4,84 g aufnehmen (siehe Tabelle 9.7). Die überschießende Wasserdampfmenge kondensiert aus.

Gefährdete Bereiche oder Stellen, bei denen mit Tauwasserausfall auf der inneren Oberfläche zu rechnen ist, sind:

- Bereiche mit unzureichendem Wärmeschutz,
- Wärmebrücken,
- Räume mit hoher Luftfeuchtigkeit, wie z. B. Bäder,
- Räume mit niedriger Lufttemperatur, wie z. B. Schlafzimmer.

Eine Bauteiloberfläche bleibt frei von Feuchteschäden, wenn Heizung und Lüftung ausreichend sind und der Mindestwärmeschutz erfüllt ist. Das setzt voraus, dass der Wärmeübergang an den Oberflächen nicht durch Möbel u. a. m. verringert wird und das Bauteil genügend ausgetrocknet ist.

Schimmelpilzbildung findet bereits statt, wenn sich neben einer ausreichenden Feuchtigkeitsmenge auch ein ausreichendes Nährstoffangebot auf der Bauteiloberfläche vorhanden ist. Schimmelpilzsporen sind allgegenwärtig und brauchen kein tropfenförmiges Wasser als Wachstumsvoraussetzung. Schon bei einer relativen Luftfeuchte von 80 % kann sich Schimmelpilz bilden, wenn ein entsprechendes Nährstoffangebot in Form organischer Materialien verbunden mit erhöhter Staubhaftung vorliegt, wie dies beispielsweise bei einer Raufasertapete der Fall ist.

Hinzu kommt der Einfluss von Anstrichen. Anstrichstoffe weisen ganz unterschiedliche μ-Werte auf und ihre Schichtdicken sind mit wenigen zehntel Millimetern sehr gering. Sie beeinflussen die Diffusionsfähigkeit kaum, beeinträchtigen aber die Wasserdampfaufnahme (Sorption). So beträgt der sd-Wert einer 0,5 mm dicken Schicht aus Leimfarbe mit $\mu = 180$ bis 215 ca. 0,1 m. Wird ein Kunstharzdispersionsanstrich mit $\mu = 1800$ verwendet, so liegt der sd-Wert bereits bei 0,9 m. Damit wird deutlich, warum sich in Abhängigkeit von der Art der Anstriche ein Feuchtigkeitsfilm bilden kann.

Bild 9.14 Oberflächentauwasser auf einer Glasscheibe

Für das Auge sichtbar wird dieser Effekt bei Verglasungen. Bei porösen Baustoffen lagert sich die Feuchtigkeit in den unterschiedlich großen Poren nahe der Oberfläche an und fällt aus (Kapillarkondensation). Das kann verhindert werden durch eine Verbesserung des Wärmeschutzes wie z. B. das Anbringen einer ausreichenden Wärmedämmung.

9.2.11 Tauwasser in Bauteilen

Die Wirkung der Wasserdampfdiffusion in Bauteilen lässt sich mit dem Glaser-Verfahren berechnen und grafisch gut darstellen. Zunächst wird der Temperaturverlauf an der Grenze der Bauteilschichten ermittelt. Danach wird ein „Bauteilquerschnitt“ (Glaser-Diagramm) erstellt, in dem die einzelnen Bauteildicken entsprechend ihres sd-Wertes dargestellt sind. Sodann wird in dieses Diagramm der Verlauf des Sättigungsdampfdrucks eingetragen, der sich nach den zuvor ermittelten Temperaturen richtet. Als letzter Schritt wird der tatsächlich vorhandene Dampfdruck für die Innen- und Außenfläche aufgetragen und mit einer Geraden verbunden. Dabei darf aber die Wasserdampfteildruckkurve die Sättigungsdruckkurve nicht schneiden, weil ein höherer Druck als der Sättigungsdruck nicht möglich ist. Ist dies der Fall, fällt in der kalten Jahreszeit Tauwasser an. Daher wird in einem weiteren Glaser-Diagramm noch die Austrocknung des Bauteils in der warmen Jahreszeit betrachtet. Verdunstet mehr Tauwasser als anfällt, gilt das Bauteil als tauwasserfrei. Bauschäden entstehen erst, wenn die Feuchtigkeitsbelastung auf Dauer höher ist als das Trocknungsvermögen der Konstruktion.

9.2.12 Tauwasserbildung durch Konvektion

Durch Luftströmungen über eine undichte Gebäudehülle entsteht ein besonders hohes Durchfeuchtungsrisiko. Antriebskraft für diesen durch Konvektion verursachten Effekt ist der Druckunterschied zwischen warmer und kalter Bauteilseite. Kann warme Raumluft über Leckagen von innen in das Bauteil einströmen, kühlen sich die Luft und der sich darin enthaltene Wasserdampf stark ab. Wird dabei die Taupunkttemperatur unterschritten, kondensiert der Wasserdampf und es fällt Tauwasser im Bauteilquerschnitt aus. Durch Wasserdampfkonvektion kann kurzfristig ein Vielfaches an Wasserdampf in die Konstruktion eingetragen werden. Dieser Effekt wird bei den üblichen Tauwasserberechnungen nicht erfasst und stellt ein besonders großes Durchfeuchtungsrisiko dar.

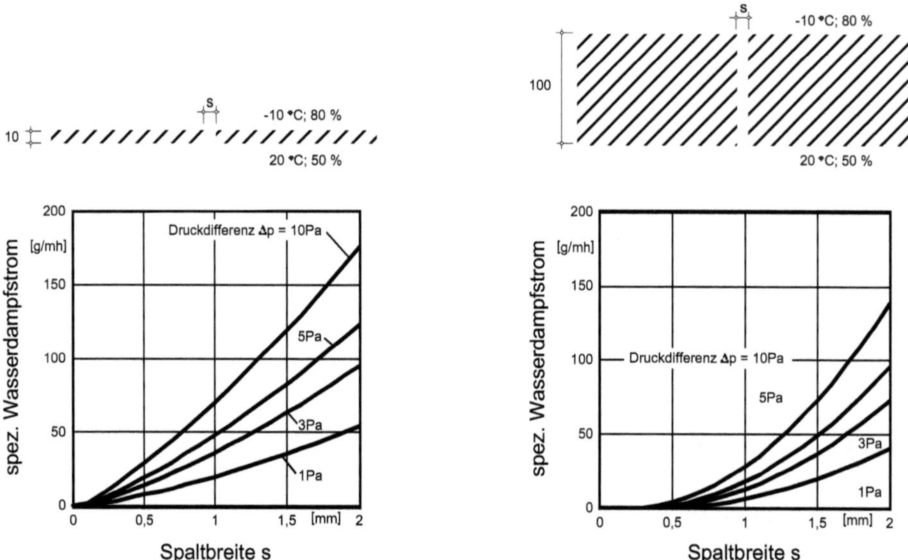

Bild 9.15 Prinzipielle Darstellung der Wirkungsweisen eines Spaltes im Hinblick auf den konvektiv bedingten Feuchtetransport nach Hauser und Maas (1991)

Annahmen: Außenlufttemperatur -10 °C, Innenlufttemperatur 20 °C, relative Luftfeuchte innen 50 %, relative Luftfeuchte außen 80 %, Spalttiefe 10 mm und 100 mm

Im umgekehrten Fall gelangt „Frischluft“ in den warmen Bereich. Ein Tauwasserausfall ist dabei nicht möglich. Die Konstruktion kühlt lediglich aus.

9.2.13 Sommerkondensation

In besonderen Fällen verbirgt sich hinter der Tauwasserproblematik die sogenannte Sommerkondensation. Sie tritt auf, wenn feuchtwarme Außenluft in einen unbeheizten oder nur temporär beheizten Raum einströmt, dort abkühlt und zu einer Unterschreitung der Taupunkttemperatur führt.

Das Phänomen der Sommerkondensation beobachtet man immer wieder in Kellerräumen. Wird die dort ohnehin vorhandene hohe relative Luftfeuchtigkeit durch Lüften mit feuchtwarmer Außenluft in der warmen Jahreszeit erhöht, kondensiert die Raumluft an den kühlen Bauteiloberflächen (Wände, Decken, Fußböden) und eine Durchfeuchtung der oberflächennahen Baustoffschichten ist die Folge.

Sommerkondensation ist primär die Folge falscher Lüftung und im Zusammenhang mit der Wärmespeicherfähigkeit der Baustoffe zu sehen. Die Wärmespeicherfähigkeit ist eine materialspezifische Größe. Je höher die Dichte eines Baustoffs ist, umso mehr Wärme kann er speichern, was zugleich bedeutet, dass die Erwärmung langsamer vonstattengeht.

9.2.14 Wasserdampfdurchlässigkeit

Die Fähigkeit von Stoffen, für Wasserdampf durchlässig zu sein, wird gekennzeichnet durch die dimensionslose Wasserdampfdiffusionswiderstandszahl μ. Diese Zahl gibt an, wie viel Mal größer der Diffusionswiderstand eines Materials ist als der Diffusionswiderstand einer gleich dicken Luftschicht. Je niedriger sie ist, desto besser kann Wasserdampf das Material durchdringen. Werte von:

- $\mu = 10$ zeigen eine sehr gute Diffusionsfähigkeit für Wasserdampf an,
- $\mu = 10$ bis 50 sind mittlere Diffusionswerte,
- $\mu = 50$ bis 500 steht für eingeschränkte Wasserdampfdiffusion,
- $\mu = 500$ bis 15.000 bedeutet stark eingeschränkte Dampfdiffusion,
- $\mu = 15.000$ bis 100.000 gelten als wasserdampfsperrend,
- $\mu = 100.000$ und höher sind als dampfdicht zu anzusehen.

Für offenporige Konstruktionen ist ein niedriger μ-Wert vorteilhaft, damit in der Folge die Entfeuchtung ungehindert und zügig ablaufen kann. Solche Konstruktionen lassen Wasser in flüssiger Form nicht durch, sind aber trotzdem diffusionsoffen.

Eine Aussage über die Wirkung eines Baustoffes ist nur bei gleichzeitiger Berücksichtigung der Dicke s des Stoffes möglich. Man spricht von der sogenannten wasserdampfdiffusionsdichten Luftschichtdicke sd (kurz sd-Wert), wobei $sd = \mu \times s$ in m ist.

Tabelle 9.8 Beispiele für wärme- und feuchteschutztechnische Bemessungswerte nach DIN 4108

Stoff	Rohdichte ρ [kg/m³]	Wärmeleitfähigkeit λ [W/(mK)]	Wasserdampfdiffusionswiderstandszahl μ
Kalk-, Kalkzementputz	(1800)	1,00	15/35
Zementputz	(2000)	1,60	15/35
Kalkgips-, Gipsputz	(1400)	0,70	10
Gipsputz ohne Zuschlag	(1200)	0,51	10
Kunstharzputz	(1100)	0,70	50/200
Normalbeton (armiert mit 1 % Stahl)	(2300)	2,30	80/130
Porenbeton-Bauplatten mit normaler	500	0,22	5/10
Fugendicke	800	0,29	5/10
Porenbeton-Bauplatten dünnfugig	500	0,16	5/10
verlegt	800	0,25	5/10
Vollklinker, Hochlochklinker	2000 1200	0,96 0,50	50/100 5/10
Vollziegel, Lochziegel	1400 1800 600	0,58 0,81 0,33	5/10 5/10 5/10
Hochlochziegel A und B nach DIN 105	800 1000 1600	0,39 0,45 0,79	5/10 5/10 15/25
Kalksandsteine nach DIN 106	1800 2000 800	0,99 1,10 0,41	15/25 15/25 5/10
Hohlblocksteine nach DIN 18151	1000 1200	0,52 0,60	5/10 5/10
Konstruktionsholz	(500)	0,13	20/50
Sperrholz	(700)	0,17	90/220
Spanplatte	(600)	0,14	15/50
OSB-Platte	(650)	0,13	30/50
Holzfaserplatte, MDF	(800)	0,18	10/20
Gipskartonplatte nach DIN 18180	(900)	0,25	8

Die Zahlenwerte in Klammern dienen zur Abschätzung. Sind zwei Richtwerte der Wasserdampfdiffusionswiderstandszahl μ angegeben, so ist für den jeweiligen Anwendungsfall der ungünstigere Wert zu wählen.

9.2.15 Nachweis des Tauwasserschutzes

Die Verbesserung des Wärmeschutzes von Fachwerkwänden geschieht, wann immer die vorhandene Konstruktion dies zulässt, aus ästhetischen Erwägungen durch die Anordnung einer Wärmedämmschicht auf der Wandinnenseite. Infolge der Innendämmung werden aber die Temperaturen auf der Innenseite der „alten" Wandoberfläche deutlich herabgesetzt. Damit besteht die Gefahr von Tauwasserbildung in diesem Bereich der wärmetechnisch verbesserten Außenwand.

Die Vermeidung von Tauwasser im Inneren von Bauteilen ist durch die Bestimmungen der DIN 4108-3 „Klimabedingter Feuchteschutz" geregelt. Üblicherweise wird das sogenannte Glaser-Verfahren angewendet, was auch damit zusammenhängt, dass dieser Nachweis in viele Wärmeschutzprogramme implementiert ist. Mit dem Glaser-Verfahren wird die Feuchteeinwirkung alleine durch Wasserdampfdiffusion unter normierten Randbedingungen berechnet, welche die tatsächlich herrschenden Bedingungen nicht beschreiben. Sowohl der kapillare Feuchtetransport als auch die sorptive Aufnahmefähigkeit der Baustoffe für anfallende Feuchte bleiben unberücksichtigt. Gleiches gilt für Regen und Sonneneinstrahlung. Tatsächlich ist das Glaser-Verfahren Teil eines dreistufigen Nachweissystems.

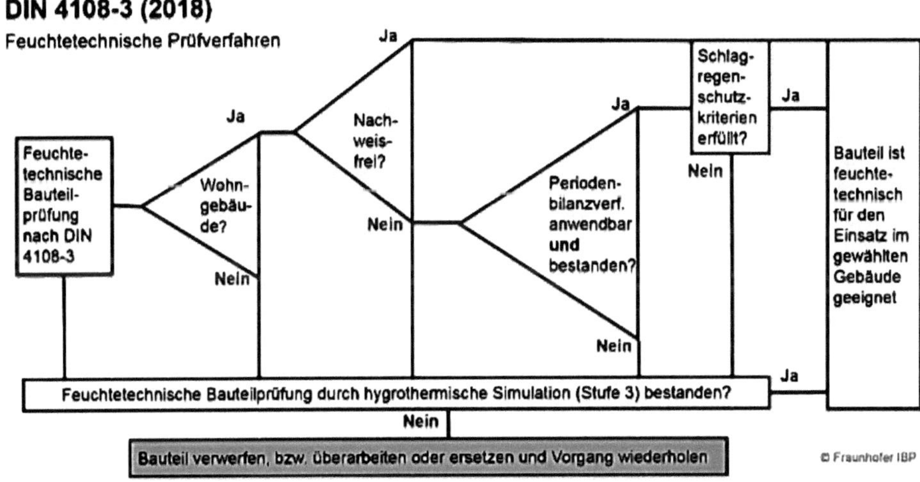

Bild 9.16 Wege zum Nachweis der Tauwasserfreiheit

9.2.15.1 Bauteile ohne rechnerischen Nachweis

Bei diesen Bauteilen benötigt man weder das Periodenbilanzverfahren noch eine numerische Simulation. Es handelt sich u. a. um Bauteile, bei denen das Glaser-Verfahren nicht anwendbar ist, weil die Diffusion eine untergeordnete Rolle spielt oder sich die Bauteilaufbauten bewährt haben.

Solche nachweisfreien Konstruktionen sind in der DIN 4108-3 aufgeführt. Für Dachaufbauten sind zeichnerische Beispiele für Konstruktionen von belüfteten und nicht belüfteten Dächern angegeben. Sofern der vorgesehene Dachaufbau einem dieser Beispiele entspricht, reicht im Zuge des Nachweises ein Hinweis als „Konstruktion nach DIN 4108-3“ aus, was in der Praxis eine deutliche Hilfe ist. Wichtig ist aber festzuhalten, dass die Konstruktionen exakt so ausgeführt werden, wie sie in der DIN 4108-3 einschließlich der Erläuterungen dargestellt sind.

Der feuchtetechnisch unproblematische Aufbau von Steildächern aus Holz kann vereinfachend mit der Formel „innen dichter als außen“ beschrieben werden. Vom Prinzip her ist das richtig und findet sich in dieser Form in der DIN 4108-3 wieder. Allerdings sollte man das Augenmerk nicht ausschließlich auf die Begrenzung der Tauwassermenge legen. Selbstverständlich müssen die Dacheindeckungen regensicher sein und bei nicht belüfteten Dächern ist zu beachten, dass Vorgaben bezüglich der sd-Werte außen und innen existieren.

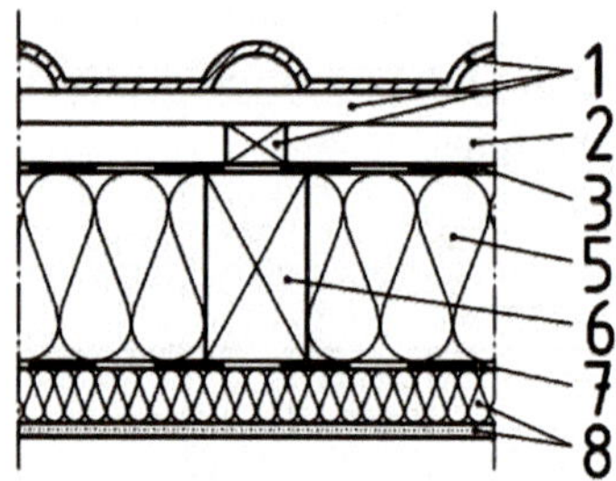

Bild 9.17 Querschnitt durch ein nicht belüftetes Steildach mit Sparrenvolldämmung nach DIN 4108-3

1 belüftete Dachdeckung (Dachdeckung auf Trag- und Konterlattung)
2 belüftete Luftschicht
3 Unterdeckung, ggf. einschließlich Schalung - sd,e, Winddichtheitsschicht
5 Zwischensparrendämmung
6 Sparren
7 Schicht zur Begrenzung des Diffusionsstroms - sd,i, Luftdichtheitsschicht
8 raumseitige Bekleidung mit Unterkonstruktion, ggf. inkl. Dämmung

Tabelle 9.9 Zuordnung der sd-Werte für die Konstruktion nach DIN 4108

Zeile	wasserdampfdiffusionsäquivalente Luftschichtdicke	
	sd-Wert außen (sd,e)	sd-Wert innen (sd,i)
1	≤ 0,1 m	≥ 1,0 m
2	0,1 m < sd,e ≤ 0,3 m	≥ 2,0 m
3	0,3 m < sd,e ≤ 2,0 m	≥ 6 × sd,e

Im Gegensatz zu den diversen Dachaufbauten sind die Außenwände, für die ein Tauwassernachweis nach DIN 4108-3 entfallen kann, durch mehr oder weniger ausführliche Erläuterungen des jeweiligen Wandaufbaus beschrieben:

5.3 Bauteile, für die gemäß DIN 4108-3 kein rechnerischer Tauwassernachweis erforderlich ist.

5.3.1 Allgemeines

Für die nachfolgend aufgeführten Bauteile mit ausreichendem Wärmeschutz nach DIN 4108-2 und luftdichter Ausführung nach DIN 4108-7 für nicht klimatisierte Wohn- oder wohnähnlich genutzte Räume ist kein rechnerischer Nachweis des Tauwasserausfalls infolge Wasserdampfdiffusion erforderlich, da kein Tauwasserrisiko besteht oder das Periodenbilanzverfahren für die Beurteilung nicht geeignet ist.

5.3.2.1 Wände aus Mauerwerk oder Beton

Wände aus Mauerwerk nach DIN EN 1996-1-1, Wände aus Normalbeton nach DIN EN 206 bzw. DIN 1045-2, Wände aus gefügedichtem Leichtbeton nach DIN 1045-2, DIN EN 206 und DIN EN 1992-1-1, Wände aus haufwerksporigem Leichtbeton nach DIN 4213, DIN EN 992 und DIN EN 1520, jeweils mit Innenputz und einer der folgenden Außenschichten:

- *wasserabweisender Außenputz nach Tabelle 6;*
- *Außendämmungen nach DIN 4108-10 oder wasserabweisender Wärmedämmputz nach Tabelle 4 oder durch ein nach DIN EN 13499 oder DIN EN 13500 genormtes Wärmedämm-Verbundsystem;*
- *Verblendmauerwerk nach DIN EN 1996-1-1;*
- *angemörtelte Außenwandbekleidungen nach DIN 18515-1 bei einem Fugenanteil von mindestens 5 %;*
- *hinterlüftete Außenwandbekleidungen nach DIN 18516-1 mit und ohne Wärmedämmung;*
- *einseitig belüftete Außenwandbekleidungen mit einer Lüftungsöffnung von 100 cm²/m;*
- *kleinformatige luftdurchlässige Außenwandbekleidungen mit und ohne Belüftung.*

5.3.2.2 Wände mit Innendämmung

Wände ohne Schlagregenbeanspruchung, wie unter 5.3.2.1, mit einem Wärmedurchlasswiderstand der Innendämmung von $R \leq 0{,}5\ m^2K/W$. Bei einem Wärmedurchlasswiderstand der Wärmedämmschicht von $0{,}5 < R \leq 1{,}0\ m^2K/W$ ist ein Wert $s_{d,i} \geq 0{,}5\ m$ der Wärmedämmschicht einschließlich der raumseitigen Bekleidung erforderlich; das Einströmen von Raumluft in bzw. hinter die Innendämmung ist durch geeignete Maßnahmen zu unterbinden.

5.3.2.3 Wände in Holzbauart nach DIN 68800-2

Wände in Holzbauart in den unter a) bis e) genannten Konstruktionsvarianten:

Bei den Konstruktionen ist besonders auf den Schlagregenschutz zu achten; Durchdringungen, Anschlüsse beispielsweise von Fensterbänken sind dauerhaft dicht und sicher auszuführen.

a) *beidseitig bekleidete oder beplankte Wände in Holzbauart mit vorgehängten Außenwandbekleidungen mit raumseitiger diffusionshemmender Schicht sd,i ≥ 2,0 m und außenseitiger diffusionsoffener Schicht sd,e ≤ 0,3 m oder Holzfaserdämmplatte nach DIN EN 13171. Dies gilt auch für nicht belüftete Außenwandbekleidungen aus kleinformatigen Elementen, wenn auf der äußeren Beplankung eine zusätzliche wasserableitende Schicht mit sd,e ≤ 0,3 m aufgebracht ist;*

b) *raumseitig bekleidete oder beplankte Wände in Holzbauart mit raumseitiger diffusionshemmender Schicht sd,i ≥ 2,0 m und mit Wärmedämm-Verbundsystemen aus mineralischem Faserdämmstoff nach DIN EN 13162 oder Holzfaserdämmplatten nach DIN EN 13171 und einem wasserabweisenden Putzsystem mit sd ≤ 0,7 m;*

c) *beidseitig bekleidete oder beplankte Wände in Holzbauart mit raumseitiger diffusionshemmender Schicht sd,i ≥ 2,0 m sowie mit einer äußeren Beplankung sd ≤ 0,3 m in Verbindung mit einem Wärmedämm-Verbundsystem aus mineralischem Faserdämmstoff nach DIN EN 13162 oder Holzfaserdämmplatten nach DIN EN 13171 sowie einem wasserabweisenden Putzsystem mit sd ≤ 0,7 m;*

d) *beidseitig bekleidete oder beplankte Elemente mit Wärmedämm-Verbundsystem aus Polystyrol oder Mauerwerk-Vorsatzschalen nach DIN 68800-2:2012-02, Anhang A;*

e) *Massivholzbauart mit vorgehängten Außenwandbekleidungen oder Wärmedämm-Verbundsystemen nach DIN 68800-2:2012-02, Anhang A.*

5.3.2.4 Holzfachwerkwände mit raumseitiger Luftdichtheitsschicht

Holzfachwerkwände mit raumseitiger Luftdichtheitsschicht und

a) *wärmedämmender Ausfachung (Sichtfachwerk) sowie einer wasserdampfdiffusionsäquivalenten Luftschichtdicke der Innenbekleidung von 1 m ≤ sd,i ≤ 2 m;*

b) *Innendämmung (über Fachwerk und Gefach) auf Wände ohne Schlagregenbeanspruchung mit einem Wärmedurchlasswiderstand R ≤ 0,5 m² K/W. Bei einem Wärmedurchlasswiderstand der Wärmedämmschicht von 0,5 < R ≤ 1,0 m² K/W ist ein Wert 1 m ≤ sd,i ≤ 2 m der Wärmedämmschicht einschließlich der raumseitigen Bekleidung erforderlich; das Einströmen von Raumluft in bzw. hinter die Innendämmung ist durch geeignete Maßnahmen zu unterbinden;*

c) *Außendämmung (über Fachwerk und Gefach) als genormtes Wärmedämm-Verbundsystem oder Wärmedämmputz, wobei die wasserdampfdiffusionsäquivalente Luftschichtdicke der genannten äußeren Konstruktionsschichten sd,e ≤ 2 m ist, oder mit hinterlüfteter Außenwandbekleidung.*

Es wird deutlich, dass aufgrund der Tatsache, dass Fachwerkwände durch unterschiedliche nebeneinanderliegende Bereiche geprägt sind, es letztlich nur Sinn macht, für den Fall einer Innendämmung nach 5.3.2.4 b) auf einen rechnerischen Nachweis zu verzichten. Die Unbedenklichkeit ist aber nur dann gegeben, wenn keine Schlagregenbeanspruchung vorliegt.

Man wird also in allen anders gelagerten Fällen nicht umhinkommen, einen Tauwassernachweis getrennt für Fachwerk und Ausfachung führen. Da dieser Nachweis samt grafischer Auswertung ohnehin in die gängigen Nachweisprogramme zum Wärmeschutz implementiert ist, ergibt sich der Tauwassernachweis sozusagen „automatisch“ und führt direkt zur zweiten Nachweisstufe.

9.2.15.2 Periodenbilanzverfahren

Die zweite Stufe umfasst den Nachweis der Tauwasserfreiheit mithilfe eines Periodenbilanzverfahrens, in aller Regel des sog. Glaser-Verfahrens. Als Option kann auf das in der DIN 4108-3 erwähnte Verfahren nach Jenisch zurückgegriffen werden, das aufgrund regional angepasster Klimarandbedingungen differenziertere Ergebnisse liefert.

Das Glaser-Verfahren reicht zurück in die 1950er-Jahre. Es handelt sich um ein tabellarisch-grafisch basiertes Bilanzverfahren, das mit einfachen Kennwerten und konstanten Randbedingungen auskommt und ohne Computer durchgeführt werden kann. Um den Rechenaufwand der damals noch mit Rechenschieber oder Rechenmaschine durchzuführenden Berechnungen in vertretbarem Rahmen zu halten, mussten diverse Vereinfachungen vorgenommen werden. So wurden die klimatischen Randbedingungen en bloc betrachtet, und zwar:

- Winter: konstantes Klima über 60 Tage; außen −10 °C, 80 % Luftfeuchtigkeit; innen +20 °C, 50 % Luftfeuchtigkeit;
- Sommer: konstantes Klima über 90 Tage; außen +12 °C, 70 % Luftfeuchtigkeit; innen +12 °C, 70 % Luftfeuchtigkeit.

Klima	Temperatur θ °C	Relative Luftfeuchte φ %	Wasserdampfteildruck p Pa	Dauer t d	h	s
	Tauperiode von Dezember bis Februar					
Innenklima	20	50	1 168	90	2 160	$7\,776 \cdot 10^3$
Außenklima	−5	80	321			
Verdunstungsperiode von Juni bis August[a]						
Wasserdampfteildruck Innenklima			1 200	90	2 160	$7\,776 \cdot 10^3$
Wasserdampfteildruck Außenklima			1 200			
Sättigungsdampfdruck im Tauwasserbereich: — Wände, die Aufenthaltsräume gegen Außenluft abschließen; Decken unter nicht ausgebauten Dachräumen			1 700			
— Dächer, die Aufenthaltsräume gegen Außenluft abschließen			2 000			

[a] In der Verdunstungsperiode werden im Rahmen des Periodenbilanzverfahrens nicht die Temperaturen und Luftfeuchten, sondern nur die gerundeten Wasserdampfteildrücke als Klimarandbedingung vorgegeben.

Bild 9.18 Randbedingungen für den rechnerischen Nachweis nach Glaser

Dass diese Annahmen die klimatischen Verhältnisse nicht realistisch abbilden, ist unschwer zu erkennen. Außerdem behandelt dieses Verfahren nur die Tauwasserentstehung durch Diffusion; andere auftretende Effekte wie z. B. Flüssigtransport, Sorption oder Feuchteeintrag durch Konvektion werden neben vielen anderen Effekten nicht berücksichtigt. Dafür erlauben diese Vereinfachungen eine vergleichsweise schnelle Nachweisführung mit einem auf der sicheren Seite liegenden Ergebnis. Solange eine Konstruktion mithilfe des Glaser-Verfahrens im Sinne der DIN 4108 als tauwasserfrei ausgewiesen wird, kann man davon ausgehen, dass Wasserdampfdiffusionsvorgänge nicht zu Feuchteproblemen führen. Mithin ist das Verfahren trotz der groben Einschätzung zutreffend, setzt aber voraus, dass unbedingt luftdicht gebaut wird. Nicht ohne Grund ist das Verfahren international in der EN ISO 13788 enthalten und dient in Deutschland im Rahmen der DIN 4108-3 weiterhin als Nachweis des Tauwasserschutzes.

Es wird sowohl winterlicher Tauwasserausfall als auch sommerliche Verdunstung über die zahlenmäßige Betrachtung der Dampfdiffusionsprozesse unter stationären Randbedingungen ermittelt. Sowohl für die Tauperiode („Winter“) als auch die Verdunstungsperiode („Sommer“) werden die sd-Werte Bauteilschicht für Bauteilschicht ermittelt. Auf dieser Grundlage werden die jeweiligen Sättigungsdampfdrücke an den Bauteilschichtgrenzen berechnet. Schließlich wird anhand der Wasserdampfteildrücke für die raumseitigen sowie die außenseitigen Oberflächen analysiert, ob im Bauteilquerschnitt überhaupt eine Überschreitung des Sättigungsdampfdruckes vorliegt. Wenn aber der Wasserdampfteildruck den Sättigungsdampfdruck erreicht, fällt rechnerisch Tauwasser aus.

Für die Feuchteschutzbeurteilung sind bestimmte Kriterien einzuhalten. Gemäß DIN 4108-3 gilt:

1. Die Tauwassermenge darf während der Tauperiode
   - bei Dach- und Wandkonstruktionen 1,0 kg/m^2,
   - an Berührungsflächen von kapillar nicht wasseraufnahmefähigen Schichten 0,5 kg/m^2

   nicht überschreiten.
2. Die Erhöhung der massebezogenen Feuchte von Holzbaustoffen darf
   - bei Holz 5 %,
   - bei Holzwerkstoffen 3 %

   nicht überschreiten.

In der Verdunstungsperiode werden zu beiden Seiten des Bauteils die gleichen Klimaverhältnisse unterstellt, so dass innen und außen ein identischer Wasserdampfteildruck vorliegt. Liegt im Bauteil in der Tauperiode entstandenes Tauwasser vor, kann dieses infolge des Dampfdruckgefälles zu beiden Seiten des Bauteils ausdiffundieren. Ist die Verdunstungsmasse größer als die angefallene

Tauwassermasse, gilt das betreffende Bauteil als tauwasserfrei im Sinne der DIN 4108.

Das Glaser-Verfahren unterscheidet vier Fälle, und zwar:

a) kein Tauwasserausfall,

b) Tauwasserausfall an einer Ebene,

c) Tauwasserausfall in zwei Ebenen,

d) Tauwasserausfall in einem Bereich.

Tauperiode

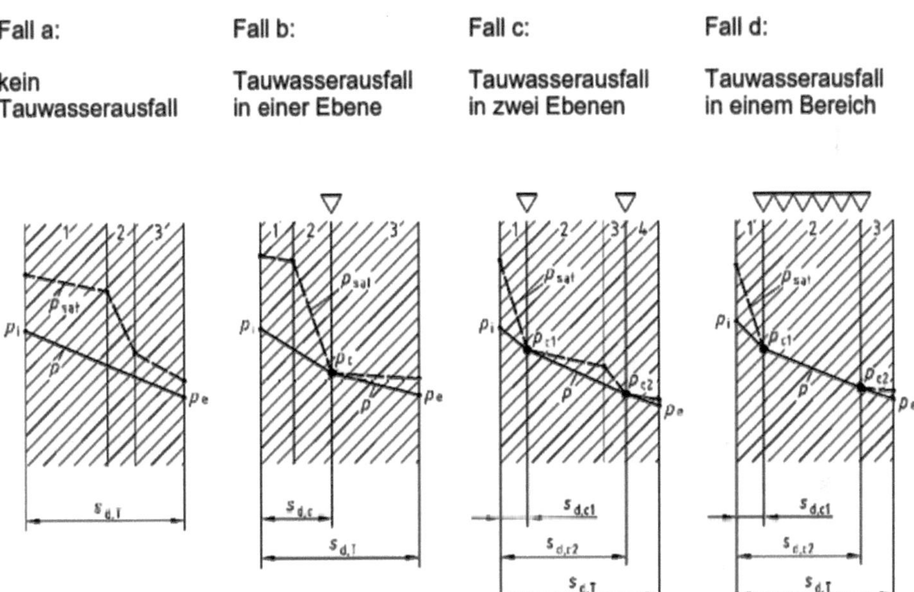

Bild 9.19 Diffusionsdiagramme für vier systematische Fälle a bis d der Tauwasserbildung im Querschnitt eines Außenbauteils nach DIN 4103-3

In den Fällen b) bis d) ist zusätzlich zu prüfen, ob die o. g. Kriterien unter Ziffer 1) und 2) genannten Anforderungen eingehalten werden. Werden diese nicht eingehalten, ist die Konstruktion unzulässig. Bauteile, die durch innen- und außenseitige Schichten mit einem Wasserdampf-Diffusionswiderstand mit sd > 2 m begrenzt sind, haben ein geringes Trocknungspotenzial; dasselbe gilt für innengedämmte Konstruktionen, die durch innenseitige Schichten mit einem Wasserdampf-Diffusionswiderstand mit sd > 2 m begrenzt sind. Bei solchen Konstruktionen besteht das Risiko, dass eingetragene Feuchte (z. B. konvektive Feuchte, erhöhte Einbaufeuchte, Regenfeuchte) nicht schnell genug wieder austrocknet und damit zu Schäden führt. Das Periodenbilanzverfahren berücksichtigt diese Effekte nicht.

Eine Berechnung nach dem Glaser-Verfahren ergibt also eine Konstruktion, bei der kein Tauwasser ausfällt oder, wenn die Tauwassermenge unter Berücksichtigung der o.g. Trocknungsreserve unterhalb des Grenzwertes liegt, im Laufe des Jahres austrocknen kann. Das Augenmerk liegt dabei nicht unbedingt auf der Verhinderung jeglichen rechnerischen Tauwassers. Wenn es um die Robustheit einer Konstruktion geht, ist nicht nur die Begrenzung der Tauwassermasse von Bedeutung, sondern auch die Größenordnung der Verdunstungsmasse. Je stärker die Trocknungsmasse die berechnete Tauwassermasse übersteigt, desto größer ist das Trocknungspotenzial und damit die Sicherheit gegenüber unplanmäßiger Feuchte aus Konvektion.

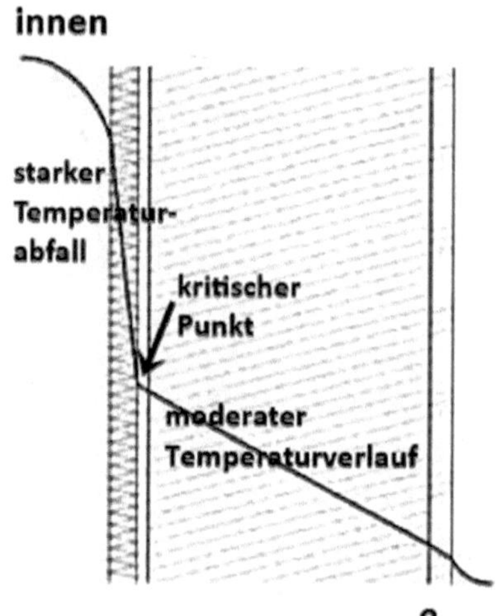

Bild 9.20 Temperaturverlauf bei Innendämmung

In DIN 68800-2:2012-02 wird für den Nachweis des Feuchteschutzes nach dem Glaser-Verfahren bei allseitig geschlossenen Bauteilen in Holzbauart grundsätzlich eine jährliche sog. „Trocknungsreserve“ von 100 g/m² für Wandbauteile und 250 g/m² für Dachbauteile gefordert. Damit sollen insbesondere unplanmäßige Feuchteeinträge z.B. infolge kleiner Leckagen in der Luftdichtheitsebene berücksichtigt werden.

Erst wenn es sich zeigt, dass ein Bauteil, das gilt besonders für Fachwerkwände, die Anforderungen hinsichtlich des Tauwassersausfalls nach Glaser bei Vorhalten einer Trocknungsreserve nicht erfüllt, sollten hygrothermische Simulationsberechnungen zur Anwendung gelangen. Dabei können dann alle ortsspezifischen Klimaparameter wie Außen- und Innenlufttemperatur, Luftfeuchte, Sonneneinstrahlung, Niederschläge und Wind berücksichtigt werden. Allerdings muss die Konstruktion diesen komplexen Randbedingungen insgesamt auch gerecht werden.

9.2.15.3 Numerische Simulation

Sind die Periodenbilanzverfahren nicht anwendbar, weil einer der in der DIN 4108-3: 2018-10 Punkt 5.2.1. explizit genannten Sonderfälle vorliegt, können numerische Verfahren (DIN EN 15026 „Wärme- und feuchtetechnisches Verhalten von Bauteilen und Bauelementen; Bewertung der Feuchtübertragung durch numerische Simulation“) für den Nachweis verwendet werden. Besser bekannt sind diese Verfahren, mit deren Hilfe Bauteile deutlich genauer und differenzierter erfasst werden können, unter dem Namen „Hygrothermische Simulationen“. Bekannte Softwarelösungen sind:

- WUFI vom Fraunhofer-Institut für Bauphysik, Holzkirchen;
- Delphin vom Institut für Bauklimatik, Dresden.

Diese Programme berechnen den gekoppelten Wärme- und Feuchtetransport in der Konstruktion basierend auf realen Klimadaten, inkl. Temperatur und Feuchte, Sonnenlichtabsorption, Wind und Verdunstungskälte, das Baustoffverhalten hinsichtlich Sorption und Kapillarität und der geografischen Ausrichtung der Gebäudeteile (Neigung, Himmelsrichtung). Die Programme wurden mehrfach validiert, d. h. die Ergebnisse aus den Rechnungen wurden mit Erkenntnissen aus Freilandversuchen verglichen.

Mit DIN EN 15026 wurden erstmals alle relevanten Wärme- und Feuchtephänomene normativ zusammengefasst, und zwar:

- Austrocknung von Baufeuchte allgemein und Einbaufeuchte,
- Feuchteakkumulation infolge winterlicher Tauwasserbildung,
- Absorption von Niederschlagsfeuchte,
- Sommerkondensation bei Feuchtewanderung von außen nach innen,
- Oberflächentauwasser infolge Unterkühlung durch nächtliche Abstrahlung,
- Wärmeverluste durch Transmission und Verdunstung.

Die numerische Simulation bildet die einzelnen Baustoffe mit ihren Materialeigenschaften wie beispielsweise Feuchtetransport, -speicherung und -übertragung sehr exakt ab. Das Klima wird in Form von Stundenwerten für Temperatur und Feuchte mit den entsprechenden Niederschlägen in der Simulation berücksichtigt. Wenn das Glaser-Verfahren tatsächlich versagt, ist es also durchaus möglich, für Konstruktionen, die bisher nicht berechnet werden konnten, einen Tauwassernachweis zu erbringen.

Die numerische Simulation kann eigentlich immer verwendet werden. Allerdings ist der Aufwand sehr groß. Daher kommt die Simulation bei der Nachweisführung erst dann zum Einsatz, wenn die Anwendungsgrenzen der vereinfachten Diffusionsbilanz erreicht sind oder der Aufbau nicht unter „Bauteile ohne rechnerischen Nachweis“ fällt.

9.2.16 Verfahren nach WTA

Hinweis vorab: Die Wissenschaftlich-Technische Arbeitsgemeinschaft für Bauwerkserhaltung und Denkmalpflege e. V. (WTA) erarbeitet technische Regeln im Bereich der Bauinstandsetzung und der Denkmalpflege, für die nach allgemeiner Rechtsauslegung die Vermutung spricht, dass sie allgemein anerkannte Regeln der Technik sind. Mit dem juristischen Begriff „Vermutung" wird das Vorliegen einer bestimmten Tatsache als gegeben unterstellt (vermutet), was nichts anderes heißt, als dass das WTA-Regelwerk in seiner Gesamtheit de facto als anerkannte Regel der Technik einzustufen ist.

Ein weiterer Weg, die Tauwasserproblematik bei Fachwerkwänden relativ einfach zu erfassen, besteht in der Anwendung des WTA-Merkblattes 6-4. Es befasst sich speziell mit den bauphysikalischen Grundlagen und Anforderungen bei innengedämmten Außenwänden von Bestandsgebäuden und fußt auf Untersuchungen des Fraunhofer Instituts für Bauphysik.

Zentraler Bestandteil ist ein vereinfachtes Nachweisverfahren, mit dem unter bestimmten Voraussetzungen auf einen exakten rechnerischen Nachweis verzichtet werden kann. Im Vergleich zu DIN 4108-3 wird der Bereich der nachweisfreien Konstruktionen deutlich erweitert, indem in einem zweistufigen Verfahren bei getrennter Betrachtung des Schlagregeneintrages und des Tauwasserrisikos abhängig von der Verbesserung des Wärmedurchlasswiderstandes ΔRi und des innenseitigen Wasserdampfdiffusionswiderstandes sd Möglichkeiten für eine Innendämmung eröffnet werden. Grundlage bildet ein Bemessungsdiagramm, dem mehrere Randbedingungen zugrunde liegen, die eingehalten werden müssen. Wird der zulässige Wasserdampfdiffusionswiderstand sdi auf der Innenseite überschritten, ist kein schädliches Tauwasser an der Grenzschicht zwischen alter Wandoberfläche und der Außenseite der Innendämmung zu erwarten.

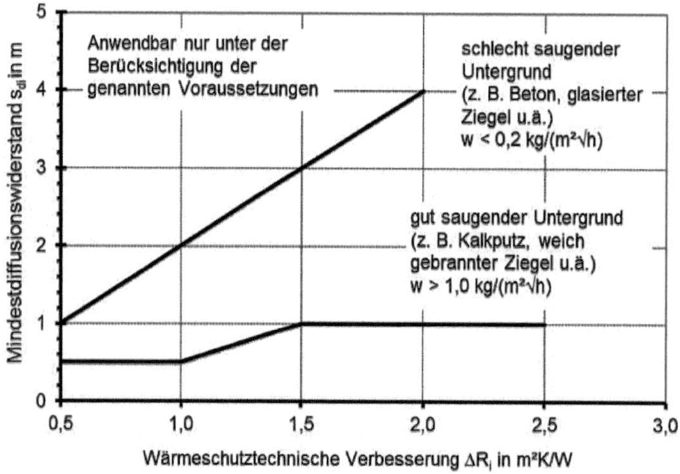

Bild 9.21 Minimal erforderlicher sdi-Wert des neuen inneren Aufbaus (alle Komponenten des Dämmsystems) in Zusammenhang zur wärmeschutztechnischen Verbesserung ΔR

Ob der Nachweis einer Innendämmung nach diesem Verfahren zulässig ist, hängt zunächst von der Saugfähigkeit des Untergrundes ab. Darunter werden die ersten 10 mm der Außenwand hinter der Innendämmung verstanden. Als gut saugend gelten Untergründe mit einem $w > 1{,}0\,kg/(m^2\sqrt{h})$; zu den schlechten zählen die Untergründe, deren $w < 0{,}2\,kg/(m^2\sqrt{h})$ ist. Die maximale Verbesserung des Wärmedurchlasswiderstands infolge Innendämmung beträgt $\Delta R \leq 2{,}5\,m^2K/W$ bei gut saugfähigem Untergrund) und $\leq 2{,}0\,m^2K/W$ bei schlecht saugenden Untergründen.

Gut saugende Untergründe lassen sich also bis zu $\Delta R = 2{,}5\,m^2K/W$ verbessern, ohne dass ein zusätzlicher Nachweis erforderlich ist. Der sd-Wert muss dann mindestens 1 m betragen. Die weniger saugfähigen Untergründe verlangen höhere Diffusionswiderstände und erlauben ein kleineres Maß der wärmeschutztechnischen Verbesserung ΔR. Sie beträgt $2{,}0\,m^2K/W$ und der sd-Wert liegt bei 4 m. Im Falle der Verwendung feuchteadaptiver Dampfbremsen darf die maximale Verbesserung aber ebenfalls $\Delta R = 2{,}5\,m^2K/W$ betragen, was einer Dämmstoffdicke von 10 cm bei einer Wärmeleitfähigkeitsgruppe 040 entspricht. Damit sind Dämmstoffdicken möglich, die bei der Sanierung von Fachwerkwänden in der Regel ohnehin nicht überschritten werden, weil Innendämmungen immer zu Lasten der ohnehin begrenzten Nutzfläche gehen.

Wenn die Materialkennwerte der Bestandskonstruktion nicht hinreichend genau bestimmt werden können, sollte der bei der Berechnung des Wärmedurchlasswiderstandes (R-Wert) ermittelte Wert abgerundet werden, um eine auf der sicheren Seite liegende Beurteilung vorzunehmen.

Die maximale Feuchte in der Tauwasserebene darf 95 % relative Feuchte nicht überschreiten, wobei kein freies Kondensat entstehen darf.

Weitere Bedingungen sind:

- kein oder geringer Feuchteeintrag aus Schlagregen (konstruktiver Schlagregenschutz, wasserabweisender Putz),
- die Bestandskonstruktion weist einen Mindestwärmeschutz von $R \geq 0{,}4\,m^2K/W$ auf,
- das Innenklima entspricht normaler Feuchtelast gemäß WTA-Merkblatt 6-2 oder geringer,
- die mittlere Jahrestemperatur des Außenklimas ist $\geq 7\,°C$.

Falls nur eine der oben genannten Voraussetzungen nicht erfüllt ist und falls eine höhere Feuchtebelastung während der Nutzung entsteht, muss die Anwendbarkeit der Innendämmung laut dem WTA-Merkblatt 6-5 nachgewiesen werden.

Das WTA-Merkblatt 6-5 schließt die Lücke zwischen dem Nachweis mithilfe der einfachen Verfahren und der Anwendung von Simulationsprogrammen. Zudem gibt das WTA-Merkblatt 6-5 die für die Auswertung anwendbaren Bewertungskriterien an, die benutzt werden können, sofern keine abweichenden Anforderungen bestehen.

Die derzeitige Praxis umfasst die Beurteilung der Tauwasserebene, der Kleberschichten, des Dämmstoffes auf Basis von Mittel- bzw. Maximalwerten der Wassergehalte oder der relativen Feuchte der jeweiligen Schicht. Dazu hat die WTA-Arbeitsgruppe „Innendämmung nach WTA“ wichtige Beurteilungs- bzw. Bemessungsgrößen definiert und zusammengestellt, die eine sichere und objektive Beurteilung der verschiedenen Innendämmsysteme bei unterschiedlichen Randbedingungen ermöglichen.

Die Nachweisführung sollte mit weniger komplexen Modellen bzw. Simulationen beginnen und erst, wenn nicht hinreichende Informationen aus den einfachen Modellen vorhanden sind, in komplexere Modelle münden. Bei der Untersuchung an Bestandsgebäuden ist es empfehlenswert, eine Referenzrechnung durchzuführen. Durch diese Referenzrechnung lässt sich das Feuchteprofil abbilden, mit dessen Hilfe die notwendigen Sanierungsmaßnahmen bestimmt werden können.

Das WTA-Merkblatt 6-8 enthält Regelungen zur feuchteschutztechnischen Beurteilung von Holzbauteilen, die Teil der Wandkonstruktion einer innengedämmten Außenwand sind. Außer Hinweisen zur Anwendung von Berechnungsverfahren für die hygrothermische Bewertung von Holzbauteilen werden Kriterien zur Einordnung der Feuchtewerte formuliert. Sie fließen ein in ein Bemessungsdiagramm zur Beurteilung der Feuchtegrenzwerte von Holzbauteilen. In Abhängigkeit zwischen der Temperatur und der relativen Luftfeuchte bzw. der Holzfeuchte wird ein variabler Horizont festgelegt. Wenn die Feuchtewerte unter diesem liegen, ist mit keiner Holzzerstörung zu rechnen. Infolge der wesentlich genaueren Berücksichtigung der Temperatur- und Feuchteparameter im Einzelfall erlaubt das Diagramm die Festlegung eines an die tatsächlichen Gegebenheiten angelehnten Grenzwertes für die Holzfeuchte gegenüber dem allgemein zitierten Grenzwert für Holz von 20 Masse-%.

9.2.17 Feuchteadaptive Dampfbremsen

Lange Zeit war man der Ansicht, dass an die Innenraumluft grenzende Dämmschichten innenseitig dampfdicht abgeschlossen werden sollten. In der Praxis haben solche Dampfsperren zu zahlreichen Bauschäden geführt. Selbst bei einer intakten Dampfsperre konnte das Eindringen von Luftfeuchtigkeit in die Konstruktion über einbindende Bauteile nämlich nicht verhindert werden. Da Dampfsperren zudem in jeder Richtung dampfdicht sind, verhindern sie ein Austrocknen, sodass schwerwiegende Baumängel entstehen können. Daher geht heute der Trend zu diffusionsoffenen Konstruktionen.

Je nach Größe der wasserdampfdiffusionsäquivalenten Luftschichtdicke sd unterscheidet man nach DIN 4108-3 Schichten wie folgt:

- diffusionsoffene Schichten
  Bauteilschichten mit sd ≤ 0,5 m,
- diffusionsbremsende Schichten
  Bauteilschichten mit 0,5 m < sd ≤ 10 m,
- diffusionshemmende Schichten
  Bauteilschichten mit 10 m < sd ≤ 100 m,
- diffusionssperrende Schichten
  Bauteilschichten mit 100 m < sd < 1500 m,
- diffusionsdichte Schichten
  Bauteilschichten mit sd ≥ 1500 m,
- Schichten mit variablem sd-Wert
  Bauteilschichten, die ihren sd-Wert in Abhängigkeit von der umgebenden relativen Luftfeuchte verändern.

Diffusionsoffene Luftdichtungsbahnen werden z. B. bei der Dachsanierung von außen auf die Sparren und die Dämmung verlegt. Dampfbremsende Materialien sind beispielsweise PVC- oder PE-Dampfbremsfolien, imprägnierte und bituminierte Spezialpapiere, Gipskartonplatten sowie Holzwerkstoffplatten, wobei die Grenzen fließend sind. Als Dampfsperren bezeichnet man Metalle, bituminöse Stoffe oder Glaswerkstoffe.

Beim Einsatz von Holzwerkstoffplatten als Dampfbremse ist zu beachten, dass der Dampfdiffusionswiderstand und die Kapillarität stark von der eingesetzten Menge und Art des Werkstoffs abhängen. Besonders von OSB-Platten sind nicht in jedem Fall bessere Eigenschaften als von herkömmlichen Dampfbremsfolien zu erwarten.

Eine neue Entwicklung der vergangenen Jahre sind die sogenannten feuchteadaptiven Dampfbremsen, die auch als „Klimamembrane“ bezeichnet werden. Diese Folien weisen eine variable Dampfdurchlässigkeit auf. Ihre Besonderheit besteht darin, dass sich ihr sd-Wert abhängig von der Luftfeuchtigkeit ändert. Dadurch wirken feuchteadaptive Dampfbremsen im Winter tatsächlich wie eine Dampfbremse, während im Sommer Feuchtigkeit, die sich im Winter angesammelt hat, auch nach innen an die Innenraumluft abgegeben wird.

Ist im Sommer die relative Luftfeuchtigkeit sehr hoch, verändert die Folie ihre Eigenschaften in Richtung „diffusionsoffen“ und Wasserdampf kann nach innen wandern. Besonders durchlässig sind solche Dampfbremsen an heißen Sommertagen. Aber auch an sonnigen, warmen Tagen im Frühjahr und Herbst lassen sie Wasserdampf aus dem Bauteil in den Raum zurücktrocknen – allerdings nur bei gleichzeitiger Verwendung diffusionsoffener Wärmedämmstoffe. Dieser Effekt lässt sich mit dem Glaser-Verfahren nicht darstellen. Hierfür bedarf es der Berechnung mithilfe der Periodenbilanzverfahren oder man wendet von Herstellerseite geprüfte Konstruktionen an.

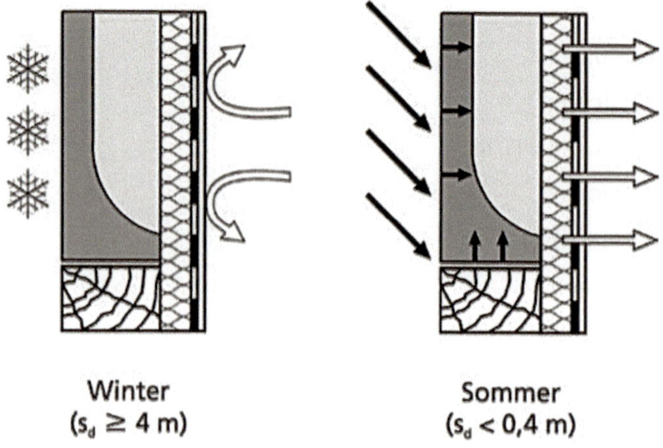

Bild 9.22 Wirkungsweise einer feuchteadaptiven Dampfbremse

Exkurs: Wie der Zufall so spielt – „Langzeittest“ mit feuchteadaptiver Folie

Im Jahr 2007 hatte die Isover-Akademie eine Schulung beim Fachhandelsunternehmen Walter Baustoffe in Leutkirch durchgeführt, in deren Verlauf zwei feuchte Holzstücke in unterschiedliche Folienmaterialien eingepackt und mit Vario Multitape verschlossen wurden. Das Experiment sollte zwei Wochen dauern und zeigen, welche Schäden Feuchte bereits nach kurzer Zeit am Holz verursachen kann, wenn die Folie nicht diffusionsoffen ist, wenn also kein Wasserdampf entweichen kann. Die beiden Päckchen waren bei Walter Baustoffe danach aber in Vergessenheit geraten. Im Januar 2017 – abermals bei einer Isover-Schulung – erinnerte sich eine Mitarbeiterin des Handelsunternehmens an die seinerzeit „verpackten“ Holzstücke.

Bild 9.23 Holzfäule und Schimmel haben dem in PE-Folie gelagerten Holz deutlich zugesetzt

Die Päckchen wurden wieder hervorgeholt, und der „zufällige" Langzeittest förderte überraschend eindeutige Ergebnisse zutage. Das Holz, das in einer luftdichten PE-Folie gelagert worden war, zeigte deutliche Spuren von Holzfäule und Schimmel. Ein anderes feuchtes Holzstück hatte man dagegen in das diffusionsoffene Folienmaterial „Vario Klimamembran" von Isover verpackt. Dieses Holzstück ist auch zehn Jahre später praktisch völlig unversehrt.

Bild 9.24 Das in diffusionsoffenes Folienmaterial verpackte Holz ist nach 10 Jahren unversehrt

Der Grund dafür war, dass die diffusionsoffene Folie durchlässig für Wasserdampf ist. Wenn die Feuchtigkeit im Holz also durch äußere Wärmeeinwirkung verdampft, kann die Feuchtigkeit durch die Folienhaut nach außen entweichen. Anders als herkömmliche Dampfbremsen gleicht die Vario-Folie die Feuchte immer wieder aus und hält das Holz so auf Dauer trocken. *Quelle: SAINT-GOBAIN ISOVER G+H AG*

9.2.18 Fazit

Wie auch in der Tragwerksplanung gilt in der Bauphysik, dass eine Vereinfachung der Berechnungsannahmen mit einer Begrenzung des Anwendungsbereiches einhergeht. Dies gilt auch für den vereinfachten Tauwassernachweis, der nicht immer plausible Ergebnisse liefert.

Als Faustregel für eine problemlose Ausbildung in wärmeschutz- und diffusionstechnischer Hinsicht kann gelten:

- Der Wärmeschutz in Form der Wärmedurchlasswiderstände der einzelnen Schichten steigt von innen nach außen an.

- Der Wasserdampfdiffusionswiderstand in Form der sd-Werte der einzelnen Schichten nimmt von innen nach außen ab.

Dieses Prinzip lässt sich zum Beispiel bei einer Außendämmung von Fachwerkwänden, die aus Gründen des Witterungsschutzes geschützt werden müssen, umsetzen, indem eine Vorhangfassade in Verbindung mit einem Wärmedämmstoff realisiert wird.

Sobald diese Regel bei Dach- und Wandkonstruktionen durchbrochen wird, was bei einer Innendämmung von Fachwerkwänden nahezu immer der Fall ist, ist der Einbau einer Dampfbremse/Dampfsperre unumgänglich. Diese Schichten bilden zum einen die luftdichte Schicht und reduzieren zum anderen den Feuchteeintrag durch Wasserdampfdiffusion im Winter deutlich, behindern allerdings im Sommer bei konstant dichter Dampfbremse/Dampfsperre auch die Austrocknung nach innen.

Wird solch eine Konstruktion nach Glaser als tauwasserfrei nachgewiesen, kann man bei fachgerechter Ausführung davon ausgehen, dass Wasserdampfdiffusion nicht zu Feuchteproblemen führt. Zugleich muss aber bei Fachwerkwänden ein ausreichender Schlagregenschutz sichergestellt sein, damit Niederschlagswasser nicht über die Fugen zwischen Fachwerk und Ausfachung eindringen kann.

Berechnungen nach dem Glaser-Verfahren ermitteln die Tauwassermassen ausschließlich aufgrund der Diffusionsvorgänge im Bauteil. Die vereinfachten Annahmen berücksichtigen nicht:

- die Feuchteausbreitung und -speicherung im Baustoff,
- den Wassertransport (z.B. kapillar) in Baustoffen,
- die Wasserdampfkonvektion, die durch Luftströmung über Leckagen (z.B. schadhafte Luftdichtungsebenen in Dächern und Wänden) in die Konstruktion eindringen,
- die Abhängigkeit der Wärmeleitfähigkeit von der tatsächlichen Bauteilfeuchte.

Die Verwendung feuchteadaptiver Dampfbremsen ist eine zusätzliche Möglichkeit, um die Wasserdampfdiffusion im positiven Sinn zu beeinflussen. Solche Klimamembranen sind in der Lage, durch sommerliche Umkehrdiffusion zu einer raschen Austrocknung beizutragen.

Eine andere Möglichkeit eines vereinfachten Nachweises ist die Anwendung des Bemessungsdiagramms gemäß WTA-Merkblatt 6-4 „Innendämmung nach WTA I: Planungsleitfaden".

Unabhängig davon ist es notwendig, luftdicht zu bauen. Dies führt in der Praxis bei Fachwerkhäusern schnell zu Schwierigkeiten und ist selten perfekt realisierbar. Wegen der baupraktisch verbleibenden Leckagen ist daher das Vorhalten eines gewissen Rücktrocknungspotenzials sinnvoll. Zu Recht wird empfohlen, beim Glaser-Verfahren einen Sicherheitsabstand von 100 g/m² (Differenz zwischen und Verdunstungs- und Tauperiode) für Wandbauteile und 250 g/m² für Dachbauteile zu berücksichtigen.

9.3 Feuchteschutz

Wasser ist der größte Feind des Fachwerks. Gerade bei Fachwerkhäusern führen Feuchteeinwirkungen zu mannigfaltigen, z. T. schwerwiegenden Schäden. Besonders empfindlich ist das Holzgefüge, das bei permanenter Feuchteeinwirkung schon nach relativ kurzer Zeit Schäden aufweist. Neben der Zerstörung der Grundschwellen zählt auch das Verfaulen von Holzverbindungen zu den markanten Schäden am Fachwerkgefüge.

Darüber hinaus kann es auch an den Ausfachungen aufgrund eingedrungener Feuchtigkeit zu Feuchte- und Frostschäden kommen. Auch können Pflanzenwurzeln in das Sockelmauerwerk eindringen und das Gefüge zerstören. Durch das Lösen von Salzen und dem späteren Auskristallisieren auf der Oberfläche des Mauerwerks können Ausblühungen auftreten.

Folgende Arten von Wasser/Feuchtigkeit wirken auf Gebäude ein, und zwar:

- Regenwasser, insbesondere Schlagregen,
- Spritzwasser,
- Sickerwasser,
- nicht drückendes Wasser,
- drückendes Wasser,
- Erdfeuchte,
- Grundwasser,
- Dampfdiffusion,
- Tauwasser (Kondenswasser),
- kapillar aufsteigende Feuchtigkeit.

Feuchteeinwirkungen haben eine Reihe unerwünschter Auswirkungen:

- Beeinträchtigung der Baustofffestigkeit und damit der Tragfähigkeit,
- chemische Korrosion,
- mikrobielle Korrosion,
- Zerstörung durch Bildung von Salzen,
- Frostsprengungen durch gefrierendes Wasser,
- Verschlechterung der Wärmedämmeigenschaften,
- Schimmelbildung.

Zur Vermeidung von Feuchteeinwirkungen sollte man – wo immer möglich – Tropfkanten vorsehen, um Niederschlagswasser von der Baukonstruktion fernzuhalten.

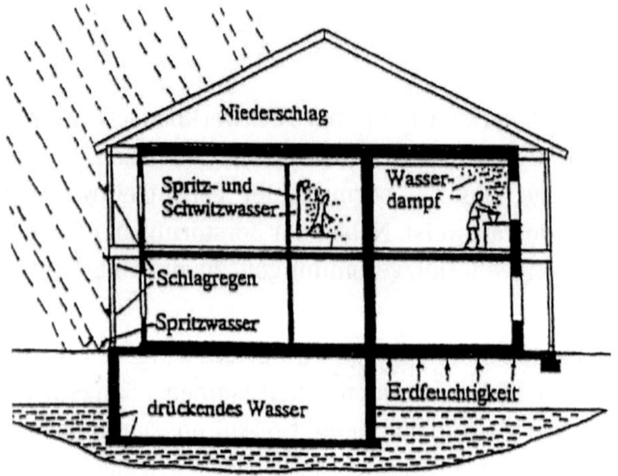

Bild 9.25 Feuchteeinwirkungen auf ein Gebäude

9.3.1 Grundbegriffe

Wasser kann in Baustoffen als chemisch gebundenes Wasser, als Kapillarwasser oder als Sorptionswasser vorkommen.

9.3.1.1 Chemisch gebundenes Wasser

Bei chemisch gebundenem Wasser handelt es sich um Wasser, das fest in die Struktur eines Baustoffes eingebunden ist (Beton und Gips). Für die Materialfeuchte ist das chemisch gebundene Wasser ohne Interesse, da es nicht dem freien Wasser zugerechnet wird. Infolgedessen kann das chemisch gebundene Wasser im Zusammenhang mit Bauschäden durch Feuchtigkeit i. d. R. unberücksichtigt bleiben.

9.3.1.2 Kapillarwasser

Von kapillarem Feuchtetransport wird gesprochen, wenn Wasser in den kapillaren Poren eines Baustoffes weitertransportiert wird. Hierbei ist ein direkter Kontakt mit der Feuchtigkeit Voraussetzung. Wie viel Feuchtigkeit aufgenommen wird, wie hoch die Feuchtigkeit in der Wand steigt und wie schnell es zu einer Durchfeuchtung kommt, hängt im Prinzip von der Porengröße des Baustoffes ab. Allgemein gilt, dass größere Poren mehr Wasser transportieren können als kleinere.

Ursache ist die Wechselwirkung zwischen der Oberflächenspannung (Kohäsion) sowie der Grenzflächenspannung zwischen der Flüssigkeit und der festen Oberfläche (Adhäsion). Für den Feuchtigkeitstransport innerhalb des Baustoffgefüges sind die verschiedenen Porenformen (offene und geschlossene Poren, Sackporen), die Porengröße und der Porenanteil verantwortlich.

Bild 9.26 Aufsteigende Feuchte in einem im Wasser stehenden porösen Ziegel

9.3.1.3 Sorptionswasser

Baustoffe verändern ihren Feuchtegehalt im Austausch mit ihrer Umgebung permanent. Nahezu alle Baustoffe nehmen abhängig von der relativen Luftfeuchtigkeit Wasser aus der Umgebungsluft auf. Dieser Vorgang nennt sich Adsorption und das adsorbierte Wasser heißt Sorptionswasser. Bei allen mineralischen Baustoffen beruhen die Sorptionsvorgänge im Wesentlichen auf Kondensation bzw. Verdunstung von Wasser auf den inneren Oberflächen kapillarporöser Baustoffe. Dementsprechend steigt die Sorptionsfähigkeit von Baustoffen mit ihrer Porosität. Der Wasserdampf wird bei Sorptionsvorgängen nur zwischengespeichert und später phasenverschoben durch Desorption wieder an die Raumluft abgegeben.

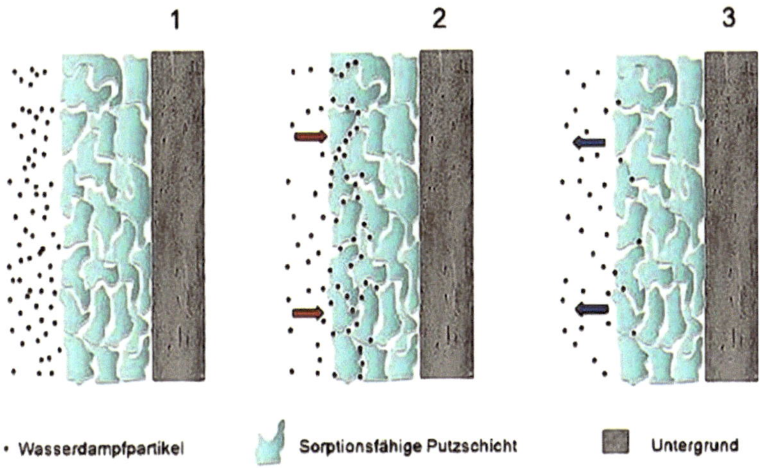

Bild 9.27 Adsorption und Desorption

Beschrieben wird die Sorptionsfähigkeit eines Baustoffes durch seine Sorptionsisotherme. Hierbei wird der Feuchtegehalt in Abhängigkeit der relativen Luftfeuchte bei konstanten Temperaturen dargestellt. Sind die Baustoffe durch hygroskopische Salze belastet, können sie übermäßig viel Wasser aus der Luft aufnehmen, da Salze Feuchtigkeit aus der Luft binden und an ihre Kristallstruktur anlagern.

Unter den Begriff Sorptionswasser fallen Schwitzwasser und hygroskopische Feuchte. Schwitzwasser entsteht allein durch zu hohe Raumluftfeuchte, während hygroskopische Feuchte durch einen hohen Salzgehalt in Verbindung mit zu hoher Luftfeuchte entsteht. Sorptionsfähig sind fast alle Baustoffe; das heißt, bei fast allen steigt oder sinkt die Materialfeuchte in Abhängigkeit von der relativen Luftfeuchte der Umgebung, bis zwischen diesen das hygroskopische Gleichgewicht hergestellt ist.

9.3.1.4 Praktischer Feuchtegehalt

Unter praktischer Feuchte versteht man den Wassergehalt, der bei der Untersuchung genügend ausgetrockneter Bauten, die zum dauernden Aufenthalt von Menschen dienen, in 90 % aller Fälle nicht überschritten wird.

Der Wassergehalt von Baustoffen, der sich im Laufe der Zeit einstellt, hängt ab von:

- der Art und dem Aufbau des Stoffes,
- den Umgebungsverhältnissen,
- der Nutzungsart der betreffenden Räume,
- der Orientierung der Bauteile.

Durch ständige Durchfeuchtungs- und Austrocknungsvorgänge entsteht zwischen der aufgenommenen und der abgegebenen Feuchtigkeitsmenge eine Art Ausgleichsfeuchte im Baustoff. Untersuchungen haben ergeben, dass man unter durchschnittlichen Verhältnissen mit einem sogenannten praktischen Feuchtegehalt rechnen kann. Man spricht auch von Gleichgewichtsfeuchte. Wenn sie aus dem Trockengewicht und dem Gewicht des Baustoffes im feuchten Zustand ermittelt wurde, wird sie als massebezogener Feuchtegehalt in Prozent angegeben.

Die DIN 4108-4 macht Angaben zum praktischen Feuchtegehalt von Baustoffen.

Tabelle 9.10 Praktischer Feuchtegehalt von Baustoffen nach DIN 4108-4

Zeile	Baustoff	Massebezogener Wassergehalt in %
1	Ziegel	1
2	Kalksandstein	3
3.1	Beton mit geschlossenem Gefüge mit dichten Zuschlägen	2
3.2	Beton mit geschlossenem Gefüge mit porigen Zuschlägen	13
4.1	Leichtbeton mit haufwerksporigem Gefüge mit dichten Zuschlägen nach DIN 4226-1	3
4.2	Leichtbeton mit haufwerksporigem Gefüge mit porigen Zuschlägen nach DIN 4226-2	4,5
5	Porenbeton	6,5
6	Gips, Anhydrit	2
7	Gussasphalt, Asphaltmastix	0
8	Anorganische Stoffe in loser Schüttung: expandiertes Gesteinglas (z. B. Blähperlit)	1
9	Mineralische Faserdämmstoffe aus Glas-, Stein-, Hochofenschlacken-(Hütten)Faser	1,5
10	Schaumglas	0
11	Holz, Sperrholz, Spanplatten, Holzfaserplatten, Schilfrohrplatten und -matten, organische Faserdämmstoffe	15
12	Holzwolle-Leichtbauplatten	13
13	Pflanzliche Faserdämmstoffe aus Seegras, Holz-, Torf- und Kokosfasern und sonstigen Fasern	15
14	Korkdämmstoffe	10
15	Schaumkunststoffe aus Polystyrol, Polyurethan (hart)	1

9.3.1.5 Regen- und Spritzwasser

Insbesondere Fachwerkwände sind durch ablaufendes Regenwasser gefährdet. An windexponierten Gebäudeseiten kann Regenwasser durch Schlagregen in die Wand eingetragen werden. Im Sockelbereich wird das Bauwerk zusätzlich durch Spritzwasser beansprucht. Deswegen ist es notwendig, die Grundschwellen hoch genug zu verlegen. Das Maß sollte 30 cm über dem Erdreich überschreiten. Sowohl Regenwasser als auch Spritzwasser können die Bauteile durch mitgeführte Salze schädigen.

Außenputze dienen nicht nur der Verbesserung des optischen Erscheinungsbildes der Fassaden, sondern auch dem Witterungsschutz. Das Mauerwerk sowie die Mauerwerksfugen werden durch den Putz vor dem Feuchteeintrag durch Regen-

oder Spritzwasser geschützt. Die Fugen zwischen Fachwerk und Ausfachung sind gefährdet, weil es sich hier um Bewegungsfugen handelt.

Feuchtigkeit kann von oben durch fehlende oder fehlerhafte Dacheindeckung in das Gebäude gelangen. Wurde - aus welchen Gründen auch immer - auf das Anbringen von Regenrinnen oder die Ausbildung ausreichend großer Dachüberstände verzichtet, sind Feuchteprobleme vorprogrammiert. Ebenso kann Wasser von oben in das Gebäude gelangen, wenn Regenrinnen verschmutzt sind, den freien Ablauf behindern und überlaufen. Feuchtigkeit sucht sich oftmals nicht den direkten Weg, sondern verteilt sich nach eigenen Regeln und erschwert die Ortung der Schadensquelle.

Bild 9.28 Durch Laub verstopfte Dachrinne

9.3.1.6 Stau- und Grundwasser

Starke Niederschläge, längere Trockenphasen oder die Grundwasserentnahme können den Grundwasserstand verändern. Erhöhte Grundwasserstände können Ursache für kapillar aufsteigende Feuchtigkeit sein. Erreicht der Grundwasserspiegel die Gebäudeunterkante, werden die Kapillaren des angrenzenden Bauteiles an die Feuchtezone angebunden. Ein Feuchtigkeitstransport von „unten“ nach „oben“ tritt auf.

Hierdurch können gelöste Salze im Baustoff nach außen transportiert werden. Die Verwendung von Gesteinsarten mit geringer Wasseraufnahmefähigkeit und hoher Wetterbeständigkeit im Sockelbereich (Granit, Basalt, Feldstein) wirken dem Feuchte- und Salzeintrag entgegen.

Sowohl die Nutzung des Gebäudes in der Vergangenheit als auch die aktuelle Nutzung können Aufschluss über die Ursachen von aufgetretener Feuchtigkeit geben. So weisen ehemalige Stallgebäude einen erhöhten Anteil an Salzen (i. d. R. Nitrate) im Mauerwerk auf. Die hygroskopische Wirkung von Salzen ist verantwortlich für aufsteigende Feuchte.

Bild 9.29 Ausblühungen im Mauerwerk

Bild 9.30 Erkundungsgrabung im Fundamentbereich

Liegt das Gebäude in einer Hanglage, kann es bei dichten Bodenschichten wie z. B. Lehm oder Ton durch Schichtenwasser zum Wassereintrag in die Bausubstanz kommen, weil das Wasser aufgestaut wird. Davon betroffen sind dem Schichtenwasser ausgesetzte Kellerwände, mitunter auch die Sockel. Auch durch die Kellersohle kann Feuchtigkeit eindringen.

Durch eine Erkundungsgrabung können die Wasserverhältnisse sowie die Art der Fundamentierung, der verwendete Baustoff und der Gründungsaufbau selbst festgestellt werden. Bilden großformatige Feldsteine mit geringem oder gar keinem Mörtelanteil zwischen den Steinen eine Gründung, wie man sie bei älteren Fachwerkbauten immer wieder feststellen kann, ist aufsteigende Feuchte über die Gründung eher nicht zu erwarten.

9.3.2 Grundmauerschutz

Der Sockel von Fachwerkhäusern stellt mitsamt der Grundschwelle sowohl konstruktions- als auch witterungsbedingt den sensibelsten Punkt des Gebäudes dar, unabhängig davon, ob das Gebäude unterkellert ist oder nicht. Unregelmäßige, mehr oder weniger waagerechte Vorsprünge unterhalb der Schwelle können ein Ansammeln des an der Fassade abfließenden Niederschlagswassers bewirken. Auch liegen Schwellen oft unmittelbar im Spritzwasserbereich, weil sie tief angeordnet sind oder das Geländeniveau zu hoch liegt.

Merkmale und Schadensbilder durch Feuchteeinwirkung können sein:

- Feuchtehorizont bis ca. 50 bis 100 cm Höhe; bei diffusionsdichter Wandoberfläche auch darüber,
- deutlich sichtbarer Übergang von „feucht“ zu „trocken“ in Höhe des Feuchtehorizonts,
- kantenparalleles Abplatzen und Risse durch Anreicherung von Wasser in den Fugen,
- Abblättern von Anstrichen,
- Abblättern und Bröckeln durch Lockern des Baustoffgefüges unter Frosteinwirkung,
- biogener Befall (Moose, Algen) durch erhöhte Baustofffeuchte.

Die Schädigung des Holzes der Grundschwellen durch permanente Durchfeuchtung erfolgt zunächst im unteren Bereich, wo die Schwelle aufliegt, und nimmt dann im Balkeninneren nach und nach zu, während die Außenflächen oft noch lange Zeit intakt sind.

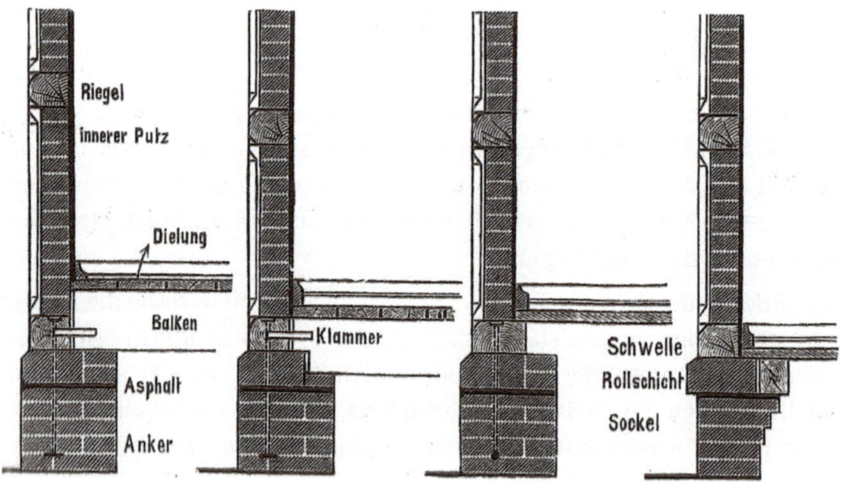

Bild 9.31 Varianten der Grundschwellenausbildung in früheren Zeiten

Diese Problematik hat man früh erkannt, weswegen in der Fachliteratur bereits am Ende des 19. Jahrhunderts Vorschläge zur Ausführung der Grundschwellen zu finden sind, die den heutigen Vorstellungen einer technisch korrekten Ausführung sehr nahe kommen. Entweder sollte die Unterseite der Balkenlage und der Schwelle auf dem durch eine Rollschicht abgeglichenen Sockelmauerwerk eine bündige Oberfläche bilden oder die Balkenlage ausgeklinkt werden. Ist keine Balkenlage vorhanden, wird entweder die Grundschwelle verbreitert oder es werden Lagerhölzer parallel zur Wand in gleicher Höhe mit der Rollschicht auf dem innen auskragenden Mauerwerk verlegt. Allen Vorschlägen gemein ist die äußere Abschrägung der Rollschicht, damit das Niederschlagswasser gut ablaufen kann.

Grundschwellen unterliegen häufig einer „Doppelbelastung" durch Spritzwasser und aufsteigende Feuchte. Bei zu tief liegenden Schwellen bewirkt Spritzwasser in Verbindung mit Schmutzablagerungen an der Außenoberfläche des Holzes dauernde Feuchte, derweil durch in die Aufstandsfuge eindringendes Wasser eine zusätzliche Feuchtebelastung entsteht.

Abdichtungsbahnen dichten zuverlässig ab, behindern aber aufgrund ihrer Materialeigenschaften den Transport von Wasserdampf. Zudem offenbaren sie Schwächen bei der Verarbeitung, wenn die überstehenden Ränder nicht sauber hinterschnitten werden. In die schmale Aufstandfuge einziehendes Wasser führt unter der Schwelle zu dauerhafter Staunässe, die lagebedingt sehr schlecht austrocknet. Dichtungsschlämme hingegen sind diffusionsoffen, aber ebenfalls nur bedingt geeignet, weil sie Nachteile bei der Verarbeitung aufweisen. Solange die Schwelle die Feuchtigkeit an die Außenluft abgeben kann, ist die Anordnung einer Abdichtungsbahn unter der Schwelle entbehrlich, auch wenn die Untermauerung kapillar wirkt.

Bild 9.32 Überstehende Folie unter einer Grundschwelle

Die einfachste Lösung für dieses Problem besteht darin, den Sockel etwa 2 cm hinter der Stirnseite der Schwelle anzuordnen, sodass durch den Überstand der Schwelle eine Tropfkante entsteht. Diese Lösung ist immer möglich, wenn der Sockel erneuert und die Grundschwelle erneuert werden muss. Im Zuge dieser Arbeiten bietet es sich an, die Schwelle höher zu legen.

Eine relativ einfache, wenn auch gestalterisch nicht ganz zufriedenstellende Lösung ist der Einbau eines das Niederschlagswasser ableitenden Bleches. Das Herstellen von Gehrungsschnitten bis zu einer Neigung von 45° ist mit Handkreissägen im Allgemeinen kein Problem. Wichtig ist es, den Schnitt möglichst waagerecht auszuführen. Dazu ist ein Parallelanschlag oder eine Schiene als Arbeitshilfe notwendig.

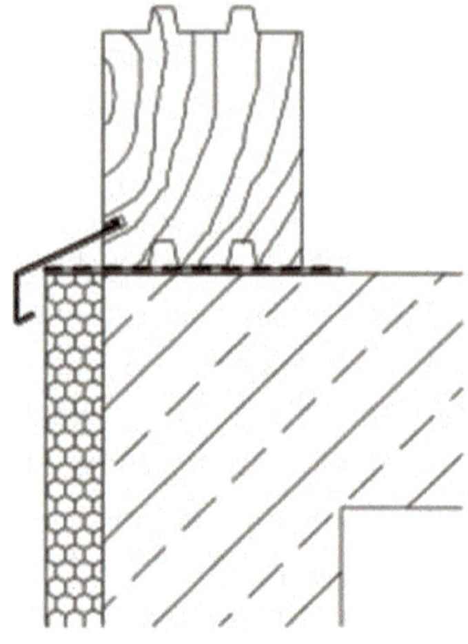

Bild 9.33 Wasser ableitendes Blech in Verbindung mit einer Perimeterdämmung

Eine teilweise offene Lagerfuge zwischen Grundschwelle und Sockel ist konstruktiv durch Unterlegen von „Abstandshaltern" möglich und mindert die Feuchtebelastung durch die Möglichkeit der Austrocknung. Diese Abstandshalter müssen in der Lage sein, die Druckkräfte aufzunehmen und in den Sockel weiterzuleiten.

Bild 9.34 Auflage der Grundschwelle auf Klinkerriemchen

Gelegentlich wird auch der Versuch unternommen, der Situation durch Untermauern der Ausfachung und einen anschließenden Anstrich der Situation Herr zu werden. Ein solcher Versuch behebt das Problem nicht und wird vor allem dem Charakter eines Fachwerkbaus in keiner Weise gerecht.

Bild 9.35 Unsachgemäßer Versuch einer Sanierung der Grundschwelle

Wenn die Schwelle im Spritzwasserbereich liegt, was im Bestand sehr häufig der Fall ist, müssen Maßnahmen nach dem Motto „Wasser weg vom Bau" ergriffen werden. Bei einer Geländeneigung in Richtung Gebäude hängt die Wasserbeanspruchung der Sockelzone von der Neigung und der Länge des Gefälles ab. Zur Vermeidung des auf den Sockelbereich einwirkenden Wassers sollte das Gefälle des angrenzenden Geländes vom Gebäude weg führen. Bei sonst ebenem Gelände reicht eine Neigung zwischen 1 % und 2 % auf einer Gefällestrecke von 1 bis 2 m aus, um Stauwasser von der Sockelzone fernzuhalten. Bei längeren Fließstrecken ist zusätzlich ein seitliches Gefälle sinnvoll. Zum Schutz vor Stauwasser können ausreichend leistungsfähige Mulden, Rinnenanlagen oder entwässernde Kiesstreifen angelegt werden. Ein Kiesstreifen kann gegebenenfalls in Verbindung mit einer Dränung die Sicherstellung der notwendigen Entwässerung gewährleisten. Voraussetzung ist, dass das Wasser sicher in tiefere Schichten geleitet wird.

Kiesstreifen können die Spritzwasserbeanspruchung im Sockelbereich deutlich reduzieren und Verschmutzung und Bewuchs verringern. Verwendet wird grobkörniger, bunter oder weißer Kies und grauschwarzer Basaltsplitt. Split mit einer Größe von 16/32 mm eignet sich besonders gut, weil die unregelmäßigen Oberflächen der Steine verhindern, dass die Regentropfen stark abprallen und hochspritzen.

9.3.2.1 Schlagregenschutz

Jede einschalige Außenwand nimmt insbesondere durch Schlagregen Niederschlagswasser auf, das durch die trockene Umgebungsluft wieder verdunsten muss. Bei Wänden mit geringem Wärmeschutz unterstützt die Wärme, die von der Innenseite nach außen strömt, die Verdunstung. Nach einer Innendämmung, wie sie bei Fachwerkwänden zur Verbesserung des Wärmeschutzes gerne eingesetzt wird, geht dieser Trocknungsbeitrag größtenteils verloren. Somit hängt die Feuchtebelastung entscheidend von der absoluten Feuchtemenge ab, die durch Schlagregen von außen in die Außenwand eindringen kann. Bei einer zu hohen Wasseraufnahme droht eine dauerhafte Durchfeuchtung des Bauteils.

Charakteristisch für Schlagregenereignisse ist, dass diese zeitlich begrenzt auftreten, dann aber mit hoher Geschwindigkeit große Wassermengen auf die Fassade treffen und in Verbindung mit starkem Wind in die Wand eindringen können. Das auftreffende Regenwasser kann durch kapillare Saugwirkung der Oberfläche von der Wand aufgenommen werden. Insofern ist das Zurückhalten der Wassermengen während des Schlagregenereignisses von großer Bedeutung.

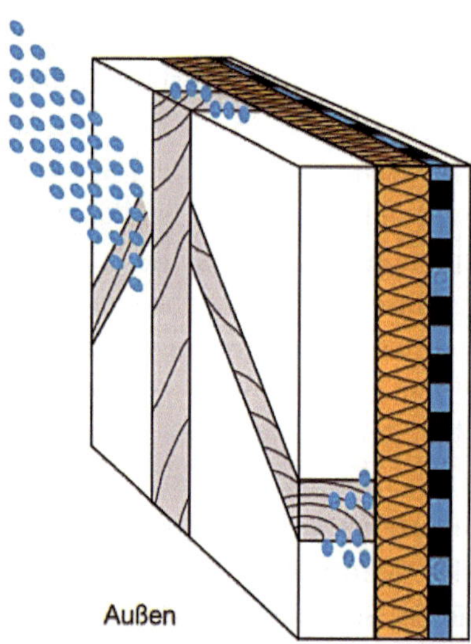

Bild 9.36 Einwirkung von Schlagregen über Ausfachung und Fugen

Bei Fachwerkwänden kommt hinzu, dass die konstruktionsbedingten Fugen zwischen Holzfachwerk und Ausfachung Schwachstellen sind, die durch Schwinden und Quellen des Holzes verursacht werden, sodass Niederschlagswasser je nach Schlagregenbeanspruchung infolge des Staudrucks unmittelbar in die Fuge eindringen und bis zur Innenseite wandern kann. Ist die Ausfachung mit nicht saugfähigen Außenputzen bzw. Anstrichen versehen, dominiert die Wasseraufnahme über die Fuge. Dieser Effekt kann je nach geografischer Lage und Ausrichtung des Gebäudes höchst unterschiedlich sein.

Bei saugfähiger Ausfachungsoberfläche hingegen erfolgt die Wasseraufnahme sowohl über den Außenputz als auch über die Fuge zwischen Ausfachung und Fachwerk. Je größer die Saugfähigkeit des Ausfachungsmaterials ist, desto stärker verteilt sich die Feuchte im Bauteilquerschnitt hinter dem Außenputz.

Bild 9.37 Trockenränder durch eingedrungenes Niederschlagswasser auf der Innenseite

Besondere Schwachstellen sind Zapfenlöcher, weil sich dort Niederschlagswasser sammeln kann und im Laufe der Zeit in der Balkenmitte Fäulnisschäden entstehen, die sich dann links und rechts der Zapfenlöcher ausbreiten. Hat die Holzfäule erst einmal eingesetzt, wird die Feuchtigkeit verstärkt zurückgehalten und die vom Schlagregen auf den Außenputz verursachte Holzzerstörung in Holzfaserrichtung schreitet in kurzer Zeit voran, auch bei widerstandsfähigen Hölzern wie Eiche. Hierfür verantwortlich ist der geringe kapillare Wassertransport quer zur Holzfaser.

Deshalb ist es sinnvoll, eine Einordnung des Standortes nach DIN 4108-3 durchzuführen. Entspricht der Standort nicht der Beanspruchungsgruppe I, ist bei Fachwerkgebäuden in der Regel von einer problematischen Schlagregenbeanspruchung auszugehen. Zudem ist es hilfreich, standortspezifisch zu prüfen, ob bestimmte Fassaden oder Fassadenbereiche einer besonderen Schlagregenbelastung unterliegen oder eventuell durch Nachbarbebauung geschützt sind. Hierzu legt man die Wetterseiten fest und untersucht, ob sie frei angeströmt werden. Die Bekleidung von Fassaden der Nachbargebäude oder große Dachüberstände können ein Indiz für erhöhte Schlagregenbeanspruchung sein.

Tabelle 9.11 Schlagregenbeanspruchungsgruppen gemäß DIN 4108-3

Schlagregenbeanspruchung	Zuordnung
geringe Schlagregenbeanspruchung (Beanspruchungsgruppe I)	Gebiete mit Jahresniederschlagsmengen unter 600 mm, Gebäude in besonders windgeschützten Lagen
mittlere Schlagregenbeanspruchung (Beanspruchungsgruppe II)	Gebiete mit Jahresniederschlagsmengen zwischen 600 und 800 mm, Gebäude in windgeschützten Lagen in Gebieten mit hohen Niederschlagsmengen und Hochhäuser in Gebieten mit wenig Niederschlag
starke Schlagregenbeanspruchung (Beanspruchungsgruppe III)	Gebiete mit Jahresniederschlagsmengen über 800 mm und starkem Wind, Hochhäuser in Gebieten der Beanspruchungsgruppe II

Beim Schlagregenschutz werden nach DIN 4108-3 drei Klassen unterschieden. Zur überschlägigen Ermittlung der Beanspruchungsgruppen enthält die Norm zudem eine Übersichtskarte zur Schlagregenbeanspruchung, wobei lokale Abweichungen möglich sind und im Einzelfall berücksichtigt werden müssen.

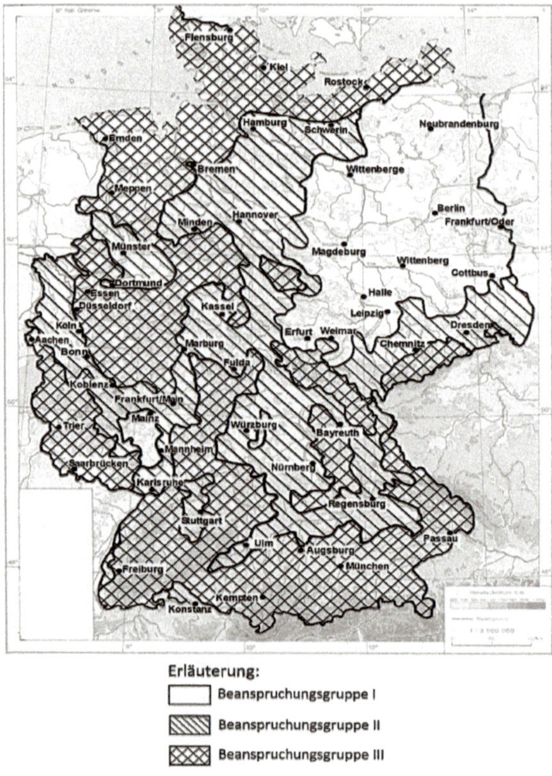

Bild 9.38 Übersichtskarte zur Schlagregenbeanspruchung in der Bundesrepublik Deutschland (Datengrundlage: Deutscher Wetterdienst)

Zusätzlich ist die Regenschutzwirkung von Putzen und Beschichtungen an Fassaden zu beachten. Die maßgebliche Größe ist zunächst der Wasseraufnahmekoeffizient w mit der Einheit $kg/(m^2\sqrt{h})$ für die kapillar aufgenommene Masse. Hiermit wird die Menge an Wasser in Kilogramm beschrieben, die innerhalb eines bestimmten Zeitraums in 1 m^2 Außenschicht eindringen kann:

- als wassersaugend gelten Schichten über $w = 2{,}0\,kg/(m^2\sqrt{h})$,
- wasserhemmend sind Schichten mit $w \leq 2\,kg/(m^2\sqrt{h})$,
- unter $w = 0{,}5\,kg/(m^2\sqrt{h})$ spricht man von wasserabweisenden Schichten.

Der Wasseraufnahmekoeffizient ist aber nicht die einzige Beurteilungsgröße. Auch der sd-Wert der Putze und/oder der Beschichtungen ist zu beachten. Hier gilt für die wasserabweisenden Schichten ein Maximalwert von 2,0 m. Zugleich darf das Produkt aus w und sd-Wert im Maximum 2,0 betragen. Für wasseraufnehmende bzw. wasserhemmende Schichten spielt der sd-Wert keine Rolle.

Die Zuordnung in die Schlagregenbeanspruchungsgruppe selbst erfolgt nach der Bauart der Wände, wobei Fachwerkwände in der Norm nicht explizit aufgeführt sind. Als wasserabweisend gelten demnach folgende Konstruktionen:

- Wände mit wasserabweisendem Außenputz,
- zweischaliges Mauerwerk mit Dämm- und Luftschicht oder Kerndämmung,
- hinterlüftete Außenwandbekleidungen (Vorhangfassaden),
- Außenwände mit Wärmedämmverbundsystem,
- Außenwände in Holzbauart mit Wetterschutz.

Muss man eine Fachwerkwand generell wasserabweisend gestalten, kann man sie auf der Wetterseite mit einer hinterlüfteten Außenwandbekleidung versehen, was gestalterisch befriedigend möglich ist. Dennoch wird die Vorhangfassade die Ausnahme bleiben, weil man in aller Regel das Fachwerk zeigen möchte.

Zusätzlichen Schlagregenschutz bietet ein hinreichender Dachüberstand. Je höher das Haus und je geringer der Überstand ist, desto mehr wird ein ergänzender Schutz nötig, weil die Schutzwirkung des Dachüberstandes nach unten hin abnimmt. In jedem Fall ist es sinnvoll, offene Fugen in der Fassade fachgerecht zu verschließen, um Feuchteschäden zu vermeiden.

Das WTA-Merkblatt 8.1.14 „Fachwerkinstandsetzung nach WTA I bauphysikalische Anforderungen an Fachwerkgebäude" führt zur Schlagregenproblematik aus:

- Schutzmaßnahmen sind fassadenbezogen festzulegen, da Schlagregen über Risse und Spalten zwischen Fachwerk und Ausfachung eindringen kann,
- eine erste Einordnung in Schlagregenbeanspruchungsgruppen erfolgt nach DIN 4108-3, dann schließt sich eine weitere standortspezifische Prüfung an,
- Wetterseiten und vom Wind frei anströmbare Fassaden sind zu identifizieren,

Bild 9.39 Vorhangfassade an der Hauptwetterseite

Hinweise für die Ausführung von Fachwerk unter dem Gesichtspunkt des Schlagregenschutzes gibt die nachfolgende Tabelle.

Tabelle 9.12 Schlagregenschutz nach WTA 8-1

Regenbeanspruchung	Beanspruchungsgruppe (nach DIN 4108-3)	Schlagregenschutz Ausführung
wetterabgewandte oder geschützte Fassaden	I	Fachwerksichtig möglich, keine zusätzlichen Anforderungen an die Bau- und Dämmstoffe
	II	
	III	fachwerksichtig möglich, beidseitige Trocknung muss gegeben sein, kapillar- wirksame Baustoffe
freistehende oder direkt angeströmte Fassaden	I	
	II	in der Regel konstruktiver Regenschutz (Dachüberstand) oder Bekleidung erforderlich
	III	

9.3.2.2 Sockel- und Bauwerksabdichtung

Sind Fachwerkhäuser unterkellert und sollen die Kellerräume genutzt werden, stellt sich die Frage der Abdichtung. Wenn aufsteigende Feuchtigkeit oder gar eindringendes Wasser zu verzeichnen ist, kommt eine höherwertige Nutzung nur nach umfangreichen, professionell durchgeführten Sanierungsmaßnahmen infrage. Wasser kennt viele Wege, um in das Gebäude zu gelangen.

Der Gebäudesockel muss bis mindestens 30 cm oberhalb der Geländeoberkante abgedichtet werden. Insbesondere muss darauf geachtet werden, dass zwischen Sockelabdichtung und erdberührter Bauwerksabdichtung keine Lücke entsteht. Für die Herstellung des Überganges zwischen diesen beiden Abdichtungen wird nach herkömmlicher Vorgehensweise eine 5 cm breite Überlappung ausgeführt. Es bedarf besonderer Sorgfalt, damit keine Leckage entsteht.

Für die Abdichtung der Kelleraußenwände ist zunächst zu klären, ob sie von außen, was vorteilhaft ist, oder nur von innen zugänglich sind. Die Freilegung ist nicht möglich, wenn:

- das Gebäude teilunterkellert ist und somit eine Kellerwand überbaut wurde,
- das Gebäude auf der Grundstücksgrenze zum Nachbargrundstück steht und mit dem Nachbargebäude eine Gebäudetrennwand bildet.

Steht das Gebäude auf der Grundstücksgrenze zur Straße oder zum Nachbargrundstück, ist zu klären, ob und unter welchen Bedingungen eine Baugrube angelegt werden kann.

Detaillierte Hinweise und Erläuterungen zu den verschiedenen Abdichtungsbauarten und der Verarbeitung sowie den Wasserbeanspruchungen, Riss- und Nutzungsklassen können der DIN 18533 „Abdichtung von erdberührten Bauteilen“ entnommen werden.

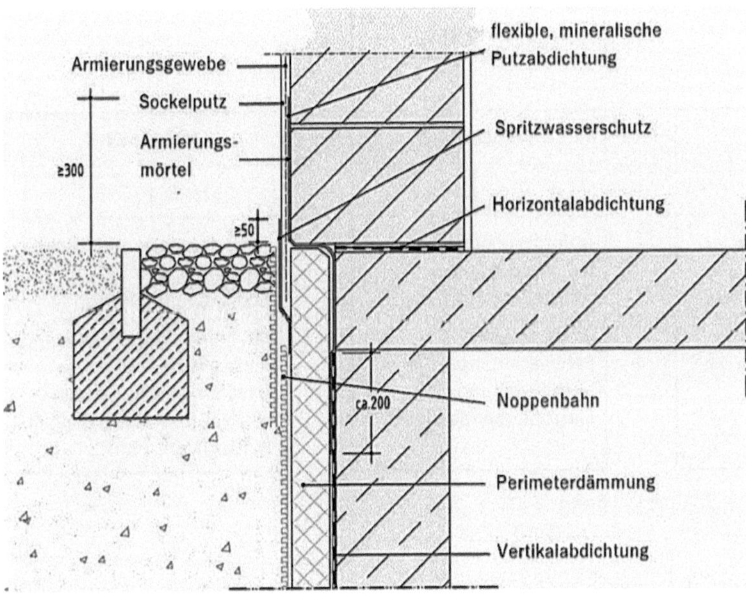

Bild 9.40 Übergang vom Sockelmauerwerk zur Kelleraußenwand (Prinzipdarstellung)

Die DIN 18533 bezieht sich primär auf Neubauten, kann aber genauso gut bei Altbauten Anwendung finden. Es gibt aber immer wieder Besonderheiten, weshalb auch die Merkblätter der Wissenschaftlich-Technischen Arbeitsgemeinschaft für Bauwerkserhaltung und Denkmalpflege (WTA) herangezogen werden sollten. Besonders Merkblatt 4-6 „Nachträgliches Abdichten erdberührter Bauteile“ ist in diesem Zusammenhang zu nennen.

DIN 18533 gilt für Abdichtungen gegen Bodenfeuchte und nichtdrückendes Wasser, Abdichtungen gegen von außen drückendes Wasser, Abdichtungen gegen drückendes Wasser auf erdberührten Deckenflächen, Abdichtung gegen Spritzwasser am Wandsockel sowie Abdichtung gegen Kapillarwasser in und unter erdberührten Wänden. Feuchte- und Wassereinwirkungen in und unter Wänden durch Sicker- und/oder Kapillarwasser sowie des Wandsockels durch Spritz- und Oberflächenwasser werden in dieser Norm mit der Wassereinwirkklasse W 4-E erfasst. Neben den Ausführungshinweisen für die flächige, erdberührte Bauwerksabdichtung werden auch die zu Regeln der Detailausbildung, der An- und Abschlüsse, für Übergänge, und von Bewegungsfugen beschrieben.

Die DIN 18533 ist in drei Teile gegliedert. Teil 1 der Norm befasst sich mit den grundsätzlichen Planungs- und Ausführungsgrundsätzen und legt die erforderlichen Kenndaten fest, die dann zum geeigneten Abdichtungssystem führen. In Teil 2 werden alle Baustoffgruppen, die als Bahnen verarbeitet werden, zusammengefasst und im Teil 3 diejenigen, die flüssig sind.

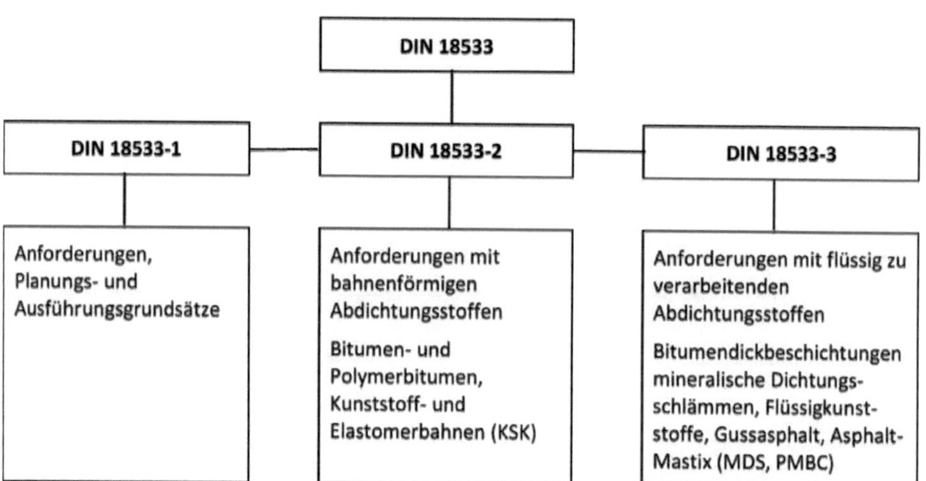

Bild 9.41 Gliederung von DIN 18533

DIN 18533 umfasst die gesamte Palette möglicher Abdichtungsstoffe. Grundsätzlich geeignet sind:

- bahnenförmige Abdichtungen (Bitumenbahnen, Kunststoffbahnen; geeignet für drückendes Wasser aus Stau-, Grund- oder Hochwasserbeanspruchung, Rissbreitenänderungen des Untergrundes ≤ 5 mm),
- Abdichtungen mit Flüssigkunststoffen (FLK; geeignet für Bodenfeuchte und nicht drückendes Wasser, Rissbreitenänderungen des Untergrundes ≤ 1 mm),

- Abdichtungen mit kunststoffmodifizierten Bitumendickbeschichtungen (PMBC; geeignet für Bodenfeuchte und nicht drückendes Wasser, Rissbreitenänderungen des Untergrundes ≤ 1 mm),
- mineralische Dichtungsschlämme.

Bitumenbahnen sind, wo notwendig, aufgrund ihrer hohen Rissüberbrückung gut einsetzbar, jedoch ist auf einen guten Haftverbund mit dem Untergrund vor allem an den Rändern zu achten. Kunststoffbahnen sind ebenfalls geeignete Abdichtungsmaßnahmen an erdberührten Bauteilen, werden aber eher selten eingesetzt.

Die Verarbeitung bahnenförmiger Abdichtungen sowie der Anschluss an die aufgehende Fassade erfolgt nach den Vorgaben der DIN 18533. Gleiches gilt für die flüssig zu verarbeitenden Abdichtungen. Folgeschritte wie das Aufbringen von Schutz- und Nutzschichten dürfen erst nach vollständiger Durchtrocknung der Abdichtungsschicht erfolgen.

Für die Auswahl der Abdichtung sind nicht nur die Eigenschaften des Untergrundes und die Wasserbeanspruchung, sondern auch notwendige Abdichtungsanschlüsse an die umfassenden Bauteile und Durchdringungen von Bedeutung. Vor allem sind die Abdichtungsstoffe auf die Rissanfälligkeit des Untergrundes abzustimmen.

DIN 18533 definiert fünf Kriterien für die Auswahl der richtigen Abdichtungsart:

- Wassereinwirkungsklasse,
- Rissklasse,
- Rissüberbrückungsklasse,
- Raumnutzungsklasse,
- Zuverlässigkeitsanforderungen.

Tabelle 9.13 Anwendung von flüssig zu verarbeitenden Abdichtungsstoffen

	Einsatzgebiet	diffusionsoffen	rissüberbrückend	Anwendung
Bitumen	Sockel erdberührende Bereiche Beton Mauerwerk	nein	ja	außen
starre Dichtschlämme	Beton Mauerwerk Zementestrich Zementputz	ja	nein	innen und außen

Tabelle 9.13 (Forts.) Anwendung von flüssig zu verarbeitenden Abdichtungsstoffen

	Einsatzgebiet	diffusionsoffen	rissüberbrückend	Anwendung
flexible Dichtschlämme	Sockel erdberührende Bereiche Betonflächen Fliesen Plattenbeläge	ja	ja, bedingt	vorwiegend außen

Sowohl für Bitumendickbeschichtungen als auch für Kaltselbstklebebahnen muss der Untergrund sauber, tragfähig und eben sein. Scharfe Kanten und Grate muss man brechen, um ein Abscheren der Abdichtung bei Belastung durch Erddruck zu vermeiden. Liegt ein Mischmauerwerk vor wie zum Beispiel beim historischen Altbau oder sind viele Unebenheiten vorhanden, ist das Aufbringen eines Dünnputzes zur Egalisierung der Wandoberfläche notwendig.

Für Dichtschlämme, die ebenfalls einen Grundschutz vor Wasserschäden und Feuchtigkeit bilden können, gilt das Gleiche. Sie bestehen üblicherweise aus Zement, Sand und Zusätzen zur Verbesserung von Haftung und Dichtigkeit und verhindern das Eindringen von Wasser, während sie Wasserdampf passieren lassen. Die Konsistenz der Dichtschlämmen hängt ab von der Art der gewünschten Verarbeitung und lässt sich durch Wasserzugabe gut einstellen. Soll die Dichtschlämme gestrichen werden, wird sie dünner angerührt als bei einem Auftrag mit einer Kelle.

Dichtschlämmen gibt es in zwei verschiedene Varianten, und zwar flexible und starre Dichtschlämmen. Bei der flexiblen Variante werden Kunststoffe beigemischt, sodass auch Risse überbrückt werden können, was mit der starren Variante nicht möglich ist.

Dichtschlämme wird in mindestens zwei Schichten aufgetragen, wobei pro Schicht eine Dicke von 1 bis 2 mm erreicht wird. Je nach Anforderungen an die Abdichtung müssen mehr oder auch dickere Schichten aufgetragen werden. Eine Schichtdicke von 5 mm sollte nicht überschritten werden. Mögliche Anwendungsmöglichkeiten sind:

- Abdichten von erdberührten Bauteilen beim Sockel und beim Keller,
- waagerechte Sperre (Horizontalsperre) gegen aufsteigende Feuchte,
- Schutz vor Spritzwasser im Sockelbereich vor Aufbringen eines Putzes.

Mit DIN 18533 „Abdichtung von erdberührten Bauteilen“ hat das Bauteil Wandsockel, das für Fachwerkhäuser von besonderer Bedeutung ist, eine eigene Zuordnung mit Kriterien zur Auswahl des richtigen Abdichtungssystems erhalten. Die Norm gilt streng genommen für die Abdichtung von Neubauten, was aber nicht ausschließt, die Vorschrift sinngemäß für nachträgliche Abdichtungen in der Bauwerkserhaltung oder Denkmalpflege anzuwenden. Die meisten der Vorgaben lassen sich ohne weiteres auf die Sanierung von Altbauten und die Gegebenheiten des Einzelfalles übertragen.

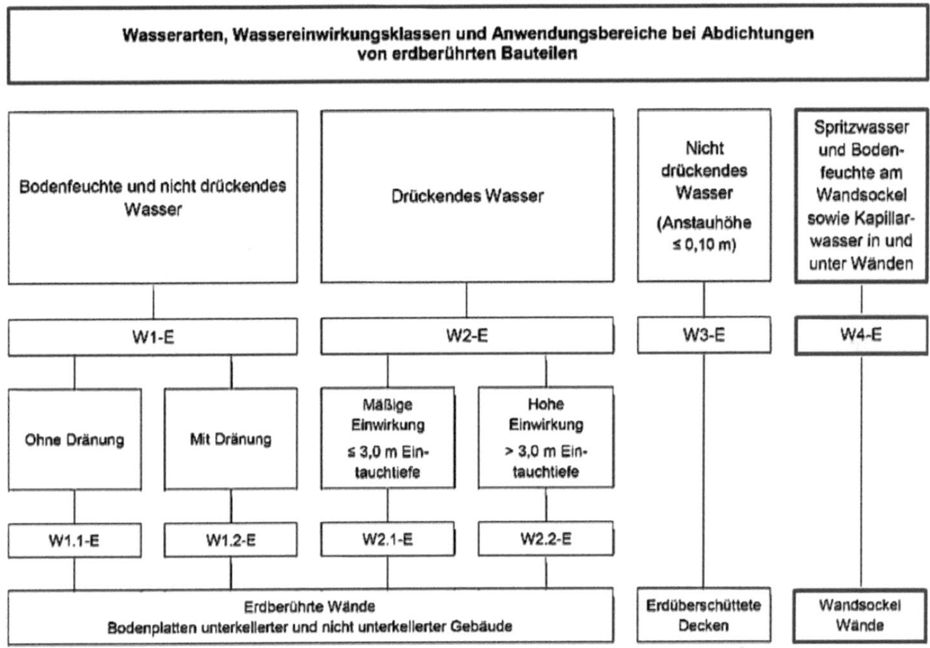

Bild 9.42 Wassereinwirkungsklassen bei erdberührten Bauteilen

9.3.3 Fazit

Mit DIN 18533 wird die Anwendung einer breiten Auswahl an Abdichtungsstoffen für die Abdichtung geregelt. Neben der Berücksichtigung von mineralischen Dichtungsschlämmen ist die Anwendung von Bitumen-Dickbeschichtungen erweitert worden, während für die Anwendungsmöglichkeiten mit Kaltselbstklebebahnen die gleichen Regeln wie bisher gelten. Durch das Bestimmen mehrerer Kenndaten kann jetzt eine bessere Abgrenzung der Abdichtungsbauweise vorgenommen werden.

Bei ganz oder teilweise unterkellerten Gebäuden kommt man nicht umhin, die Kelleraußenwände einer Überprüfung zu unterziehen und Maßnahmen zur Bekämpfung kapillar aufsteigender Feuchtigkeit und seitlich eindringender Feuchte ins Auge zu fassen. Im Grundsatz sind sowohl eine Außen- als auch eine Innenabdichtung möglich. Zusätzlich kann eine nachträgliche Horizontalabdichtung erforderlich werden. Die Verfahren zur Horizontalabdichtung sind allerdings nicht Bestandteil des WTA-Merkblatts 4-6 „Nachträgliches Abdichten erdberührter Bauteile", sondern werden im WTA-Merkblatt 4-10 „Injektionsverfahren mit zertifizierten Injektionsstoffen gegen kapillaren Feuchtetransport" beschrieben.

Notwendig für eine erfolgreiche Abdichtung ist eine gründliche Vorbereitung des Untergrundes. Nach dem Freilegen der abzudichtenden Wandoberflächen werden diese so vorbereitet, dass sie frei von hohlliegenden Schichten, haftungsmindernden Verschmutzungen und Staub sind, damit der Haftverbund gesichert ist. Auch die Notwendigkeit des Einbaus nachträglicher Horizontalabdichtungen muss in solchen Fällen überprüft werden, weil eine vertikale Abdichtung kontraproduktiv wirkt, wenn der kapillar aufsteigenden Feuchtigkeit nicht Einhalt geboten wird.

Neben der DIN 18533 macht das WTA-Merkblatt „Nachträgliches Abdichten erdberührter Bauteile 4-6" Angaben zur Schadensfeststellung, zum Abdichtungskonzept und zur Ausführung nachträglicher Bauwerksabdichtungen. Die in diesem Merkblatt beschriebenen Verfahren zur Abdichtung haben sich in der Praxis über viele Jahre hinweg bewährt.

Was den Witterungsschutz der Fassaden anbetrifft, ist zu beachten, dass die Wetterseiten von Fachwerkhäusern immer vor Schlagregen zu schützen sind.

9.4 Schallschutz

Bei der Sanierung von Fachwerkhäusern ist man gut beraten, den baulichen Schallschutz in die Planungen einzubeziehen. Das gilt insbesondere für den Trittschallschutz der Holzbalkendecken, wobei man Möglichkeiten und Grenzen der Umsetzung gründlich überprüfen muss. Nicht alles, was wünschenswert ist, lässt sich umsetzen. Doch die Mindestanforderungen an den Schallschutz sollten schon erfüllt werden.

9.4.1 Mindestanforderungen

Wie in vielen anderen Bereichen des Bauens werden auch beim Schallschutz bauordnungsrechtliche Mindestanforderungen gestellt. Sie sind allgemein in DIN 4109-1: „Schallschutz im Hochbau - Teil 1: Mindestanforderungen" beschrieben. Die DIN 4109 ist eine Norm, die bauaufsichtlich eingeführt wird und damit öffentlich-rechtlich bindend ist.

Zum Anwendungsbereich der Norm heißt es dort:

„Unter Zugrundelegung eines Grundgeräuschpegels von LAF,eq = 25 dB werden für schutzbedürftige Räume in z. B. Wohnungen, Wohnheimen, Hotels und Krankenhäusern folgende Schutzziele erreicht:

- *Gesundheitsschutz,*
- *Vertraulichkeit bei normaler Sprechweise,*
- *Schutz vor unzumutbaren Belästigungen.“*

Tabelle 9.14 Subjektive Wirkung von Schallpegeln

Lärmquellen	Schalldruckpegel [dB(A)]
Hörschwelle	0 bis 6
Atemgeräusch in 3 cm Entfernung	10
Uhrenticken, ganz leises Wohngeräusch	**20**
sehr ruhige Straße, übliche Wohngeräusche	**30**
zulässige Grenze der Nachtgeräusche in Wohnvierteln	35
leises Sprechen, ruhige Straße	40
obere zulässige Grenze der Taggeräusche in Kurgebieten	45
übliche Unterhaltung, Bürogeräusche	50
mittlerer Straßenlärm	55

An anderer Stelle der Norm sind die Gebäudearten benannt, für die die Norm verbindlich gilt:

- Mehrfamilienwohnhäuser,
- Bürogebäude,
- gemischt genutzte Gebäude,
- Reihen- und Doppelhäuser,
- Hotels und Beherbergungsstätten,
- Krankenhäuser und Sanatorien,
- Schulen und ähnliche Einrichtungen.

Damit wird deutlich, welch eminent große Bedeutung dem Schallschutz beigemessen wird, wenngleich man Einfamilienhäuser vergeblich sucht.

Auch wenn für Einfamilienhäuser keine Anforderungen an die Luft- oder Trittschalldämmung vorgesehen sind, sollte man dennoch die recht weitgehenden Schutzziele im Blick haben. Insbesondere Holzbalkendecken, gerade solche mit sichtbarer Balkenlage, weisen Defizite auf, die als besonders nachteilig empfunden werden.

Der Fachausschuss Bau- und Raumakustik der Deutschen Gesellschaft für Akustik e. V. führt hierzu aus:

„Die gestiegenen Ansprüche der Erwerber und Nutzer von Immobilien haben, nicht zuletzt auch unter dem Aspekt der geringeren Störgeräusche von außen, dazu geführt, dass immer öfter die Frage nach den Qualitätsanforderungen an den Schallschutz im „eigenen Bereich" gestellt wird. Gerade moderne Wohnformen (wie offene Grundrisse) oder technische Einrichtungen (z. B. Lüftung) bei energetisch effizienten Gebäuden erzeugen bei den Nutzern ein vermehrtes Hinterfragen der Bauqualität im Hinblick auf den Schallschutz gegen Geräusche aus dem „eigenen Wohn- und Arbeitsbereich". Die dabei aufkommenden Fragen an die Schallschutzqualität sind kein öffentlich-rechtlicher Aspekt des Schallschutzes. Die Fragen richten sich vorwiegend an den privatrechtlich geschuldeten Schallschutz."

Zudem entfällt wegen der Eingriffe in die Bausubstanz im Zuge von Sanierungen oft der Bestandsschutz mit der Folge, dass ohnehin nach den allgemein anerkannten Regeln der Technik verfahren werden muss. Ist der Bestandsschutz erst einmal erloschen, müssen nicht nur diejenigen Gebäudeteile, die von der Sanierung unmittelbar betroffen sind, sondern unter Umständen alle an einem Gebäude durchzuführenden Maßnahmen einbezogen werden. Daher gelten dann die Mindestanforderungen der DIN 4109 beim grundsanierten Altbau und besonders für Decken, wenn nicht nur der Bodenbelag ausgetauscht wird.

DIN 4109 gliedert sich in 11 Teile, sodass einzelne Teile bei zukünftig anstehendem Aktualisierungsbedarf getrennt überarbeitet werden können, ohne die anderen Teile unmittelbar zu tangieren:

- Teil 1 regelt die Mindestanforderungen an Bauteile und Konstruktionen.
- Teil 2 beschreibt die rechnerischen Nachweise zur Erfüllung der Anforderungen bei der Luftschalldämmung im Massivbau, im Holz- Leicht- und Trockenbau, Skelettbau, bei Außenbauteilen sowie die Trittschalldämmung im Massivbau und im Holz- Leicht- und Trockenbau, allerdings gibt es kein spezielles Rechenverfahren für Holzdecken.
- Im mehrteiligen Teil 3 sind die Daten für die Nachweise des Schallschutzes aufgeführt, die ohne bauakustische Prüfungen nach den in DIN 4109-2 genannten Kriterien für den Nachweis nach DIN 4109-1 verwendet werden dürfen.

  Teil 3 ist wie folgt aufgeteilt:

  - Teil 31: Rahmendokument
  - Teil 32: Massivbau
  - **Teil 33: Holz-, Leicht- und Trockenbau**
  - Teil 34: Vorsatzkonstruktionen vor massiven Bauteilen
  - Teil 35: Elemente, Fenster, Türen, Vorhangfassaden
  - Teil 36: Gebäudetechnische Anlagen.

- In Teil 4 werden die bauakustischen Prüfungen beschrieben.
- In Teil 5 werden erhöhte Anforderungen an den Schallschutz im Hochbau definiert.

Teil 33 enthält

- eine umfangreiche Sammlung an Daten für Wände, Decken und Flankenmaße,
- einen Bauteilkatalog für den Holzbau aus akustischer Sicht,
- Praxistipps für die Verbesserung der Schalldämmung.

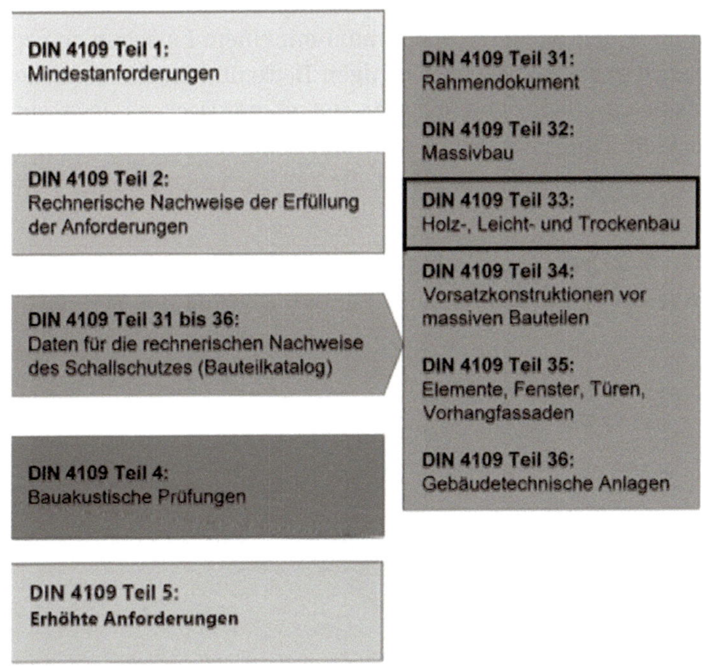

Bild 9.43 Die DIN 4109-Normenfamilie

9.4.2 Beurteilung des Schallschutzes von Holzbalkendecken

Holzbalkendecken sind fester Bestandteil der Fachwerkhäuser. Allenfalls über dem Kellergeschoss wurden in den späteren Jahren Gewölbedecken eingebaut. Die einfachste Form der Holzbalkendecke besteht aus der durchgehenden Balkenlage mit Bohlen oder Brettern, die oberseitig aufgenagelt die Laufebene bilden. Zumeist blieben die Deckenbalken noch sichtbar und die Balkenzwischenräume wurden mit Zwischendecken ausgefüllt.

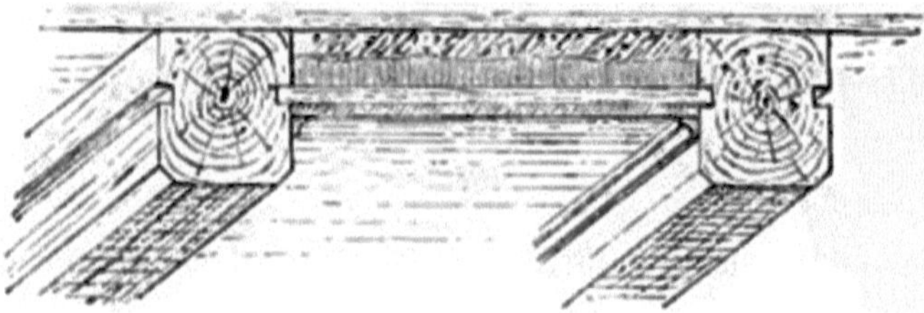

Bild 9.44 Holzbalkendecke mit sichtbaren Deckenbalken und Einschub

Dem Wandel des Zeitgeschmacks folgend ging man ab dem späten 17. Jahrhundert mehr und mehr dazu über, den Balkenzwischenraum mit einem Einschub zu versehen. Die zunächst noch gegliederten, holzsichtigen Deckenunterseiten wurden schlussendlich zugunsten verputzter und hell gefasster, glatter Deckenspiegel aufgegeben, die im Barock als Träger von Stuck oder Malereien dienten. Dieser Aufbau wurde ohne nennenswerte Änderungen bis in die Zeit nach dem Zweiten Weltkrieg beibehalten.

Der Einschub zwischen den Deckenbalken bestand aus Schwarten mit Strohlehmverstrich und einer Auffüllung aus Lehm, Sand, speziell sogenannter Brennsand oder Hochofenschlacke.

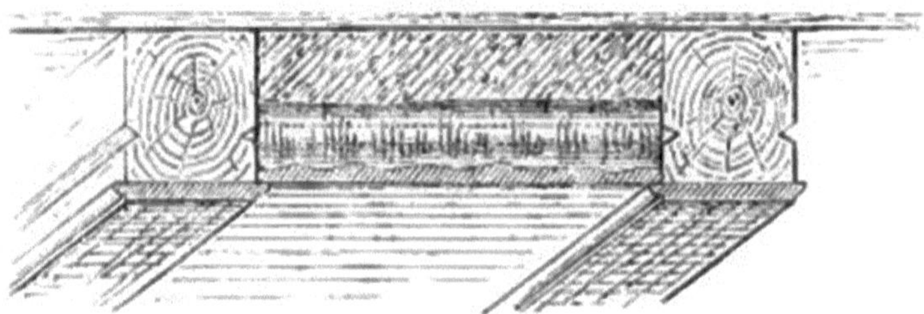

Bild 9.45 Holzbalkendecke mit geschlossener Untersicht

Aufgrund der relativ geringen Masse von Holzbalkendecken ist der Trittschallschutz eine Schwachstelle, der man bei der Sanierung besonderes Augenmerk schenken muss. Hinzu kommt, dass kaum eine Decke der anderen gleicht. So wirken sich beispielsweise die Lagerung und/oder der Abstand der Deckenbalken auf die schalldämmenden Eigenschaften der Decke aus. Weiter haben die Füllung des Balkenzwischenraumes und der Bodenbelag einen Einfluss.

In DIN 4109-33 sind etliche Holzbalkendecken aufgeführt. Sie verdeutlichen, mit welchen Konstruktionsaufbauten welche Effekte sowohl im Hinblick auf den Luft- als auch den Trittschallschutz zu erreichen sind. Sehr deutlich ist der positive Einfluss von Deckenbeschwerungen auf den Schallschutz zu erkennen. Allerdings muss die zu sanierende Decke dann über eine hinreichende Tragreserve verfügen. Oft genug ist das nicht der Fall.

Spalte	1	2		3	4
Zeile	Schnitt, vertikal	Konstruktionsdetails		$L_{n,w}$ (C_I)	R_w (C; C_{tr})
		mm	Bauteilbeschreibung	dB	dB
1		≥ 50	Estrich[a]	47 (−3)	≥ 70
		≥ 40	Mineralwolledämmplatte ($s' \leq 6$ MN/m³; Anwendungsgebiet DES-sh)[b]		
		≥ 40	Betonsteinbeschwerung ($m' \geq 100$ kg/m²)[c]		
		22	Holzwerkstoffplatte HW[d]		
		220	Balken[e]		
2		≥ 50	Estrich[a]	50 (−2)	67 (−2; −6)
		≥ 40	Mineralwolledämmplatte ($s' \leq 6$ MN/m³; Anwendungsgebiet DES-sh)[b]		
		≥ 30	Schüttung[f], ($m' \geq 45$ kg/m²) Rieselschutz		
		22	Holzwerkstoffplatte HW[d]		
		220	Balken[e]		

Zeile	Schnitt, vertikal	mm	Bauteilbeschreibung	$L_{n,w}$ (C_I)	R_w (C; C_{tr})
1		≥ 50	Estrich[a]	48 (3)	65 (−5; −13)
		≥ 40	Mineralwolledämmplatte MW ($s' \leq 6$ MN/m³; Anwendungsgebiet DES-sh)[b]		
		≥ 40	Plattenbeschwerung[c] ($m' \geq 50$ kg/m²)		
		22	Holzwerkstoffplatte HW[d]		
		220	Balken oder Stegträger[e]		
		100	Hohlraumdämpfung[b]		
		24	Lattung[f]		
		12,5	Gipsplatte[g]		
2		≥ 50	Estrich[a]	46 (2)	67 (−4; −11)
		≥ 20	Mineralwolledämmplatte MW ($s' \leq 10$ MN/m³; Anwendungsgebiet DES-sh)[b]		
		30	Schüttung[h] ($m' \geq 45$ kg/m²) Rieselschutz		
		22	Holzwerkstoffplatte HW[d]		
		220	Balken oder Stegträger[e]		
		100	Hohlraumdämpfung[b]		
		24	Lattung[f]		
		12,5	Gipsplatte GK[g]		

Bild 9.46 Beispiele für die Ausführung von Holzbalkendecken gemäß DIN 4109-33

Exkurs: Genau wie ein Geräusch setzt sich auch das Schalldämm-Maß aus verschiedenen Frequenzen zusammen. In der Bauakustik bezieht man sich auf 16 Frequenzbereiche zwischen 100 Hz und 3150 Hz.

Es wäre aber sehr unübersichtlich, wenn man sowohl für die Festlegung der bauakustischen Anforderungen als auch beim rechnerischen Nachweis jeweils mit diesen 16 Frequenzbereichen arbeiten müsste. Daher wurde aus Gründen der besseren Praktikabilität nach DIN EN ISO 717-2 ein Verfahren festgelegt, mit dem die einzelnen Werte der Schalldämmung in Einzahlangaben umgewandelt werden können, die als Bauteilkenngrößen für den Luftschall und den Trittschall dienen. Die Bewertung erfolgt im Frequenzbereich von 100 Hz bis 3150 Hz mithilfe von Bezugskurven. In diesem Frequenzbereich ist das menschliche Ohr am empfindlichsten.

Das bewertete Schalldämm-Maß Rw ist eine frequenzabhängige Größe und wird für den Frequenzbereich zwischen 100 bis 3150 Hz zur einfachen Kennzeichnung von Bauteilen als Einzahlangabe angegeben. Es berücksichtigt nicht den Einfluss der Flankenbauteile. Die üblicherweise in Prüfständen ohne Nebenwege terzweise gemessenen Schalldämm-Maße R werden mit einer Bezugskurve verglichen. Dabei wird die Bezugskurve so lange in Schritten von 1 dB verschoben, bis die mittlere Unterschreitung der verschobenen Kurve gegen die Messkurve so groß wie möglich ist, jedoch in der Summe nicht mehr als 2 dB beträgt. Der Einzahlwert für die Luftschalldämmung kann dann auf der Bezugskurve bei 500 Hz abgelesen werden.

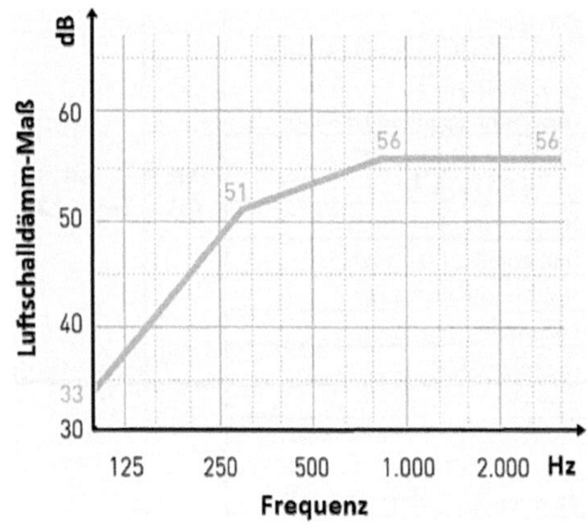

Bild 9.47 Bezugskurve für die Luftschalldämmung

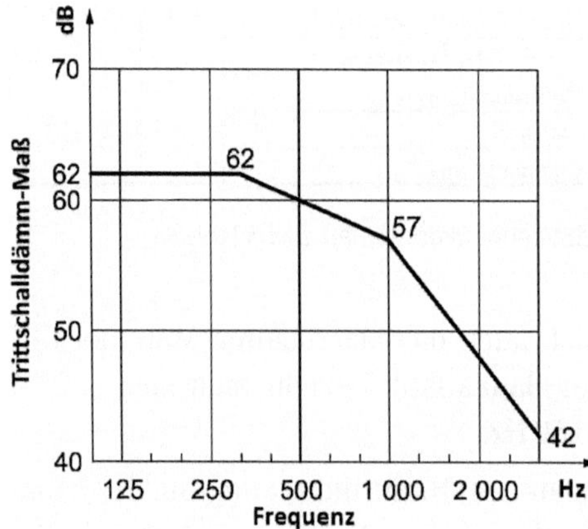

Bild 9.48 Bezugskurve für die Trittschalldämmung

Analog zum Bau-Schalldämm-Maß Rw wird das Ergebnis einer Messung des Trittschalls als Ln,w angegeben. Der bewertete Norm-Trittschallpegel Ln,w wird analog zum Bauschalldämm-Maß ermittelt, indem gegenüber der gemessenen Trittschallpegelkurve eine Bezugskurve so weit verschoben wird, bis die Überschreitung möglichst groß, jedoch nicht größer als 2 dB ist. Der Einzahlwert Ln,w wird auf der Bezugskurve bei 500 Hz abgelesen.

Im Gegensatz zum Luftschall wird die Dämmwirkung einer Decke gegenüber dem Trittschall als Trittschallpegel im Empfangsraum definiert. Daher bedeuten hohe Norm-Trittschallpegel einen geringen Schallschutz.

Bei der Beurteilung des Schallschutzes ist außerdem zu berücksichtigen, dass sowohl Luft- als auch Trittschalldämmung nicht nur vom trennenden Bauteil selbst abhängen, sondern auch die flankierenden Bauteile einen großen Einfluss haben. Ungünstig wirkende flankierende Bauteile können die Schalldämmung zwischen den Räumen erheblich verschlechtern und sind daher Teil des Nachweises nach DIN 4109-2. Durch Anwendung dieses Rechenverfahrens und messtechnische Überprüfungen in ausgeführten Bauten werden Regelkonstruktionen möglich, die sowohl die Mindestanforderungen als auch die erhöhten Anforderungen erfüllen und in Bauteilkatalogen aufgeführt werden.

Zur Beschreibung der akustischen Qualität von Decken hinsichtlich ihrer Trittschalldämmung wird auf einen Einzahlwert zurückgegriffen, den bewerteten Norm-Trittschallpegel L n,w. Die Ermittlung des Einzahlwertes bezieht sich auf einen Frequenzbereich von 100 Hz bis 3150 Hz.

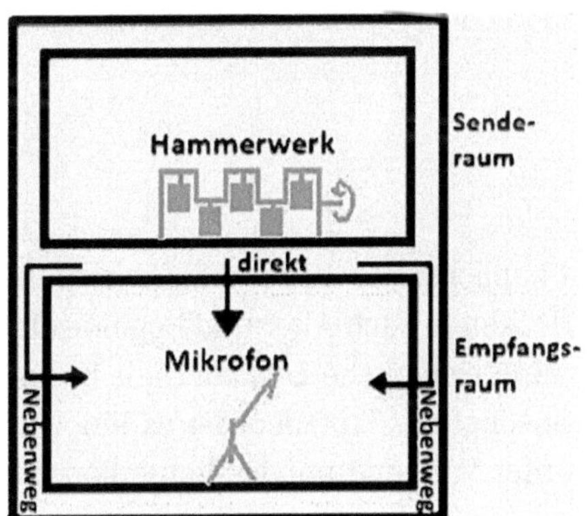

Bild 9.49 Wirkungen von Trittschall

In Bezug auf den Trittschall von Holzbalkendecken heißt es in DIN 4109-2:

4.3.3 Trittschall im Holz-, Leicht- und Trockenbau

4.3.3.1 Leichte Decken

4.3.3.1.1 Bewerteter Norm-Trittschallpegel leichter Decken bei übereinanderliegenden Räumen

Das Berechnungsverfahren für die vertikale Trittschallübertragung von Decken in Holzbauweise wird analog zum Massivbau angewandt, jedoch mit einem an den Holzbau angepassten Korrekturwert für die Flankenübertragung. Diese berücksichtigt einen weiteren, im Massivbau nicht vorhandenen Flankenübertragungsweg. Hintergrund ist die Tatsache, dass bei Holzbalkendecken neben dem eigentlichen Flankenweg Df über die Holzbalkendecke (siehe Bild a) ein weiterer Flankenweg DFf über den Randanschluss des schwimmenden Estrichs (siehe Bild b] existiert. Diese beiden Flankenwege werden durch die Korrekturwerte K1 und K2 berücksichtigt. Eine separate Berücksichtigung der Trittschallminderung durch Fußbodenaufbauten und Unterkonstruktionen ist für Decken in Holz- und Leichtbauweise nicht vorgesehen. Die bewerteten Norm-Trittschallpegel Ln,w für die Gesamtkonstruktion der Decke können direkt dem Bauteilkatalog oder Prüfberichten entnommen werden.

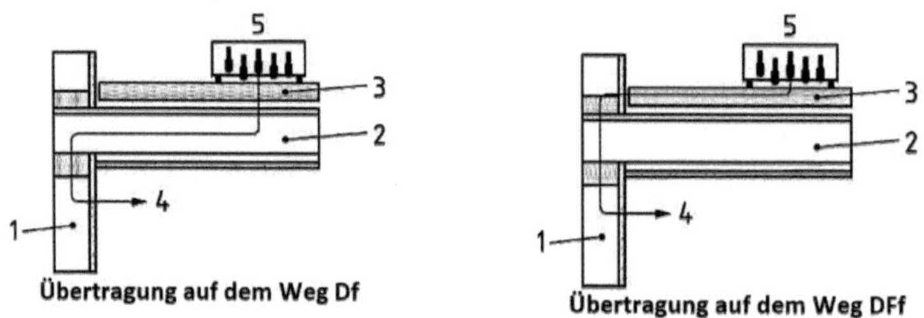

Bild 9.50 Flankierende Trittschallübertragung: Weg Df und Korrekturwert K1 (links), Weg DFf und Korrekturwert K2 (rechts)

1. Wand
2. Decke
3. Schwimmender Estrich
4. Weg Df und Korrekturwert K1

Weg DFf und Korrekturwert K2

5. Norm-Hammerwerk

Vor einer Anwendung des Bauteilkataloges ist zunächst der Zustand der vorgefundenen Deckenkonstruktion zu beurteilen. Da Decken je nach Alter und Region sehr unterschiedlich aufgebaut sind, besteht hier eine erhebliche Unsicherheit in der Einstufung der vorhandenen Schalldämmeigenschaften. Trotzdem ist es ein Versuch wert, eine Überprüfung ohne Messung unter Verwendung des Bauteilkataloges gemäß DIN 4109 Teil 33 vorzunehmen.

Die dort aufgeführten Konstruktionen erlauben zumindest eine Zuordnung der geplanten Sanierungsmaßnahmen und der zu erwartenden Effekte. Ein allgemein anwendbares Verfahren zur schalltechnischen Sanierung ist wegen der zahlreichen Konstruktionsunterschiede von Holzbalkendecken nicht verfügbar, sodass letztlich immer eine Einzelfallbetrachtung zu erfolgen hat.

Will man die Luftschalldämmung nachweisen, geschieht dies über das Direktschalldämm-Maß und die Norm-Flankenschallpegeldifferenz aus dem Bauteilkatalog. Für die Trittschalldämmung gilt der Norm-Trittschallpegel aus dem Bauteilkatalog versehen mit einem Aufschlag (K-Wert) in Abhängigkeit von den flankierenden Bauteilen. Aufgrund der K-Werte von mindestens 3 dB und dem Sicherheitsbeiwert von 3 dB erfüllen letztlich nur Holzbalkendecken mit Federschiene und Unterdecke die Anforderungen.

Darüber hinaus gibt es weitere Kataloge, die zu Rate gezogen werden können, wie zum Beispiel:

https://lignumdata.ch/

https://www.dataholz.eu/

und

https://informationsdienst-holz.de/fileadmin/Publikationen/2_Holzbau_Handbuch/R03_T03_F01_Schallschutz_Grundlagen_Vorbemessung_2019.pdf

Ungeachtet der genannten Nachweismöglichkeiten hängt die Entscheidung für die Art der Sanierung einer Holzbalkendecke von weiteren Faktoren ab. Zu nennen sind:

- geringe Raumhöhe,
- fehlende Möglichkeiten zur Veränderung der Aufbauhöhe auf der Deckenoberseite,
- Erhaltung wertvoller Fußbodenbeläge.

Da es für die Verbesserung der Trittschalldämmung von Holzbalkendecken kein Patentrezept gibt, müssen zur Erarbeitung eines geeigneten Schallschutzkonzeptes alle konstruktiven Merkmale der Decke bekannt sein. Dies sind:

- der Deckenbalkenabstand,
- die Balkenhöhe,
- der Einschub und seine Masse,
- das Gewicht der Unterdecke,
- die Befestigung der Unterdecke,
- der Fußbodenaufbau auf der Oberseite,
- die Art der Schallnebenwege.

Bei Kenntnis dieser Daten lassen sich relativ genaue Abschätzungen der zu erwartenden schalltechnischen Eigenschaften der Bestandsdecke ableiten. Für die exakte Ermittlung des Ist-Zustandes ist aber oft eine Schallmessung vor Ort notwendig.

9.4.3 Phänomen tieffrequenter Trittschallgeräusche

Trotz Unterschreitung der geforderten Grenzwerte kommt es bei Holzbalkendecken immer wieder zu Beschwerden über dumpfes Dröhnen. Zur objektiven Beurteilung der tieffrequenten Trittschallgeräusche wurde daher mit DIN EN ISO 717-2 „Akustik - Bewertung der Schalldämmung in Gebäuden und von Bauteilen - Trittschalldämmung" ein Spektrum-Anpassungswert CI eingeführt, der auch für den nach unten erweiterten Frequenzbereich bis 50 Hz angewendet werden kann, indem dieser zum Normtrittschallpegel addiert wird.

In der Folge können Zielwerte in Form Ln,w + CI,50-2500 zugrunde gelegt werden, die eine bessere Beurteilung des Deckenaufbaus erlauben. Konstruktionen, die dem Schallschutzniveau (Ln,w + CI,50-2500 ≤ 50 dB) entsprechen, werden nachfolgend zur Verdeutlichung dargestellt.

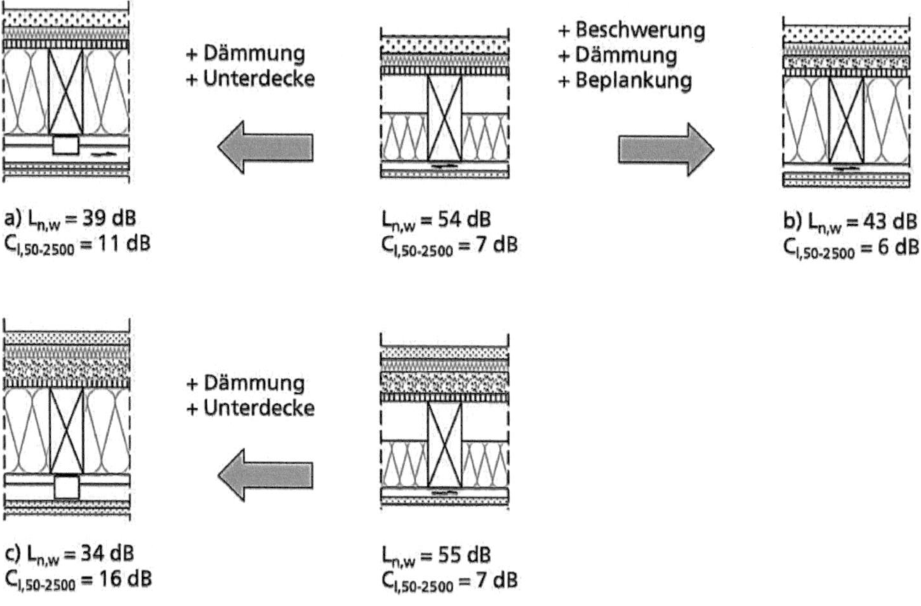

Bild 9.51 Beispiele für Holzdecken mit verbesserter niederfrequenter Trittschalldämmung zum Einsatz als Wohnungstrenndecken im Vergleich zu einfachen Holzdecken als Ausgangssituation

Zusatzmaßnahmen:
Unterdeckenabhänger + 2 × 12,5 mm GKF/20 cm Faserdämmstoff im Balkenzwischenraum
6 cm Splitt/Lattung + 2 × 12,5 mm GKF/20 cm Faserdämmstoff im Balkenzwischenraum

Die Teilbilder a) und b) zeigen Holzbalkendecken mit im Werk vorfertigbarer Unterdecke mit doppelter Bekleidung (2 × 12,5 mm GKF). Bei Teil a) wird die Unterdecke mit druckbelastbaren, elastischen Abhängern entkoppelt; bei Teil b) wird eine

Rohdeckenbeschwerung (6 cm Splitt, m‘ = 90 kg/m²) eingesetzt. Beide Aufbauten enthalten eine 20 cm dicke Hohlraumdämmung aus Faserdämmstoff.

Eine Lösung mit Trockenestrichelementen zeigt Teil c). Die Verbesserung gegenüber der Ausgangssituation wird durch eine entkoppelte, doppelt bekleidete Unterdecke erreicht. Der komplette Deckenaufbau wurde mit Dämmstoffen aus nachwachsenden Rohstoffen realisiert und zeigt, dass auch mit steiferen Trittschalldämmplatten (Holzfaserplatten s‘ = 30 MN/m³) ein guter Trittschallschutz erreichbar ist.

Weitere Aufbauten mit unterschiedlichen Rohdeckentypen finden sich im Bauteilkatalog des Holzbau-Handbuches (REIHE 3, Teil 3, Kapitel 6), den der Informationsdienst Holz auf seiner Homepage als Teil eines umfassenden Nachschlagewerkes bereithält (*https://informationsdienst-holz.de/fileadmin/Publikationen/2_Holzbau_Handbuch/R03_T03_F01_Schallschutz_Grundlagen_Vorbemessung_2019.pdf*).

9.4.4 Maßnahmen zur Verbesserung des Trittschallschutzes

Der Trittschallschutz von Holzbalkendecken lässt sich auf vier Arten verbessern:

- von oben, indem man nachträglich einen schwimmenden Estrich einbaut und die Decke beschwert,
- von unten, indem man eine abgehängte oder eine frei tragende Unterdecke einzieht,
- durch Dämmung des Balkenzwischenraumes,
- als Kombination von oben und unten.

Deckenauflagen auf der Bestandsdecke lassen sich sehr einfach einbauen. Allerdings reduzieren sie nicht nur die absolute Raumhöhe, sondern verändern auch die Anschlusshöhen zu Türen und die Brüstungshöhe der Fenster.

9.4.5 Maßnahmen an der Deckenoberseite

Weichfedernde Gehbeläge

Teppichbodenbeläge verbessern die Trittschalldämmung, werden aber in ihrer Wirkung auf Holzbalkendecken häufig überschätzt. Die Wirkungsweise besteht darin, dass beim Begehen ein Teil der Schallenergie geschluckt wird. Dieser Effekt betrifft aber hauptsächlich die hohen Frequenzen, ist also bei tiefen Frequenzen wenig ausgeprägt. Daher sollte man die Verbesserung durch weichfedernde Beläge nicht berücksichtigen. Hinzu kommt, dass häufig auf Teilflächen wegen der Nutzung der Räume harte Bodenbeläge wie Fliesen oder Parkett bzw. Laminat verlegt werden.

Bei Teppichen wird das Trittschallschutzverbesserungsmaß ΔLw in der Regel vom Hersteller angegeben. Dieses Verbesserungsmaß bezieht sich jedoch auf Massivdecken. Die Trittschalldämmung einer Holzbalkendecke wird durch einen Teppichboden nur unwesentlich verbessert, nur insoweit als die flächenbezogene Masse des Fußbodens durch den Teppichbelag ein wenig erhöht wird.

Deckenbeschwerungen

Die Beschwerung von Holzbalkendecken ist eine Möglichkeit, den Trittschallschutz zu verbessern, setzt aber hinreichende Tragfähigkeit der Decke voraus. Zur Beschwerung können Platten oder Schüttungen verwendet werden. Gleichzeitig sollte die Versteifung nicht wesentlich erhöht werden. Daher werden Platten lose in ein Sandbett (ca. 10 mm) verlegt, sodass dadurch ein vollflächiger Kontakt zur Rohdecke vermieden wird und eine ausreichende Entkopplung sichergestellt ist. Bewährt hat sich ein Plattenformat von maximal ca. 30 cm × 30 cm. Auch eine Verklebung auf der Decke hat sich als praktikabel erwiesen.

Mit Schüttungen lässt sich bei gleichem Flächengewicht tendenziell eine größere Verbesserung der Trittschalldämmung erzielen als mit Beschwerungen durch Platten. Die Splitt- oder Sandschüttung darf auf keinen Fall mit einer Ausgleichschüttung zum Höhenausgleich von Holzbalkendecken verwechselt werden. Die oft benötigten Ausgleichschüttungen sind deutlich leichter und bewirken erst bei großer Schichtdicke eine Verbesserung der Schalldämmung der Deckenkonstruktion.

Werden solche Füllungen vorgefunden, sollten sie erhalten und ggf. aufgefüllt werden, sofern der Rieselschutz nach unten ausreichend gewährleistet ist und keine hygienischen Bedenken gegen die alte Schüttung bestehen. Für neu einzubauende Füllungen eignen sich vor allem trockene Lehmschüttungen.

Estrichbeläge

Das Aufbringen von Nassestrichen auf eine bestehende Holzbalkendecke ist aus mehreren Gründen problematisch. Nass- als auch Fließestriche bringen Baufeuchte ein und müssen trocknen, bevor sie belegreif sind. Sie sind aufgrund ihres hohen Flächengewichts oftmals nicht ausführbar, weil Tragreserven der Decke fehlen. Hinzu kommt, dass der Fußbodenaufbau dann zu hoch wird. Das ist der Grund dafür, dass die Baustoffhersteller Estrichsysteme entwickelt haben, die geringere Aufbauhöhen aufweisen.

Mit dem Turbolight-System der Firma Uzin steht zum Beispiel ein System aufeinander abgestimmter Verlegewerkstoffe zur Herstellung schnell belegereifer Untergründe zur Verfügung. Es besteht aus einem Leichtausgleichsmörtel, einem Armierungsgewebe aus hochzugfesten Langglasfasern sowie einem Dünnestrich. Mit diesem Estrich-System ist ein flexibler, großflächiger Niveauausgleich bis zu 300 Millimetern möglich, bei extrem geringem Flächengewicht. Es beträgt nur rund ein Drittel des Gewichtes eines konventionellen Estrichs. Auf dem ausgehärteten System können textile und elastische Bodenbeläge, Parkett sowie Fliesen nach den üblichen Methoden verlegt werden.

Dem Prinzip der Entkopplung, optimiert für die Verwendung unter Fliesen oder Natursteinbelägen, folgt zum Beispiel die Verbund-Trittschalldämmung Ditra-Sound von Schlüter. Man darf von diesen wenigen Millimeter dünnen Matten sicher keine Wunder erwarten, kann aber mit nur sehr geringer Aufbauhöhe nach den Herstellerangaben Trittschallschutzverbesserungen ΔLw,R in Größenordnungen um 15 dB erreichen.

Estriche aus Gussasphalt sind ein Ausweg, wenn eine geringe Aufbauhöhe notwendig ist. Der Aufbau kann allein auf den Estrich bezogen auf etwa 2 cm reduziert werden, wobei das Flächengewicht pro Quadratmeter relativ gering ist. Bei einem 2 cm dicken Gussasphaltestrich darf die Trittschalldämmung darunter im Maximum 3 cm dick sein.

Alternativ kann auf Trockenestriche zurückgegriffen werden. Diese Estriche bestehen aus zwei übereinanderliegenden Gipsbauplatten (Gipskarton- oder Gipsfaserplatten) im Verbund mit einer Trittschalldämmung. Hinsichtlich ihrer möglichen Trittschallverbesserung stehen sie etwas hinter den Nassestrichen zurück. Je nach Dicke der Gipsfaserplatten, nach Qualität der verwendeten Trittschalldämmung, der Qualität der vorhandenen Holzbalkendecke sowie einer möglicherweise eingebauten Ausgleichschüttung oder Deckenbeschwerung lassen sich so Verbesserungen des bewerteten Norm-Trittschallpegels von 4 bis ca. 12 dB erreichen. Im tiefen Frequenzbereich bewirken sie aufgrund von Resonanzen nur mäßige Verbesserungen.

Bei der Verlegung der Trittschalldämmplatten ist auf eine lückenlose Verlegung zu achten. Um eine Erhöhung der Schall-Längsleitung zu reduzieren, muss der Estrich im Türbereich getrennt werden. Besondere Sorgfalt ist bei der Durchführung von Installationsleitungen erforderlich. Weiterhin ist es wichtig, dass die Dämmstofflage an den Wänden bis zur Oberkante der Fußbodengehschicht hochgeführt wird, um eine Übertragung des Trittschalls in die angrenzenden Wände zu vermeiden. Der überstehende Rand des Randdämmstreifens ist erst nach dem Verlegen des Bodenbelags (Fliesen, Parkett o. ä.) abzuschneiden.

Verbesserungen auf der Deckenoberseite von Holzbalkendecken sind weniger effizient und allein selten ausreichend, wenn Schalldämmwerte im Bereich der Mindestanforderungen erreicht werden sollen.

9.4.6 Maßnahmen auf der Deckenunterseite

Die Bekleidung der Deckenunterseite kann direkt erfolgen oder mithilfe unterschiedlicher Unterdeckensysteme ausgeführt werden. Je nach Montageart wird aus schalltechnischer Sicht unterschieden zwischen:

- starr montierten Unterdecken (z. B. mit einer Lattung an den Deckenbalken),
- entkoppelt montierte bzw. abgehängte Unterdecken (z. B. mit Federschienen oder federnden Abhängern),
- freitragenden Unterdecken.

Eine Unterdecke, die an einer quer zu den Deckenbalken verlaufenden Lattung befestigt ist, kann bei einer Holzbalkendecke mit sichtbaren Balken infrage kommen. Im Vergleich zur offenen Holzbalkendecke wird die Schalldämmung dadurch um bis zu 15 dB verbessert.

Durch die Befestigung der Unterdecke mithilfe von Federschienen, Federbügeln oder elastischen Abhängern wird eine bessere Entkopplung der Unterdecke erreicht, wobei der vorhandene Deckenputz verbleiben kann. Die federnde Abhängung kann durch Federschienen oder Federbügel erfolgen. Die Verbesserungen gegenüber einer offenen Holzbalkendecke betragen bis zu 25 dB.

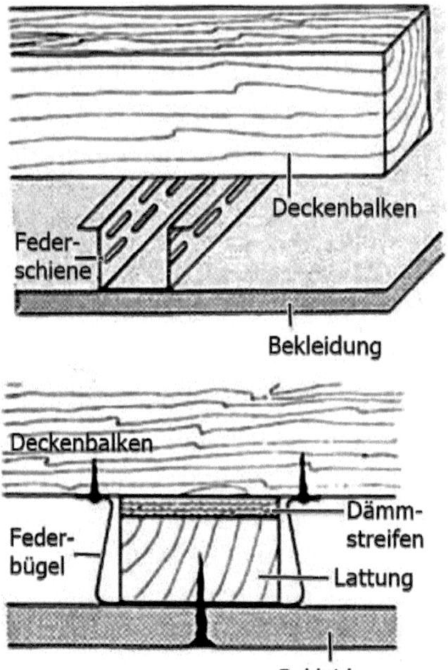

Bild 9.52 Entkopplung durch Federschiene und Federbügel

Sogenannte Schwingungstilger sind noch wirkungsvoller. Sie bestehen aus einer Masse und einer Feder, die als schwingungsfähiges System an den Deckenbalken befestigt werden und deren Eigenfrequenz auf die zu eliminierende Resonanzfrequenz des Bauteils abgestimmt wird. Dadurch, dass Bauteilschwingung und Schwingungstilger zur Resonanz gebracht werden, entziehen die Schwingungstilger der Unterdecke Schwingungsenergie.

Eine noch bessere Entkopplung ist mit einer freitragenden Unterdecke zu erreichen. Hierzu befestigt man die Unterdecke an den flankierenden Wänden, nachdem mithilfe von leichten Tragprofilen eine Tragstruktur ausgebildet wurde, die unterseitig mit Gipskarton- oder Gipsfaserplatten beplankt wird. Aufgrund der räumlichen Trennung der Holzbalkendecke und der Unterdecke erreicht die freitragende Unterdecke eine deutlich höhere Verbesserung als federnd abgehängte Decken, verlangt aber ausreichende Raumhöhe.

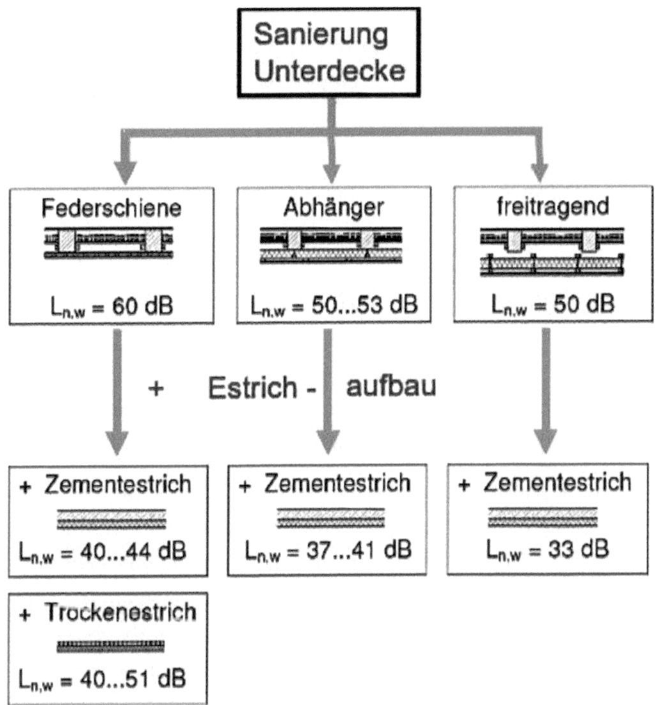

Bild 9.53 Trittschallpegel von geprüften Sanierungsmaßnahmen

Dämmung im Balkenzwischenraum

Bei Balkendecken mit elastisch abgehängten Unterdecken kommt der Dämmung des Balkenzwischenraumes im Hinblick auf die Verbesserung des Trittschallschutzes eine größere Bedeutung zu als bei starr montierten Unterdecken. Gegenüber dem leeren Deckenhohlraum ergaben Vergleichsmessungen mit einem 20 cm dicken Faserdämmstoff eine Verbesserung von 7 dB.

Auch die Art des Dämmstoffes ist von Bedeutung. Durch Erhöhung der Dämmstoffdichte von 15 kg/m³ auf 30 kg/m³ ergeben sich Verbesserungen des bewerteten Trittschallpegels im Bereich von max. 1 dB. Für Einblasdämmstoffe hat sich eine Dichte $\rho \approx 40\,kg/m^3$ als gut geeignet erwiesen. Jedoch sind unterhalb der Balkenlage eine Folie und eine zusätzliche Lattung notwendig, um das Einblasen des Dämmstoffes zu ermöglichen.

9.4.7 Maßnahmen auf der Deckenober- und -unterseite

Durch Kombination von oberseitigen Estrichen und Trittschalldämmmatten sowie unterseitigen schweren und biegeweichen Deckenbekleidungen wird der bestmögliche Trittschallschutz erreicht. Es ist aber auch die aufwendigste Methode zur nachträglichen Schalldämmung. Daher muss man versuchen, ein ausgewogenes Verhältnis zwischen zusätzlicher Aufbauhöhe, vergrößerter Deckenlast und dem Sanierungsaufwand zu finden. Für solche Sanierungen gibt es verschiedene Lösungsansätze für Komplettmaßnahmen auf, unter oder in der Holzbalkendecke.

9.4.8 Fazit

Bei der Sanierung von Fachwerkhäusern ist je nach Nutzungsart ein hinreichender Trittschallschutz ein maßgebendes Komfortmerkmal. Dabei dürfen weder die normativen Anforderungen noch die Tücken bei der Ausführung unterschätzt werden, weil die Schalldämmeigenschaften der Holzbalkendecken schwierig zu beurteilen sind. Dies liegt einerseits an der Variabilität der vorhandenen Konstruktionen und andererseits an dem Zustand der Bestandsdecken.

Zur Berechnung der Trittschalldämmung von Holzbalkendecken gibt es kein gültiges und genormtes Rechenverfahren. Der Planer ist deshalb darauf angewiesen, auf vergleichbare Konstruktionen aus den Bauteilkatalogen zurückzugreifen oder zur Verbesserung des Trittschallschutzes auf Systemlösungen von Herstellern zurückzugreifen. Allerdings muss die dort vorgegebene Konstruktionsart unverändert übernommen werden. Jede Abweichung kann zu unerwünschten Begleiterscheinungen führen.

Eine Einzelfallbetrachtung ist infolgedessen kaum vermeidbar. Um einen zeitgemäßen Trittschallschutz bei Holzbalkendecken zu erreichen, sind die nachfolgenden Aspekte von besonderer Bedeutung:

- Die besten Ergebnisse lassen sich mit freitragenden Unterdecken erzielen.
- Unterdecken in Trockenbauweise, die schallentkoppelt abgehängt werden, sollten so schwer wie möglich sein.
- Zwischen Unterdecke und Holzbalkendecke sollten so wenige Verbindungspunkte wie möglich existieren.
- Schwimmende Estriche sind eine gute Ergänzung; als alleinige Maßnahme bewirken sie im tiefen Frequenzbereich aufgrund von Resonanzen nur mäßige Verbesserungen.
- Eine Verfüllung des Balkenzwischenraums mit einem Faserdämmstoff verbessert die Schalldämmeigenschaften zusätzlich.
- Am wirkungsvollsten ist die Kombination von einer schallentkoppelten Unterdecke mit einem schwimmenden Estrich.

Bei der Entscheidung für eine bestimmte Lösung zur Verbesserung des Trittschallschutzes von Holzbalkendecken sind zunächst sämtliche Randbedingungen zu klären, etwa der Erhaltungszustand und das Tragverhalten der Decke sowie die auch beim Trittschallschutz relevante Schallübertragung über die Nebenwege. Jede zusätzliche Funktionsschicht zur Verbesserung des Trittschallschutzes erhöht die Masse, weshalb bei der statischen Beurteilung auch zu beachten ist, ob und wie viel zusätzliche Lasten die Decke tragen kann. Weil aus Gründen mangelnder Aufbauhöhe des Fußbodens nicht alle Maßnahmen realisierbar sind, ist bei der Sanierung unter Umständen mit Einschränkungen zu rechnen, Schallschutztechnisch problematisch sind schlussendlich die sich aus dem Denkmalschutz ergebenden Randbedingungen, die in jedem Fall eine Einzelfallbetrachtung erfordern.

Eine Holzbalkendecke mit gutem Trittschallschutz genügt den Anforderungen an den Luftschall automatisch. Daher wird man in den meisten Fällen den anzustrebenden Schallschutz der Decke nach der Trittschalldämmung bemessen und von dieser Konstruktion den Wert für die Luftschalldämmung ableiten.

10 Bautechnische Verbesserungen

Der Umfang der bautechnischen Verbesserungen hängt in erster Linie vom Zustand des Gebäudes und der Bauteile ab. Dabei geht es nicht nur darum, Schäden zu beseitigen und die technische Funktionsfähigkeit wiederherzustellen. Sinn solcher Maßnahmen ist es auch, das Bauwerk wieder optisch in den ursprünglichen Zustand zu versetzen und dabei möglichst werkgetreu zu arbeiten. Zusätzlich zu den bautechnischen und restaurativen Voraussetzungen können aber auch die Baukosten und die finanziellen Möglichkeiten ein wesentliches Kriterium für die Auswahl der auszuführenden Maßnahmen unter den angebotenen Alternativen sein.

Bei der Entscheidung über Art, Umfang und Qualität der Verbesserungsmaßnahmen sind daher folgende Punkte zu beachten:

- Zielsetzung der Maßnahme, insbesondere denkmalpflegerische Aspekte,
- technische Anforderungen,
- finanzielle Mittel,
- angestrebter Nutzen.

Die Palette der technischen Lösungen ist ausgesprochen vielfältig. Was sich in einem Falle als richtig und günstig erweist, kann beim nächsten Mal falsch und fehl am Platze sein. Dennoch gibt es Grundregeln, deren Beachtung auf allen Ebenen der Sanierung von Fachwerkhäusern von Vorteil ist:

- Die Sanierung eines Gebäudes soll in der Regel von außen nach innen und von oben nach unten erfolgen.
- Die Standsicherheit des Gebäudes darf durch die Eingriffe in die Bausubstanz nicht beeinträchtigt werden und muss in jedem Falle gewährleistet bleiben.
- Feuchtigkeit ist – ob außen oder innen – von der Baukonstruktion, speziell der Holzkonstruktion, fernzuhalten, um auf Dauer Feuchtigkeitsschäden zu vermeiden.
- Die übrigen aus der Bauphysik herrührenden Anforderungen, z.B. Normen und WTA-Merkblätter auf den Gebieten des Wärme-, Brand- und Schallschutzes, sind zu beachten.

- Bevor Art, Umfang und Reihenfolge der bautechnischen Verbesserungsmaßnahmen festgelegt werden, müssen die Baustoffe und ihre Eigenschaften, die wichtigsten Gestaltungselemente und auch die ursprüngliche Farbgebung des Gebäudes bekannt sein.
- Wann immer möglich gebührt Naturbaustoffen der Vorrang.

Um die GEG-Anforderungen zu erfüllen, können bei der energetischen Sanierung zwei Wege beschritten werden. Erfolgen einzelne Sanierungsmaßnahmen wie zum Beispiel die Dämmung der Außenwände, werden bestimmte Anforderungswerte an den U-Wert des betreffenden Bauteils vorgeschrieben. Dabei macht man zumindest für die Außenwände zweckmäßigerweise von den Möglichkeiten der Ausnahmeregelung nach § 24 EnEV Gebrauch, weil sich der geforderte U-Wert bei einer Innendämmung in den seltensten Fällen realisieren lässt.

EnEV - § 24 Ausnahmen

Soweit bei Baudenkmälern oder sonstiger besonders erhaltenswerter Bausubstanz die Erfüllung der Anforderungen dieser Verordnung die Substanz oder das Erscheinungsbild beeinträchtigen oder andere Maßnahmen zu einem unverhältnismäßig hohen Aufwand führen, kann von den Anforderungen dieser Verordnung abgewichen werden.

Soweit die Ziele dieser Verordnung durch andere als in dieser Verordnung vorgesehene Maßnahmen im gleichen Umfang erreicht werden, lassen die nach Landesrecht zuständigen Behörden auf Antrag Ausnahmen zu.

Bei komplexeren Maßnahmen wird eine energetische Gesamtbilanzierung wie bei einem Neubau durchgeführt.

Tabelle 10.1 Anforderungen des GEG 2020 für die Änderung von Außenbauteilen bei bestehenden Gebäuden sowie Orientierungswerte für deren Umsetzung

Bauteil	Geforderter U-Wert	Orientierungswerte für mögliche Maßnahmen
Außenwände (Ausnahmen nach § 24 EnEV möglich)	0,24	Dämmung mit 12 bis 16 cm
Fenster	1,30	Zweischeiben-Wärmeschutz-Verglasung
Dachflächenfenster	1,40	Zweischeiben-Wärmeschutz-Verglasung
Dachschrägen, Steildächer	0,24	Dämmung mit 14 bis 18 cm
Oberste Geschossdecken	0,24	Dämmung mit 14 bis 18 cm
Wände und Decken gegen unbeheizten Keller, Bodenplatte	0,30	Dämmung mit 10 bis 14 cm
Decken, die nach unten an Außenluft grenzen	0,24	Dämmung mit 14 bis 18 cm

Stellt man fest, dass bei früheren Umbauten Hölzer entfernt worden sind, sind diese wieder einzubauen. Zumindest aber ist die Tragfähigkeit der vorhandenen Bauteile nachzuweisen. Das gilt auch für Anschlüsse und Verbindungsmittel. Wurden Streben, Kopf- oder Fußbänder entfernt, ist zu überprüfen, ob die Konstruktion noch ausreichend ausgesteift ist. Bestehen Bedenken hinsichtlich der Aussteifung, können Eckfelder der Wände mithilfe von Flachstählen ausgekreuzt werden. Auf eine ausreichende Rückverankerung ist zu achten. Unter Umständen können die Felder auch durch Auskreuzen mit Lochbändern aus verzinktem Stahl, sogenannten Windrispenbändern, gesichert werden. Die Aufnahme der Auflagerkräfte aus der Deckenscheibe und die Weiterleitung der Lasten in der Unterkonstruktion – erforderlichenfalls bis zur Gründung – sind in der Regel rechnerisch nachzuweisen.

Bild 10.1 Verankerung des Fußpunktes einer Aussteifungsstrebe

Decken können, wenn nötig, einfach durch Auskreuzen mit Windrispenbändern ausgesteift werden.

Die Tatsache, dass Fachwerke krumm und schief sind, deutet nicht unmittelbar darauf hin, dass die Standsicherheit nicht mehr gewährleistet ist. Wenn die Ausfachungen noch weitgehend vorhanden sind, lassen sich Fachwerke nur geringfügig richten, während bei Fachwerken, deren Gefache vollständig entfernt wurden, eine Ausrichtung ohne Probleme möglich ist. Das Ausrichten darf auf keinen Fall gewaltsam erfolgen, d. h. der Vorgang muss möglichst langsam mit Seilen, Hebeln und Winden unter Kontrolle aller Verbindungen geschehen. Nach Erreichen des gewünschten Ausrichtungszustandes ist die Konstruktion durch Auskeilen der Verbindungsstellen, Ergänzen von Holznägeln und im Bedarfsfall durch spezielle statische Maßnahmen in sich zu festigen.

Wegen der technischen Regeln – Normen und WTA-Merkblätter –, die bei einer bautechnischen Sanierung zu beachten sind, wird auf Kapitel 9 „Sanierungsbausteine“ verwiesen.

Bild 10.2 Abstützung einer Fachwerkkonstruktion im Bauzustand

■ 10.1 Instandsetzen der Holzkonstruktion

Bei Fachwerkwänden sind allein die Holzstäbe (Stiel, Riegel und Strebe) statisch wirksam. Die Ausfachung selbst, wie auch immer sie hergestellt wird, hat lediglich die Aufgabe des Raumabschlusses, auch wenn sie de facto aussteifend wirken, weil die Einwirkungen in den umlaufenden Scherfugen durch Schubfluss übertragen werden.

Die Dächer im Bestand, die durchweg als Steildächer konzipiert sind, sind mitunter in ihrer Konstruktion etwas komplexer als heute üblich und erfordern eine gründliche Bestandsaufnahme. Sie lassen sich aber gut den heute gängigen Dachformen zuordnen. Solange ein Tragwerk keine Schäden aufweist und keine Nutzungsänderungen vorgesehen sind, gilt Bestandsschutz. Eine Anpassung an die derzeitigen baurechtlichen Vorschriften ist nur im Falle von Veränderungen notwendig.

Vorbehalte im Hinblick auf die Tragfähigkeit dieser Konstruktionen sind unberechtigt, denn Schäden und Verfallserscheinungen am Fachwerk wie auch am Dach sind so gut wie nie auf das Tragsystem zurückzuführen. Als Ursache haben am ehesten die unzureichende Instandhaltung zu gelten und die Sorglosigkeit, mit der mitunter in die Konstruktion eingegriffen wurde. Dass Fachwerkbauten solche Eingriffe trotzdem mehr oder weniger unbeschadet überstanden haben, ist ein deutliches Indiz für die großen Sicherheitsreserven, die solchen Konstruktionen innewohnen.

Das darf aber nicht dazu verleiten, die Schadensituation in ihrem Ausmaß und ihrer Intensität zu unterschätzen. Dieses in der Praxis immer wieder vorkommende Dilemma führt zu Verzögerungen im Bauablauf, zur Erhöhung der kalkulierten Kosten und nicht zuletzt zur Gefährdung von Menschen. Auf der anderen Seite führt die Überschätzung von Art und Umfang von Schäden zu unnötigen Sanierungsarbeiten und Kostenüberschreitungen.

Bild 10.3 Abgebeilter Stiel in einem Dachboden nach Hausbockbefall

Je nach dem Zerstörungsgrad der Hölzer muss entschieden werden, welche Instandsetzungsmaßnahme durchgeführt werden soll. Das schadhafte Holz lediglich abzubeilen und nur noch den verbliebenen Restquerschnitt für die Abtragung der Lasten zu nutzen, kann für Hölzer infrage kommen, die nach den Instandsetzungsmaßnahmen nicht mehr sichtbar sind oder sich in Bereichen befinden, die einer untergeordneten Nutzung unterliegen.

■ 10.2 Fachwerkwände

10.2.1 Ständerwerk

In sichtbaren Bereichen von Fachwerkwänden könnte man Fehlstellen unter Umständen durch Holz in Bohlenstärke ersetzen. Wichtig ist dabei, dass möglichst altes, trockenes Holz gleicher Holzart, z. B. aus abgerissenen alten Gebäuden, verwendet wird.

Bild 10.4 Unsauber durch Holzersatz ausgebesserte Strebe

Ganz abzulehnen ist die Variante, wonach die Fachwerkwände in Gänze durch Bretter aufgedoppelt und die Ausfachung danach neu verputzt wird. Die Gefahr, dass sich die Bretter verwerfen und verziehen, ist sehr groß. Außerdem besteht die Gefahr, dass Niederschlagswasser hinter die Verbretterung läuft und neuerliche Schäden in der Holzkonstruktion verursacht.

Richtig ist es, – wenn möglich – die Hölzer über den ganzen Querschnitt zu ergänzen oder aber ganz auszuwechseln. Weil dabei das schadhafte Holz aus dem Zapfen herausgeschnitten werden muss, lässt es sich meistens nicht vermeiden, dass die originalen Verbindungen zerstört werden. Mit der Vielzahl von Verbindungen nach zimmermannsmäßigen Grundsätzen bieten sich diverse Lösungen an, die dem Einzelfall gerecht werden. Einen umfassenden Überblick findet sich in Gerner et al.: Anschuhen, Verstärken und Auswechseln; Reparaturverbindungen der Zimmerleute; Fachwerk- und Dachkonstruktionen (2., teilüberarbeitete Ausgabe, Deutsches Zentrum für Handwerk und Denkmalpflege, Fulda 2018). Im Einführungskapitel heißt es:

„Zu den Holzverbindungen, die für die Reparaturen verwendet wurden und werden, gehören standardmäßige Verbindungen für neue Konstruktionen, die sich auch für Reparaturen eignen, wie:

- *schräger Stoß*
- *Stoß mit Schwalbenschwanzeinlage*
- *gerade eingeschnittener Stoß mit eingesetztem Mittelstück*
- *gerade eingeschnittener Stoß mit eingesetztem Haken-Zapfenstoß*
- *gerades Blatt, liegend horizontal, stehend horizontal und vertikal*
- *gerades Blatt, beidseitig schräg eingeschnitten*

- *gerades Hakenblatt*
- *gerades Blatt mit Gratschnitt*
- *Scherzapfen*

Mehr noch gehören Verbindungen dazu, die ausschließlich für bestimmte Reparaturanforderungen konstruiert wurden, wie:

- *falscher Zapfen*
- *falscher Zapfen mit Keilen*
- *Jagdzapfen*
- *Schleifzapfen*
- *gerades Blatt, in zwei Richtungen schräg eingeschnitten*
- *schräg eingeschnittener Scherzapfen mit Grat*
- *stehendes gerades Hakenblatt, beidseitig schräg eingeschnitten*
- *stehendes schräges Blatt, beidseitig schräg eingeschnitten*

Der Schwerpunkt aller Reparaturverbindungen liegt bei Verbindungen zum geraden Verlängern und zum geraden Anschuhen von Hölzern. Weiter folgen dann Reparaturverbindungen von Hölzern mit Eckstößen bis hin zu Schwelle-Ständer-Reparaturen und schließlich aufwendige Reparatursysteme für komplexe Verbindungen größerer Einheiten wie die Knotenpunkte Rähm/Balken/Sparren oder Rähm/Balken/Sparren/liegende Stuhlsäulen. Auch die Verstärkung von Hölzern oder die Reparatur von Balkenköpfen zählen zu den größeren Gruppen.“

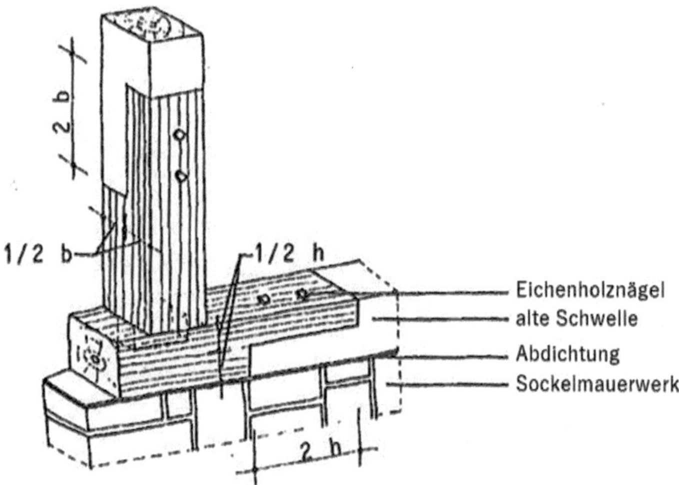

Bild 10.5 Erneuerung von Stielfuß und Schwelle

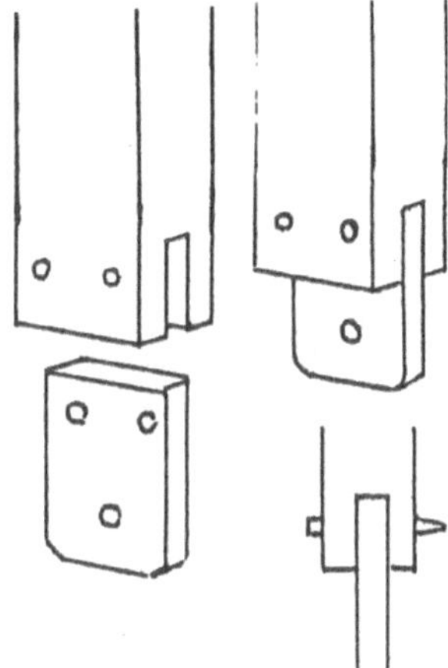

Bild 10.6 Ergänzung durch falschen Zapfen

Notfalls können die Ersatzhölzer mithilfe von Stahlverbindungen (Nagelbleche, Blechwinkel und -schuhe) an der vorhandenen Konstruktion befestigt werden.

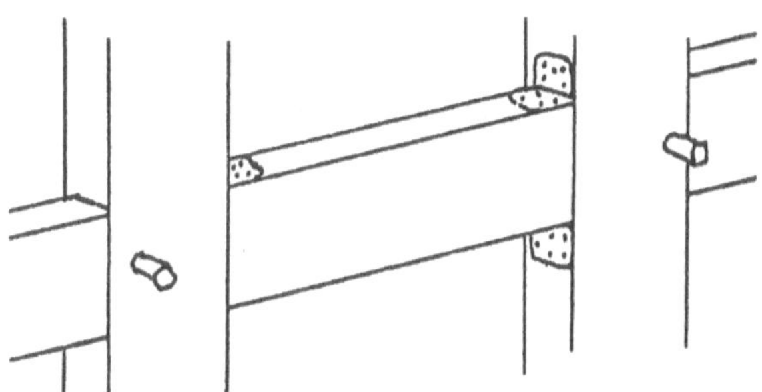

Bild 10.7 Nagelplattenverbindung zwischen Stiel und Riegel

10.2.2 Erneuern der Gefache

Mehr und mehr hat sich die Meinung durchgesetzt, dass es sinnvoller ist, gut erhaltene Ausfachungen zu belassen und auszubessern, anstatt die Gefache generell zu erneuern. Auch Lehmausfachungen sollten nach Möglichkeit erhalten bleiben, nicht zuletzt wegen der vergleichsweise guten Wärmedämmfähigkeit des Strohlehms.

Aufgrund der geringen Widerstandsfähigkeit gegenüber heutigen Witterungseinflüssen ist der früher verwendete Kalk als Anstrich auf dem Gefach ungeeignet. Da aber andere Anstrichmittel auf Lehm schlecht haften, ist es besser, die vorhandenen Lehmgefache zu verputzen. Dazu wird der Lehm an den Kanten etwas abgenommen und Rippenstreckmetall bzw. ein anderer geeigneter Putzträger in Gefachgröße seitlich an die Fachwerkhölzer genagelt. Einem Spritzbewurf folgt dann ein Kalkputz mit geringem Trassanteil, der allseitig an das Holzwerk angeglichen wird.

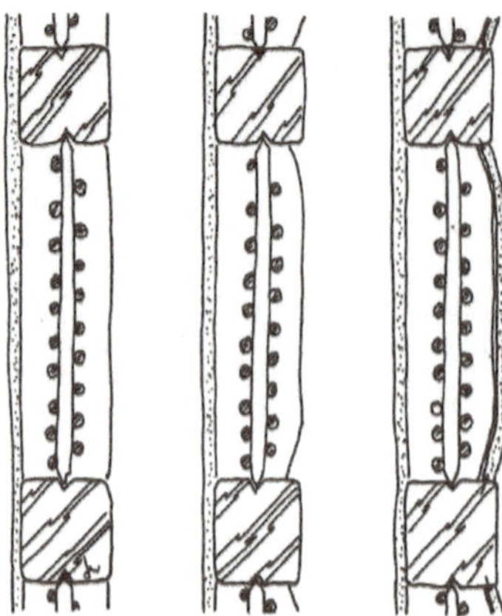

Bild 10.8 Nachträgliches Verputzen von Lehmausfachungen

Zerstörte Lehmausfachungen können auf traditionelle Weise wieder hergestellt werden. In Kerben oder Bohrungen werden den Fachgrößen entsprechend bis zu 5 cm dicke, meist gespaltene Stabhölzer in Abständen von etwa 20 cm eingespannt und zwischen diesen quer bis zu 2 cm dicke Weidenruten verflochten. Das Material der Staken und des Flechtwerks sind landschaftlich bedingt. Die Staken können aus verschiedenen Hölzern hergestellt werden und das Flechtwerk kann auch aus Fichte oder gespaltenen Ruten bestehen. Manchmal wurden auch gedrehte Strohseile durchgezogen. Den Lehmmörtel zur Verfüllung des Geflechts stellt man aus feinem Lehm unter Zugabe von gehäckseltem Stroh her. Dabei wird Wasser zugegeben, bis ein Mörtelbrei entsteht, der beidseitig in mehreren Lagen auf das Geflecht geworfen, angedrückt und holzbündig abgezogen wird. Man kann aber auch auf vorkonfektionierte Putze zurückgreifen, die sich zudem maschinell aufbringen lassen.

Bild 10.9 Aufbau einer Stakung im alten Fachwerkgefüge

Ergänzungen von nicht verputzten Ziegelausfachungen bereiten heute oft Schwierigkeiten. Die alten Ziegel haben nämlich andere Abmessungen und Farben, sodass sie neu angefertigt werden müssen. Mitunter steht aber auch aus Abrissen geeignetes Material zur Verfügung, oder aber man verwendet ein ähnliches Format der gleichen Farbe.

Vollsteine aus Leicht- oder Porenbeton besitzen gegenüber Ausfachungsmauerwerk aus herkömmlichen Mauersteinen den Vorteil einer weitaus besseren Wärmedämmung. Man mauert sie im Verband, wobei die Fugen dünn und vollfugig auszuführen sind und die Außenseite witterungsbeständig zu verputzen ist.

Bei der Ausmauerung der Gefache entstehen vor allem an den Stielen und unter den Riegeln größere Fugen. Daher war es üblich, im Gefach an der Holzkonstruktion Dreiecksleisten anzubringen und die Ziegel entsprechend einzukerben. Der Einbau von Dreiecks- und Trapezleisten zur Sicherung der gemauerten Ausfachung ist heutzutage wieder Standard, auch wenn dieses Verfahren mit einem hohen Arbeitsaufwand verbunden ist.

Bild 10.10 Anschlussmöglichkeiten der Ausfachung an das Fachwerk

Eine einfache Möglichkeit der Verankerung ergibt sich bei Neuausfachungen durch Nutzung der vorhandenen Keilnut der ehemaligen Stakung. Existiert diese nicht, können zur Fixierung der Ausfachung in Höhe einer jeden zweiten Lagerfuge verzinkte Nägel seitlich in die Ständer eingeschlagen werden. Auch ist es möglich, spezielle Winkelbleche am Holz zu befestigen und diese in der Lagerfuge zu vermörteln, wobei ein relativ starrer Verbund zwischen Holz und Gefach entsteht. Das setzt voraus, dass das Gesamtgefüge tatsächlich unverschieblich ist.

Die Fugen selbst sind beim alten Fachwerkbau meistens nur vermörtelt und nicht ausgestopft, während man heute der Fugenausbildung – nicht zuletzt wegen der modernen technischen Möglichkeiten – größere Aufmerksamkeit widmet. So kann man leider immer wieder beobachten, dass die umlaufende Fuge mit Dämmstoff, z. B. Glaswolle, ausgestopft und nach außen hin mit einer dauerelastischen Dichtungsmasse verfüllt wird. Dabei besteht die Gefahr, dass die Dichtungsmasse nur bedingt auf dem Holz haftet, nach und nach versprödet und sich schon bald infolge der Eigenbewegungen des Fachwerks ablöst. Bewährt hat sich die Fugendichtung mittels vorkomprimierter Fugenbänder.

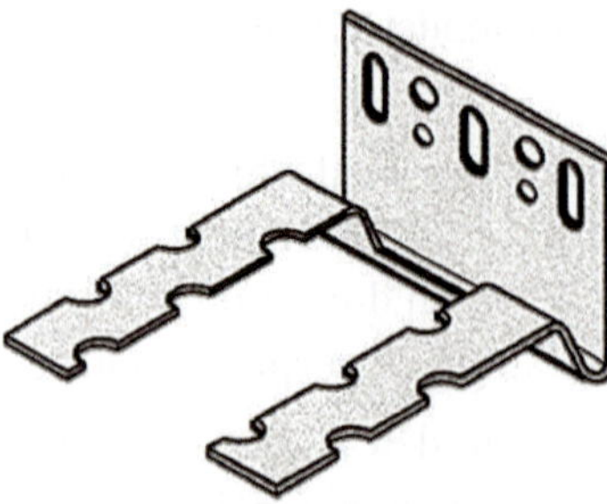

Bild 10.11 Winkelblech zur Fixierung des Gefachs am Ständer

Bild 10.12 Fugendichtung durch vorkomprimierte Fugenbänder

Diese Fugenbänder sind so eingestellt, dass sie zusammengedrückt werden können, aber andererseits auch Vergrößerungen der Fugen bis zu einem gewissen Maß kompensieren. Damit entsteht eine Fuge, welche die Bauwerksbewegungen nachvollzieht und dennoch extremen Witterungsbedingungen standhält.

10.2.3 Wärmeschutz der Fachwerkwände

10.2.3.1 Bestandskonstruktionen

Der zweifellos schwierigste Fragenkomplex bei der Sanierung von Fachwerken umfasst die zusätzlichen Wärmedämmmaßnahmen. Die Fachwerkgebäude sind zu Zeiten errichtet worden, in denen weitaus geringere Anforderungen an den Wohnkomfort gestellt wurden als heute oder die Nutzung oft eine völlig andere war als heute. Fragen des Wärmeschutzes der Gebäudehülle spielten kaum eine Rolle. Maßgebend für die Dimensionierung der Bauteile waren vielmehr die konstruktiven Gesichtspunkte.

Untersucht man Fachwerkkonstruktionen in wärmeschutztechnischer Hinsicht, so stellt man fest, dass der Mindestwert des Wärmeschutzes so gut wie nie erreicht wird. Der Mindestwert für Außenwände von U = 0,73 W/(m²K) nach DIN 4108 wird in aller Regel deutlich überschritten, sodass ein erhebliches Wärmeschutzdefizit vorhanden ist. Den Mindestwärmeschutz, der zur Vermeidung von Schimmel und Tauwasserausfall erforderlich ist, zu realisieren, ist aber notwendig. Erst durch Mindestanforderungen an den Wärmeschutz im Winter in Verbindung mit den erforderlichen Maßnahmen des klimabedingten Feuchteschutzes werden gesunde Nutzungsverhältnisse ermöglicht. Zugleich wird bei fachgerechter Ausführung ein dauerhafter Schutz der Baukonstruktionen gegen klimabedingte Feuchteeinwirkungen erreicht. Wärmedämmmaßnahmen zahlen sich also doppelt aus.

Tabelle 10.2 Eichenfachwerk mit Strohlehm

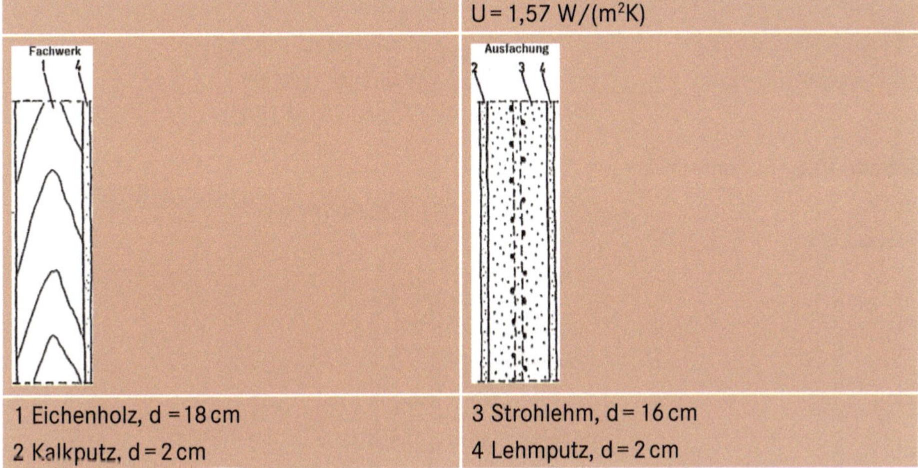

	U = 1,57 W/(m²K)
1 Eichenholz, d = 18 cm 2 Kalkputz, d = 2 cm	3 Strohlehm, d = 16 cm 4 Lehmputz, d = 2 cm

Tabelle 10.3 Eichenfachwerk mit Lehmsteinen

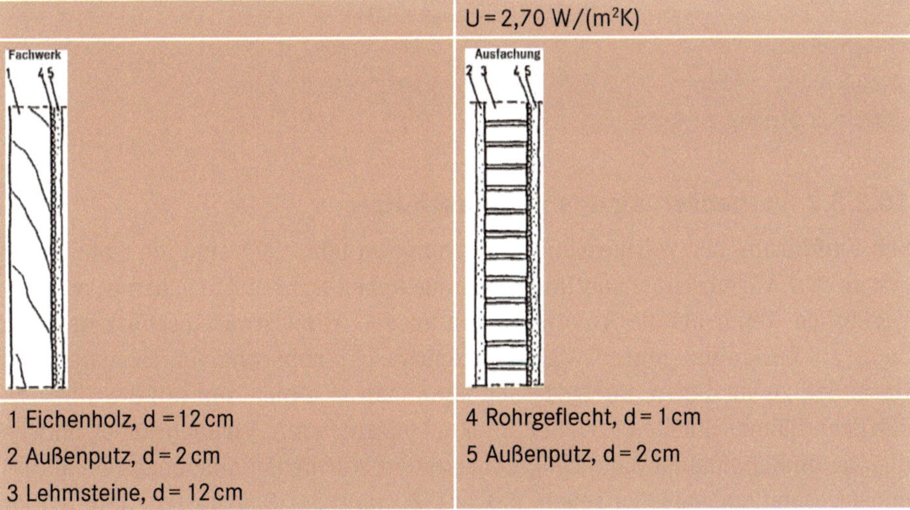

	U = 2,70 W/(m²K)
1 Eichenholz, d = 12 cm 2 Außenputz, d = 2 cm 3 Lehmsteine, d = 12 cm	4 Rohrgeflecht, d = 1 cm 5 Außenputz, d = 2 cm

Tabelle 10.4 Fichtenfachwerk mit Ziegeln

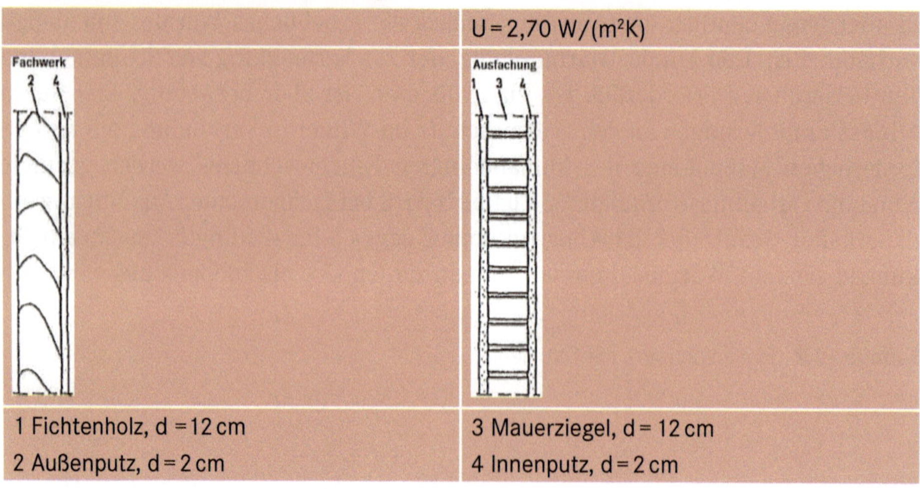

	U = 2,70 W/(m²K)
Fachwerk 2 4	Ausfachung 1 3 4
1 Fichtenholz, d = 12 cm 2 Außenputz, d = 2 cm	3 Mauerziegel, d = 12 cm 4 Innenputz, d = 2 cm

Tabelle 10.5 Eichenfachwerk mit Ziegeln

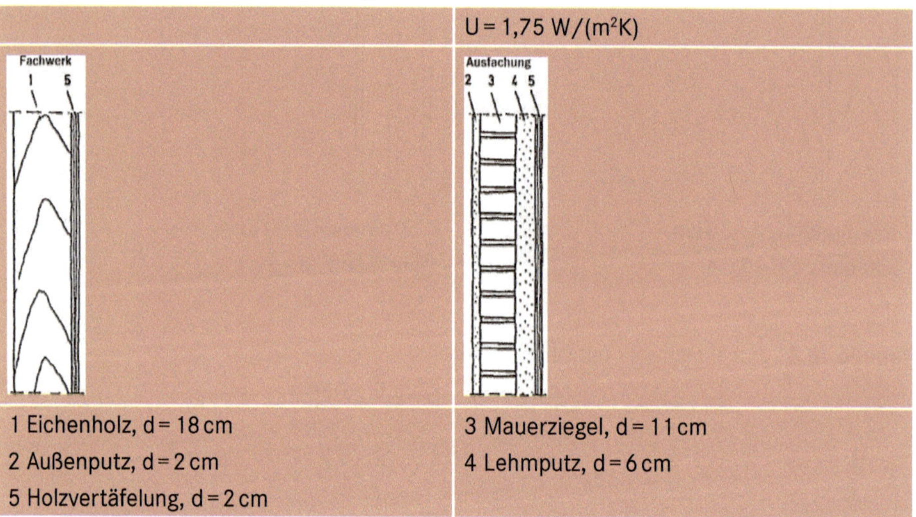

	U = 1,75 W/(m²K)
Fachwerk 1 5	Ausfachung 2 3 4 5
1 Eichenholz, d = 18 cm 2 Außenputz, d = 2 cm 5 Holzvertäfelung, d = 2 cm	3 Mauerziegel, d = 11 cm 4 Lehmputz, d = 6 cm

10.2.3.2 Verbesserung des Wärmeschutzes

Seit Einführung der Wärmeschutzverordnung im Jahr 1977 sind die Anforderungen an den Wärmeschutz kontinuierlich angehoben worden. Sie gehen inzwischen wesentlich weiter als die Anforderungen an den Mindestwärmeschutz und sind heute als Bestandteil eines Gesamtkonzeptes zur Einsparung von Heizenergie in Gebäuden zu verstehen. Infolgedessen kann man sich nicht nur auf die durch zusätzliche Dämmschichten erzielten Effekte konzentrieren. Vielmehr ist es notwendig, die im Rahmen der Sanierung umgesetzten Wärmedämmmaßnahmen als Teil eines Gesamtkonzeptes zu sehen, das den Zustand der Bausubstanz, die Art der Nutzung, die Form der Wärmeversorgung und die Art des Energieträgers einbezieht. Damit ist es möglich, wärme- und heizungstechnische Einzelmaßnahmen zu variieren und aufeinander abzustimmen. In Einzelfällen erlaubt der Gesetzgeber Ausnahmen, die man nutzen sollte.

Der schlechte Wärmeschutz der Fachwerkwände im Bestand hat auch sein Gutes. Schon geringe Dämmstoffdicken - innen oder außen aufgebracht - verbessern den Wärmeschutz von Fachwerkwänden deutlich. Zurückzuführen ist dieser Effekt auf die reziproke Proportionalität zwischen dem U-Wert und der Dämmstoffdicke.

Reziproke Proportionalität besteht zwischen zwei Größen, wenn sich die eine proportional zum Kehrwert der anderen verhält. Der Graph ist eine Hyperbel, die Korrelation von U-Wert und Dämmstoffdicke nähert sich den Koordinatenachsen asymptotisch an.

Ausgehend von 2 cm Dämmstoffdicke verbessert eine zusätzliche 3 cm dicke Wärmdämmschicht den U-Wert einer Wand ($R = 0{,}55 m^3K/W$) deutlich um $0{,}32 W/(m^2K)$. Vergrößert man hingegen die Dämmstoffdicke ausgehend von 12 auf 15 cm liegt die Verbesserung nur noch bei $0{,}05 W/(m^2K)$. Daraus ist zu schlussfolgern, dass jede maßvolle Form der Wärmedämmung wegen der schlechten Wärmedämmeigenschaften der Fachwerkwände im Bestand nicht nur richtig, sondern auch effizient ist.

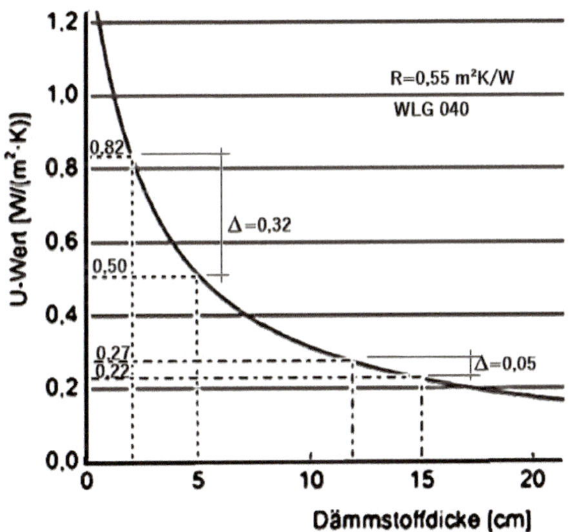

Bild 10.13 Hohe Effizienz trotz geringer Dämmstoffdicken

Die in der Praxis am häufigsten und mit Erfolg angewendeten Maßnahmen zur Verbesserung des Wärmeschutzes von Fachwerkwänden sind:

- teilweise Erneuerung der Gefache mit einschichtigem Wandaufbau,
- vollständige Erneuerung der Gefache mit einschichtigem Wandaufbau,
- Wärmedämmung auf der Außenseite,
- Wärmedämmung auf der Wandinnenseite.

Von den vier genannten Anwendungsmöglichkeiten ist die Innendämmung die bauphysikalisch problematischste Methode. Dennoch ist sie immer dann, wenn das Fachwerk im Urzustand verbleiben soll, die einzig mögliche Maßnahme zur Verbesserung des Wärmeschutzes.

10.2.4 Einschichtiger Gefachaufbau

Im Bestand am meisten verbreitet sind Ausfachungen mit gebrannten Ziegeln oder ungebrannten Lehmsteinen und Gefachfüllungen aus Strohlehm auf Stakhölzern. Seltener trifft man auf Natursteine.

Bild 10.14 Ausfachung mit Natursteinen

Überall dort, wo regional in ausreichendem Maße Lehm zur Verfügung stand, setzte sich zunächst die Lehmbautechnik durch. Neben dem Vorteil der geringen Kosten zeichneten sich Gefachfüllungen auf der Basis von Lehm durch die im Vergleich zu gebrannten Ziegeln bessere Wärmedämmung aus und die Tatsache, dass der Lehm bei Regen etwas quoll und dadurch die Fuge zwischen Lehm und Holz geschlossen wurde. Andererseits war zu berücksichtigen, dass die mit der Zeit verwitterten Oberflächen nur einen ungenügenden Schutz gegen starken Schlagregen boten. Es war daher notwendig, diese Ausfachungen von Zeit zu Zeit zu überarbeiten bzw. zu bekleiden. Regelmäßige Kalkmilchanstriche ergaben immer dickere, schützende und die Haarrisse zuschlämmende Schutzschichten.

Will man solche Gefachfüllungen erhalten, muss man die Unterhaltungsarbeiten nach den traditionellen Verfahren durchführen. Dabei kann der früher auf Lehm übliche einfache Kalkanstrich heute kaum noch angewendet werden, da der Kalk von der Witterung, insbesondere saurem Regen, zu stark angegriffen wird und entsprechend schnell abwittert. Auch ein dünner Kalkputz, der direkt auf den Lehm aufgebracht wird, hat nur eine begrenzte Lebensdauer - ganz abgesehen von der Problematik der schlechten Haftung des Kalkputzes auf dem Untergrund. Soll diese Technik dennoch angewendet werden, muss der Lehm vorher gut angefeuchtet werden. Außerdem ist der Lehm aufzurauen, damit die Haftfestigkeit verbessert wird und der wenige Millimeter dicke Kalkputz auf dem Lehmuntergrund hält. Da der Kalkputz nur einige Millimeter dick sein soll, muss als Zuschlagstoff ein feinkörniger Sand verwendet werden. Wird der Kalkputz zusätzlich gestrichen, sollte dies nass in nass mit einer Kalkmilch geschehen. Es besteht aber auch die Möglichkeit, Fertigprodukte zu verwenden.

Sitzen die Strohlehmgefache fest zwischen den Fachwerkhölzern und weisen sie nur einzelne Fehlstellen auf, können diese Stellen wieder mit Strohlehm ausgebessert werden. Ein Beschichten mit Kalk- oder Zementmauermörtel stellt wegen der mangelhaften Haftung auf dem Lehmuntergrund im Allgemeinen keine dauerhafte Lösung dar.

Sind die Gefache weitgehend zerstört oder lose, ist eine Neuausfachung nicht mehr zu umgehen. In den letzten Jahren hat man bei der Wiederherstellung von Ausfachungen, die wieder verputzt wurden, in der Regel Steine verwendet, die einen vergleichsweise guten Wärmeschutz bewirkten. Neben der hohen Wärmedämmung spielte auch die Teilbarkeit der Steine und damit das Format eine wichtige Rolle. Bei der Verwendung zu großer Steine steigt der Bruchanteil beim Einpassen der Steine stark an. Auch bestünde die Gefahr, dass sich Ausmauerungen zu starr verhalten. Sie wären nicht elastisch genug, um die Schwind- und Quellbewegungen des Holzes zu kompensieren.

Bild 10.15 Neuausfachung mit Holzleichtlehm und Strohlehm

Infolge der vielfach verbesserten Wärmedämmeigenschaften bestimmter Mauersteine in Verbindung mit der Möglichkeit, wärmedämmende Mörtel einzusetzen, ist die Ausmauerung zerstörter oder loser Gefache auch heute aktuell. Leichtziegel, Porenbetonsteine und spezielle Leichtbetonsteine, z. B. unter Verwendung von ausgewähltem Bims als Zuschlagstoff, eignen sich durchaus als Ausfachungsmaterial, die anschließend verputzt werden.

Die Ausmauerung ist der Dicke des Außenputzes entsprechend hinter die Außenkante des Fachwerkes zurückzusetzen, und zwar bei normalem Außenputz 2 cm und bei der Verwendung von Wärmedämmputzen entsprechend der vorgesehenen Putzdicke. Außerdem muss man beachten, dass, obwohl die Wärmedämmeigenschaften porosierter Mauersteine erheblich besser sind als die herkömmlichen Ausfachungsmaterialien, Ausmauerungen mit der Dicke eines halben Steines keinesfalls heutigen Ansprüchen genügen.

In jüngster Zeit haben – nicht zuletzt vor dem Hintergrund der Problematik gesunden Bauens und Wohnens – Lehmbautechniken wieder an Bedeutung gewonnen. Dabei ist zu unterscheiden zwischen dem althergebrachten Strohlehm und dem sogenannten Leichtlehm.

Die Technik des Leichtlehmbaus stellt eine Weiterentwicklung des traditionellen Strohlehmverfahrens dar. Während bei Strohlehm der Lehmanteil überwiegt, macht beim Leichtlehm der Zuschlagstoff den Hauptbestandteil aus. Der Lehm fungiert hier lediglich Bindemittel für die Zuschläge. Zuschläge können Strohhäcksel, Hackschnitzel, Hobelspäne, Sägemehl, Hanffasern, Hanfschäben oder auch Korkgranulat sein. Erstmals definiert wurde der Begriff „Leichtlehm" in der Lehmbauordnung des Jahres 1944. Danach galten und gelten alle Lehmgemische mit Leichtzuschlägen und einer Rohdichte unter 1200 kg/m³ als Leichtlehm. Die heutzutage erreichbare geringstmögliche Rohdichte liegt in der Größenordnung von 400 kg/m³.

Im Unterschied zur Strohlehmtechnik wird der Lehm bei der Herstellung von Leichtlehm in flüssigem Zustand mit dem Zuschlag vermischt und die fertige Leichtlehmmasse wird in Schalungen vor Ort durch Stampfen zum Bauteil geformt. Das Einstampfen der Leichtlehmmasse, die sich überall anpasst, ist einfach und unkompliziert. Zu bedenken ist die relativ lange Trocknungszeit, die je nach Witterungsverhältnissen mehrere Monate dauern kann. Es empfiehlt sich, Leichtlehmbauteile in den frühen Sommermonaten herzustellen und diese erst im Herbst zu verputzen.

Wenn die alten Ausfachungen erhalten bleiben, kann das Gefüge als verlorene Schalung benutzt werden und innen eine Leichtlehmwand installiert werden. Zur Herstellung der Gefache wird auf der Innenseite eine Kletterschalung eingesetzt, die auf Gleitlehren geführt wird, sodass auf der Innenseite eine fugenlose Oberfläche entsteht.

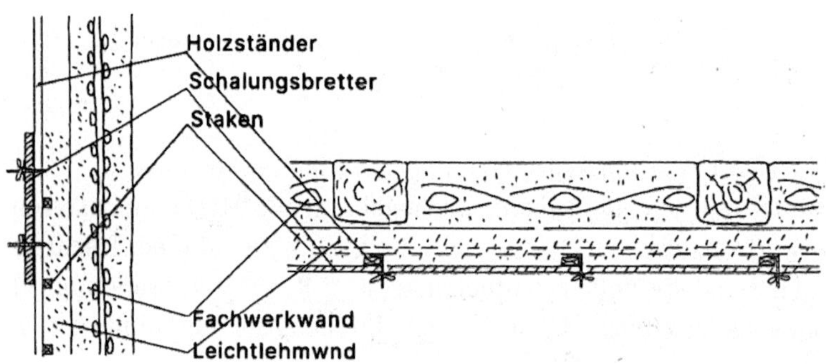

Bild 10.16 Lehmausfachung mit Leichtlehm als Innendämmung

Bei vollständigen Neuausfachungen ist jeweils auf der Außen- und der Innenseite eine Schalung notwendig, die nach Art einer Gleitschalung verwendet werden kann. Je nach Rohdichte des verwendeten Leichtlehms reichen Wanddicken in der Größenordnung von 30 cm aus, um dem heutigen Standard Genüge zu tun.

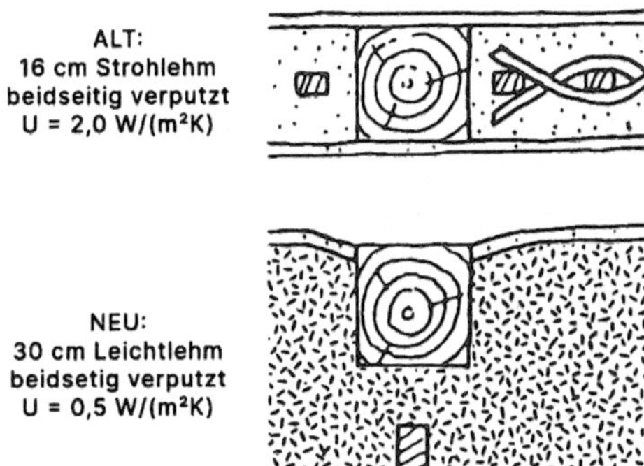

Bild 10.17 Monolithische Leichtlehmausfachung

Die Oberfläche von Leichtlehm ist ähnlich der von Holzwolle-Leichtbauplatten ein guter Untergrund für Putze jeder Art. Bei bündiger Ausfachung wird der noch feuchte Leichtlehm an den Fachwerkhölzern schräg ausgeschnitten, damit auch dort die Putzschicht mindestens 2 cm dick wird. Dieses Ausschneiden stellt sicher, dass der Außenputz im Bereich der Fachwerkhölzer nicht auf null ausläuft. Soll die Putzoberfläche mit den Hölzern bündig sein, setzt man die Lehmausfachung von vornherein um Putzdicke zurück.

Wenn die Strohlehmstakung in den alten Gefachen nur außen erneuert wird – die Wandinnenoberflächen bleiben ungestört –, sollte dies bis zu einer Tiefe von etwa 5 cm geschehen. Zur Verbesserung der Putzhaftung werden Trägermaterialien verwendet. In Betracht kommen Rabbitz-Draht, aber auch Armierungsgewebe, bedingt Rippenstreckmetall. Sie werden auf die Stakung genagelt und seitlich an das Holz der Gefache herangeführt. Auch die Befestigungsmittel müssen verzinkt sein.

10.2.5 Mehrschichtiger Gefachaufbau

Der zwischen dem Putzträger und der Vorderkante des Fachwerks verbleibende Zwischenraum kann auch mit einem Wärmedämmputz versehen werden, wenn der Lehm entsprechend tief entfernt wurde. Wärmedämmputze sind mehrere Zentimeter dicke mineralische Putze mit einem Wärmedämmzusatz, auf die eine etwa 1 cm dicke Edelputzschicht aufgebracht wird. Die wärmedämmende Wirkung solcher Putze ist wesentlich größer als bei den üblichen Mineralaußenputzen, jedoch geringer als die von Wärmedämmstoffen gleicher Schichtdicke. Man kann auch vereinzelt den Versuch beobachten, mit Wärmedämmverbundsystemen zu arbeiten.

10.2.6 Außendämmung

Teilweise wurden Fachwerkbauten in der Vergangenheit zum Schutz gegen Witterungseinflüsse, insbesondere Durchfeuchtungen, mit Vorhangfassaden bekleidet. Man verwendete dazu Schieferbekleidungen, Verschindelungen und Verbretterungen. In besonders exponierten Lagen erfolgte die Bekleidung allseitig, sonst vielfach nur auf der Wetterseite.

Bild 10.18 Fachwerkhaus mit bekleideter Längswand in früherer Zeit

Derartige Bekleidungen können als eine Sonderform der Außenwandausbildung von Fachwerkbauten betrachtet werden. Im krassen Gegensatz dazu stehen Vorhangfassaden aus Kunststoffplatten, Kunststoffpaneelen, Asbestzementplatten, Aluminiumpaneelen sowie Bitumenplatten, die in den 1950er-, 1960er- und 1970er-Jahren zur „Verbesserung" von Fachwerkwänden verwendet wurden. Solche Bekleidungen haben die Fassaden entstellt und sind nicht vertretbar. Wo man Fachwerkhäuser mit derartigen Fassadenbekleidungen antrifft und wo der Schlagregenschutz im Vordergrund steht, besteht generell die Möglichkeit, den Wärmeschutz durch eine zusätzliche Wärmedämmschicht auf der Wandaußenseite zu verbessern. Dazu muss die alte Vorhangfassade demontiert und nach Aufbringen der Wärmedämmung mit einem um die Wärmedämmschichtdicke und einer 2 cm dicken Luftschicht vergrößerten Abstand wieder angebracht werden (vorgehängte hinterlüftete Fassade).

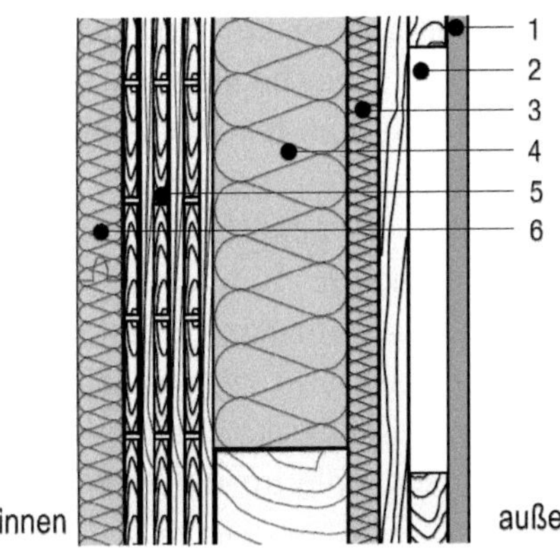

1. Vorhangfassade hinterlüftet
2. Lattung / Konterlattung
3. ISOLAIR / ISOROOF / PAVATHERM PLUS
4. PAVAFLEX flexibler Holzfaserdämmstoff zwischen Holzständer
5. Massivholz-Außenwand luftdicht verklebt mit PAVAFIX 60
6. PAVAROOM

Bild 10.19 Vorgehängte hinterlüftete Fassade (Prinzipskizze Pavatex)

Eine Außendämmung schützt die Wandfläche einschließlich der Deckenlagen und der Balkenköpfe. Da Wärmedämmung und Hinterlüftung der Vorsatzschale eine gewisse Dicke erfordern, ist ein hinreichend großer Dachüberstand erforderlich. Man sollte auch in Erwägung ziehen, Fenster weiter nach außen in die Dämmebene zu versetzen, damit gerade bei kleineren Fenstern nicht der optische Eindruck von Luken entsteht. Bauphysikalisch gesehen ist diese Sanierungsvariante bei fachgerechter Ausführung unproblematisch.

10.2.7 Innendämmung

Eine Innendämmung ist bei Fachwerkwänden die Regel. Mit ihrer Hilfe erreicht man eine merkliche Verbesserung des Wärmeschutzes und damit der Behaglichkeit. Ohne das äußere Erscheinungsbild zu beeinträchtigen, werden die Energieverbräuche und die Energiekosten reduziert. Auch die schnellere Aufheizung der Räume kann ein Vorteil sein, speziell bei temporär genutzten Räumlichkeiten. Maßnahmen zur Verbesserung des Wärmeschutzes in Form von Innendämmungen von Fachwerkwänden sind zudem einfach und kostengünstig. In der Denkmalpflege hat die Innendämmung einen hohen Stellenwert, weil man eine wärmeschutztechnische Verbesserung der Außenwand erzielt, ohne das historische Fassadenbild zu verändern. Die Außenwände bleiben voll und ganz in ihrem Erscheinungsbild erhalten.

Die Innendämmung weist aber auch eine Reihe von Nachteilen auf. Hier ist vor allem die Tauwassergefahr zu nennen sowie mögliche Schimmelpilzbildung in der Konstruktion und/oder auf Bauteiloberflächen. Verantwortlich ist das Absenken des Temperaturniveaus in der hinter der Innendämmung liegenden Außenwand. Die Frostgrenze dringt tiefer von außen in die Bestandskonstruktion ein, was größere thermische Formänderungen zur Folge hat.

Bauphysikalisch gesehen befindet sich die Innendämmung auf der falschen Seite, sodass sich leicht Feuchteprobleme ergeben, die Ursache schwerwiegender Bauschäden sein können. An der Grenzschicht zwischen der Rückseite der Innendämmung und der Innenoberfläche der zu dämmenden Außenwand sinkt die Temperatur in der kalten Jahreszeit so weit ab, dass bei fehlerhaftem Aufbau Tauwasser in bauteilschädigenden Mengen ausfallen kann. Aus gutem Grund wird daher immer wieder darauf hingewiesen, dass das Diffusionsverhalten bei Fachwerkwänden mit Innendämmung zu überprüfen ist, und zwar sowohl im Bereich der Gefache als auch des Fachwerks. In ganz besonderem Maße gilt dies für die Außenwandbereiche, in denen sich die Balkenköpfe an die Außenluft grenzen.

Überprüfen der Balkenköpfe

Vor einer Innendämmung muss man daher den Zustand der Balkenköpfe der Holzbalkendecken genau untersuchen und auf mögliche Schäden überprüfen. Dies gilt vor allem in Sanitärbereichen und vergleichbaren Nutzungen. Der Feuchtegehalt von Holzbalkenköpfen und Streichbalken entlang einer Außenwand muss vor jeder Sanierungsmaßnahme überprüft werden. Eine Innendämmung darf nur ausgeführt werden, wenn das Holz einen geringeren Feuchtegehalt als 20 Masse-% aufweist und keine Schäden durch tierische Holzschädlinge oder Pilze festzustellen sind. Zugleich muss der Schlagregenschutz der Außenseite unter die Lupe genommen werden.

Bild 10.20 Endoskopie im Balkenkopfbereich

Diffusionseigenschaften

Innendämmungen kann man im Hinblick auf ihre Diffusionseigenschaften in folgende Kategorien unterteilen:

- diffusionsoffen,
- diffusionsgebremst,
- diffusionsdicht.

Diffusionsoffene Systeme erlauben einen maßvollen in die kühle Wand gerichteten Diffusionsstrom. Systeme aus Mineraldämm-, Holzfaser- oder Korkdämmplatten ohne Dampfbremse sind Teil dieser Kategorie. Solche Dämmstoffe können Feuchtigkeit aufnehmen, haben eine feuchtepuffernde Wirkung und geben die Feuchte wieder an den Innenraum ab. Diffusionsgebremste Systeme weisen einen ähnlichen Aufbau auf. Der Diffusionswiderstand ist aber größer als bei diffusionsoffenen Innendämmungen. Sie sind gekennzeichnet durch einen Ausgleich zwischen unkritischen Feuchteeinträgen in der kühlen Jahreszeit und hinreichenden Verdunstungen in der warmen Jahreszeit. Diffusionsdichte Systeme verhindern grundsätzlich das Eindringen von Feuchtigkeit von der Raumseite in den Dämmstoff und damit in die Fachwerkwand. Das wird erreicht durch einen diffusionsdichten Dämmstoff oder durch Dampfsperrfolien, die raumseitig auf die Dämmebene aufgebracht werden. Diese Variante galt in früherer Zeit als das Nonplusultra, spielt heute aber kaum eine Rolle. Ein spezielles Problem sind die Köpfe der Deckenbalken, weil die Auflagerbereiche der Deckenbalken dreidimensionale Wärmebrücken bilden.

Hinterlüftung der Innendämmung

Lange ging man davon aus, dass hinterlüftete Konstruktionen geeignet seien, weil sie aufgrund von Luftströmungen generell trocken bleiben. Dabei hat man aber übersehen, dass ein großer bauphysikalischer Unterschied besteht, ob bei einer Außendämmung kühle Außenluft auf eine kühle Wandoberfläche trifft oder warme Raumluft in Kontakt mit einer relativ kühlen Außenwand tritt (Innendämmung). In dem einen Fall bildet sich, weil Luft und Wand fast die gleiche Temperatur aufweisen, kein Tauwasser. Im anderen Fall trifft die meist relativ feuchte warme Raumluft auf die kühle Außenwand, sodass dort Tauwasser ausfällt.

Dieser Effekt ist auch zu beobachten, wenn zwischen einer Innendämmung und der „alten“ Außenwand wegen der unebenen Wandoberflächen, wie sie insbesondere bei Fachwerkwänden anzutreffen sind, zwischen Dämmschicht und Wand Hohlräume entstehen. Die in diesen Hohlräumen befindliche Luft kühlt sich ab und sinkt infolgedessen allmählich nach unten. Zugleich strömt warmfeuchte Raumluft im oberen Bereich am Übergang Wand-Decke nach und die kühle, schwerere Luft tritt durch Leckagen im unteren Wandbereich wieder in den Raum ein. Die Innendämmung wird hinterströmt. Zugleich unterbricht jeder Hohlraum den kapillaren Feuchtetransport, während sich die Luft auffeuchtet, so dass ein für Schimmelpilzwachstum geeignetes Klima entsteht.

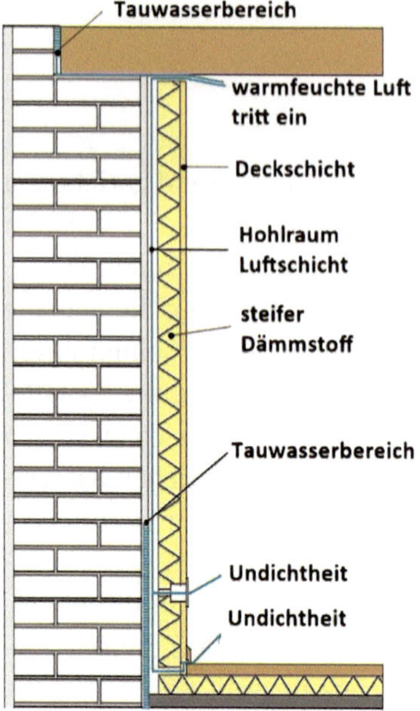

Bild 10.21 Hinterströmen durch Hohlräume hinter einer Innendämmung (schematische Darstellung)

Daher ist ein Hinterströmen z. B. durch vollflächige Verklebung zu verhindern. Bei starken Unebenheiten der Außenwand sollte ein Ausgleichsputz aufgetragen werden oder man verwendet weiche Wärmedämmstoffe, die sich dem Untergrund anpassen. Zugleich muss auf eine luftdichte Ausführung der inneren Bekleidung (Fugen, Wandanschlüsse, Durchlässe) geachtet werden.

Kompensation der Wärmebrückeneffekte

Bei der Planung einer Innendämmung muss darauf geachtet werden, dass diese möglichst wärmebrückenfrei ausgeführt werden kann. Daher sollten neue Zwischenwände stets an die Innendämmung der Außenwände anschließen. Die in die Außenwände einbindenden Bauteile wie Innenwände und Decken bilden linienförmige Wärmebrücken, die energetisch und bauphysikalisch problematisch sind, weil sie die Innendämmung durchbrechen. Mit zunehmender Entfernung von der Ecke nimmt der Wärmebrückeneffekt aber ab, weil die Oberflächentemperatur kontinuierlich ansteigt. Das ist ein Nachteil, den man konstruktiv mithilfe von Dämmkeilen mildern kann. Dämmkeile lassen sich einfach mit Klebe- und Spachtelputz befestigen und werden nach der Innendämmung an der Decke bzw. der Innenwand angebracht. Es wird derselbe Baustoff verwendet wie für die Wärmedämmung des Regelquerschnittes. So wird eine Unterschreitung des Schimmelpilzkriteriums an den Rändern der Innendämmung unterbunden. Die Abmessungen der Dämmkeile sind von Hersteller zu Hersteller unterschiedlich und entsprechen in etwa der nachfolgenden Grafik.

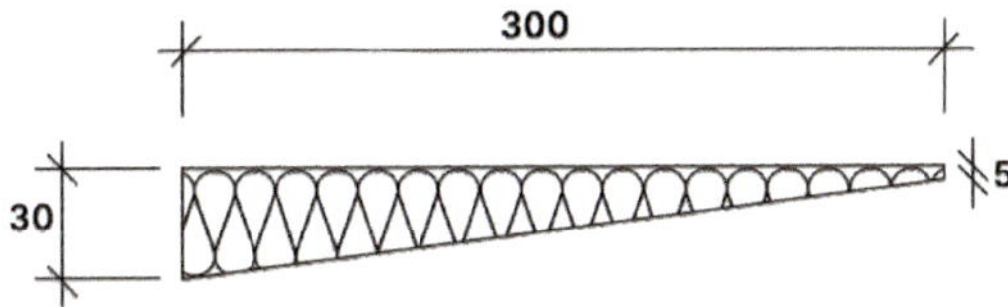

Bild 10.22 Dämmkeil zur Kompensation von Wärmebrückeneinflüssen (Maße in mm)

Wärmebrückeneffekte durch Balkenauflager

Ein weiteres Problem sind die konstruktiv bedingten Wärmebrücken, die im Auflagerbereich der Deckenbalken als dreidimensionale Wärmebrücken auftreten. Hierfür gibt es keine allgemeingültige technische Lösung.

Durch die Innendämmung wird die Temperaturdifferenz zwischen kühler Außenwand und warmem Deckenbalken größer, sodass nach der Sanierung eher mit mehr Tauwasser im Bereich des Deckenbalkenkopfes zu rechnen ist. Entgegenwirken kann man mit Feuchte speichernden Baustoffen, indem man den Deckenzwischenraum mit Leichtlehm füllt, der die um den Deckenbalkenkopf entstehende Feuchte aufnehmen und je nach Raumklima wieder abgeben kann.

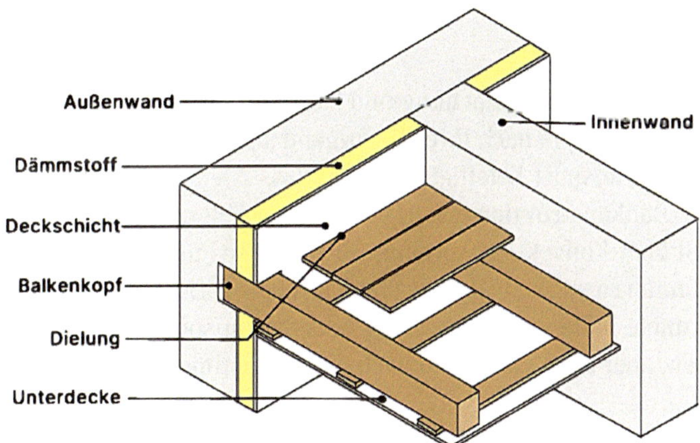

Bild 10.23 Wärmedämmung im Balkenzwischenraum (schematische Darstellung)

Zur Verringerung der Wärmeverluste und der Tauwassergefahr sollte daher die Innendämmung möglichst lückenlos - also auch im Deckenhohlraum - auf der „alten“ Außenwandoberfläche aufgebracht werden. Hierzu sind Dielen aufzunehmen und die Balkenzwischenräume zu dämmen. Je nach Zugänglichkeit kann die Deckenkonstruktion auch von der Unterseite geöffnet und die Dämmung von unten eingebaut werden.

Feuchtebelastung durch Schlagregen

Regen, insbesondere Schlagregen, kann durch den Wind weit in die Fugen zwischen Fachwerk und Ausfachung eindringen. Das ist dann kein Problem, wenn die innengedämmte Fachwerkwand möglichst diffusionsoffen ausgebildet ist. Dann trocknet die Feuchte nicht nur nach außen ab, sondern wird auch zu einem gewissen Anteil an die Raumluft abgegeben. Damit wird der Wandquerschnitt in seiner Gesamtheit feuchtetechnisch entlastet, was durch den Einbau feuchteadaptiver Dampfbremsen gefördert wird.

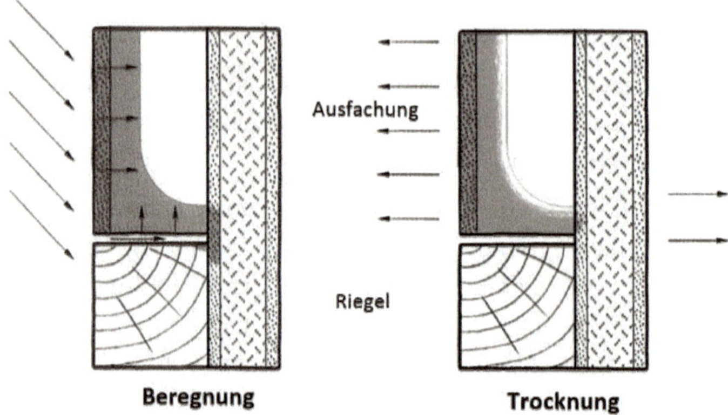

Bild 10.24 Feuchteverteilung nach Innendämmung bei Beregnung und Trocknung (schematische Darstellung)

Auf den Zustand der Fugen zwischen Ausfachung und Fachwerkhölzern ist ohnehin ein spezielles Augenmerk zu legen. Je nach ihrer Dichtigkeit sind diese Fugen unterschiedlich stark am Feuchtetransport beteiligt - sei es, dass Niederschlagswasser wie oben von außen in die Baukonstruktion gelangt oder dass größere Wasserdampfmengen aus der Raumluft über Konvektionsvorgänge durch diese Fugen nach außen dringen. Beide Effekte können so stark ausgeprägt sein, dass die Diffusionsprobleme nur noch eine untergeordnete Rolle spielen, weil der Feuchtetransport über die Fugen von außen nach innen, aber auch von innen nach außen dominiert.

Dämmstoffe für Innendämmungen

Das Verhalten eines Dämmstoffes gegenüber Feuchtigkeit ist ein wichtiges Kriterium für den Einsatz als Innendämmung:

- Der Wärmedämmstoff muss Feuchte aufnehmen und vom Holz wegleiten können.
- Der Wärmedämmstoff muss die Feuchtigkeit auch wieder schnell abgeben können.
- Der Wärmedämmstoff selbst wie auch die gesamte Konstruktion sollten diffusionsoffen sein.

Die Standarddämmstoffe wie Mineralwolle und Polystyrolhartschaum (EPS) erfüllen diese Voraussetzungen nicht, weil sie kaum Feuchtigkeit aufnehmen und nur sehr bedingt diffusionsoffen bzw. kapillaraktiv sind. Wichtig ist auch, dass die Dämmstoffe Unebenheiten der Wandoberfläche ausgleichen können. Dämmstoffe, die diese Eigenschaften aufweisen, sind solche aus Naturmaterialien oder Recyclingprodukte. Flachs, Hanf oder Holz, sogar Schafwolle und Kork sind neben Zellulose als Dämmstoff geeignet.

Tabelle 10.6 Eigenschaften der wichtigsten Wärmedämmstoffe für Innendämmung

Wärmedämmstoff	Rohdichte [kg/m³]	Wärmeleitfähigkeit [W/(m·K)]	Wasserdampfdiffusionswiderstandszahl	Eigenschaften
Blähton (Schüttung)	300 bis 700	0,100 bis 0,160	2 bis 8	schädlingsresistent, recycelbar, feuchteunempfindlich frostbeständig, sehr formbeständig
Flachs (Matten)	20 bis 40	0,040	1 bis 2	gute Wärmedämmung, schimmel- und schädlingsresistent, sehr gute Feuchteregulierungsfähigkeit
Hanf (Matten)	20 bis 40	0,040 bis 0,045	1 bis 2	gute Wärmedämmung, schimmel- und schädlingsresistent, sehr gute Feuchteregulierungsfähigkeit
Holzfaserplatten	170 bis 230	0,040 bis 0,060	5 bis 10	gute Wärmedämmung, schimmel- und schädlingsresistent, sehr gute Feuchteregulierungsfähigkeit
Kork (Platten)	100 bis 220	0,040 bis 0,045	5 bis 10	gute Wärmedämmung, gute Feuchteregulierungsfähigkeit, verrottet nicht, schimmel- und schädlingsresistent, ideal für feuchtekritische Bereiche
Schafwollematten	20 bis 25	0,035 bis 0,045	1 bis 5	sehr gute bis gute Wärmedämmung, schimmelresistent, sehr gute Feuchteregulierungsfähigkeit
Kalziumsilikatplatten	200 bis 800	0,053 bis 0,07	5 bis 20	einfache Verarbeitung, keine Dampfsperre oder -bremse nötig, Antischimmelwirkung, vergleichsweise hohe Wärmeleitfähigkeit
Zellulose (Platten) Zellulose (Einblasdämmung)	60 bis 80 40 bis 60	0,040 0,040 bis 0,045	1 bis 2 1 bis 2	gute Wärmedämmung, schimmel- und schädlingsresistent, sehr gute Feuchteregulierungsfähigkeit, Rohstoffe sind Abfallprodukte

Innendämmsysteme

Hinzu kommt, dass die Dämmstoffe in unterschiedlicher Art und Weise mit ganz verschiedenen Deckschichten miteinander verknüpft werden, was sich auf das Gesamtpaket ganz unterschiedlich auswirken kann. Folgerichtig spricht man im Zusammenspiel mit den vielfältigen Befestigungsmethoden von Innendämmsystemen (siehe auch WTA 8-5-00 - Fachwerkinstandsetzung nach WTA V: Innendämmsysteme). Ein Innendämmsystem besteht aus Komponenten, die aufeinander abgestimmt sind, und zwar:

- Ausgleichsschicht, wenn notwendig,
- Klebemörtel oder Tragkonstruktion,
- Wärmedämmstoff,
- eventuell Dampfbremse (meist Folie),
- Innenbekleidung oder Putz.

Für die Wirksamkeit einer Innendämmung ist eine funktionierende Luftdichtung notwendig. Wie die Wärme kann auch die Feuchte über Konvektion durch Leckagen transportiert werden und dort Schäden verursachen. Daher muss raumseitig eine Luftdichtheitsschicht vorhanden sein. Alle Fehlstellen, Fugen und Durchdringungen müssen dauerhaft geschlossen werden. Welches Material für eine innenseitige Luftdichtung gewählt wird, hängt stark vom gewählten Dämmsystem ab. Bei Bekleidungen in Holz- oder Trockenbauweise wird die Luftdichtung unter Umständen durch die raumseitigen Plattenwerkstoffe selbst oder durch Dampfbremsbahnen erzielt. Kapillaraktive Systeme mit Mineralschaum- oder Kalziumsilikatplatten werden zur Luftdichtung raumseitig verputzt.

Besondere Aufmerksamkeit bei der Ausführung der Luftdichtheitsebene erfordern die

- Stöße der Dampfbremsfolien,,
- Plattenstöße in der Deckschicht
- Durchdringungen von Rohrleitungen, Kabeln, Steckdosen,
- Balkenköpfe.

Durch den Einsatz feuchtevariabler Dampfbremsen können Trocknungsreserven aktiviert werden, weil die sich während der Tauperiode stark dampfbremsend einstellen und den Feuchteeintrag aus der Innenluft begrenzen. Im Gegensatz zu „normalen“ Dampfbremsen kann während der Verdunstungsperiode das entstandene Tauwasser sowohl nach außen als auch nach innen austrocknen (Bild 10.24).

			Bewertungskriterium [1]						
			1	2	3	4	5	6	7
			Ausgleich von Untergrund-unebenheiten	Erforderliche Systemdicke	Feuchteschutz (Diffusion)	Feuchteschutz (Kapillarität)	Vermeidung von Feuchte-konvektion	Schallschutz	Brandschutz
1.	Putze/Mörtel								
	1.1	Wärmedämmputz	●	●	●	●	●	✸	●/✸
	1.2	Leichtlehm	●	✸	●	●	●	✸	●/✸
	1.3	Wärmedämmlehm	●	●	●	●	●	✸	●/✸
	1.4	Verfüllmörtel	●	✸	●	●	●	✸	●
2.	Vorsatzschalen								
	2.1	Gemauerte Vorsatzschalen							
	2.1.1.	Gemauerte Vorsatzschalen mit Luftschicht	●	○	●/✸	○	✸	●	●
	2.1.2	Gemauerte Vorsatzschicht ohne Luftschicht	●	○	●	●	●	●	●
	2.2	Ständerwerk	●	●	(*)	○	○	●	●
	2.3	Zelluloseflocken	●	●	(*)	○	✸/○	k.A.	○
3.	Dämmplatten								
	3.1	HWL-Platte							
	3.1.1	HWL-Platte mit zusätzlicher Dämmung (Mineralfaser)	○	●	●	✸	✸/○	k.A.	●
	3.1.2	HWL-Platte ohne zusätzliche Dämmung	○	●	●	✸	✸/○	k.A.	●
	3.2	Verbundplatte (Mineralfaser-Dämmung)	○	●	(*)	○	✸/○	✸	●
	3.3	Calcium-Silikat-Platte	○	●	●	●/✸	✸/○	✸	●
	k.A.: keine Angaben	(*): ○ ●/✸	mit Dampfsperre (Alu-Einlage, PE-Folie, Dampfbremse mit s_d < ca. 2 m, o.ä. mit feuchteadaptiver Dampfsperre o.ä						

○ weniger geeignet ✸ bedingt geeignet ● geeignet

[1] Für die Bewertungskriterien sind die Einstufungen als ‚geeignet' anzusehen, wenn dauerhaft gilt:

Sp. 1 Homogener Baustoff mit angepasster Schichtdicke, oder wenn die Dämmebene unabhängig von der vorhandenen Wand ist.

Sp. 2 Notwendiger Raumverlust gering, d.h. indirekt: geringere Wärmeleitfähigkeit. Aber auch sonstige zusätzlich erforderliche Bauteilschichten sind zu berücksichtigen.

Sp. 3 Diffusionsgeeigneter Baustoff, keine Dampfsperre erforderlich. Ermöglicht die Forderung nach MB 8-1-96-D: 0.5 < s_{di} < 2.0 m.

Sp. 4 Weitertransport der Feuchte durch kapillaraktives Material. Gutes Abtrocknungsverhalten des Systems.

Sp. 5 Vermeidung von Feuchtekonvektion in den Bauteilquerschnitt - keine Hohlkonstruktion!

Sp. 6 Verbesserung des Schallschutzes bzw. mind. keine Verschlechterung (hier in Bezug zum Bestand).

Bild 10.25 Bewertung von Innendämmsystemen nach WTA 8-5

Dimensionierung der Wärmedämmstoffdicke

Um den Nachweis des Tauwasserschutzes zu erbringen und zugleich den Aufwand zu minimieren, kann man das vereinfachte Verfahren nach WTA-Merkblatt 6-4 anwenden. Die mögliche Verbesserung des Wärmeschutzes ergibt sich danach in Abhängigkeit von der Saugfähigkeit des Untergrundes und dem Diffusionswiderstand des Innendämmsystems. Wird der Mindestdiffusionswiderstand sdi, der mit der Innendämmung selbst und allen zusätzlich auf der Innenseite angeordneten Schichten erreicht wird, überschritten, ist zu erwarten, dass kein schädliches Tauwasser an der Grenzschicht zwischen alter Wandoberfläche und Rückseite der Innendämmung auftritt.

Für die Saugfähigkeit maßgebend sind die ersten 10 mm des an die Innendämmung grenzenden Untergrundes. Die Saugfähigkeit lässt sich qualitativ mithilfe einer handelsüblichen Sprühflasche durch Benetzen der betreffenden Oberfläche mit Wasser prüfen. Läuft das Wasser ab, ist ein nicht oder nur schwach saugfähiger Untergrund vorhanden. Wird das Wasser rasch aufgenommen und verfärbt sich die Oberfläche dunkel, ist dies ein Hinweis auf einen stark saugfähigen Untergrund. Mit dem Karstenschen Prüfröhrchen, der Frank'schen Prüfplatte und dem sogenannten Wasseraufnahmemessgerät von hf-sensor stehen drei Vor-Ort-Messverfahren zur Verfügung, wobei aber Unsicherheiten bezüglich der Genauigkeit dieser Messmethoden und der Vergleichbarkeit der Messergebnisse untereinander bestehen.

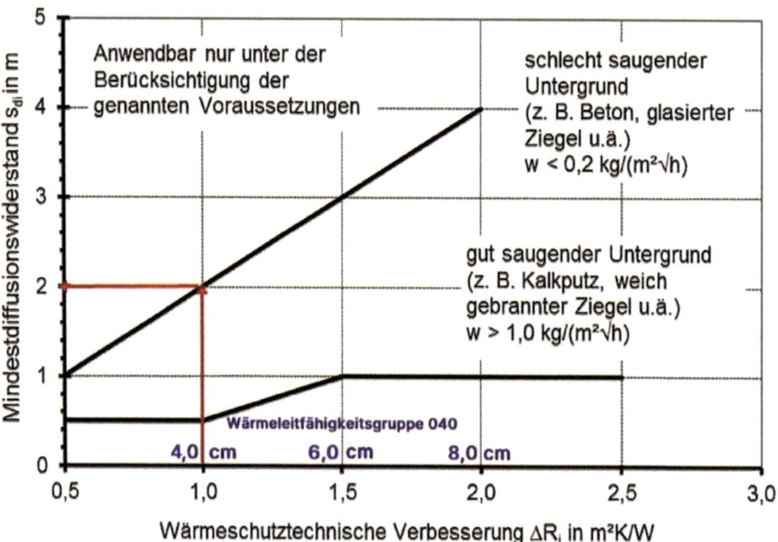

Bild 10.26 Minimal erforderlicher sdi-Wert des neuen inneren Aufbaus (alle Komponenten des Dämmsystems) in Zusammenhang zur wärmeschutztechnischen Verbesserung ΔRi

Als gut saugend gelten nach WTA 6-4 Untergründe mit einem $w > 1,0\,kg/(m^2\sqrt{h})$ und als schlecht saugend Untergründe, deren $w < 0,2\,kg/(m^2\sqrt{h})$ ist. Bei gut saugfähigem Untergrund beträgt die maximale Verbesserung des Wärmedurchlasswiderstands infolge Innendämmung $\Delta R \leq 2,5\,m^2K/W$ und bei schlecht saugenden Untergründen $\Delta R \leq 2,0\,m^2K/W$. Gut saugende Untergründe lassen sich demnach bis zu $\Delta R = 2,5\,m^2K/W$ verbessern, ohne dass ein zusätzlicher Nachweis erforderlich ist. Der sdi-Wert muss dann mindestens bis $\Delta R \leq 1,0\,m^2K/W$ 1,0 m betragen. Bis $\Delta R \leq 2,0\,m^2K/W$ steigt der Mindestdiffusionswiderstand linear auf 2 m an und verbleibt bis $\Delta R \leq 2,5\,m^2K/W$ auf diesem Niveau. Die schlecht saugfähigen Untergründe verlangen höhere Diffusionswiderstände und erlauben ein kleineres Maß der wärmeschutztechnischen Verbesserung ΔR. Sie beträgt im Maximum $2,0\,m^2K/W$ und der sdi-Wert liegt bei 4,0 m.

Das vereinfachte Diagramm-Verfahren kann nur bei Erfüllung folgender Randbedingungen angewendet werden:

- kein oder geringer Feuchteeintrag aus Schlagregen (konstruktiver Schlagregenschutz, dichte Fugenausbildung),
- kein erdberührtes Bauteil und keine sonstigen Feuchtequellen,
- die Bestandskonstruktion weist einen Mindestwärmeschutz von $R \geq 0,4\,m^2K/W$ auf,
- das Innenklima entspricht normaler Feuchtelast gemäß WTA-Merkblatt 6-2 oder geringer,
- die mittlere Jahrestemperatur des Außenklimas ist $\geq 7\,°C$.

Wenn der Untergrund gut saugfähig ist, sind innere Wasserdampfdiffusionswiderstände erforderlich, die maximal sdi = 1,0 m betragen, und die nachweisfreie Dämmstoffdicke variiert zwischen 2 und 10 cm bei einer Wärmeleitfähigkeitsgruppe 040. Ist der Untergrund schlecht saugend, sind innere Wasserdampfdiffusionswiderstände erforderlich, die mit zunehmender Dämmdicke auf sdi = 4,0 m ansteigen. Die nachweisfreie Dämmstoffdicke beträgt dann maximal 8 cm (WLF 040). Bei Einsatz feuchteadaptiver Dampfbremsen sind auch hier Dämmdicken bis 10 cm ohne weiteren Nachweis zulässig. In jedem Fall sind Dämmstoffdicken möglich, die bei der Sanierung von Fachwerkwänden in der Regel ohnehin nicht überschritten werden, weil Innendämmungen zulasten der begrenzten Nutzfläche gehen.

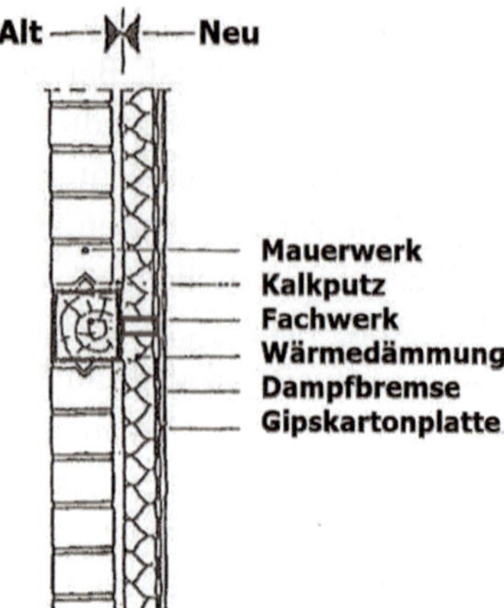

Bild 10.27 Innendämmsystem (Prinzipskizze)

Angesichts der Tatsache, dass

- der Wärmeschutz der „alten“ Fachwerkwände schlecht ist,
- bereits geringe Dämmstoffdicken merkliche Wärmeschutzverbesserungen bewirken,
- die Wasseraufnahmeeigenschaften ohne Messungen vor Ort quantitativ nicht bekannt sind und
- in aller Regel ohnehin feuchteadaptive Dampfbremsen Anwendung finden,

kann man auf der sicheren Seite liegend unter baupraktischen Gegebenheiten von schlecht saugenden Untergründen ausgehen. Das würde beispielsweise bedeuten, dass bei einer Innendämmung mit einer 4 cm dicken Wärmedämmschicht (WLG 040) ein sdi-Wert von 2,0 m notwendig ist (Bild 10.26).

Grundsätzlich ist bei der Sanierung von Fachwerkwänden auf Folgendes zu achten:

- Der Feuchteeintrag beim Ausfachen oder beim Aufbringen raumseitiger Putze und Bekleidungen soll so gering sein, dass die Baufeuchte innerhalb eines halben Jahres austrocknet.
- Konvektion führt zu erheblichen Feuchteschäden. Es ist daher auf eine luftdichte Ausführung aller Bauteile und Anschlussbereiche zu achten.
- Hohlräume im Bereich einer Innendämmung sind zu vermeiden.
- Die Dämmschicht darf nicht durch Installationen jedweder Art unterbrochen werden.
- Günstig ist eine Ausfachung mit Baustoffen mit ähnlichen Wärme- und Diffusionseigenschaften wie die Fachwerkkonstruktion, da dies zu einer gleichmäßigen Temperaturverteilung auf der Innenoberfläche und einer deutlich geringeren Feuchtebelastung des Holzes führt.

10.3 Fenster

Fenster dienen der Belichtung und Belüftung von Gebäuden und sind darüber hinaus ein gestalterisches Element von Fachwerkhäusern. Entsprechend vielgestaltig ist das Spektrum der planungsrelevanten Aspekte. Die Fensterformate und -teilungen, die Profile und die Beschläge wurden zu allen Zeiten mit Bedacht festgelegt und unterlagen zeitgenössischen Strömungen. Eines aber ist allen Fenstern gemeinsam. Bis in das 20. Jahrhundert hinein handelt es sich ausschließlich um Holzfenster.

Die Fensteröffnungen ergaben sich ursprünglich aus den durch Riegel und Ständer vorgegebenen lichten Maßen. Die Flügel wurden nach außen geöffnet und waren direkt an den Ständern angeschlagen. Historische Fenster bestanden prinzipiell aus gegliederten Rahmen mit kleinteiligen Scheiben, da die Glasherstellung nur kleine Formate zuließ.

Bild 10.28 Altes, nicht mehr zu rettendes Holzfenster

Die Anforderungen an Fenster haben sich gerade in den letzten Jahrzehnten stark gewandelt. Zugleich wurden technische Verfahren zur Erfüllung dieser Anforderungen entwickelt. Zusammen mit den Beschattungselementen haben sie heute Einfluss auf Heizwärmebedarf im Winter und bieten Schutz vor Überhitzung im Sommer.

10.3.1 Beleuchtung und Tageslicht

Zu den wichtigsten Funktionen, die Fenster erfüllen müssen, gehört die Beleuchtung der Räume mit Tageslicht zur Erzeugung eines ausreichenden Helligkeitsniveaus und die Ermöglichung eines angemessenen Sichtkontaktes zwischen innen und außen. Die Wahrnehmung des Tageslichtes und der natürliche Wechsel von Tag und Nacht sind auf Dauer gesehen für das menschliche Wohlbefinden ebenso unentbehrlich wie die natürliche Sichtverbindung mit der Umwelt.

Das fundamentale Kriterium für die Beleuchtung von Innenräumen mit Tageslicht ist nach DIN 5034-1 der sogenannte Tageslichtquotient D (Daylight Factor). Er ist definiert als das Verhältnis der Beleuchtungsstärke, die durch direktes und/oder indirektes Himmelslicht bei angenommener oder bekannter Leuchtdichteverteilung des Himmels in einem bestimmten Punkt einer Bezugsebene erzeugt wird, zur gleichzeitig vorhandenen Horizontalbeleuchtungsstärke im Freien bei unverbauter Himmelshalbkugel, wobei die durch direktes Sonnenlicht bewirkten Anteile beider Beleuchtungsstärken unberücksichtigt bleiben. Einflüsse der Verglasung, der Verschmutzung und der Versprossung sind eingeschlossen.

Unter Punkt 4.2.2 „Fenster in Wohnräumen“ heißt es in der Norm:

„Damit Wohnräume eine ausreichende Sichtverbindung zwischen Innen- und Außenraum (Ausblick) besitzen, sollten Fenster in Wohnräumen nachstehende Empfehlungen erfüllen:

a) *Die Unterkante der durchsichtigen Verglasung des Fensters sollte höchstens 0,95 m über dem fertigen Fußboden betragen.*

b) *Die Oberkante der durchsichtigen Verglasung der Fenster sollte mindestens 2,20 m über dem fertigen Fußboden liegen.*

c) *Die Breite der durchsichtigen Verglasung des Fensters(bzw. die Summe der Breiten aller vorhandenen nebeneinander liegenden Fensteröffnungen(-systeme) ohne Rahmenanteil) sollte mindestens 55% der Breite des Wohnraumes betragen.“*

In § 2 der Musterbauordnung (MBO) werden Aufenthaltsräume als Räume definiert, die zum dauernden Aufenthalt von Menschen bestimmt oder geeignet sind. Sie müssen nach § 47 MBO eine lichte Raumhöhe von mindestens 2,50 m haben. Weiter heißt es unter Absatz (2):

„Aufenthaltsräume müssen ausreichend belüftet und mit Tageslicht belichtet werden können. Sie müssen Fenster mit einem Rohbaumaß der Fensteröffnungen von mindestens 1/8 der Netto-Grundfläche des Raumes einschließlich der Netto-Grundfläche verglaster Vorbauten und Loggien haben.“

Auch die in der Musterbauordnung enthaltene Regelung, wonach das Rohbaumaß der Fensteröffnungen mindestens 1/8 der Grundfläche des Raumes betragen muss, kann bezogen auf den Bestand nur Anhaltswerte liefern. Aber da, wo diese Regeln verletzt werden, sollte man überlegen, ob und inwieweit man sie mit vertretbarem Aufwand unter Beachtung der fachwerkspezifischen Besonderheiten umsetzen kann.

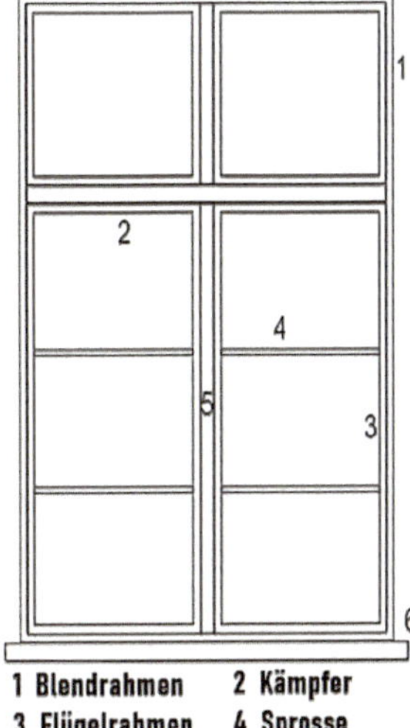

Bild 10.29 Die wichtigsten Komponenten eines Fensters

10.3.2 Raumbelüftung

Eine ständige Lufterneuerung in Aufenthaltsräumen ist generell aus Gründen der Raumhygiene und zur Vermeidung von Tauwasserbildung notwendig. Beim Betrieb „offener" Feuerstätten wie z.B. Gastherme oder Kaminofen tritt die für die einwandfreie Verbrennung erforderliche regelmäßige Luftzufuhr hinzu. Als Größe zur Beschreibung der Lufterneuerung wird die sogen. Luftwechselzahl verwendet. Die Luftwechselzahl gibt an, wievielmal innerhalb einer Stunde eine dem Raumvolumen entsprechende Luftmenge mit der Außenluft ausgetauscht wird.

Tabelle 10.7 Luftwechselzahl bei verschiedenen Lüftungsarten

Fensterstellung	Luftwechselzahl 1/h
Fenster und Türen geschlossen	0,1 bis 0,3
Fenster gekippt, Rollladen geschlossen	0,3 bis 1,5
Fenster gekippt, kein Rollladen	0,8 bis 4,0
Fenster halb geöffnet	5 bis 10
Fenster ganz geöffnet	9 bis 15
gegenüberliegende Fenster und Türen ganz geöffnet (Querlüftung)	bis 40

Aus ist hygienischer Sicht ein 0,5- bis 0,7-facher Luftwechsel pro Stunde erforderlich. Dieser Luftwechsel ist wegen der heute üblichen Fugendichtungen mit modernen Fenstern, die geschlossen sind, nicht zu erreichen.

Nach der Art der Fensterlüftung unterscheidet man zwischen Dauerlüftung und Stoßlüftung. Betrachtet wird dabei nur die natürliche Bewegung der Luft durch Wind oder durch Temperaturunterschiede.

Tabelle 10.8 Lüftungsdauer für einen vollständigen Luftwechsel bei Stoßlüftung

Stoßlüftung bei vollständig geöffnetem Fenster in Abhängigkeit von der Jahreszeit	Lüftungsdauer bei Windstille für vollständige Luftwechsel in Minuten
Dezember, Januar, Februar	4 bis 6
März, November	8 bis 10
April, Oktober	12 bis 15
Mai, September	16 bis 20
Juni, Juli, August	25 bis 35

Durch Stoßlüftung wird in kurzer Zeit erreicht, dass die gesamte Raumluft vollständig ausgetauscht wird, ohne dass es zu einer starken Auskühlung der Oberflächen der Innenwände etc. kommt. Zurückzuführen ist dieser Effekt darauf, dass bei Stoßlüftung nur kurzzeitig ein erhöhter Luftaustausch stattfindet. Dabei sinkt die Raumlufttemperatur je nach Außenlufttemperatur zum Teil kräftig, während der Raum wegen der Wärmespeicherfähigkeit der Umschließungsbauteile kaum auskühlt. Auch langandauernde Kippstellung führt zu hohen Luftwechseln, doch werden die Raumumschließungsflächen wegen des länger andauernden Lüftungsvorganges vergleichsweise stärker ausgekühlt.

10.3.3 Wärmeschutzaspekte

10.3.3.1 Winterlicher Wärmeschutz

Die Wärmeverluste über die Fenster setzen sich aus Transmissions- und Lüftungswärmeverlusten zusammen, hängen also zum einen von der Fensterfläche und zum anderen von der Fugenlänge zwischen Blendrahmen und Fensterflügel ab. Je größer die Fensterfläche ist, desto größer werden die Transmissionswärmeverluste in Abhängigkeit von der Verglasungsart.

Da Fenster aus mehreren Komponenten bestehen, existiert für jede Komponente ein eigener U-Wert, und zwar Uf für den Fensterrahmen (engl. frame) und Ug für die Verglasung (engl. glazing). Hieraus ergibt sich der Uw-Wert für das ganze Fenster (engl. window). Energieeffiziente 2-fach verglaste Fenster verlieren heute weniger als 1,0 Watt pro Quadratmeter und Kelvin, während dieser Wert für Einfachfenster bei dem Fünffachen liegt.

Da der Rahmenanteil bezogen auf das ganze Fenster ohne weiteres 30 % ausmacht, ist es bei der Sanierung alter Fenster nicht wirklich sinnvoll, die Verglasung auszutauschen, um zeitgemäße U-Werte zu erzielen, auch wenn dies technisch möglich ist.

Die Lüftungswärmeverluste nehmen direkt proportional zur Länge der Fuge zwischen Blendrahmen und Fensterflügel zu. Bei mehrteiligen Fenstern kann es daher durchaus ratsam sein, unter Beachtung des hygienisch notwendigen Mindestluftwechsels bestimmte Bereiche feststehend auszubilden. Die Fugen zwischen Blendrahmen und Außenwand sowie zwischen Fensterrahmen und -scheibe müssen ohnehin luftundurchlässig ausgebildet sein.

Die Wärmeverluste im Fensterbereich können durch geeignete Abdeckungen vor den Fenstern erheblich gesenkt werden. Schützt man beispielsweise einfachverglaste Fenster durch Rollläden, so sinkt der Wärmeverlust rein rechnerisch fast um die Hälfte, was bei Fachwerkhäusern i.a. nicht infrage kommt.

Fenster und Außentüren sind aus bauphysikalischer Sicht betrachtet heikle Bereiche; sind sie doch Bestandteil der Außenwände. Dort treffen unterschiedliche Werkstoffe aufeinander, die trotz unterschiedlicher Materialeigenschaften so miteinander verbunden werden müssen, dass die Gebäudehülle energetisch eine Einheit bildet und Wärmebrücken minimiert werden.

10.3.3.2 Zusätzliche Wärmedämmmaßnahmen am Fenster

Da Wärmegewinne durch Sonneneinstrahlung nur tagsüber möglich sind, besteht die Notwendigkeit, die Wärmeverluste über die transparenten Bauteile während der Nachtstunden durch geeignete Maßnahmen zu reduzieren, da anderenfalls Fenster und Fenstertüren in Relation zu den nichttransparenten Bauteilen mit Abstand die schwächste Stelle beim Wärmeschutz eines Gebäudes sind.

Zur Verringerung der Wärmeverluste über das Fenster stehen eine Reihe bekannter und bewährter Maßnahmen zur Verfügung, die alle im Prinzip auf der Dämmwirkung stehender Luftschichten entweder vor oder hinter der Glasfläche beruhen, und zwar:

- Fensterläden,
- Rollläden,
- Jalousien,
- Rollos,
- Plissees,
- Vorhänge.

Dabei ist besonderes Augenmerk darauf zu legen, dass diese Elemente eine geschlossene Oberfläche aufweisen und allseits möglichst luftdicht abschließen.

Fensterläden

Fensterläden als Klapp- oder Schiebeläden sind altbekannte Konstruktionen, die sich gut in die Fassade integrieren lassen. Ursprünglich dienen sie dem Licht- und Sonnenschutz, können aber gleichermaßen als temporärer Wärmeschutz herangezogen werden. Sie besitzen den Nachteil, dass zu ihrer Betätigung i.a. das Fenster geöffnet werden muss. Sie sollten, um als Sonnenschutzelement optimal wirken zu können, ausstellbar sein.

Bild 10.30 Fensterläden aus Holz

Rollläden

Rollläden sind besonders bequem zu bedienen und erfreuen sich nicht zuletzt aus diesem Grunde großer Beliebtheit. Die Rollladenstäbe werden aus Holz-, Kunststoff- oder Aluminiumprofilen gefertigt und verbessern den Wärmeschutz bei geschlossener Fensteröffnung unterschiedlich stark. Bei vergleichenden Messungen wurde festgestellt, dass sich auch bei den weniger wirksamen Systemen die Wärmedämmung im Fensterbereich temporär immerhin noch um etwa ein Drittel erhöht. Aber aus gestalterischer Sicht wirken Rollläden störend, weil die außenliegenden Rollladenkästen und die Rollläden selbst im geschlossenen Zustand das Fassadenbild erheblich beeinträchtigen.

Bild 10.31 Rollladen mit außenliegendem Rollladenkasten

Jalousien

Auf der Außenseite angebrachte Jalousien sind relativ einfache, im Prinzip bewährte Konstruktionen, die jedoch noch sehr witterungs- und störanfällig sind. Außerdem ist bei Anbringung einer Jalousie auf der Außenseite des Fensters nur mit geringer winterlicher Wärmeschutzwirkung zu rechnen, weil der Luftraum zwischen Jalousie und Fenster bei Wind durch die nicht dicht abschließende Jalousie auskühlt. Nur bei absoluter Windstille kann man einen nennenswerten Einfluss erwarten. Es gelten die gleichen Vorbehalte aus gestalterischer Sicht wie bei Rollläden.

Rollos, Plissees und Jalousien

Rollos, Plissees und Jalousien werden raumseitig angebracht, um Wärmeverluste zeitweilig zu verringern. Sie sollten ebenfalls zum Fenster hin möglichst dicht abschließen, damit sich ein stehendes Luftpolster bildet. Zugleich vergrößert sich wie bei allen Formen der Innendämmung die Gefahr der Tauwasserbildung auf der dem Raum zugewandten Fensterfläche.

Bild 10.32 Neues Holzfenster mit innenliegender Jalousie

10.3.4 Alte Fensteraufbauten

Einfachfenster

Das Einfachfenster ist eine Fensterkonstruktion aus einem oder mehreren einteiligen Flügelrahmenprofilen, in die Einscheibengläser eingesetzt sind. Durch den Blendrahmen sind sie mit der Außenwand verbunden. In den Blendrahmen sind die Fensterflügel mit der Verglasung und den Fensterbeschlägen integriert, wobei die Flügel nach innen oder außen geöffnet werden können. Sie wurden bis etwa zum Jahr 1970 eingesetzt.

Der Wärmeschutz von einfachverglasten Fenstern ist sehr schlecht. Einfachverglasungen haben U-Werte von über 5,0 (W/m²K) und liegen damit weit über den heute üblichen Ug-Werten für Fenster.

Bild 10.33 Aufbau eines Einfachfensters

Verbundfenster

Das seit Ende des 19. Jahrhunderts bis etwa 1980 vielerorts eingebaute Verbundfenster ist eine Übergangsform zur modernen Isolierverglasung. Zwei fest miteinander verbundene Fensterflügel mit je einer Glasebene liegen in einer gemeinsamen Ebene und lassen sich wie ein Flügel öffnen. Der Luftzwischenraum ist wesentlich kleiner als bei einem Kastenfenster.

Das Verbundfenster erfüllt zwar nicht die heutigen Forderungen für Wärme- und Schallschutz, bietet aber doch, vor allem durch den Luftzwischenraum, akzeptable technische Werte beim Wärme- und Schallschutz. Der U-Wert liegt zwischen 2,4 bis 2,6 W/(m²K) und damit deutlich über dem Wert von Einfachfenstern.

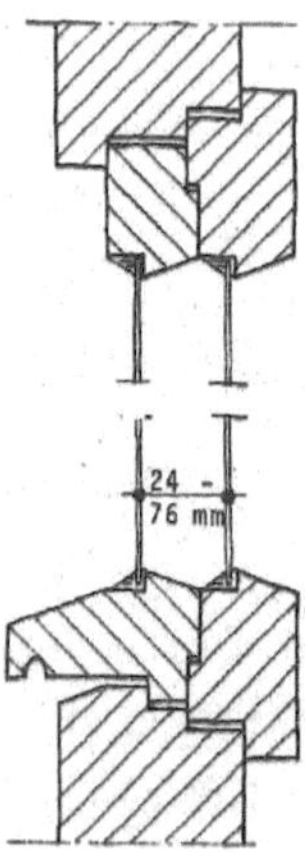

Bild 10.34 Aufbau eines Verbundfensters

Kastenfenster

Ein Kastenfenster ist ein Fenster mit Innen- und Außenflügeln, welche jeweils eine eigene Drehachse haben und sich separat öffnen lassen. Diese sind durch einen Rahmen aus Brettern - den sogenannten Kasten - verbunden. Zu unterscheiden sind Kastenfenster, bei denen sich alle Flügel nach innen öffnen lassen und solchen, bei denen der äußere Flügel nach außen geschwenkt wird.

Kastenfenster haben sowohl bei der Wärme- als auch bei der Schalldämmung Vorteile. Das wird durch die stehende Luftschicht im Raum zwischen den Fenstern erreicht, welche ein Luftpolster bildet, das entscheidend zur Dämmwirkung beiträgt. Neben der Verglasung weist der Kasten und dessen Anschluss an die Außenwand Schwachpunkte auf. So sind die alten Laibungshölzer oftmals nur sehr dünn ausgeführt und ohne jegliche Wärmedämmung an die Wand angeschlossen.

Alte Kastenfenster jeweils mit zwei einfachverglasten Flügeln entsprechen ebenfalls nicht den heutigen Anforderungen. Ihr U-Wert liegt je nach Ausführungsart, Rahmenanteil und Zustand sowie Anzahl der Dichtungen in der Größenordnung von 1,8 und 2,5 W/(m²K).

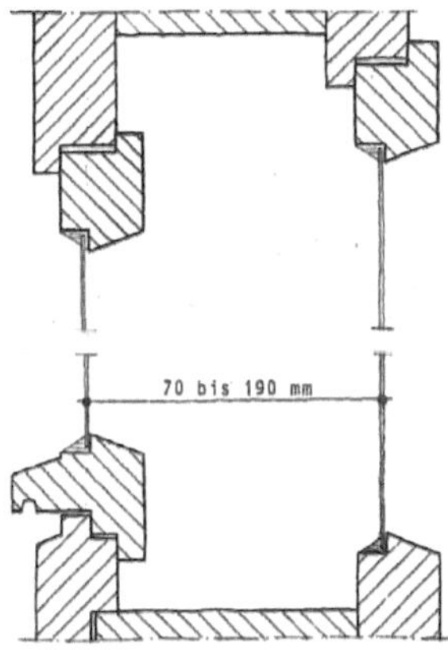

Bild 10.35 Aufbau eines Kastenfensters

Glasbausteine

Glasbausteine dienten in den 1950er- und 1960er-Jahren als Gestaltungselement im Wohnungsbau. Der U-Wert liegt gleichermaßen schlecht bei ca. 3,5 W/(m²K). Glasbausteine wurden in der DIN 4108 von 1952 als Ersatz für einfachverglaste Fenster empfohlen und gelegentlich bei Fachwerkhäusern eingebaut. Sie wirken als Fremdkörper und sollten wieder rückgebaut werden.

10.3.5 Fensterreparatur

Allein die Tatsache, dass zu der Zeit, als die historischen Fachwerkhäuser gebaut wurden, gar keine Kunststofffenster gab, sollte ein hinreichendes Argument dafür sein, dass der Einbau von Kunststofffenstern in ein Fachwerkhaus keine adäquate Lösung darstellt. Kunststoff ist kein geeignetes Material für Fenster und Türen im Fachwerkbau.

An einem Holzfenster treten naturgemäß mit der Zeit Schäden durch Witterungseinflüsse und Nutzung auf. Besonders betroffen sind die waagrechten Rahmenteile. Aufgeraute Oberflächen und Risse ermöglichen ein verstärktes Eindringen von Wasser. In der Folge wird das Holz zerstört. Regelmäßige Wartung und Instandhaltung wirken dem entgegen.

Für die Reparatur der Fenster von Fachwerkhäusern gilt wie auch bei der Sanierung von Altbauten die Grundregel, dass sich die Maßnahmen nach den technischen Erhaltungsmöglichkeiten und der wirtschaftlichen Zumutbarkeit richten müssen. Deshalb werden unter den Kriterien des Denkmalschutzes Fenster häufig nicht ersetzt, sondern im Zuge von Instandsetzungs- oder Reparaturmaßnahmen nur soweit angepasst und verbessert, dass schwerwiegende Schäden vermieden werden.

Ein Anlass zu einem Fenstertausch sollte immer dann gegeben sein, wenn die nachfolgenden Defizite diagnostiziert werden:

- blinde Scheiben,
- undichter Anschluss der Scheiben,
- keine Dichtung zwischen Flügel und Blendrahmen,
- Rahmen verzogen, verfault, gerissen,
- eingeschränkte Funktionsfähigkeit der Beschläge,
- fehlende Tragfähigkeit der Scharniere.

Die materialspezifischen Eigenschaften des Baustoffs Holz haben Konstruktion und Gestaltung von historischen Holzfenstern grundlegend geprägt. Dieser Umstand unterstreicht die Forderung nach Material- und Formgerechtigkeit im Sinne der Charta von Venedig (1964). Nach Artikel 10 der Charta können alle modernen Konservierungs- und Konstruktionstechniken, deren Wirksamkeit nachgewiesen und durch praktische Erfahrung nachgewiesen ist, zur Sicherung eines Denkmals herangezogen werden, wenn sich die traditionellen Techniken als unzureichend erweisen. Im Umkehrschluss heißt das, dass zunächst traditionelle Techniken zur Sicherung des Denkmals anzustreben sind. Wenn aber der Ist-Zustand es erfordert, darf zu modernen Baustoffen und Konstruktionen gegriffen werden.

Oft ist es ausreichend, die besonders stark geschädigten Teile wie Wetterschenkel zu ersetzen oder Rahmenteile und andere Holzelemente zu erneuern. Die Reparatur und Instandsetzung muss sich dabei im Rahmen eines denkmalfachlichen Gesamtkonzeptes bewegen. Dabei ist zu klären, ob und bis zu welchem Schädigungsgrad Verwitterungsspuren belassen werden können. Konstruktiv bedingte Mängel führen manchmal zu einem stärkeren Verschleiß und wiederholt auftretenden Schäden. Dann liegt es auch im Interesse der Denkmalpflege, Konstruktionen soweit zu verbessern, dass Schäden vermieden und der Zeitpunkt bis zu erneuten Reparaturen hinausgezögert wird. Ein dauerhafter Reparaturerfolg erfordert einen möglichst gleichen Feuchtegehalt aller Hölzer.

Restaurationsgläser

Das in den 1960er-Jahren entwickelte industrielle Floatverfahren revolutionierte die Glasherstellung. Das neue Verfahren löste die Flachglasproduktion im Guss- oder Blasverfahren nahezu vollständig ab. Produktionsbedingte Unregelmäßigkeiten wie Blasen, Einschlüsse und Schlieren treten nicht mehr auf. Es entstehen planparallele Gläser in einer Qualität, die vorher nur sehr teures Spiegelglas liefern konnte und die Herstellung von Isolierverglasungen möglich machte.

Der Einbau von Zweischeibenisolierverglasungen in ursprünglich einfachverglaste Holzfenster kann aus denkmalfachlicher Sicht nur dann vertretbar sein, wenn die Holzprofile ausreichende Abmessungen aufweisen, damit der aus Denkmalsicht optisch störende Randverbund der Isolierscheiben kaschiert werden kann.

Sogenannte Ziehgläser ermöglichen eine originalgetreue Ansicht eines Bestandfensters und sind sogar als Isoliergläser erhältlich. Diese Gläser sind dünner, sodass die Einfachfenster in ihrer ursprünglichen Form erhalten werden können. Solche Sonderisoliergläser können nicht nur in Bestandsfenstern eingebaut werden, sondern ermöglichen auch den originalgetreuen Nachbau von historischen Fenstern mit gutem Wärmeschutz. Der Ug-Wert der Scheibe verbessert sich gegenüber einer Einfachverglasung von 5,8 W/(m^{2}K) auf 1,9 W/(m^{2}K).

Aufdopplung

Zur Erfüllung der Anforderungen des Denkmalschutzes unter gleichzeitiger Berücksichtigung der Kriterien des energiesparenden Wärmeschutzes können Fenster mit zwei getrennten Flügelrahmen eine Lösung darstellen. Der Einsatz von Verbund- oder Kastenfenstern erlaubt es, bei Verwendung von Isolierglas in einer Ebene die Wärmeschutzanforderungen zu erfüllen. Es entsteht eine Dreifachverglasung mit sehr geringen Wärmeverlusten. Kastenfenster sind hierfür besser geeignet als Verbundfenster.

Eine Aufdopplung allein mit einer zusätzlichen Glasebene am historischen Flügel ist möglich, kommt aber nur infrage, wenn der bestehende Rahmen das zusätzliche Gewicht aufnehmen kann. Anstatt nur die Glasebene innen aufzudoppeln, sollte man das historische Bestandsfenster erhalten und durch eine zusätzliche Ebene ergänzen. Meist erfolgt die Aufdopplung aus bauphysikalischen Gründen innen durch eine Zweischeiben-Verglasung.

Bei Aufdopplung zum historischen Verbundfenster montiert man auf den inneren Flügelrahmen ein auf den Bestand abgestimmten Zusatzrahmen. Dadurch entsteht ein Verbundsystem, das nur gelegentlich geöffnet werden muss, um den Fensterzwischenraum zu reinigen. Der Anpassungsaufwand für das Zusatzfenster kann relativ hoch sein, nicht zuletzt weil der Verbund möglichst dicht sein muss. Auch müssen die Bänder das Zusatzgewicht ohne Schaden aufnehmen können.

Der energetisch günstige, historisch verbreitete Typ des Kastenfensters lässt sich bei einfach verglasten Bestandsfenstern relativ einfach herstellen. Hierzu bleibt das außen liegende Originalfenster unverändert und wird in der Regel durch ein Innenfenster mit einer Zweischeiben-Isolierverglasung ergänzt. Das neue Fenster kann sowohl in der Laibung als auch auf der Innenoberfläche der Außenwand eingebaut werden. Wenn zugleich eine Innendämmung eingebaut wird, sind befriedigende Gestaltungsmöglichkeiten gegeben.

Die zwischen beiden Fensterebenen stehende Luftschicht bewirkt eine deutlich verbesserte Wärme und Schalldämmung. Zur Vermeidung von Tauwasser zwischen Innen- und Außenfenster ist es bauphysikalisch günstig, wenn Wärmedämmung und Dichtigkeit beim Innenfenster in der Regel etwas höher ausfallen als beim Außenfenster. Letzteres sollte keine Zusatzdichtungen erhalten.

Bild 10.36 Aufdopplung zum Verbundfester

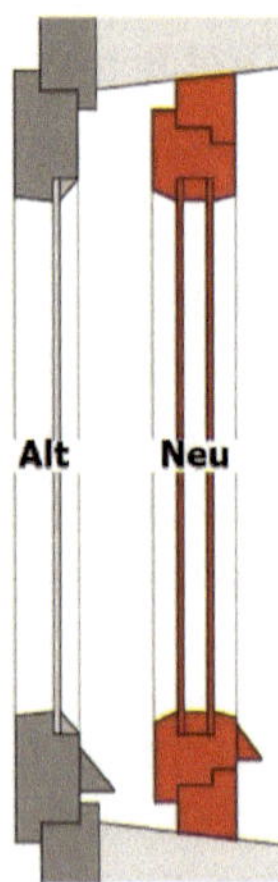

Bild 10.37 Erweiterung zum Kastenfenster

10.3.6 Fensteraustausch

Bei jeder Fenstererneuerung muss beachtet werden, dass Fenster nicht getrennt von den Außenwänden betrachtet werden können. Fenster sind wesentliche Bestandteile der Gebäudehülle und damit Teil des bauphysikalischen Gesamtsystems. Um Tauwasserschäden zu vermeiden, muss geprüft werden, ob die veränderten Fenstereigenschaften nicht Konsequenzen für die bauphysikalische Ausführung der Außenwände haben. Umgekehrt können neue Außenwandaufbauten zu veränderten Anforderungen an die Fenstereigenschaften führen.

Unansehnliche Rahmen oder nicht vorhandene bzw. poröse Dichtungen sind die ersten Hinweise darauf, dass Handlungsbedarf besteht. Neben diesen Defiziten gibt es eindeutige Parameter, die vor allem in ihrer Gesamtheit einen Fensteraustausch erforderlich machen:

- Zugluft,
- Kondenswasser,
- blinde Scheiben,
- tiefe Risse und Moderfäule im Holz,
- Spalten zwischen Flügelrahmen und Verglasung,
- defekte Beschläge.

Es gilt folgender Grundsatz:

Wenn eine gründliche Untersuchung ergibt, dass Teile des alten Fensterbestandes nicht mehr vertretbar zu reparieren sind und wenn die alten Fenster infolge ihrer technischen Ausführung und/oder bauphysikalischer Mängel substanzielle Schäden an den angrenzenden Bauteilen hervorrufen, ist ein Fensteraustausch notwendig. Selbst für denkmalgeschützte Fenster gibt es hinreichend Möglichkeiten einer werktreuen Ausführung bei Verwendung von Ziehglas. Gelingt es nicht, die vorhandenen Fenster zu erhalten, ist ein analoger Nachbau kein Problem. Hierbei ist ein sensibler Umgang mit dem Baustoff Holz und große Detailtreue geboten.

Ein herausragendes Merkmal von Fachwerkfassaden ist die Kleinteiligkeit der Scheibengrößen. Sie ergibt sich neben konstruktiven Gegebenheiten vor allem aus der Tatsache, dass man in der Vergangenheit großflächige Verglasungen nur auf diese Weise erreichen konnte. So wurden mehrere Scheiben zusammengelegt und durch Sprossen miteinander verbunden. Daher ist es selbstverständlich, bei der Modernisierung Fenster mit Sprossenteilung vorzusehen, um die Maßstäblichkeit des Fachwerkbildes zu erhalten.

Große, glatte Verglasungen erscheinen bei Tageslicht dunkel. Sie stören das Erscheinungsbild, wirken optisch wie Löcher in der Fassade und sind abzulehnen.

Bild 10.38 Neues Kastenfenster

Durch den Einbau neuer Fenster darf sich der Gesamteindruck des Fachwerkbildes nicht verändern. Die Größe der Fensteröffnungen bei Fachwerkhäusern ergibt sich letztlich aus den Abständen der Ständer sowie der Anordnung der Brüstungs- und Sturzriegel.

Bild 10.39 Vergrößerung der Fensteröffnungen

Es ist aber durchaus möglich, solange keine Denkmalschutzkriterien greifen, die Fenster in vertikaler Richtung zu vergrößern, indem Sturzriegel bzw. Gefache zwischen Sturzriegel und Rähm entfallen. Man kann auch den Riegel unverändert belassen und zwei Fensteröffnungen übereinander anordnen. Fenster, die Fachwerkständer durchtrennen und damit das Fachwerkgefüge stören, sind abzulehnen. Mitunter wird der Wunsch geäußert, geschlossene Fachwerkfelder zu öffnen, um die Innenräume besser mit Tageslicht zu versorgen. Das muss genau abgewogen werden, weil damit historische Bausubstanz beschädigt und das Erscheinungsbild der Fassade erheblich verändert wird.

Die heute aus Gründen des energiesparenden Wärmeschutzes verwendeten Isolierverglasungen erfordern wegen ihres höheren Gewichtes und wegen des empfindlichen Randverbundes größere Profildicken als herkömmliche Fenster. Der Einbau von Zweischeibenisolierverglasungen in ursprünglich einfachverglaste Holzfenster kann daher aus denkmalfachlicher Sicht nur dann vertretbar sein, wenn die Holzprofile ausreichende Abmessungen aufweisen, damit der aus Denkmalsicht optisch störende Randverbund der Isolierscheiben kaschiert werden kann. Besonders problematisch ist das bei den Sprossen. Wenn diese die Isolierverglasung zu tragen haben, sind sie auf jeden Fall größer dimensioniert als bei einer Einfachverglasung. Dadurch können die Proportionen einer Fachwerkfassade unter Umständen empfindlich gestört werden. Dies gilt umso mehr, wenn die Fenstergrößen verhältnismäßig klein sind.

Bild 10.40 Austausch historischer Fenster durch einflügelige Dreh-Kipp-Fenster; rechts unten historischer Fensterbestand (zwei Drehflügel mit Oberlicht)

10.3.7 Sprossen

Sprossen sind nicht nur ein gestalterisches Detail, sondern haben auch unmittelbare Auswirkungen auf den Wärmeschutz des Fensters. Zu unterscheiden sind dabei Sprossen, die das Glas teilen, und solche, die auf oder zwischen die Scheiben gesetzt werden. Durch glasteilende Sprossen wird die Glasebene durchbrochen und man benötigt stattdessen viele kleine, meist quadratische Scheiben für ein Fenster. Damit entsteht entlang jeder Einzelscheibe ein Glasrandverbund, was sich nachteilig auf den Uw-Wert des Fensters auswirkt. Bei außen aufgesetzten Sprossen wird meist zwischen den Scheiben zusätzlich ein Abstandhalterprofil eingebaut. Dies stellt, ebenso wie bei zwischen den Scheiben sitzenden Sprossen, ebenfalls eine kleine Wärmebrücke dar, die sich beim Uw-Wert bemerkbar macht.

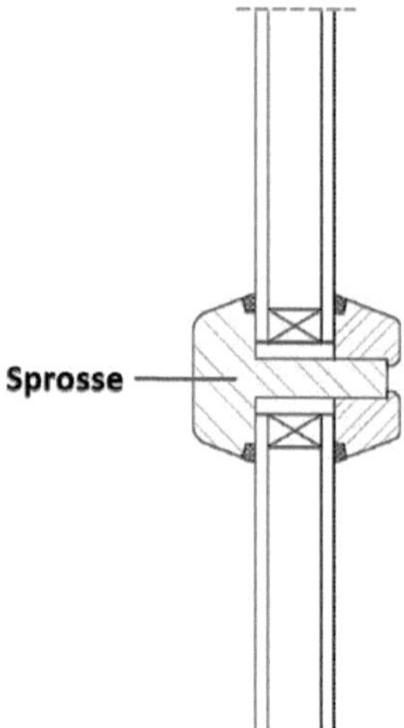

Bild 10.41 Glasteilende Sprosse

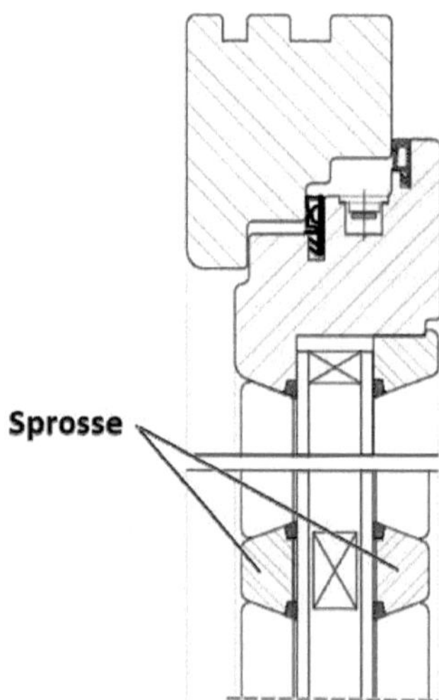

Bild 10.42 Sprosse im Scheibenzwischenraum

Vorgeblendete Sprossen zeichnen sich unter Umständen auf der Verglasung durch Reflexionen ab, während bei zwischen den Scheiben liegenden Sprossen je nach Fensterstellung die Sprossenwirkung verloren gehen kann, sodass die Verglasung letztlich wie durchgehendes Glas wirkt.

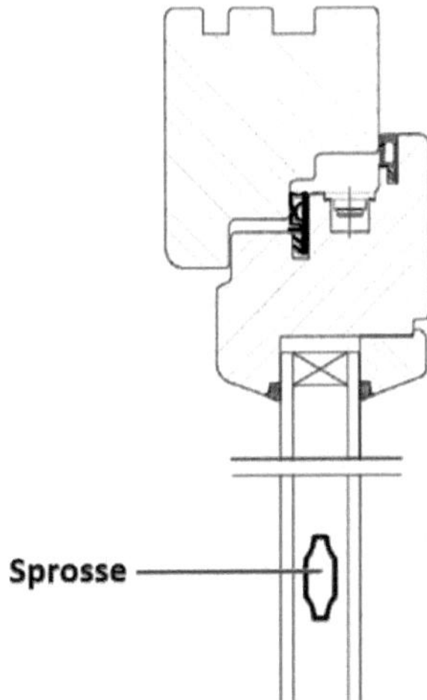

Bild 10.43 Aufgeklebte und versiegelte Sprosse

So ist es kein Wunder, dass man Sprossen von außen in Form eines Klemmrahmens befestigt. Die Isolierverglasung wird nicht weiter tangiert, wirkt wärmeschutztechnisch in ihrer Gesamtheit und lässt sich nach dem Wegklappen leichter putzen.

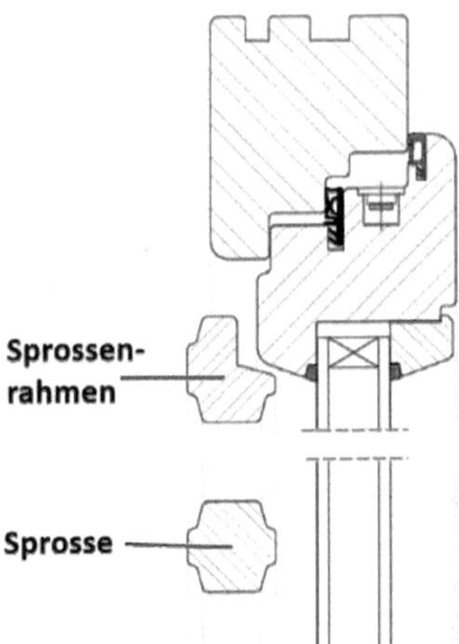

Bild 10.44 Aufklappbarer Sprossenrahmen

10.3.8 Fugendichtung

Die Montage der Fenster muss so ausgeführt werden, dass die Fenster noch einen gewissen Spielraum in den Gefachen haben. Ein zu enger Verbund mit dem Fachwerkgefüge kann dazu führen, dass durch Bewegungen der Fachwerkkonstruktion die Fensterrahmen in Mitleidenschaft gezogen werden.

Bei Fenstern gibt es drei Abdichtungsebenen.

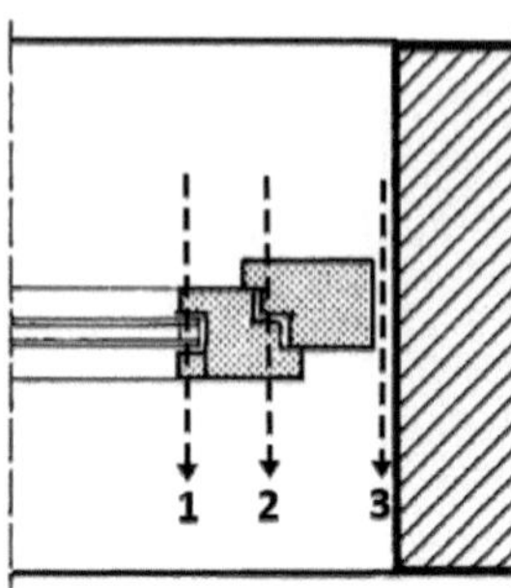

Bild 10.45 Abdichtungsebenen am Fenster

Ebene 1 wird gebildet durch den Anschluss der Verglasung an den Flügelrahmen. Für diese Dichtung zeichnet bei modernen Fenstern der Hersteller verantwortlich. Die fachgerechte Ausgestaltung der Ebene 2 zwischen Flügel- und Blendrahmen liegt ebenfalls beim Fensterhersteller. Fenster im Bestand ohne umlaufende Dichtung sind am ehesten für eine Reparatur geeignet. Die Fugen lassen sich durch den Einbau von Quetschdichtungen in den Rahmen beseitigen. Je nach Rahmentyp stehen unterschiedliche Silikonprofile zur Verfügung. Sie werden umlaufend verdeckt in eine gefräste Nut eingelassen, sodass das Erscheinungsbild nicht beeinträchtigt wird. Die Ebene 3 befindet sich zwischen Fenster und Baukörper. Hier hat die Dichtung, besser das Dichtungssystem, drei Aufgaben zu erfüllen.

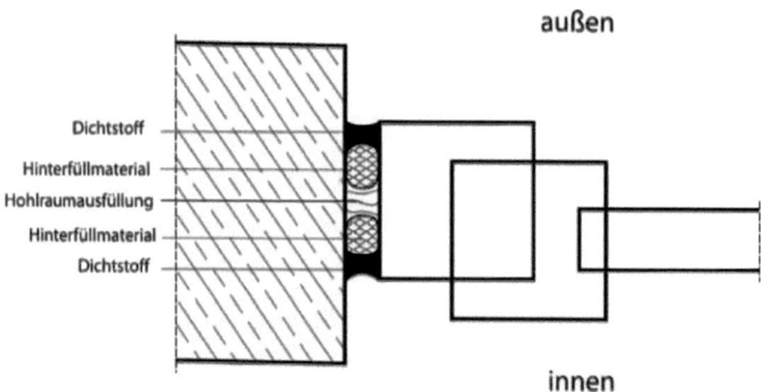

Bild 10.46 Fachgerechte Fugenausbildung bei stumpfem Fensteranschlag (Prinzipskizze)

Die äußere Abdichtung muss wind- und schlagregendicht sowie dampfdiffusionsoffen ausgeführt werden. Die mittlere Abdichtung verhindert Schall- und Wärmebrücken. Die innere Abdichtungsebene: muss luftdicht und dampfdiffusionsdichter sein als die äußere Abdichtung.

Die Forderung „innen dichter als außen" wird durch dieses 3fach-Dichtungssystem in der Fensteranschlussfuge erreicht. Hier wurden vor der Mitte des 20. Jahrhunderts in der Regel Dichtungsmaterialien wie gefirnister Hanf, geteerte Stricke, Schafswolle, Kalkhaarmörtel oder andere Spachtelmassen eingesetzt. Heute können Fugen mit geeigneten Dichtstoffen, imprägnierten Dichtungsbändern, Multifunktionsbändern oder Anputzdichtleisten geschlossen werden. So wird sichergestellt, dass der Abtransport von Feuchtigkeit möglich ist. Die grundsätzliche Eignung des Dichtsystems - die Betonung liegt auf System - und der für die Ausführung vorgesehenen Baustoffe ist zu klären.

Kompribänder als vorkomprimierte, imprägnierte, leicht zu verarbeitende Schaumstoffdichtungsbänder auf Polyurethanbasis, die nach dem Einbringen in eine Fuge langsam expandieren und sich dicht an die Fugenränder anschmiegen, sind sehr gut geeignet. Zur Verarbeitung wird das abgerollte, vorkomprimierte Dichtband in die bereits vorhandene Fuge eingelegt, was ein wenig Geschick erfordert. Kompribänder sind schlagregensicher.

Beim Austausch der Fenster muss die Montage so erfolgen, dass die Fenster noch einen gewissen Spielraum in den Gefachen haben. Ein zu enger Verbund mit dem Fachwerkgefüge kann dazu führen, dass durch Bewegungen der Fachwerkkonstruktion die Fenster in Mitleidenschaft gezogen werden. In Abhängigkeit von der Einbausituation ist eine flexible Dichtungstechnologie für die Fugen zwischen Fenster und Baukörper notwendig.

■ 10.4 Ergänzen und Erneuern der übrigen Bausubstanz

Alle anderen an Fachwerkhäusern praktizierten Maßnahmen zur bautechnischen Modernisierung unterscheiden sich nur unwesentlich von denen bei herkömmlichen Altbauten. Allerdings ist den für den Fachwerkbau spezifischen Anschlussdetails besondere Aufmerksamkeit zu widmen.

10.4.1 Decken

Holzbalkendecken blicken zurück auf eine Jahrhunderte währende Tradition und waren noch bis in die 1920er-Jahre das Maß aller Dinge. Nur Kellerdecken wurden aufgrund der dort herrschenden Feuchteverhältnisse häufig als Gewölbe oder Kappendecken und seltener als Holzbalkendecken gebaut.

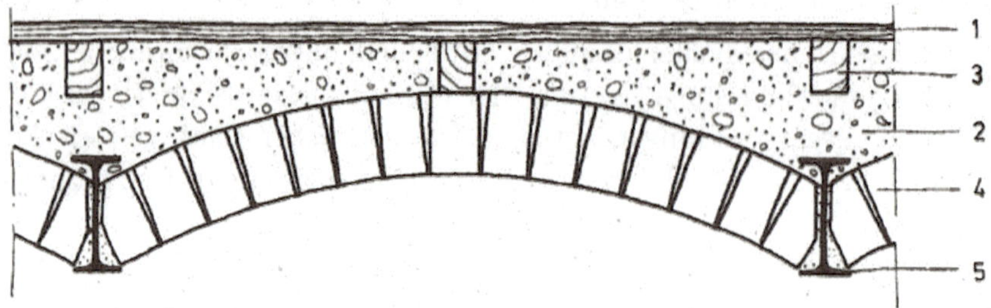

Bild 10.47 Kappendecke

1 Dielung, gespundet
2 Schlackenfüllung
3 Lagerhölzer
4 gemauertes Kappengewölbe
5 Stahlträger

10.4.1.1 Bestandsaufnahme

Eine gründliche Zustandsanalyse in Verbindung mit einer verlässlichen Bewertung des Ist-Zustandes ist bei Holzbalkendecken besonders wichtig, weil die meisten Deckenbereiche konstruktionsbedingt nicht einsehbar sind. Bestehen Bedenken wegen der Tragfähigkeit, ist eine exakte Beurteilung umso wichtiger. Die Gefahren können unter- und überschätzt werden. Die Unterschätzung von Schäden kann Gefahr an Leib und Leben bedeuten. Auch Zeitverzögerungen und Kostensteigerungen sind die Folge. Die Überschätzung hat unnötige Erneuerungsarbeiten zur Folge und bedingt erhebliche Baukostensteigerungen.

Die wichtigste Maßnahme zum Schutz vor holzzerstörenden Pilzen besteht in der Begrenzung der Holzfeuchte. DIN 68800-1 „Allgemeines" ist zu entnehmen, dass sich holzzerstörende Pilze bei einer Holzfeuchte oberhalb des Fasersättigungsbereiches entwickeln können. Die in der Norm angegebene Feuchte mit u = 20 %, ab der ein Pilzrisiko besteht, lässt aber Luft nach oben. Stellt man bei Messungen im Bestand eine über 20 % liegende Holzfeuchte fest, ist eine Gefährdung durch holzzerstörende Pilze nicht zwangsläufig gegeben. Doch sind weitergehende Untersuchungen erforderlich, damit eine gesicherte Entscheidungsgrundlage gegeben ist.

Bei Holzbalkendecken sind im Vorfeld der Detailplanungen folgende Teilaufgaben zu erledigen:

- Feststellung der Schäden und deren Ursache,
- Einschätzung des Schadensumfanges,
- Interpretation der Untersuchungsergebnisse.

Es ist notwendig, sämtliche Hölzer einschließlich aller angrenzender Holzbauteile auf Befall durch holzschädigende Pilze und Insekten sowie Einwirkung anderer holzschädigender Einflüsse zu untersuchen. Im Normalfall ist zunächst eine Sichtprüfung und dann eine Detailprüfung mit zerstörendem Eingriff in die Bausubstanz vorzunehmen. Die Sichtprüfung ist ausgerichtet auf:

- Pilz- und Insektenbefall,
- sonstige Einwirkungen wie Spuren von Feuchte und Wasser,
- material- und konstruktionsspezifische Mängel erkennbar an Spannungsrissen und Formänderungen.

Die Detailprüfung erfolgt durch:

- Messen der Holzfeuchte, Bohren und Endoskopie,
- das Öffnen verdächtiger oder offensichtlich schadhafter Bereiche mit Freilegen der verdeckten Bauteilbereiche.

Die Balken werden dann wie auch die Balkenköpfe auf äußere Schäden, Insektenbefall, Pilze und Feuchtigkeit untersucht. Bevor man die Deckenbalken freilegt, kontrolliert man die Balkenköpfe. Sie gelten als Gradmesser für den möglichen Sanierungsaufwand. Sind die Balkenköpfe noch in einem guten, gesunden Zustand, kann man von wenigen Ausnahmen (z.B. Feuchträume) abgesehen davon ausgehen, dass das auch für die Balken selbst gilt.

10.4.1.2 Arbeitsschritte

Ob ein Deckenbalken repariert werden kann oder aber ersetzt werden muss, hängt von Art und Ausmaß der Schäden ab. Werden Risse oder auch Löcher entdeckt, können diese verspachtelt werden. Auch kann mithilfe von Brettern oder Leisten ausgebessert werden. Bei gravierenden Schäden wie klaffenden Rissen bis in die Balkenmitte, Brüchen oder Fäulnis bleibt keine andere Möglichkeit als der Balkenersatz.

Holzbalkendecken sind im Ursprungszustand meist schlecht gedämmt. Das gilt weniger für die Wärmedämmung. Wenn aber Schallschutzkriterien wegen der künftigen Nutzung eine Rolle spielen, kommt man um eine grundlegende Sanierung nicht herum. Das Hauptaugenmerk bei der schallschutztechnischen Verbesserung von Holzbalkendecken liegt zumeist beim Trittschallschutz. Durch die Maßnahmen zur Verbesserung des Trittschallschutzes werden zugleich erhebliche Verbesserungen des Luftschallschutzes erreicht. Die Verbesserung des Wärmeschutzes ist freiwillig, wenn es sich nicht um die oberste Geschossdecke gegen den ungedämmten Dachraum handelt.

10.4.1.3 Dämmung der Holzbalkendecke

Vorbemerkung: Leider enthält die DIN 4109 kein Nachweisverfahren zur Berechnung des Trittschallschutzes von Holzbalkendecken. Deshalb wird die Thematik im Folgenden unter konstruktiven Aspekten abgehandelt. Zum Nachweis des Schallschutzes ist man vielmehr darauf angewiesen, auf Messungen zur Verbesserung des Trittschallschutzes von Holzbalkendecken und deren Ergebnisse zurückgreifen zu können. Dabei muss man die geprüfte Konstruktion bis ins letzte Detail übernehmen, was bei der Sanierung schnell ein Problem darstellen kann. Denn jede Abweichung kann das Ergebnis verändern.

Um den Stand der Technik bei der schallschutztechnischen Sanierung von Holzbalkendecken zu erfüllen, ist in jedem Fall ein mehrlagiger Aufbau der Decke notwendig. Das kann auf verschiedene Art und Weise erreicht werden. Welche der Varianten die besten Ergebnisse erzielt, hängt von der vorhandenen Deckenkonstruktion und dem gewünschten Schalldämmmaß ab.

Möglichkeiten für einen verbesserten Trittschallschutz

Eine einfache Möglichkeit zur Trittschalldämmung ist ein weich federnder Gehbelag. Er darf aber nach DIN 4109 nicht bei Gebäuden mit mehr als zwei Wohnungen zum Nachweis des Schallschutzes von Wohnungstrenndecken berücksichtigt werden. Bei Teppichen wird das Trittschallschutzverbesserungsmaß ΔLw in der Regel vom Hersteller angegeben. Dieses Verbesserungsmaß bezieht sich jedoch auf Massivdecken. Die Trittschalldämmung einer Holzbalkendecke wird durch einen Teppichboden unwesentlich verbessert, nur insoweit als die flächenbezogene Masse des Fußbodens durch den Teppichbelag ein wenig erhöht wird. Ein Teppichbelag stellt somit allein keine Maßnahme dar, um den Schallschutz bei alten Holzbalkendecken wesentlich zu verbessern. Das Verbesserungsmaß ΔLw,H für Holzbalkendecken liegt in aller Regel unter 10 dB.

Dauerhaft wirksam sind Deckenauflagen in Form entkoppelter Estrichaufbauten. Geben Raumhöhe und Deckenkonstruktion es her, eignet sich ein schwimmend auf einer Dämmschicht verlegter Estrich gut zur Verbesserung des Trittschallschutzes – sei es als Trockenestrich oder als Fließestrich (Anhydritestrich). Trockenestriche sind vor allem dann geeignet, wenn die Aufbauhöhe begrenzt ist. Sie haben zudem den Vorteil, dass keine zusätzliche Feuchte eingetragen wird. So lässt sich der Trittschall mit einem Trockenestrich bereits um 8 bis 12 dB verbessern, wobei sich der erzielbare Effekt auf hohe und mittlere Frequenzen beschränkt. Mit einem Fließestrich auf 20 mm dicken Trittschalldämmplatten aus Mineralwolle lässt sich der Trittschallschutz ein wenig besser um 13 bis 15 dB verbessern.

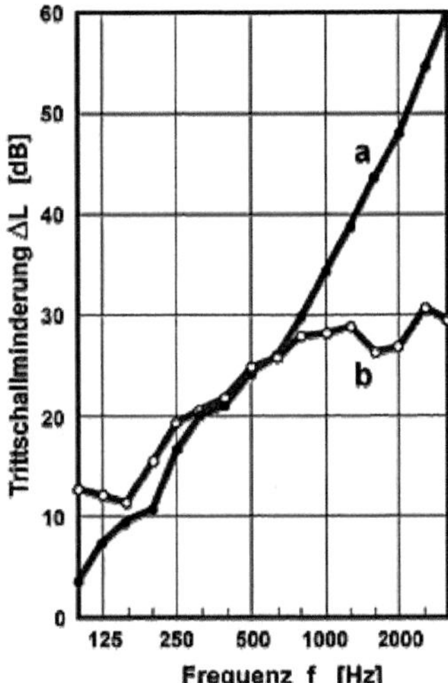

Bild 10.48 Verbesserung der Trittschalldämmung durch einen Nagelfilzbelag

a) Nadelfilz auf einer Betonrohdichte

b) Nadelfilz einer Holzbalkendecke

Durch einen schwimmenden Zementestrich wird die Masse der Decke deutlich erhöht, was sich positiv auf den Schallschutz auswirkt. Der Estrich sollte eine Mindestdicke von 5 cm aufweisen und die dynamische Steifigkeit s' des Dämmstoffes sollte kleiner als 8 MN/m^3 sein. Die Dämmwirkung der Trittschalldämmplatten ist umso besser, je weicher das Material ist. Entscheidend für die Wirkung des Gesamtpaketes ist, dass keine Schallbrücken zur Geschossdecke und zu den Umfassungswänden vorhanden sind.

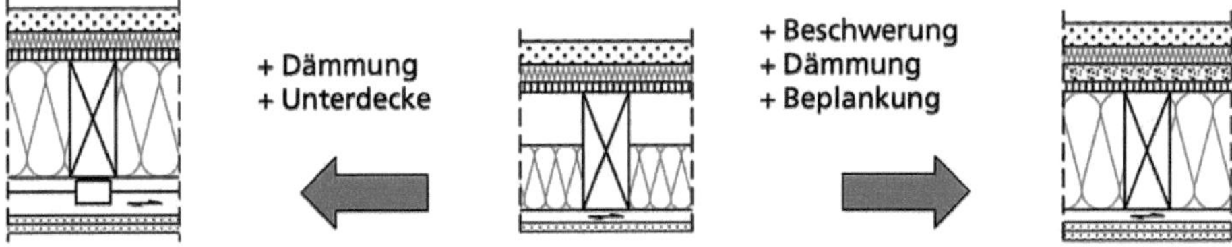

Bild 10.49 Beispielhafte Verbesserungsmaßnahmen an Holzbalkendecken

Neben den Verbesserungsmaßnahmen an der Oberseite ist die Erhöhung der Masse im Balkenzwischenraum ein geeigneter Weg zur Verbesserung des Trittschallschutzes. Aus diesem Grund hat man früher den Balkenzwischenraum mit Glühsand oder Schlacke verfüllt. Sind solche Füllstoffe vorhanden, sollten sie erhalten und wenn möglich aufgefüllt werden. Für neue Füllungen eignen sich vor allem Lehmschüttungen.

Wenn eine Erhöhung der Masse aus Gründen der Tragfähigkeit ausscheidet, können zwischen den Balken Faserdämmstoffe verlegt werden. Zum Einsatz kommen dann bis zu 10 cm dicke Mineralfaserdämmstoffe mit einem längenbezogenen Strömungswiderstand von mindestens 5 kPa s/m^2, die auch an den Seiten der Balken hochgezogen werden sollten. Auch die Verwendung von flockenförmigem Granulat mit ähnlichen Eigenschaften bietet sich an, um eine ausreichende Schalldämmung zu realisieren. Die Verfüllung des Balkenzwischenraumes lässt sich gut mit dem Einbau eines schwimmenden Estrichs verbinden.

Mithilfe von Unterdecken, die über spezielle Befestigungen schalltechnisch von der Deckenkonstruktion abgekoppelt sind, lassen sich ebenfalls deutliche Verbesserungen erzielen. Die Unterdecke muss hierzu schallentkoppelt über Federbügel, Federschienen oder elastische Abhängungen an der Balkenlage befestigt werden. Für die schallschutztechnische Wirkung der Bekleidung ist ein ausreichend großer Luftraum notwendig. Er sollte zwischen 5 und 10 cm liegen.

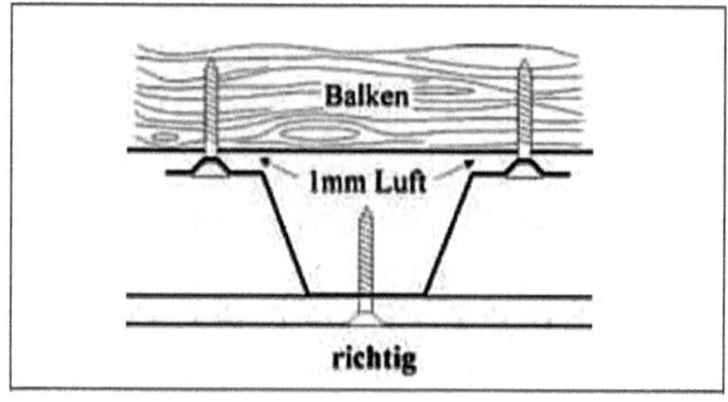

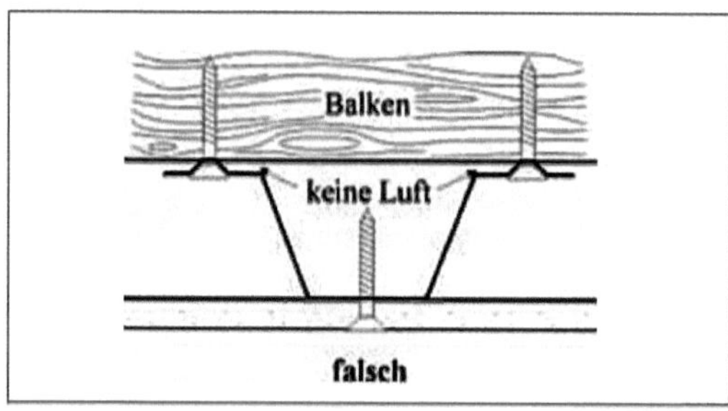

Bild 10.50 Federschiene an einer Holzbalkendecke

Bei Verwendung entsprechender Metallprofile verbessert sich der Schallschutz um ca. 10 dB. Besonders effizient ist der Einbau einer freitragenden Unterdecke mit Verbesserungen von 20 bis 25 dB. Allerdings bedarf es hierzu einer größeren Raumhöhe.

Welche Varianten im Einzelfall umgesetzt werden können, hängt von den Bedingungen des Einzelfalls ab. Die Wirkungsweise der Bauteilschichten einzeln und in ihrer Gesamtheit beruht auf den spezifischen Materialparametern. Anders ausgedrückt: Es gibt wegen der im Zuge der Trittschallverbesserung entstehenden komplexen Deckenaufbauten keine Patentlösungen und auch den rechnerischen Nachweisen sind enge Grenzen gesetzt. Ein Hilfsmittel sind Bauteilkataloge, die zurate gezogen werden können, wie zum Beispiel:

- *https://informationsdienst-holz.de/fileadmin/Publikationen/2_Holzbau_Handbuch/R03_T03_F01_Schallschutz_Grundlagen_Vorbemessung_2019.pdf,*
- *https://lignumdata.ch/,*
- *https://www.dataholz.eu/,*
- *https://www.ift-rosenheim.de/documents/10180/153682/2005-12+Fachartikel+Bauteilkatalog+f%C3%BCr+Holzdecken.pdf/77989e97-6e64-42a4-9d78-0418fe4cf60f?version=1.1.*

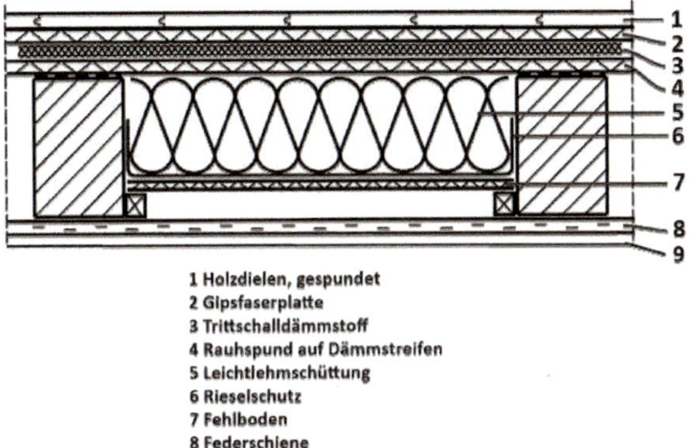

Bild 10.51 Beispiel für eine sanierte Holzbalkendecke

Die Bauteilkataloge enthalten Deckenaufbauten, die für die unterschiedlichen Qualitäten der Schalldämmung von Trenndecken in Einfamilienhäusern und in Mehrfamilienhäusern einsetzbar sind.

10.4.2 Dächer

Wegen der Gefahr von Schadensübergriffen durch pflanzliche und tierische Holzschädlinge ist es ratsam, die Dachstühle möglichst zusammen mit dem Fachwerk zu sanieren. Auch hier ist die Konstruktion auf ihre Vollständigkeit zu überprüfen. Fehlende oder nicht ausreichend tragfähige Hölzer sind zu ersetzen. Nicht mehr wirksame Holzverbindungen sind durch Bolzen, Laschen, Stahlschuhe und Ähnliches zu sichern.

Die Art der Dacheindeckung war früher landschaftlich bedingt. So herrschten in Deutschland Stroh- und Rieddächer sowie Hohlziegeldächer vor. In bestimmten Regionen war Schiefer verbreitet.

Mitunter trifft man auch Dächer an, die im Zuge einer früheren Sanierung mit asbesthaltigen Schindeln eingedeckt worden sind. Von diesen Eindeckungen geht, solange die Asbestfasern fest in die Struktur eingebettet sind, keine Gefahr aus. Kritisch wird es erst dann, wenn das asbesthaltige Material angebohrt, gesägt oder anderweitig mechanisch beschädigt wird. Denn dann werden in aller Regel Asbestfasern freigesetzt.

Die Sanierung solcher Dachflächen ist mit folgenden Verfahren möglich:

- Beschichten der Dacheindeckung,
- Entfernen des asbesthaltigen Materials.

Bild 10.52 Stark verwittertes Schindeldach

Das Beschichten der Dacheindeckung kann kurzfristig erfolgen, ist aber als Übergangslösung anzusehen. Das Dach wird dabei mit einem speziellen Kunststoff beschichtet, wodurch das Freiwerden von Asbestfasern verhindert und die vorhandene Eindeckung vor weiterer Verwitterung geschützt wird. Die Methode findet in der Praxis wenig Anwendung, da sie keinen dauerhaften Schutz bietet.

Auf Dauer ist die Neueindeckung des Daches mit asbestfreien Baustoffen die bessere Lösung. Dabei wird das alte Dach von einem Fachbetrieb behutsam abgedeckt, um anschließend die asbesthaltigen Schindeln in sogenannten „Big Bags" luftdicht zu verpacken und zu entsorgen. Nach einer gründlichen Reinigung der bestehenden Dachstuhlkonstruktion kann dann ohne besondere Schutzmaßnahmen neu eingedeckt werden.

Die Erneuerung und Erhaltung von Dacheindeckungen erfolgt sinnvollerweise unter den landschaftstypischen Aspekten. Bei stilvollen Fachwerkgebäuden im ländlichen Raum sollte man darauf dringen, die vorhandenen Stroh- und Reetdächer auf jeden Fall zu reparieren oder – wenn möglich – alte Reetdächer wiederherzustellen.

Bild 10.53 Neueindeckung eines Bauernhauses

Gegenüber konventionellen Baumaterialien bietet Reet eine Fülle an positiven Eigenschaften, die es zu einem optimalen Naturbaustoff machen. Schilfrohr ist ein nachwachsender Rohstoff mit sehr guten Klimaeigenschaften. Es dämmt Wärme perfekt. Verantwortlich dafür ist der hohe Luftanteil zwischen den einzelnen Halmen. Dieser sorgt somit für einen minimalen Wärmeverlust. Entsprechend gleicht ein Reetdach verglichen mit einem Hartdach die Temperaturschwankungen im Tag- und Nachtwechsel deutlich besser aus. Im Sommer bleibt es unter einem Reetdach angenehm kühl, im Winter warm.

Ein Reetdach kann verschieden gefertigt werden. Dabei unterscheidet man grundsätzlich in drei Kategorien: gebunden, genäht und geschraubt.

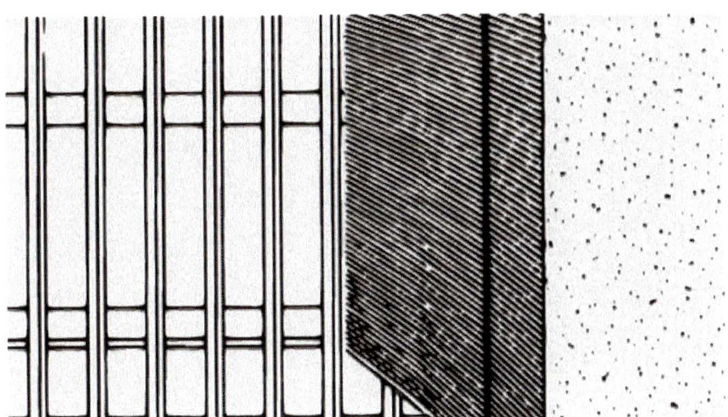

Bild 10.54 Gebundenes Reetdach (wird heute kaum noch angewendet)

Beim gebundenen Dach beginnt der Reetdachdecker von der Traufe aus Lage für Lage Reetbunde an der Lattung zu befestigen. Hierzu legt er die Bunde auf die Lattung und darauf einen 5 mm dicken verzinkten Rundstahl (Schacht- oder Dickdraht) parallel zur Lattung auf die Bunde. Dann bindet er den Schachtdraht alle 20 bis 25 cm mit Bindedraht locker an der Lattung fest. Nach dem Öffnen der Bunde klopft er die Enden des Reets mit dem geriffelten Klopfbrett in Lage der vorgegebenen Dachneigung. Danach muss er den Bindedraht anziehen, um das Reet mit dem Schachtdraht auf die Lattung zu drücken. Den Bindedraht verknotet er über dem Schachtdraht oder dreht ihn einfach zusammen.

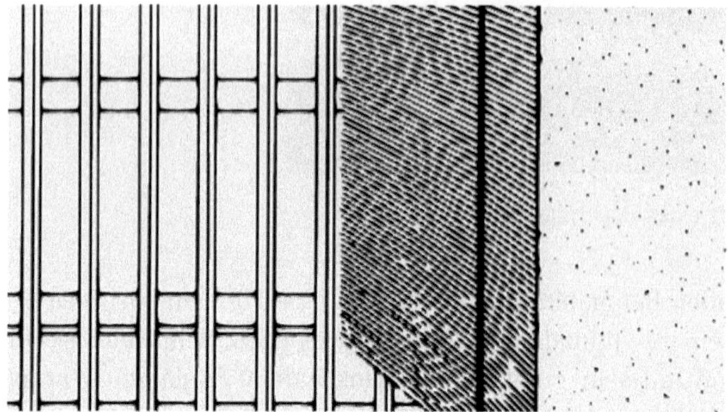

Bild 10.55 Geschraubtes Reetdach (moderne Variante des genähten Daches)

Statt eines Bindedrahtes kann auch eine Schraube verwendet werden, um die mittig ein Draht gewickelt ist. Diese wird mithilfe einer Schraubverlängerung in die Lattung geschraubt. Bei dieser Methode spricht man von einem „geschraubten" Dach.

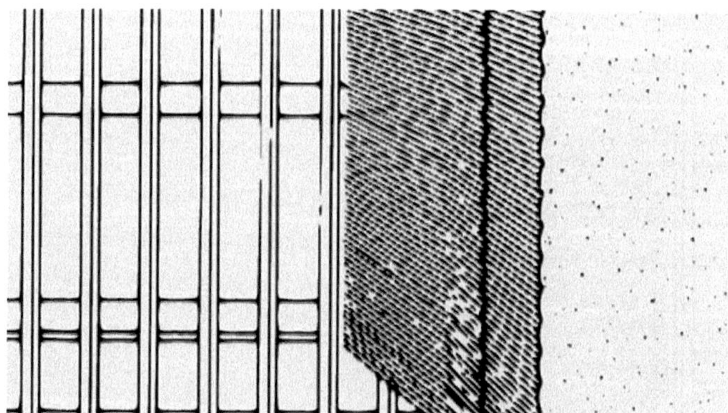

Bild 10.56 Genähtes Reetdach

Aufwendiger als beim gebundenen Dach, gestaltet sich der Arbeitsvorgang für ein genähtes Dach. Hier näht ein Reetdachdecker von außen und ein weiterer („Gegennäher") von innen die Bunde mit einem nicht rostenden, kunststoffbeschichteten oder feuerverzinkten Stahldraht von der Rolle fest. Mit einem speziellen Haken kann der Reetdachdecker aber auch die Aufgabe des Gegennähers einfach selbst übernehmen.

Der Hohlziegel, auch S-Pfanne genannt, als Dacheindeckung ist aus einer Kombination von Mönch und Nonne entstanden. Die früher übliche Fugensicherung mit Strohdocken ist heute praktisch völlig verschwunden. Stattdessen können Pappdocken verwendet werden, sofern man nicht von den modernen Möglichkeiten des Schutzes gegen Witterungseinflüsse mithilfe von Unterspannbahnen oder Unterdächern Gebrauch macht. Letzteres ist in Vorbereitung eines Dachgeschossausbaus der richtige Weg.

10.4.3 Innenwände

Fachwerkinnenwände sind meistens Bestandteil des statischen Systems. Neben der Ableitung der Vertikallasten aus den Geschoßdecken werden sie auch oft zur Windaussteifung herangezogen. Bevor Fachwerkwände im Hausinnern entfernt werden, ist daher zu klären, ob und inwieweit sie an der Abtragung von Lasten beteiligt sind.

Das Entfernen statisch erforderlicher Wände ist meist problematisch und mit aufwendigen Ersatzkonstruktionen verbunden. Fachwerkinnenwände sollten deshalb nur in Ausnahmefällen entfernt werden. Häufig reicht es schon aus, die Ausfachung einer störenden Wand zu entfernen und das verbleibende Fachwerkskelett in den Raum zu integrieren.

Bild 10.57 Fachwerk als Raumteiler

Soll das Fachwerk im Hausinnern aber sichtbar bleiben, werden die Ausfachungen - meist bündig - verputzt und hell gestrichen. Die Art des Verputzes - Kalk-, Kalkgips- oder Lehmputz - richtet sich wie bei den Außenwänden nach dem Untergrund. Im Übrigen sind alle Arten von Wandbekleidungen möglich. Bekleidungen aus Holz kommen ebenso infrage wie Gipskarton- oder Gipsfaserplatten.

10.4.3.1 Feuchtigkeitsschutz für Sockel und Keller

Einen Schutz gegen aufsteigende Feuchtigkeit gibt es erst seit Mitte des 19. Jahrhunderts, sodass man bei Fachwerkbauten, die sich noch in ihrem Urzustand befinden, stets mit Feuchtigkeitsproblemen zu rechnen hat. Die meisten der Schäden treten im Sockelbereich auf und sind auf das anhaltende Eindringen von Wasser aus Bodenfeuchtigkeit, Niederschlägen und Sickerwasser zurückzuführen. Sie reichen von Oberflächenschäden, wie das Abblättern von Farbe, Putzabsprengungen oder Ausblühungen bis hin zu Holzzerstörungen durch Fäulnis und Schädlingsbefall. Aber auch die Einwirkungen auf (Teil-)Unterkellerungen sind nicht zu unterschätzen, wobei sich die Notwendigkeit einer Sanierung vor allem aus der tatsächlichen bzw. geplanten Nutzung ergibt.

Sehr häufig muss man Sanierungsmaßnahmen ergreifen, um Feuchteschäden am Sockelmauerwerk und an erdberührten Wänden zu beseitigen bzw. zu verhindern, da von ihnen der weitere Modernisierungserfolg ganz wesentlich abhängt. Zum einen sind auf Dauer durchfeuchtete Bauteile selbst in ihrem Bestand gefährdet. Zum anderen treten in einem späteren Stadium Schäden an angrenzenden Bauteilen wie Kellerdecke und/oder -sohle bzw. Erdgeschosswänden auf. Zudem ist bei Durchfeuchtungen die Nutzbarkeit evtl. vorhandener Kellerräume unmöglich oder zumindest eingeschränkt.

Einzelheiten bei der Abdichtung von erdberührten Bauteilen regelt DIN 18533 „Abdichtung von erdberührten Bauteilen". Neben den Anforderungen, Planungs- und Ausführungsgrundsätzen in Teil 1 beschreibt diese Norm, in zwei weiteren Teilen, die Ausführung der Abdichtung mit bahnenförmigen Abdichtungen (Teil 2) und flüssig zu verarbeitenden Abdichtstoffen (Teil 3). DIN 18533 bezieht sich primär auf Neubauten, kann aber genauso gut bei Altbauten Anwendung finden. Im Altbaubereich, insbesondere bei Fachwerkgebäuden, gibt es viele Besonderheiten, weshalb auch die Merkblätter der Wissenschaftlich-Technischen Arbeitsgemeinschaft für Bauwerkserhaltung und Denkmalpflege (WTA) herangezogen werden sollten. Besonders Merkblatt 4-6 „Nachträgliches Abdichten erdberührter Bauteile" ist in diesem Zusammenhang zu nennen.

Außerdem sind Regeln für mögliche Vorgehensweisen zur Abdichtung bestehender Gebäude im Hinblick auf Sanierungstätigkeiten in den folgenden WTA-Merkblättern enthalten:

- 4-7 „Nachträgliche mechanische Horizontalsperre",
- 4-9 „Nachträgliches Abdichten und. Instandsetzen von Gebäude- und Bauteilsockeln",
- 4-10 „Injektionsverfahren mit zertifizierten Stoffen gegen kapillaren Feuchtetransport".

Bei unterkellerten Fachwerkhäusern ist das Freilegen der abzudichtenden Kelleraußenwände immer mit erheblichem Aufwand verbunden. Also muss man abwägen, ob der erzielbare Erfolg in einem angemessenen Verhältnis zum Aufwand steht. Wenn die anfallende Feuchtigkeit allein auf Oberflächenwasser beruht, wird man in vielen Fällen auf ein Freilegen der Wände verzichten können. Es sei denn, dass andere wichtige Gründe ein Aufgraben ohnehin notwendig machen wie z.B. die Überprüfung der Fundamente, der Einbau einer Drainage oder der seltene Fall, dass eine Innenabdichtung nicht möglich ist.

Während man eine Außenabdichtung auf der dem Wasser zugewandten Seite vornimmt, wird eine Innenabdichtung auf der wasserabgewandten Seite aufgebracht. Zu beachten ist, dass bei einer Innenabdichtung das Wandinnere nach wie vor der Feuchtigkeit ausgesetzt ist. Daher ergibt nur eine Kombination aus Horizontalsperre, Vertikalabdichtung und Sanierputz auf der Wandinnenseite ein funktionsfähiges Abdichtungssystem, welches gehobenen Ansprüchen genügt. Eine gründliche Vorbereitung des Untergrundes ist dabei von besonderer Bedeutung, indem Unebenheiten ausgeglichen und Ausbrüche geschlossen werden. Auch die Übergänge zu den anderen Bauteilen sind durch Anlegen von Hohlkehlen u.a.m. zu sichern.

Die Maßnahmen zur vertikalen Dichtung gegen Spritzwasser im Sockelbereich entsprechen denen für nicht unterkellerte Fachwerkgebäude. Gleiches gilt für die horizontale Dichtungsebene zwischen Sockelmauerwerk und Grundschwelle.

Damit die Beseitigung von Feuchteschäden erfolgreich gelingt, müssen alle Abdichtungsmaßnahmen genau geplant, sorgfältig ausgeführt und intensiv überwacht werden. Die Beachtung der Regeln des WTA-Merkblattes 4-6 „Nachträgliches Abdichten erdberührter Bauteile“ ist hierbei eine wesentliche Grundlage. Das WTA-Merkblatt beschreibt die notwendigen Elemente der Planung unter Abs. 2.1, und zwar:

- Voruntersuchungen und Ursachenanalysen,
- Festlegung der Abdichtungsziele,
- Darstellung der Abdichtungsmaßnahme,
- Ausweisung des Restrisikos,
- Abschätzung des Zeitraums bis zum Erreichen des Abdichtungserfolgs.

Zugleich wird darauf verwiesen, dass der Ausführende die Planungsverantwortung übernimmt, wenn keine Abdichtungsplanung existiert. Das ist für die Baupraxis von besonderer Bedeutung, weil der Ausführende damit ein zusätzliches Gewährleistungsrisiko übernimmt.

10.4.3.2 Innenabdichtung

Für die rissüberbrückende Innenabdichtung wird vorzugsweise flexible Dichtschlämme eingesetzt. Sie wird in mehreren dünnen Schichten auf den fachgerecht vorbereiteten Untergrund aufgebracht. Hierbei handelt es sich um ein hydraulisch abbindendes Gemisch aus Zement, Mineralien und Zusätzen auf Kunststoffbasis, das wasserabweisend, aber auch wasserdampfdurchlässig ist. In WTA 6-4 heißt es dazu unter Abs. 5.2: „Grundsätzlich dürfen nur normenkonforme Abdichtungssysteme oder Stoffe eingesetzt werden, deren Eignung als Innenabdichtungssystem über ein allgemein bauaufsichtliches Prüfzeugnis (abP) nachgewiesen ist und die zusätzlich einen WTA-Eignungsnachweis für die Anwendung zur nachträglichen Innenabdichtung gemäß Abschnitt 5.4.3 besitzen."

Mit dem Aufbringen der Innenabdichtung und dem Einbau einer Horizontalsperre ist die Sanierung von feuchtem Mauerwerk noch nicht abgeschlossen, weil mit diesen Maßnahmen zwar das unmittelbare Eindringen von Wasser verhindert wird, aber Feuchte infolge Wasserdampfwanderung weiterhin existiert. Abhilfe bieten Sanierputze nach WTA, die das Rücktrocknen möglichst wenig beeinträchtigen und zugleich eine hohe Haltbarkeit auf feuchte- und salzhaltigen Untergründen aufweisen. Im letzten Sanierungsschritt kann man einen dünnen Feinputz auf Kalkbasis aufbringen und die Fläche nach dem Verputzen individuell gestalten.

10.4.3.3 Außenabdichtung

Die sicherste Art der Abdichtung gegen Feuchte von außen ist die Außenabdichtung. Sie hat den Vorteil, dass die Kelleraußenwand von außen vor eindringendem Wasser geschützt ist und damit eine Mauertrockenlegung ohne Risiko möglich ist. Das Hauptproblem bei der nachträglichen Außenabdichtung besteht darin, im Vorfeld die Randbedingungen zutreffend einzuschätzen. Eine wirkungsvolle Gebäudeabdichtung beginnt mit der Bestimmung der Wassereinwirkungsklasse. Vor allem das richtige Einordnen der Wassereinwirkung gemäß DIN 18533 „Abdichtung von erdberührten Bauteilen" ermöglicht eine dauerhaft funktionsfähige Bauwerksabdichtung. In der Norm werden vier Wassereinwirkungsklassen definiert, und zwar:

- W1-E – Bodenfeuchte und nicht drückendes Wasser,
  - W1.1-E Bodenfeuchte und nicht drückendes Wasser bei Bodenplatten und erdberührten Wänden (sehr durchlässiger Boden),
  - W1.2-E Bodenfeuchte und nicht drückendes Wasser bei Bodenplatten und erdberührten Wänden mit Dränung (weniger durchlässiger Boden),
- W2-E – drückendes Wasser,
  - W2.1-E Mäßige Einwirkung von drückendem Wasser ≤ 3 m Eintauchtiefe,
  - W2.2-E Hohe Einwirkung von drückendem Wasser > 3 m Eintauchtiefe,
- W3-E – nicht drückendes Wasser auf erdüberschütteten Decken,
- W4-E – Spritzwasser am Wandsockel sowie Kapillarwasser in und unter erdberührten Wänden.

W1-E – Bodenfeuchte und nicht drückendes Wasser

Dieser Lastfall kommt infrage bei nichtdrückendem Wasser und stark wasserdurchlässigem Baugrund wie zum Beispiel Kies oder Sand, in dem das Wasser bis zum freien Grundwasserstand absinken kann und nicht hydrostatisch auf das Gebäude drückt. In dieser Klasse werden zwei Sonderfälle unterschieden, und zwar Bodenfeuchte an der Bodenplatte und erdberührten Wänden (W1.1-E) sowie Bodenfeuchte und nicht drückendes Wasser an erdberührten Wänden und Bodenplatten mit Dränung (W1.2-E).

Wenn das Erdreich bzw. das Verfüllmaterial sehr durchlässig sind (Durchlässigkeitsbeiwert $k > 10^{-4}/s$), wie es bei Sand und Kies der Fall ist, darf bei der Planung mit dem Lastfall W1.1-E gerechnet werden. Ist der Boden weniger durchlässig (Durchlässigkeitsbeiwert $k \leq 10^{-4} m/s$), muss eine dauerhaft funktionierende Drainage nach DIN 4095 „Dränung zum Schutz baulicher Anlagen; Planung, Bemessung und Ausführung" vorhanden sein.

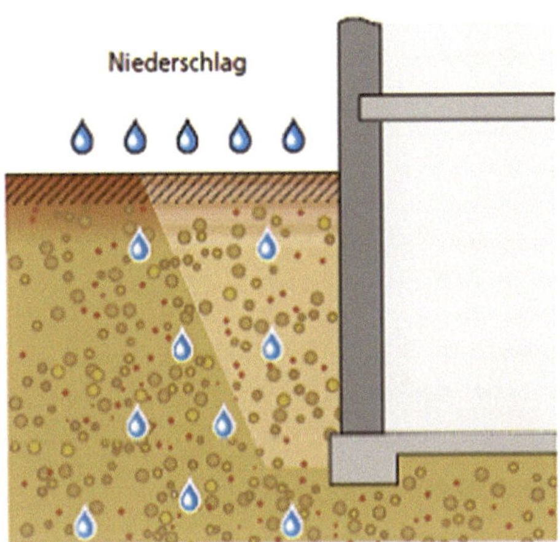

Bild 10.58 Bodenfeuchte und nichtstauendes Sickerwasser

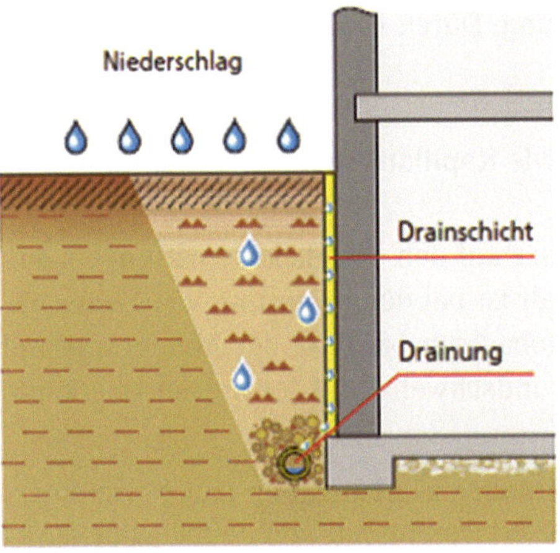

Bild 10.59 Nichtstauendes Sickerwasser an Bodenplatte und Wänden

Diese beiden Lastfälle können bei Fachwerkhäusern als Regelfall angesehen werden, während drückendes Wasser eher als Ausnahme zu gelten hat.

W2-E – drückendes Wasser

Drückendes Wasser kann durch Grundwasser, Hochwasser oder Stauwasser hervorgerufen werden. Die Norm unterscheidet zwischen mäßiger Einwirkung (W2.1-E) infolge von aufstauendem Sickerwasser oder infolge von Grundwasser bis maximal drei Meter und hoher Einwirkung (W2.2-E) von drückendem Wasser über drei Meter. Alle erdberührten Bauteile, die mit Grund- oder Stauwasser in Berührung kommen, sind unabhängig von Gründungstiefe, Eintauchtiefe und Bodenart sind gegen von außen drückendes Wasser abzudichten, was aber bei Fachwerkhäusern nur in besonderen Fällen wie z.B. bei Hochwassergefährdung in Flussnähe zum Tragen kommen dürfte.

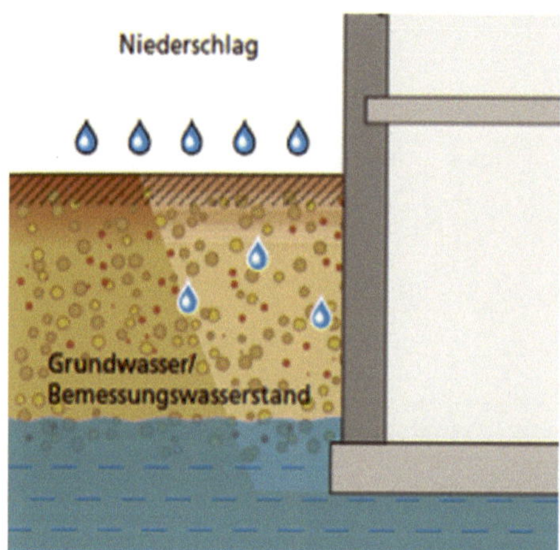

Bild 10.60 Drückendes Wasser

W3-E – nicht drückendes Wasser auf erdüberschütteten Decken

Dieser Fall beschreibt das Eindringen von Niederschlagswasser in den Baugrund und Einsickern auf eine geneigte Abdichtung. Durch Dränung oder Gefälle ist zu vermeiden, dass sich Wasser stauen kann.

W4-E – Spritzwasser am Wandsockel sowie Kapillarwasser in und unter erdberührten Wänden

Das Einwirken von Spritz- und Sickerwasser auf den Wandsockel wird als eigenständiger Lastfall angesehen. Dieser Lastfall ist bei der Sanierung von Fachwerkhäusern bedeutsam, zumal sehr oft zu beobachten ist, dass der Mindestabstand von 30 cm zwischen der Unterkante der Grundschwelle und der Geländeoberkante unterschritten wird.

Je nach Lastfall ergibt sich, welche Baustoffe für die Abdichtung laut Norm eingesetzt werden dürfen oder aus technischer Sicht werden müssen und wie die Sanierungsarbeiten im Detail auszuführen sind. Es reicht nicht aus, einfach eine Bitumen-Dickbeschichtung in mindestens zwei Lagen aufzubringen und eventuell ein Gewebe einzubetten. Erst das fachgerechte Abdichten von Öffnungen für Zu- und Abwasserleitungen u.a.m. garantiert eine dichte Abdichtungsfläche. Außerdem muss die nachträgliche Vertikalabdichtung wasserdicht an die vorhandene oder nachträglich einzubringende Horizontalabdichtung angeschlossen werden.

Im WTA 6-4 sind Außenabdichtungsstoffe genannt, die nach den Verarbeitungsrichtlinien des jeweiligen Herstellers zu verarbeiten sind. In der Praxis hat sich das Abdichten mit kunststoffmodifizierter Bitumendickbeschichtung (KMB) bewährt. Die Produktgruppe der rissüberbrückenden, mineralischen Dichtschlämme hat in den letzten Jahren immer mehr an Bedeutung gewonnen. Ihre Vorteile liegen in der kürzeren Trocknungszeit und der leichteren Verarbeitung.

Für die nachträgliche Außenabdichtung eignen sich außerdem:

- Bitumenbahnen,
- Kunststoff- und Elastomerbahnen,
- Flüssigkunststoffe.

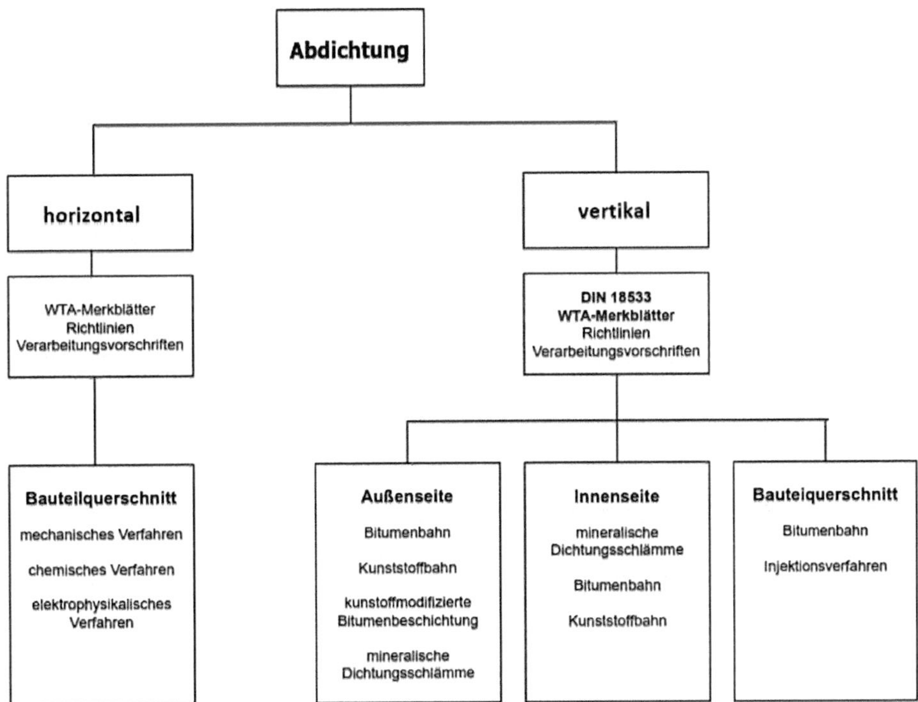

Bild 10.61 Abdichtungsmöglichkeiten im Sockel- und Wandbereich

10.4.4 Sockelausbildung

Bei einem Haus, das einen Abstand von ≥ 30 cm von der Oberkante des Geländes bis zur Unterkante der Grundschwelle aufweist, gibt es in der Regel keine Feuchtigkeitsprobleme im Schwellenbereich. Die Schwelle befindet sich dann über der Spritzwasserhöhe, so wie es die gültige DIN 68800-2 „Vorbeugende bauliche Maßnahmen im Hochbau" fordert. Unter Berücksichtigung der dort genannten Randbedingungen kann ein Verzicht auf chemische Holzschutzmittel (Zuordnung zur Gebrauchsklasse 0) erfolgen. Bestimmte flankierende Maßnahmen erlauben auch geringere Abstände. Für Holzhäuser sind drei verschiedene Ausführungsvarianten angegeben, die durchaus als Orientierung für Fachwerkhäuser dienen können. Als Mindestabstand zur Einstufung in GK 0 ist eine der nachfolgenden Bedingungen einzuhalten:

- h = 30 cm: keine Anforderungen an die Ausbildung der Geländeoberfläche,
- h = 15 cm: Ausbildung der Geländeoberfläche mit zusätzlichem Kiesbett (Korngröße 16/32 mm) oder wasserableitender Belag mit mindestens 2 % Gefälle,
- h = 5 cm: mit zusätzlichen geeigneten Abdichtungsmaßnahmen nach DIN 18533-1.

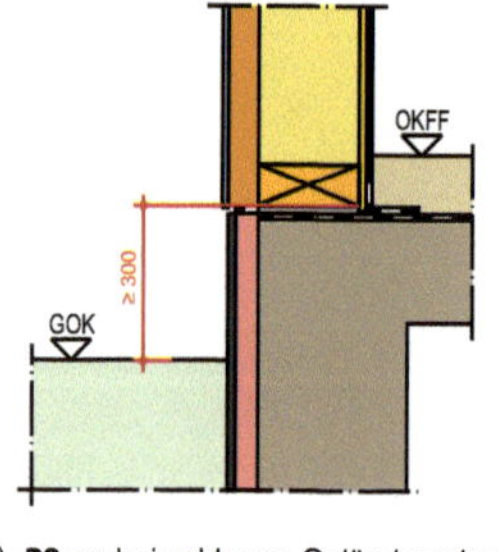

a) **30 cm** bei unklarem Geländeverlauf
→ keine zusätzliche Maßnahmen
→ 3-4 Stufen Höhenunterschied

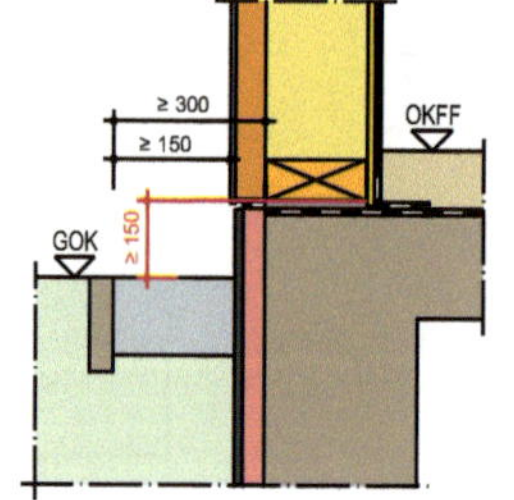

b) **15 cm** bei Kiesbett als Spritzschutz ohne zusätzliche Vertikalabdichtung
→ ca. 2 Stufen Höhenunterschie

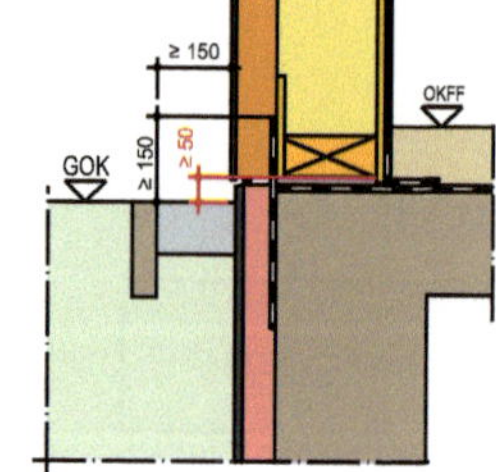

c) **5 cm** bei Kiesbett als Spritzschutz in Verbindung mit Vertikalabdichtung
→ Fassade verschmutzungsgefährdet

Bild 10.62 Sockelausbildung mit Mindestanforderung der einzuhaltenden Spritzschutzhöhen gegenüber Unterkante Schwelle (Prinzipskizzen)

Viele Fachwerkhäuser sind nicht unterkellert. Die Sockelbereiche und Fundamente sind dann gerne in einem Arbeitsgang und aus gleichem Material hergestellt worden. Dabei gelangten regional unterschiedlich Feld-, Bruchstein- oder Ziegelmauerwerk zu Anwendung.

Bei Fachwerkhäusern, bei denen das Sockelmauerwerk gut erhalten ist und die Schwellen keine Zerstörungen aufweisen, kann man den alten Zustand belassen. Ein entsprechend guter Erhaltungszustand deutet darauf hin, dass keine aufsteigende Feuchtigkeit vorhanden ist.

Ist das Mauerwerk trotz erster Schäden noch in der Lage, anhaltender Nässe zu widerstehen, genügt schon eine Horizontalabdichtung unmittelbar unter den Schwellhölzern – auch bei denen innerhalb des Gebäudes – als Schutz gegen aufsteigende Feuchtigkeit. Das Sockelmauerwerk unter den Außenwänden schrägt man zweckmäßigerweise nach außen ab, damit Niederschlagswasser ungehindert ablaufen kann.

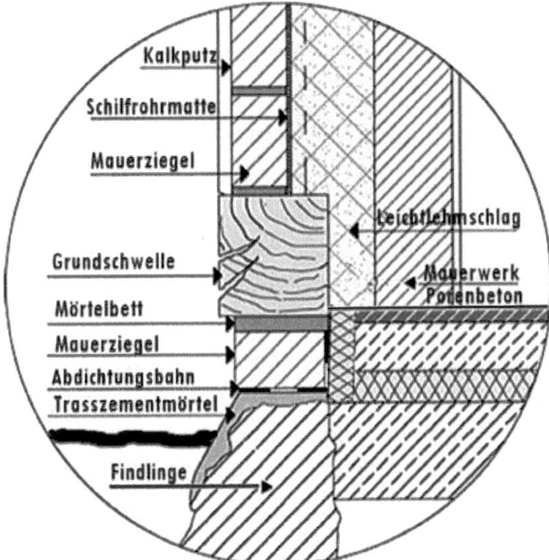

Bild 10.63 Ausbildung des Fußpunktes im Zuge einer Sanierung

Wenn das Sockelmauerwerk tief ausgewaschene Fugen und Fehlstellen aufweist, die der Witterung entsprechend 0große Angriffsmöglichkeiten eröffnen, sollten die Steine ersetzt und die Fugen mit Trasszementmörtel verstrichen werden. Darüber hinaus kann ein Anstrich mit einem hydrophobierenden Mittel hilfreich sein. Damit wird das Eindringen von Spritz- und Regenwasser verhindert, die Austrocknung durch Wasserdampfdiffusion aber nicht behindert. Eine Hydrophobierung überdeckt keine Risse.

Wenn die Schwellen auszuwechseln sind, kann dies nur abschnittsweise geschehen. Häufig wird dabei festgestellt, dass der Sockelbereich zumindest in Teilen zu reparieren ist.

Wo die Schwellen erhalten bleiben, wird eine Abdichtung – falls erforderlich – zum Schutz vor aufsteigender Feuchtigkeit seitlich eingeschoben. Diese Abdichtung darf aber keine Gleitschicht bilden. Daher sind Bahnen mit werkseitig aufgebrachten Klebeschichten (Schweißbahnen und Kaltselbstklebebahnen) ungeeignet. Bewährt haben sich Bitumendachbahnen mit Rohfilzeinlage oder Bahnen mit einem gleichwertigen Reibungswiderstand.

Die Bahnen müssen an den Stößen um mindestens 20 cm überlappen. Da eine Verklebung der Stöße schwierig herzustellen ist, sollte die seitliche Überlappung ohne Stoßverklebung etwa 50 cm betragen. Die Auflagerflächen für die Abdichtung sind so dick mit Mörtel abzugleichen, dass eine waagerechte Oberfläche ohne Unebenheiten entsteht und die Bahnen nicht durchstoßen werden können.

Es ist darauf zu achten, dass möglichst ein ausreichend hoher Spritzwasserbereich (möglichst 30 cm über der Geländeoberfläche) vorhanden ist. Daher sind Erdanschüttungen im Sockelbereich zu beseitigen und die Regenfallrohre müssen das anfallende Niederschlagswasser sicher vom Gebäude wegleiten können.

Unabhängig davon stehen zum nachträglichen Einbau einer Horizontalabdichtung alle anderen im Rahmen der Altbaumodernisierung bekannten Verfahren zur Verfügung. Das Spektrum der Möglichkeiten reicht von den konventionellen Verfahren durch abschnittsweises Auftrennen des Mauerwerks über chemische Methoden bis hin zu elektrophysikalischen Verfahren der Wandentfeuchtung. Die mechanischen Verfahren unterbrechen die Kapillaren vollständig, währen die chemischen Verfahren mittels Injektion eine Verfüllung oder Verengung der Kapillaren bewirken sollen. Sie verlangen besondere Sachkunde von Planern und Ausführenden. Das elektrophysikalische Verfahren wird selten angewendet und ist in der Praxis sehr umstritten. Welches der Verfahren im Einzelfall zum Einsatz gelangen kann, hängt von verschiedenen Faktoren ab. So können konstruktive Gründe die Einsatzmöglichkeiten erheblich eingrenzen. Beispielsweise ist das Einschießen von Edelstahlblechen als horizontale Sperrschicht nur bei durchgehender horizontaler Fuge möglich.

11 Translozierung

„Bauliche Anlagen sind mit dem Erdboden verbundene, aus Bauprodukten hergestellte Anlagen; eine Verbindung mit dem Boden besteht auch dann, wenn die Anlage durch eigene Schwere auf dem Boden ruht oder auf ortsfesten Bahnen begrenzt beweglich ist oder wenn die Anlage nach ihrem Verwendungszweck dazu bestimmt ist, überwiegend ortsfest benutzt zu werden", heißt es in der Musterbauordnung § 2 Begriffe Abs. 1. Diese Formulierung knüpft letztlich an eine im Mittelalter geltende Praxis an, wonach Fachwerkhäuser sogenannte „fahrende Habe" waren – im deutschen Recht alle beweglichen Güter oder Mobilien im Gegensatz zu den Immobilien. Fachwerkhäuser waren damals komplett aus Fachwerk, sodass ein Standortwechsel schnell und unkompliziert möglich war. Lehm, Stroh und Steine gab es meist in jedem Ort und das „vorgefertigte" Bauholz fuhr man mit dem Wagen an den gewünschten neuen Standort.

Im „Sachsenspiegel", der als das älteste Rechtsbuch des deutschen Mittelalters gilt, heißt es hierzu: „Der abziehende Zinsmann soll den Zaun, das Haus und den Mist zurücklassen und sie dem Herrn anbieten zu einem geschätzten Preis. Will sie aber der Grundeigentümer nicht behalten, so darf sie der abziehende Bauer mit sich führen." Noch in den 1970er-Jahren benötigten Fertighäuser in einer Art Zulassung des Deutschen Instituts für Bautechnik den Nachweis der Verbindung mit Grund und Boden, um als Immobilie zu gelten.

Die Bedeutung des Wortes „Translozierung" leitet sich aus dem Lateinischen ab: trans = über, über ... hin, über ... hinaus und loco = (auf)stellen, legen, setzen, errichten, (er)bauen. Danach ist Translozierung allgemein der Transport von einem Ort zu einem anderen. Im Baubereich lässt sich Translozierung in drei Gruppen aufteilen:

- Translozierung von Bauwerken im Ganzen mit Ortsveränderung,
- Translozierung von Bauwerken im Ganzen ohne Ortsveränderung,
- Translozierung von Bauwerken durch Abbau und Wiederaufbau.

Das vollständige Verschieben eines kompletten Gebäudes aus Holz an einen anderen Ort ist wohl erstmalig im 19. Jahrhundert in den USA durchgeführt worden. Mit Ausnahme eines Fundamentes oder eines Kellers werden die Gebäude als Ganzes auf Rollen oder Schienen per Winden, Zug oder Flaschenzug verschoben. Es findet also kein oder nur vernachlässigbarer Eingriff in die Bausubstanz statt.

Komplexer gestaltet sich der Aufwand bei der Translozierung von Fachwerkgebäuden. Fachwerkhäuser wurden, wie man bei genauem Hinsehen gut erkennen kann, schon immer umgebaut und erweitert. Sie wurden aber auch im Ganzen aus den unterschiedlichsten Gründen versetzt, nicht zuletzt, weil die Struktur der Fachwerkhäuser aufgrund ihrer Kleinteiligkeit dem entgegenkommt. Bei der vollständigen Zerlegung von Fachwerkbauten war es nicht möglich, die Ausfachungen als Bauteil zu transportieren. Sie mussten am neuen Ort wiederhergestellt werden.

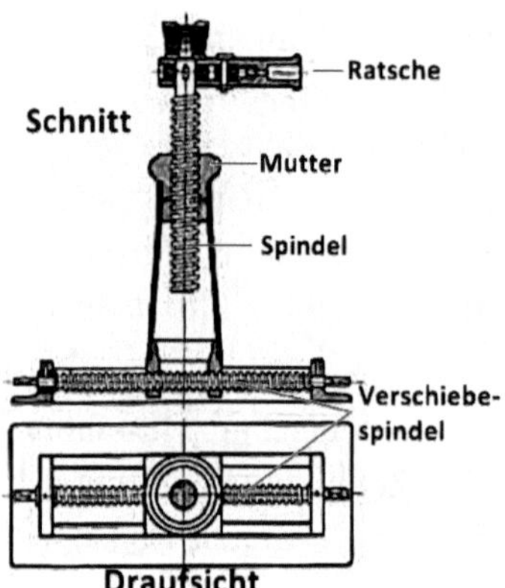

Bild 11.1 Schraubenschlittenwinde für Handbetrieb (1916)

Translozierung ist eine besondere Form der Rekonstruktion und daran erkennbar, dass das Maximum an verwendbarer Bausubstanz des Altgebäudes auch tatsächlich verwendet wurde. Je nach Art der Translozierung eines Gebäudes sind eine genaue Ablaufplanung und eine Vorbereitung des neuen Bauortes notwendig. Zumindest die Gründung für das Gebäude am neuen Platz ist herzustellen.

Aus denkmalpflegerischer Sicht ist eine Translozierung angemessen, um einem drohenden Totalverlust zuvorzukommen. Mit dem neuen Standort entsteht ein Bezug zur neuen Umgebung. Er verfremdet den ursprünglichen baulichen und landschaftlichen Kontext. Trotzdem gehört die Translozierung zu den wichtigsten Maßnahmen der Denkmalpflege.

11.1 Translozierung im Ganzen mit Ortsveränderung

11.1.1 Brighton Beach Hotel in New York

Das Brighton Beach Hotel wurde 1878 zwischen Coney Island und Manhattan Beach an der äußersten südlichen Spitze von Brooklyn in New York als Holzkonstruktion fertiggestellt und zur Sommersaison am 02. Juli 1878 öffnet. Das unmittelbar am Wasser gelegene Hotel war von riesigen Ausmaßen. Es bot 5000 Gästen eine Übernachtungsmöglichkeit und konnte bis zu 20.000 Menschen pro Tag beköstigen.

Bild 11.2 Translozierung mit Eisenbahnwaggons (1888)

Nachdem schwere Winterstürme einige Jahre lang den Strand verheert hatten, war schließlich auch das Hotel selbst durch massive Erosionen bedroht. Immer wieder geriet das Wasser unter das Gebäude und drohte es zu unterspülen.

Anstatt das Hotel abzureißen und neu zu errichten, machte der Eigentümer aus der Not eine Tugend und schmiedete einen nahezu unglaublich anmutenden Plan zur Rettung des hölzernen Gebäudes. Die Gründung des ca. 145 m langen und über 5000 Tonnen schweren Bauwerks wurde freigelegt, sodass man das Gebäude unterfahren konnte. So war es möglich, das Hotel auf insgesamt 122 Eisenbahnwaggons abzulegen und dann ca. 150 m weit ins Landesinnere zu verschieben.

Um das Hotel auf den für die Translozierung verlegten Gleisen zu bewegen, waren zunächst sechs, später vier Dampflokomotiven nötig. Das geschah mit so viel Fingerspitzengefühl, dass noch nicht einmal eine Fensterscheibe zersprang. Die ungewöhnliche Reise des hölzernen Gebäudes begann am 3. April und endete am 4. April 1888. Bereits am 29. Juni konnte der Hotelbetrieb am neuen Standort wieder aufgenommen werden.

Moving the Brighton Beach Hotel, Coney Island

... Superintendent Mr. J. L. Morrow und der Sekretär Mr. E. L. Langford berieten die Situation entwickelten einen höchst genialen und neuartigen Plan. Seine Ausführung wurde Mr. Morrow anvertraut. Der Plan war, das Hotel auf mehrere, auf parallelen Gleisen ruhende Güterwagen zu stellen und mit Lokomotiven an die gewünschte Stelle zu ziehen.

Das Gebäude ist ein 475 Fuß langer Holzbau, 150 Fuß tief und drei Stockwerke hoch. Über dem Dach erheben sich fünf Türme. Seine längere Front ist dem Meer zugewandt. Das geschätzte Gewicht der Konstruktion beträgt 5000 Tonnen. Darin enthalten sind zwischen 100 bis 150 Tonnen Putz. Es ruht auf einer Reihe kurzer Pfähle.

Der erste Arbeitsschritt bestand darin, eine Reihe paralleler Gleise unter dem Gebäude zu verlegen. Dort wo die Schienen verlaufen sollten, wurden seitlich zwei Inches dicke Längsplanken platziert. Auf diese wurden die Schwellen gelegt und schließlich Sand unter die Bretter und Schwellen gepresst. So wurden die Schwellen doppelt gestützt, und zwar direkt auf dem Untergrund und auch an den seitlichen Brettern. Die Schienen waren von gewöhnlicher Art und wogen 56 und 60 Pound pro Yard. Sie wurden mit einer vier Fuß und neun Inch großen Spurweitenstange mit Spiel frei verlegt, so dass die Spurweite wahrscheinlich 5/8 Inch größer als normal war. Die Idee dahinter war, ein eventuell erforderliches seitliches Spiel zu gewährleisten. Es wurden 24 Gleise verlegt und unter dem Gebäude hindurch etwa 300 Fuß landeinwärts weitergeführt. Um das Gebäude zu bewegen, waren anderthalb Meilen Schienen erforderlich. 10.000 Schwellen wurden verwendet. Für den Transport des Gebäudes wurden 112 Waggons angemietet.

Es wurden ein 90-Tonnen-, drei 60-Tonnen-, fünf 80-Tonnen- und vier 10-Tonnen-Hydraulikheber verwendet. Die Schwellen wurden von den Stützpfosten angehoben und die Waggons wurden darunter gerollt, wobei sie Querhölzer aus 12×14 Kiefer mit sich führten. Jedes Holz ruhte auf zwei Waggons auf benachbarten Gleisen, wobei das längste Holz 41 Fuß lang war. Insgesamt 110.000 Fuß dieser Hölzer wurden benötigt. Die Hölzer wurden so weit wie möglich auf die Mittelachse eines jeden Waggons und über die Güterwagen gelegt.

Das Gebäude wurde so hoch angehoben, dass die Waggons mit den Hölzern darunter passten, aber ein oder zwei Inch Freiraum waren erlaubt. An einer Stelle hatte sich das Gebäude um fast einen Fuß gesetzt. Dies wurde korrigiert. Die Waggons auf jeder Spur wurden zusammengekuppelt und dann soweit auseinandergezogen, dass die Puffer sich ganz entspannen konnten. Das Gewicht des auf die Waggons herabgelassenen Gebäudes hielt sie dann in dieser Position. Die Idee war, jede Veränderung des Längsabstands zwischen den Waggons zu verhindern. Es wurde kein System von Diagonalverstrebungen verwendet. Die Anordnung zeichnet sich durch äußerste Einfachheit aus.

Das ganze Gebäude wurde in Abständen von 20 Fuß nach und nach auf die Waggons gestellt. Es ist anzunehmen, dass die Belastung auf einige von ihnen nicht weniger als 75 Tonnen betragen hat. Aber nichts hat nachgegeben, obwohl die Federungen so stark zusammengedrückt wurden, dass sich die Lager fast berührten.

Eine Anzahl von Lokomotiven mit einem Gewicht von jeweils 35 Tonnen standen bereit. Sie wurden auf zwei Gleise gestellt, und sechs Seile wurden an der Rückseite der Kupplungen befestigt. Einige der Festmacher kreuzten sich, sodass jeder Triebwerkssatz seine Zugkraft über mehr als die Hälfte der Fassade des Gebäudes verteilte.

Als alles bereit war, wurde das Signal zum Start gegeben. Für den ersten Zug am 3. April lautete die Anordnung, zu beginnen und dann sofort zu stoppen. Sechs Lokomotiven kamen zum Einsatz. Die Seile wurden nach und nach straffer, und das Gebäude bewegte sich ohne Erschütterung oder Beben majestätisch zurück und stoppte, nachdem eine kurze Strecke zurückgelegt worden war. Eine sorgfältige Untersuchung ergab, dass alles einwandfrei funktioniert hatte. Am Nachmittag desselben Tages wurde das Gebäude eine längere Strecke gezogen. Dann, am 4. April, wurde das Hotel mit nur vier Lokomotiven erneut gezogen und blieb 239 Fuß von seiner ursprünglichen Position entfernt stehen.

Die Arbeiten mussten im Hinblick auf den Umzug des Gebäudes unterbrochen werden, da die Schienen nicht weiter verlegt worden waren. Sie wurden nun weiter nach vorne verlegt. Es wurde die Möglichkeit geschaffen, damit das Hotel den Rest seiner Reise zu seinem neuen Ruheplatz fortsetzen konnte, 495 Fuß von seinem ursprünglichen Standort entfernt. Es traten keinerlei Schwierigkeiten auf. Man hatte vor allem befürchtet, dass die Zugkraft nicht reichen würde, aber vier Lokomotiven waren genug, um das Haus schnellen Schrittes fortzubewegen. ...

Quelle: Scientific American vom 14. April 1888 S. 230

11.1.2 Modehaus Bessmann in Breitenworbis

Weil die Parkplatzsituation für das Outlet des Modegeschäftes Bessmann in Breitenworbis verbessert werden sollte, musste ein Fachwerkhaus des Ensembles versetzt werden. Auf dem Areal mit den vier freistehenden Fachwerkhäusern sollte ursprünglich eine Gasthausbrauerei entstehen. Als das nicht zu realisieren war, nutzte man das Haus anderweitig.

Weil die Häuser auf dem Gelände zur Außendarstellung des Modehauses gehören, kam ein Abriss nicht infrage. Stattdessen erfolgte eine Umsetzung des Hauses. Um es mit einem Autokran transportfähig zu machen, musste man das Haus komplett entkernen. Mauerwerk und Dachziegel wurden entfernt und zwischengelagert. Nur die Dachlatten auf den Sparren blieben erhalten.

Vierzehn Tonnen wog die Holzkonstruktion des Fachwerkhauses, die mit einem Autokran einmal quer über den Parkplatz an den neuen Standort umgesetzt wurde. Innerhalb von zehn Minuten bekam das Gefüge einen neuen Platz nicht weit entfernt, quasi auf der anderen Seite des Parkplatzes auf einem im Rohbau befindlichen massiven Erdgeschoss.

Bild 11.3 Umsetzung mit einem Autokran (2019)

Heute gibt es im Erdgeschoss des Hauses eine Schlachterei, ein Café und einen Raum zur Verarbeitung. Im Obergeschoss befindet sich weiterer Platz zum Verweilen und das Dachgeschoss erhält eine Wurstkammer. Dort ist die Decke verglast, damit die Gäste der Mettwurst beim Reifen zuschauen können. Außerdem geben alte Maschinen und Informationstafeln Einblicke in die Zeit, als die Hausschlachtung noch Gang und gäbe war.

11.1.3 Pastorenhaus in Martfeld

In der Gemeinde Martfeld im niedersächsischen Landkreis Diepholz war ein Fachwerkbauernhaus aus dem Jahr 1791 dem Verfall preisgegeben, weil der Eigentümer das unbewohnte Baudenkmal nicht mehr unterhalten und restaurieren konnte. Das Haus sollte daher abgerissen und das Grundstück verkauft werden. Daraufhin entschloss sich der Heimat- und Verschönerungsverein des Ortes, das Haus zu kaufen, aber nicht das Grundstück.

Untersuchungen des Vereins führten zu einem überraschenden Ergebnis. Das 1791 erbaute Bauernhaus war anscheinend unter Beibehaltung eines im Innern befindlichen kleineren Fachwerkhauses erweitert worden – ein frühes Beispiel für die Realisierung des Haus-im-Haus-Prinzips. Durch dendochronologische Untersuchungen wurde das Alter des Holzes im Inneren des Hauses bestimmt. Dies und die ungewöhnliche Innenkonstruktion des Gebäudes sowie weitere Puzzleteile, unter anderem der aufgefundene Spruchbalken bestätigte den Verantwortlichen, dass das innere Haus viel älter ist und aus dem Jahre 1535 stammt.

Bild 11.4 In diesem Fachwerkhaus von 1791 war das Pastorenhaus verborgen

Das Innere des Bauernhauses von 1791 ist das Fachwerkgefüge des vom ersten lutherischen Pastor in Martfeld vor mehr als 250 Jahren erbauten Hauses, ein eigenständiges Gebäude mit den Maßen 6,7 × 8,5 m und damit ein unerwartetes Zeugnis der beginnenden Reformationszeit. Der Geistliche hatte es in dieser Zeit der großen Veränderungen als Altersvorsorge für seine Frau und die Kinder bauen lassen.

Anstatt das fast 500 Jahre alte Fachwerk komplett abzubauen und am neuen Standort neu aufzubauen, entschloss man sich, das einstige Pastorenhäuschen zu entkernen und im Ganzen durch Verrollen nach Vorvätersitte zu versetzen. Dazu wurde das Gebäude zunächst stabilisiert, sodann mit Winden etwa 30 Zentimeter hochgebockt und auf hölzerne Rollen abgelassen. Indem man beim Verschieben jeweils die hintere Rolle wieder vorne anlegte, konnte das Haus auf schienenähnlichen Balken in die gewünschte Richtung geschoben werden. Nach drei Tagen hatte sich das Pastorenhaus im Schneckentempo etwa 150 Meter weit zum neuen Standort bewegt. Um den Ablauf der alten Technik zu zeigen, benutzten die Zimmerleute für die letzten Meter nicht mehr den Radlader als Hilfsmittel, sondern eine alte Handwinde aus dem Museum. Am Drehkreuz bewegten vier Mann das mehr als 15 Tonnen schwere Gebälk, bis es sicher auf den neuen Fundamenten abgesetzt werden konnte, nachdem man es genau ausgerichtet hatte.

Bild 11.5 Das Pastorenhaus von 1535 während des Umzuges

Martfeld - Experten haben die Wände des Alte Pastorenhauses in Martfeld annähernd in ihren ursprünglichen Zustand versetzt: mit einer Mischung aus Lehm, Dung und Stroh.

Lehm als Baustoff und Bindemittel wird schon seit undenklichen Zeiten verwendet und gilt zusammen mit Holz als das älteste Baumaterial des Menschen. Entsprechende Techniken sind seit vielen Tausend Jahren bekannt, und noch heute lebt etwa ein Drittel der Menschheit in Lehmhäusern. ...

... Nachdem die ausgestakten Fächer verfüllt worden sind, muss die Lehmschicht, deren Kuhdung-Anteil noch dezent zu riechen ist, zunächst einmal etwa anderthalb Monate trocknen. Erst danach kann außen der Feinputz angebracht werden, der ebenfalls noch „Kohschiet" enthält, so der Firmeninhaber. Innen werden die Wände zunächst mit einer dünnen Dämmschicht thermisch abgekoppelt, anschließend werden heizende Niedervolt-Strommatten in den Lehm verputzt. Zu guter Letzt erhalten die Innenwände noch einen Sumpfkalk-Anstrich.

Wenngleich diese modifizierte Technik nicht mehr ganz den historischen Vorbildern entspricht, hat sie bei entsprechender Wartung und Pflege doch den großen Vorteil, einen dauerhaften Erhalt der Bausubstanz zu gewährleisten.

Die biologischen Vorzüge von Lehm bestehen darin, dass er frei von gesundheitsgefährdenden Stoffen ist, Gerüche aus der Raumluft bindet, als ausgesprochen allergikerfreundlich gilt und die Luftfeuchtigkeit reguliert. Darüber hinaus lässt er sich mit geringem Energieeinsatz aufbereiten, erfreut sich langer Haltbarkeit, ist wartungsfreundlich, konserviert pflanzliche Stoffe und lässt sich zu 100 Prozent recyceln, um nur die wichtigsten ökologischen Aspekte aufzuzählen. Er eignet sich daher wie kein anderer Baustoff für das denkmalgerechte Instandsetzen von historischen Fachwerkhäusern, da er - richtig angewendet - das Holz und somit das Tragskelett über lange Zeiträume hinweg gesund hält. „Holz und Lehm sind eine geniale Kombination", bringt es Hans-Peter Poeplau dann auch ebenso knapp wie präzise auf den Punkt.

Am neuen Ort beherbergt das Pastorenhaus ein Museum eine kleine Ausstellung, die von der Geschichte der Reformation auf dem Land in der früheren Grafschaft Hoya erzählt.

Quelle: Kreiszeitung vom 17.08.2021

11.2 Translozierung im Ganzen ohne Ortsveränderung

11.2.1 Gasthaus „Zum Hirsch" in Nagold

Zu Beginn des zwanzigsten Jahrhunderts hatte der Stuttgarter Baumeister Rückgauer in Süddeutschland die Technologie des Translozierens etabliert. Die erste von ihm durchgeführte Gebäudeverschiebung erfolgte in Nürtingen im Jahre 1900, dem Jahr seiner Patentschrift Nr. 24931 „Vorrichtung zum Heben und Verschieben schwerer Lasten, z. B. Häuser und dergl." in der Schweiz. Noch im gleichen Jahr bewegte er nach seinem patentierten Verfahren ein Arbeitskommandogebäude der Königlich-Württembergischen Militärbehörde auf dem Truppenübungsplatz in Münsingen, 1902 einen Fachwerkbau der Königlichen. Eisenbahn-Wagenwerkstätte in Bad Cannstatt und das Schulhaus in Mariazell bei Schramberg. In den Folgejahren entwickelte sich die Translozierung von Gebäuden verschiedenster Bauweise zu einem erfolgreichen Geschäftsfeld. Nachdem er auf ca. 80 Gebäudeverschiebungen zurückblicken konnte, übernahm er 1906 den Auftrag zur Hebung des Gasthauses „Zum Hirsch" in Nagold.

Bild 11.6 Gasthaus „Zum Hirsch" nach dem Einsturz

Das Mitte des 19. Jahrhunderts erbaute Gebäude sollte zur Gewinnung höherer Erdgeschossräumlichkeiten um 1,5 m angehoben werden. Rückgauer ließ das Gasthaus mit einem stählernen Balkenrost unterfangen und außen durch Streben mit Gleitrollen umschließen. Etwa 80 Schraubenwinden hoben das auf dem Rost ruhende Gebäude nach und nach an. Die Tatsache, dass im Gebäude während der Hebung der Gaststättenbetrieb mit fast 200 Menschen aufrechterhalten blieb, wurde Rückgauer zum Verhängnis. Am 5.4.1906 stürzte das Haus während des Anhebens ein. 50 Personen fanden den Tod, etwa 30 wurden schwer verletzt.

Die Hirsch-Tragödie zu Nagold

Es war der 5. April des Jahres 1906, ein Tag wie jeder andere im Oberamtsstädtchen Nagold. Doch an jenem Tag sollte es eine besondere Attraktion in Nagold geben, die Gaststätte „Hirsch" sollte gehoben werden - man wollte also ein ganzes Haus anheben. Ganze Menschenscharen wollten dem Ereignis beiwohnen, das um 12.45 Uhr jenes Tages in einer Katastrophe enden sollte und bei dem 50 Menschen den Tod finden sollten.

Im Dezember 1905 hatte Theodor Neudeck den „Hirsch" von seinem Schwiegervater erworben. Viele Nagolder Vereine verkehrten im „Hirsch". So kam der Wunsch auf nach einem größeren und höheren Saal, um Vereinsfeste, Veranstaltungen und Theateraufführungen durchführen zu können. So war die Idee geboren, das Erdgeschoss um 1.40 bis 1.65 Meter zu heben.

Die Hebung von Häusern war in jener Zeit zwar noch spektakulär, aber nicht neu. - zumal im Jahre 1903 der „Grüne Baum" in Altensteig erfolgreich gehoben wurde, davon wusste natürlich auch der Nagolder „Hirsch"-Wirt. Mit der Hebung wurde der Stuttgarter Unternehmer Erasmus Rückgauer beauftragt, in jener Zeit ein ausgewiesener Spezialist für Haushebungen, der auf 80 erfolgreiche Hebungen bzw. Drehungen vorweisen konnte - einen misslungenen Versuch hatte er im badischen.

Am 5. April 1906 um 7.00 Uhr begann die Hebung des „Hirsch". Damit der Gastwirt aber keine Einbußen hatte, lief der Betrieb im „Hirsch" während der Hebung normal weiter. Es sollen rund 100 Menschen im Gasthaus während der Hebung gewesen sein. Die Arbeiten gingen zügig voran, wenngleich schon Risse und Neigungen während der Hebung entdeckt wurden. Kurz vor Vollendung der Hebung gegen 12.45 Uhr brach der „Hirsch" dann in sich zusammen.

Der Grund ist und war, dass die Winden ungleichmäßig stark angezogen wurden. Das Gebäude wurde dadurch immer instabiler. Obwohl die Fachleute Risse und Verschiebungen erkannt hatten, wurde die Hebung fortgesetzt. Das Ergebnis war der Einsturz des gesamten Gebäudes - gut 50 Menschen fanden den Tod.

Die Baukatastrophe hatte natürlich auch rechtliche Konsequenzen. Im selben Jahr fand eine Hauptverhandlung beim Tübinger Gericht statt. Der Bauunternehmer Erasmus Rückgauer wurde zu Gefängnis verurteilt. Er trat die Strafe jedoch nie an, da er am 31. Mai 1907 verstarb.

Paul Kohler Schwobablättle, April 2002

11.2.2 „Teutsche Schule" in Schleusingen

Die stark in Mitleidenschaft gezogene „Teutsche Schule" von 1681 in Schleusingen wurde im Jahr 2017 nach langem Leerstand von der Stadt erworben. Aus Gründen des Hochwasserschutzes entschied man sich, das Gebäude im Zuge der Sanierung höher zu legen. Dazu wurde das komplette Fachwerkhaus mit spezieller Hydrauliktechnik stufenweise in der ersten Juni-Woche des Jahres 2018 um ca. 1,10 m angehoben. Die Kosten hierfür beliefen sich auf mehr als 50.000 Euro. Um das Gebäude in alter Pracht erscheinen zu lassen und später als Gasthof mit Pension nutzen zu können, investierte die Stadt in den darauffolgenden zwei Jahren insgesamt rund 2 Mio. Euro in die „Teutsche Schule".

Der prunkvolle Fachwerkbau war ursprünglich die westliche Erweiterung des ehemaligen Barfüßer-Klosters von 1502 und diente dem Unterricht des seit 1577 bestehenden Hennebergischen Gymnasiums. 1868 wurde das Gebäude ein erstes Mal an seinen heutigen Standort in der Suhler Straße transloziert, weil das Hennebergische Gymnasium am alten Standort nahe dem Marktplatz ein neues Gebäude bekommen hatte.

Bild 11.7 Anhebung des Gebäudes mit Hydrauliktechnik (2018)

Das zweigeschossige Fachwerkgebäude im sogenannten Hennebergischen Stil steht auf einem Sandsteinsockel und wird von einem abgewalmten Satteldach bedeckt. Der Leerstand hatte deutliche Spuren an der Substanz hinterlassen, sodass eine Sanierung notwendig wurde. Am 07.10.2017 wurde in der öffentlichen Sitzung des städtischen Ausschusses Bau/ Wirtschaft/ Ordnung bekannt gegeben, dass das gesamte Bauwerk im Jahr 2018 auf Straßenniveau angehoben werden soll. Sowohl für die Vermarktung des Objektes als auch für den Schutz vor Hochwasser des angrenzenden Flüsschens Erle sei dies notwendig. Auch das Straßenniveau war nach mehreren Ausbauten seit Mitte des 19. Jahrhunderts deutlich angewachsen, sodass das Fachwerkgebäude mehr als ein Meter unter dem Straßenniveau lag.

Ablauf der Sanierung

- Herbst/Winter 2017: Räumung des Baufeldes
- Januar 2018: Beginn der Abrissarbeiten des zur gelegenen Erle Anbaus (mit Genehmigung der zuständigen Denkmalbehörde)
- Juni 2018: Anhebung des Gebäudes auf Straßenniveau um ca. 1,10 m
- November 2018: Sandstrahlarbeiten an der Holzkonstruktion
- Dezember 2018: Errichtung von sieben Dachgauben
- Frühjahr 2019: Bau eines Treppenhauses auf der Rückseite des Gebäudes
- Juni 2019: Fertigstellung des Daches
- danach:
  - Einbau einer Hohlkörperdecke über dem durch die Anhebung des Gebäudes entstandenen Kriechkeller
  - Ausmauerung des Fachwerkgefüges
  - Einbau von Trockenbauwänden und Herstellung abgehängter Decken
  - Installation der Heizung und der Wasserleitungen

11.3 Translozierung durch Abbau und Wiederaufbau

11.3.1 Quatmannshof in Cloppenburg

Ein herausragendes Beispiel für eine Umsetzung durch Abbau und Wiederaufbau ist der Quatmannshof, der wie kein anderes historisches Gebäude mit der Geschichte des Museumsdorfes Cloppenburg verbunden ist. Der Quatmannshof ist das Gebäude, mit dem im Jahre 1935 das Museumsdorf in Cloppenburg ins Leben gerufen wurde.

Mit einer Länge 45 m und einer Breite von 15 m ist es das damals größte Fachwerk-Bauernhaus des Oldenburger Münsterlandes. In die Augen springt die unglaubliche Menge an Eichenholz, die bei ca. 200 m^3 liegt. Die Ständer sind annähernd 60 cm breit und die Balken bis zu 40 × 45 cm dick. Selbst die Sparren sind zum Teil 35 cm breit und die Fußpfetten bis zu 16 m lang. Der Dachfirst hat eine Länge von 45 m. Im Vordergiebel sind Pfosten und Riegel so dicht aneinandergerückt, dass in den Gefachen nur je zwei Ziegelsteine kleinsten Formates nebeneinander Platz fanden. Für den besonderen Reichtum der Erbauer des Quatmannshofes spricht auch die Tatsache, dass die Schwellen nicht wie seinerzeit üblich auf Findlingen ruhen, sondern auf Grundsteinen, die zum Teil über 2 m lang sind.

Bild 11.8 Demontage des Quatmannhofes (1935)

Leider überlebte der Hof die letzten Kriegstage nicht. Nach einem Beschuss ist der Quatmannshof bis auf die Grundmauern niedergebrannt. Museumsdorf-Gründer Heinrich Ottenjann, der die Translozierung im Jahr 1935 initiiert hatte, ließ sich aber nicht entmutigen und nach einigem Hin und Her wurde in den 1950er-Jahren der Entschluss gefasst, den Hof wiederaufzubauen. Nach neun Jahren war das Werk vollendet. Trotz anderer Sorgen in der Nachkriegszeit hatten Landwirte Holz gespendet und Land sowie Kommunen haben den Wiederaufbau tatkräftig unterstützt.

Der Quatmannshof ist für die Geschichte des Bauernhauses in Norddeutschland besonders bedeutsam, weil man beim Abbau im Gebäude ein Buch fand, in dem der Erbauer Georg Quadmann Tag für Tag niedergeschrieben hatte, wer an seinem Haus arbeitete, und zwar offenbar in der Absicht, die laufenden Rechnungen der Handwerker und Arbeiter kontrollieren zu können.

Heinrich Ottenjann führt hierzu in seinem Beitrag „Die Wiedererrichtung des „Quatmannshofes“ im Museumsdorf zu Cloppenburg (Ein Beitrag zur Geschichte des niedersächsischen Bauernhauses.)“ aus:

Der erste Arbeitstag nun, der ausdrücklich genannt wird, ist der 10. März des Jahres 1803, und zwar arbeiteten an dem „Quatmannshof“ seit diesem Tage „Wilm Katman Meister“ und „seine zwey Söhne Hinderich und Johan Katman“. Ende Mai des Jahres 1804 aber trat eine Stockung in der Arbeit ein, und zwar bemerkt der Bauherr dazu: „Den 30ten Haben wir Streit gehabt und sind aufgehört mit unsen Simmern“ (d. i. unserm Zimmern) \ „erst 1804“, heißt es dann weiter, „sind wir wieder angefangen *diesen 14ten Datum". Das war am 14. September 1804. 3 1/2 Monate also hatte die Arbeit wegen des erwähnten Streites geruht. Es ist wohl möglich und leicht anzunehmen, daß der Bauherr in dieser Zeit sich an einen anderen Meister gewandt und versucht hat, durch diesen den Bau vollenden zu lassen. Zu irgendeinem Erfolg jedoch hat dieser Versuch, wenn er überhaupt unternommen wurde, offenbar nicht geführt. In dem erwähnten Buche ist jedenfalls davon nicht die Rede. Vielmehr hat nach Ausweis dieses Buches der Meister „Wilm Katmann" mit seinen beiden Söhnen am 14. und 15. September des Jahres 1804 wieder am „Quatmannshof" gearbeitet. Dann trat freilich abermals eine Arbeitspause ein und erst seit dem 31. Januar 1805 wurde wieder ununterbrochen von W. Katman und seinen Leuten an dem Hause gearbeitet und zwar jetzt bis Ende November desselben Jahres. Dann waren offenbar die eigentlichen Zimmerarbeiten erledigt. Mit der ersten großen, wegen des Streites entstandenen Arbeitspause aber, oder aber mit den Bemühungen des Bauherrn, die dann vielleicht einsetzten und dahin zielten, einen anderen Meister zu gewinnen, dürfte das Gerücht, es hätten zwei Meister an dem „Quatmannshof" gearbeitet, zusammenhängen. Genannt wird in dem Buche jedenfalls nur der Meister „Wilm Katmann", und nur sein Name erscheint deshalb auch im Türsturz des Hauses.*

In den Türsturz des „Quatmannshofes" finden wir aber auch ein Datum eingemeißelt: „Den 5 Juny Jahr 1805". Da wir wissen, daß am 10. März 1803 mit der Arbeit an diesem Bauernhause begonnen wurde, fragen wir uns unwillkürlich, was das Datum im Türsturz bedeutet. Daß uns hierüber Georg Quadmann in seinem handgeschriebenen Buche Auskunft gibt, ist für uns umso wertvoller, als daraus hervorgeht, welches Datum wohl überhaupt über dem Einfahrtstor eines Bauernhauses verzeichnet ward.

11.3.2 Scharfrichterhaus in Lissahora bei Neschwitz

Das sogenannte Scharfrichterhaus stand ursprünglich hinter einem im Jahre 1975 anstelle einer Scheune errichteten Wohnhaus. Nur ein schmaler Gang trennte das Haus von dem neuen Gebäude. Das Scharfrichterhaus wurde zuletzt als Hühnerstall genutzt und war mehr oder weniger dem Verfall preisgegeben. Sein Besitzer wollte das mehr oder weniger abgängige und kaum nutzbare Scharfrichterhaus am liebsten abreißen.

Das Alter des Scharfrichterhauses steht nicht genau fest. Doch stammen Teile des Gebäudes wahrscheinlich aus der Zeit um 1720, weil viele Hölzer ungenutzte Zapflöcher aus früherer Verwendung, vermutlich Umbauten, aufweisen. In der Zarge der Tür findet sich als Hinweis auf das Baujahr die Jahreszahl 1790. Der Grundriss ist sehr einfach konzipiert. Auf der linken Seite eines schmalen Flures befindet sich eine kleine Wohnstube mit einem Ofen. Hinter der Stube schließt sich ein schmaler Gang an, in dem wohl das Brennholz gelagert wurde. Auf der gegenüber liegenden Flurseite befinden zwei kleine Räume und dahinter eine Einfahrt. Diese Einfahrt mauerte man irgendwann zu, um einen zusätzlichen Wohnraum zu schaffen.

Bild 11.9 Das Scharfrichterhaus vor der Sanierung

Wind und Wetter hatten der Bausubstanz arg zugesetzt, weswegen Mitglieder der Kultur- und Heimatfreunde e. V. Neschwitz eine Aktion starteten, die 2009 zu einer notdürftigen Sicherung einer Giebelseite führte. Bei einem Sturm im Jahr 2018 wurde das Dach des Scharfrichterhauses stark beschädigt und auch das benachbarte Wohnhaus wurde durch umherfliegende Dachschindeln in Mitleidenschaft gezogen. Die Versicherung des Eigentümers drohte daraufhin, nicht mehr für Schäden aufzukommen, wenn das Scharfrichterhaus nicht gesichert würde.

Noch im selben Jahr gründete sich eine Arbeitsgruppe „Scharfrichterhaus Lissahora" im Kultur- und Heimatfreunde e. V. Neschwitz, deren Ziel es war, das Scharfrichterhaus zu retten. In zahlreichen Beratungen mit Unterstützung von verschiedenen Fachleuten beschloss man schlussendlich, das Gebäude fachgerecht zu sanieren und auf ein Grundstück der Gemeinde Neschwitz umzusetzen.

Das Scharfrichterhaus sollte nach der Translozierung auf dem Gelände der bereits translozierten Bockwindmühle in Luga einen neuen Standort bekommen, um das das Umfeld der Windmühle aufzuwerten. Die Räume sollten sich heimatgeschichtlichen Themen widmen, und zwar:

- traditionelle Handwerke zur Errichtung eines Fachwerkhauses,
- Geschichte des Scharfrichterhauses Lissahora und Arbeitsalltag eines Scharfrichters,
- Geschichte der umgesetzten „Saritscher Bockwindmühle" und ihrer Besitzer,
- Aufbau der Bockwindmühle und deren Funktionsweise.

Nach Klärung der Finanzierungsmodalitäten konnte schließlich im Spätherbst 2020 mit der Demontage begonnen werden und Mitte 2022 war der Umzug vollzogen.

Bild 11.10 Das Scharfrichterhaus am neuen Standort

12 Fachwerksanierung und Selbermachen

Im Grundsatz ist es möglich, Fachwerk selbst zu sanieren. Wer bei der Fachwerksanierung Eigenleistungen erbringt, spart Baukosten.

Bild 12.1 Eine frühe Erkenntnis – Herr, behüte mich vor Bauen

Man sollte sich aber darüber im Klaren sein, dass man vor einer ganz besonderen Herausforderung steht. Wenn eine Sanierungsbaustelle zum Dauerprojekt wird, wird sie langfristig zu einer enormen Belastung – körperlich und auch finanziell. Deshalb lohnt sich vorab ein Fachgespräch im Hinblick auf eine Zeit- und Kostenkalkulation. Vieles mag für den Selbermacher kein Problem sein, weil die Baumärkte ein reichhaltiges Sortiment anbieten und die Beratung in aller Regel neutral und kompetent ist. Man muss nur wissen, wie es geht, und Selbermachen ist zeitaufwendig. Wer besonders mutig ist, findet gute Anleitungen unter *https://derselbermacher.de/renovieren/fachwerk/auswahl.php3*.

Etliche Fachwerkhäuser stehen unter Denkmalschutz. Von daher ist es notwendig, sich rechtzeitig eingehend zu informieren und Kontakt mit der Unteren Denkmalbehörde zu suchen, die Teil der Stadt- oder Kreisverwaltungen ist. Mit dem Denkmalschutz ist zu klären, ob und gegebenenfalls welche Maßnahmen vorgenommen werden dürfen, und für welche Maßnahmen formal eine Genehmigung notwendig ist. Wer unbedacht loslegt, riskiert Baustopp und saftige Bußgelder.

Das klingt aufwendig, denn schon manche Idee hat der Denkmalschutz durchkreuzt. Dies zu ignorieren, hat aber keinen Zweck. Besser ist es in jedem Fall, sich beraten zu lassen. Wertvolle Tipps kann die Denkmalschutzbehörde geben. Sie kennt Möglichkeiten, an die der Laie zunächst nicht denkt. Außerdem wissen die Denkmalschützer in der Regel gut über Zuschussmöglichkeiten Bescheid. Außerdem sollte man sich fachlich beraten lassen. Baufehler können sehr teuer werden.

Einen großen Teil der vorbereitenden Arbeiten sowie Sanierungsarbeiten an der Fachwerkkonstruktion kann der ambitionierte Heimwerker selbst erledigen.

Bild 12.2 Selbermachen der besonderen Art

An den Wänden müssen die Gefache, in den Decken die Deckenfelder ausgeräumt werden. Doch beim Holzfachwerk stößt man schnell an seine Grenzen, weil dort spezielle Maschinen und besonderes Werkzeug notwendig sind. Die traditionellen Holzverbindungen sind ohnehin Sache des Fachmannes. Der kann auch beurteilen, welche Hölzer gesund sind und welche ergänzt oder ausgetauscht werden müssen. Lochbleche und andere Holzverbinder aus Metall sind niemals erste Wahl. Besser ist es in so einem Fall, eine Zimmerei ausfindig zu machen, die qualifiziert ist und Fachwerksanierungen beherrscht. Der Denkmalschutz darf zwar keine Firmen empfehlen, kann aber sicherlich Tipps geben.

Ist das Holzfachwerk saniert, werden die Gefache wieder geschlossen. Dabei greift man heute wieder vermehrt auf Lehm zurück, indem man die Gefache einfach mit Lehmbausteinen schließt. Zum Vermauern nimmt man den passenden Mörtel auf Lehmbasis. Lehm speichert Feuchtigkeit, gibt diese wieder ab und sorgt für ein angenehmes Raumklima. Lehm sorgt auch dafür, dass der Wasseranteil im Holz nicht zu groß wird. Wichtig ist, in die Gefache rundum mittig Dreikantleisten zu nageln und – sofern machbar – die Steine passend einzukerben, damit die Ausfachung stabil ist.

Natürlich muss ein Fachwerkhaus bei der Sanierung wärmegedämmt werden. Bei einem Sichtfachwerk kommt letztlich nur eine Innendämmung infrage. Geeignete Wärmedämmstoffe sind Schilfrohrmatten, die in Lehm eingeputzt werden, eine Dämmung aus eingeblasenen Zelluloseflocken oder vor allem auch Holzweichfaserplatten. Wenn man sorgfältig arbeitet, kann man die Innendämmung gerade mit Holzweichfaserplatten gut selbst herstellen.

Die Decken werden nach traditioneller Holzbalkendeckenart aufgebaut – Dachlatten entlang der Balken, darauf Querbretter als Blindboden. Darauf kommt eine Pappe als Rieselschutz, dann Schüttung. Der Decken- oder Fußbodenaufbau ist ein Spezialthema, über das man sich gesondert informieren sollte, es gibt zahlreiche Möglichkeiten. Wichtig ist aber ein ausreichender Schallschutz – Holzbalkendecken sind hellhörig.

Feuchtigkeit – der größte Feind des Fachwerks

Wegen der Tauwasserproblematik gibt es viele Details zu beachten. Ohne fachliche Beratung loszulegen, hat schon viele Fachwerkhäuser ruiniert. Deshalb schaltet man am besten einen Fachmann oder eine Fachfrau ein, der/die weiß, welche Dämmung man braucht und was im Detail zu beachten ist, der/die aber auch weiß, welche Zuschüsse man bekommen kann, zumal die Vorgaben des Gebäude-Energie-Gesetzes bei denkmalgeschützten Gebäuden nicht immer eingehalten werden müssen.

Wenn Fachwerkwände von außen nass werden, ist das kein Problem, der Regen trocknet wieder ab. Dringt die Feuchtigkeit aber in die Konstruktion ein, fault das Holz. Die gesamte Sanierung muss daher immer im Auge haben, dass in die Wände gelangte Feuchtigkeit wieder rücktrocknen kann. Strikt verboten sind daher alle feuchtigkeitssperrenden Stoffe. Alles muss diffusionsoffen sein. Noch bis in die 1980er-Jahre wurde dieser Grundsatz häufig missachtet, oft mit fatalen Folgen.

Anspruchsvoller ist es, die Konstruktion nach *unten hin gegen aufsteigendes Wasser abzudichten.* Dabei wird in Abschnitten von maximal einem Meter der Mörtel unter dem untersten Fachwerkbalken entfernt – mehr nicht, damit das Haus nicht in der Luft hängt. Dann wird eine geeignete Dichtung eingeschoben. Dichtungsbahnen sollen sich überlappen. Es liegt auf der Hand, dass wegen der statischen Verhältnisse ausgesprochen sorgfältig gearbeitet werden muss. Wer sich das nicht zutraut, sollte dies einem Handwerker überlassen – die Zimmerleute kennen immer jemanden, der das macht.

Verputz und Farbe

Selbst machen kann man auch die Putzarbeiten – das ist einfacher, als es klingt. Außen hat man nämlich die Holzgefache als Orientierung, die Zwischenräume kann man relativ leicht ausfüllen. Allerdings darf der Putz nicht vorstehen, sondern soll mit den Balken eine Ebene bilden. Verwendet wird am besten *Kalkputz*, der gleichzeitig diffusionsoffen und für außen geeignet ist. Mit ein wenig Übung bekommt man das gut hin - am besten beginnt man mit den Gefachen, die man am wenigsten einsehen kann. Nicht vergessen darf man übrigens Armierungsgewebe, das in den feuchten Putz gedrückt wird, bevor die oberste Schicht aufgetragen wird.

Im Innern wiederum verputzt man mit *Lehmputz*, auch mit Armierungsgewebe. *Lehmputz ist fast noch einfacher zu verarbeiten als Kalkputz.* Der Hauptvorteil ist, dass man ihn wieder einweichen und so alles noch einmal neu machen kann, wenn man mit dem Ergebnis nicht zufrieden ist. Das ist aber eher eine theoretische Möglichkeit. Zumal in einem Fachwerkhaus gewisse Unregelmäßigkeiten durch nicht ganz gerade Hölzer und Wände zum Ambiente gehören.

Nach dem Verputzen sollen die Außen- und Innenwände sowie das Holz natürlich auch gestrichen werden. Und wiederum muss darauf geachtet werden, dass ausschließlich diffusionsoffene Farben verwendet werden. Es gibt Hersteller, die bezeichnen ihre Produkte als diffusionsoffen, obwohl diese Eigenschaft mit der Zeit nicht mehr zutrifft. Um sicherzugehen, verwendet man *Silikatfarbe* oder *Kalkfarben*, an den Innenwänden können auch Lehmfarben eingesetzt werden. Für die Hölzer wird in der Regel ein Leinöl-Firnis-Anstrich empfohlen.

Haustechnik gehört in Fachhände

Heizungen, Wasserleitungen, Elektroinstallationen, all dies lässt man von einer Fachfirma machen. Wie bei jedem Haus kommen zuerst die Abwasserrohre, dann die Wasserleitungen und Heizungsrohre, schließlich die Elektrokabel. Wichtig ist, Handwerker zu beauftragen, die auf die Spezialitäten eines Fachwerkbaues eingehen können. So dürfen für die Rohre keine Aussparungen in die Balken gesägt werden, sie kommen entweder in die Dämmschicht oder vor die Wand. Die Elektroinstallation liegt ebenfalls vor der Wand in einer gesonderten Installationsebene.

Bild 12.3 Falsche Elt-Installation

Begriffe des Fachwerkbaus

Andreaskreuz	Zwei sich diagonal kreuzende und überblattete Streben; stockwerkshoch oder in einem Gefach
Ankerbalken	Balken, der zwei Ständer eines Gebindes miteinander verankert, indem er mit Zapfen durch die Ständer gesteckt ist und durch einen Holznagel gesichert wird.
Ausschwertung	Zur Aussteifung aufgeblattete Bohlen oder Kanthölzer
Balken	Waagrecht verlegte Hölzer, die eine Decke bilden. Das Ende des Balkens ist der Balkenkopf.
Balkenkopf	Ende eines Balkens; kann auch profiliert oder verziert sein
Balkenlage	Meist in regelmäßigen Abständen nebeneinander liegende Balken zur Überdeckung eines Raumes
Baumkante	Verbliebene natürliche Rundung mit oder ohne Rinde am zugeschnittenen Holz
Brüstungsriegel	Riegel in Höhe der Fensterbrüstung
Dachstuhl	Gesamtheit der Stützkonstruktion eines Daches
Drempel	Niedrige, etwa kniehohe Wand über der obersten Deckenbalkenlage
Eckständer	Vertikales Holz, das sich an der Ecke zweier Wände befindet
Falz	Winkelförmige, rückspringende Kante oder Faltung in einem Werkstück
First	Obere, meist waagerecht verlaufende Kante eines Daches
Firstständer	In der Giebelwand oder im Gebinde stehender Ständer, von der Grundschwelle bis zum First reichend
Gebinde	Konstruktive Einheit aus tragenden, gegenüber liegenden Ständern mit Querbalken sowie einem Sparrenpaar

Gefach	Von Hölzern umschlossenes Feld einer Fachwerkwand, das durch Ausfachung, Fenster oder Tür geschlossen wird.
Geschoss	Nutzebene in einem Geschossbau
Kehlbalken, Kehlriegel	Ein Balken, der wegen größerer Sparrenlänge zur Unterstützung und Verbindung eines Sparrenpaares dient und statisch gesehen als Riegel einer Rahmenkonstruktion wirkt.
Kehle	Konkav nach innen abgerundete Holzvertiefung
Knagge	In Ständer und Balkenkopf eingezapftes Winkelholz
Kniestock	Stockwerk (Geschoss), bei dem die Dachschräge etwa auf Kniehöhe ansetzt, das senkrechte Wandstück ist die Kniestockwand
Kopfband	Kurze obere Schrägaussteifung am Rähm zum Ständer oder an der Pfette zur Stütze verlaufend
Ortgang	Begrenzungslinie der Dachschrägen am Giebel
Pfette	Parallel zum First verlaufender Balken, der die Sparren trägt und auf Stützen oder Querwänden aufliegt.
Rähm	Auf dem Rähm liegen die Deckenbalken auf. Er bildet den oberen Abschluss eines Fachwerkverbandes.
Riegel	Horizontale Hölzer einer Wand, die mit Zapfen oder Überblattungen an die Ständer angeschlossen werden.
Schwelle	Unten liegendes Kantholz, in dass die Ständer und Streben eingezapft werden.
Ständer	Alle senkrechten Hölzer, die auf einem Fundament, einer Schwelle oder einem Sockel ruhen.
Stake(n)	Schmale Hölzer als Grundlage der Ausfachungen, in Kerben des Gefachs eingesetzt, mit dünnen Hölzern umflochten und mit Lehm verputzt.
Stiel	Gering tragendes lotrechtes Holz in einer Fachwerkwand zur Unterteilung der Wandfelder oder Begrenzung einer Öffnung
Strebe	Schräg gestelltes, zumeist eingezapftes, aussteifendes Holz zur Aufnahme von Druckkräften
Stütze	Freistehende und häufig am Kopfende verstrebte Stütze mit rechteckigem oder quadratischem Querschnitt
Sturzriegel	Riegel in Höhe des Fenster- oder Türsturzes
Traufe	Untere, waagerechte Begrenzung der Dachfläche
Unterzug	Waagerechtes Holz zur Abfangung einer Balkenlage

Verblattung	Bündige Verbindung zweier Hölzer durch Blatt und Blattsasse sowie Fixieren mit einem Holznagel
Verkämmung	Verbindung waagrechter sich kreuzender Hölzer, bei der beide Hölzer eine flache Aussparung haben, aber nicht bündig aufeinander liegen
Verzapfung	Holzverbindung, bei der ein Holz mit einem Zapfen in das Zapfenloch des anderen Holzes gesteckt wird
Walm	Abschrägung der Dachfläche an der Giebelseite
Wandstrebe	Schräg verlaufendes Holz, das von der Schwelle bis zum Rähm verläuft. Verläuft das Holz von der Schwelle zum Ständer, wird es als Fußstrebe bezeichnet; ist es ansteigend vom Ständer zum Rähm angeordnet, spricht man von einer Kopfstrebe
Zange	Doppelt nebeneinander liegende Hölzer, die von beiden Seiten angeschlossene hölzerne Bauglieder umfassen und mit diesen fest verbunden sind
Zapfenschloss	Durch den Ständer durchgesteckter Zapfen eines Ankerbalkens, der außen mit einem Holzsplint gesichert ist
Zwerchgiebel	Dachgaube mit Giebel und Satteldach

Literaturhinweise

Ahnert, R. u. Krause, K.-H.: Typische Baukonstruktionen von 1860 bis 1960, Band 1,2, 3, Berlin 2009

Arnold, U.; Huckfeldt, T.; Wenk, H.-J.: Holzfenster und -türen, Band 2, Köln 2012

Bedal, K.: Das farbige Haus. Vielfalt dekorativer und farbiger Wand- und Deckengestaltung in Franken vom 14. bis ins 19. Jahrhundert, vorwiegend anhand von Befunden des Fränkischen Freilandmuseums in Bad Windsheim. In: Herbert May, Georg Waldemer, Ariane Weidlich (Hrsg.): Farbe und Dekor am historischen Haus. Bad Windsheim 2010

Behse, W.-H.: Der Zimmermann, Umfassende Darstellung der Zimmermannskunst, Leipzig 1899

Binding, G.: Fachwerkterminologie für den historischen Holzbau, Fachwerk – Dachwerk, Köln 1990

Böhning, J.: Altbaumodernisierung im Detail, Köln 2011

Braun, T. Techniken der Instandsetzung und Modernisierung im Wohnungsbau – Ein Neue Heimat Werkstattbuch, Bauverlag Wiesbaden, 1981

Carstensen, J.: Schindeldach und Schindelgiebel, Hannover 1992

Colling, Francois: Holzbau, Grundlagen und Bemessung nach EC 5, Springer 2019,

Dachverband Lehm e.V. Hrsg.: Lehmbau Regeln – Begriffe, Baustoffe, Bauteile, Vieweg + Teubner/GWV Fachverlage, Wiesbaden 2009

Dettmering, T., Kollmann, H.: Putze in Bausanierung und Denkmalpflege. Verlag für Bauwesen, Berlin 2001

Fouad, N. u. Richter, T.: Leitfaden Thermografie im Bauwesen, Stuttgart 2007

Gerner, M.: Die Kunst der Zimmerer, Stuttgart 2002

Gerner, M.: Fachwerk, Entwicklung, Gefüge, Instandsetzung, Stuttgart 1994

Gerner, M.: Farbiges Fachwerk, Ausfachung, Putz, Wärmedämmung und Farbgestaltung, Stuttgart, München 2000

Gerner, M.: Historische Häuser erhalten und instandsetzen, Augsburg 1991

Gerner, M. u. a.: Anschuhen, Verstärken, Auswechseln, Fulda 1998

Göggel, Manfred: Bemessung im Holzbau, Band 1 Grundlagen Nachweise der Tragglieder, Bemessungsverfahren Biegeträger, Bruderverlag 1999

Göggel, Manfred: Bemessung im Holzbau, Band 2 Verbindungen und Verbindungsmittel, Bruderverlag 2000

Großmann, G.: Fachwerk in Deutschland – Zierformen seit dem Mittelalter, Imhof-Kulturgeschichte, Michael Imhof Verlag, Petersberg 2006

Hähnel, E.: Fachwerk instandsetzen, Berlin 2003

Hämer, H.W.: Sanierung von Holzbalkendecken, Internationale Bauausstellung Berlin, 1983

Harries, B: Die Schule des Zimmermannes, Leipzig 1859

Hauser, G. und Geißler, A.: Kenngroßen zur Beschreibung der Luftdichtheit von Gebäuden, wksb Sonderausgabe Dezember 1995

Holzabsatzfonds, Deutsche Gesellschaft f. Holzforschung Hrsg.: Erneuerung von Fachwerkbauten. In: Holzbau Handbuch, Reihe 7, Teil 3, Folge 1. Informationsdienst Holz, Bonn 2004

Holzapfel, W.: Typische Schäden am Dach erkennen - vermeiden - beheben, Köln 2006

Issel, H.: Der Holzbau, Leipzig 1900

Kabat, S.: Brandschutz in historischen Bauten, Köln 2017

Klöckner, K.: Alte Fachwerkbauten, Verlag Georg D.W. Callwey, München 1978

Kobler, F. u. Koller, M.: Farbigkeit in der Architektur. In: Reallexikon zur Deutschen Kunstgeschichte 7, München 1981

Kulke, E.: Bäuerliches Wohnen im Hannoverschen Wendland von 1650–1850, Schriftenreihe des Vereins zur Erhaltung von Rundlingen im Hannoverschen Wendland, 2. Auflage, 1986

Künzel, H.: Regenbeanspruchung und Regenschutz von Holzfachwerk-Außenwänden. In: Statusseminar „Erhaltung von Fachwerkbauten", Sonderheft Verbundforschungsprojekt Fachwerkbautenverfall und Fachwerkbautenerhaltung, ZHD, Fulda 1991

Lamers, R., Rosenzweig, D., Abel, R.: Bewährung innen wärmegedämmter Fachwerkbauten–Problemstellung und daraus abgeleitete Konstruktionsempfehlungen. In: Bauforschung für die Praxis, Band 54. Fraunhofer IRB, Stuttgart 2000

Lenze, W.: Fachwerkhäuser restaurieren, sanieren, modernisieren, Stuttgart 2001

Linhardt, A.: Handbuch Umbau und Modernisierung, Köln 2008

Lißner, K. u. Rug, W.: Holzbausanierung, Grundlagen und Praxis der sicheren Ausführung, Berlin 2000

Minke, G.: Bauen mit Lehm, Freiburg 1985

Minke, G.: Handbuch Lehmbau. Baustoffkunde, Techniken, Lehmarchitektur, Ökobuch, Staufen 2009

Monck, W. u. Erler, K.: Schäden an Holzkonstruktionen, 4. Auflage, Berlin 2004

Museumsführer Museumsdorf Cloppenburg 1981

Niemeyer, R.: Der Lehmbau und seine praktische Anwendung, Ökobuch Verlag, Grebenstein Staufen 1990

Opderbecke, A.: Das Holzbau-Buch, Wien, Leipzig 1909

Pohl, Horschler: Gebäudedichtheit - Praxishandbuch; Marketing + Wirtschaft Verlags -GmbH München, 1999

Schneider, U., Schwimann, M., Bruckner, H.: Lehmbau für Architekten und Ingenieure–Konstruktion, Baustoffe und Bauverfahren, Prüfungen und Normen, Rechenwerte. Werner, Düsseldorf 1996

Schulze, H.: Bauforschung für die Praxis; Sicherung des baulichen Holzschutzes, Stuttgart 1998

Stade, F.: Die Holzkonstruktionen, Leipzig 1904

Stahr, M. Hrsg.: Bausanierung - Erkennen und Beheben von Bauschäden, Vieweg, Braunschweig

Tessenow, H.: Der Wohnhausbau, München 1909

Tretter, A.: Beschichtung von Holzoberflächen im Außenbereich, Holzfenster und Holztüren, Köln 2012

Volhard, F.: Historische Lehmausfachungen und Putze. In: LEHM '94 Internationales Forum für Kunst u. Bauen mit Lehm, Aachen, 1994

Volhard, F.: Leichtlehmbau; alter Baustoff - neue Technik Karlsruhe, 1986

Weissenfeld, P.: Holzschutz ohne Gift? Freiburg 1985

Wenderoth, Th.: Monochrome Anstriche von Fachwerkfassaden in Mittelfranken. In: Herbert May, Georg Waldemer, Ariane Weidlich (Hrsg.): Farbe und Dekor am historischen Haus. Bad Windsheim 2010

Zapke, W. Modernisierung der Außenwände und der Dächer der Wohnanlage „Neue Vahr" in Bremen Bestandsaufnahme, Analyse, Konzept und Bau begleitende Tätigkeit bei der wärmeschutztechnischen Verbesserung von Wohngebäuden eines Quartiers, Institut für Bauforschung Hannover 1986

Zapke, W. u. Friedrich, H.: Fachwerkhäuser bei der Modernisierung, Niedersächsisches Sozialministerium, Institut für Bauforschung 1988

Zapke, W.: Energetisches Bauen – Energiewirtschaftliche Aspekte zur Planung und Gestaltung von Wohngebäuden (Schriftenreihe 04 des BMBau Heft Nr. 086)

Zapke, W.: k-Werte alter Bauteile – Arbeitsunterlagen zur Rationalisierung wärmeschutztechnischer Berechnungen bei der Modernisierung (RKW-RG-Bau – Schriftenreihe Heft Nr. 22)

Zapke, W.: Planung und Ausführung wärmeschutztechnischer Verbesserungen bei Altbauten (RKW-Merkblatt 56)

Zapke, W.: Praxisinformation „Energieeinsparung" (Schriftenreihe 04 des BMBau Heft Nr. 093)

Zapke, W.: Untersuchung und Entwicklung von Bauverfahren für die Modernisierung von Altbauten, Institut für Bauforschung, 1979

Zapke, W.; Schulz, W. Hrsg.: Die neue Energieeinsparverordnung, Forum – Verlag Herkert GmbH, Merching 2002

Zwerger, K.: Das Holz und seine Verbindungen, 2. Aufl., Basel 2012

WTA-Merkblätter zur Fachwerkinstandsetzung:

Wissenschaftlich-Technischen Arbeitsgemeinschaft für Bauwerkserhaltung und Denkmalpflege e.V. (in der jeweils aktuellen Fassung)

8-1: Bauphysikalische Anforderungen an Fachwerkgebäude

8-2: Checkliste zur Sanierungsplanung und -durchführung

8-3: Ausfachungen von Sichtfachwerken

8-4: Außenbekleidungen

8-5: Innendämmungen

8-6: Beschichtungen auf Fachwerkwänden—Ausfachungen/Putze

8-7: Beschichtungen auf Fachwerkwänden—Holz

8-8: Tragverhalten von Fachwerkbauten

8-9: Gebrauchsanweisung für historische Fachwerkhäuser

8-10: EnEV: Möglichkeiten und Grenzen

8-11: Schallschutz bei Fachwerkgebäuden

8-12: Brandschutz bei Fachwerkgebäuden

Normen

(in der jeweils aktuellen Fassung)

DIN 1045 – Tragwerke aus Beton, Stahlbeton und Spannbeton

Teil 1: Bemessung und Konstruktion

Teil 2: Beton

Teil 3: Bauausführung

Teil 4: Ergänzende Regeln für die Herstellung und die Konformität von Fertigteilen

DIN 1053 – Mauerwerk

Teil 1: Berechnung und Ausführung

Teil 2: Mauerwerksfestigkeitsklassen aufgrund von Eignungsprüfungen

Teil 3: Bewehrtes Mauerwerk, Berechnung und Ausführung

DIN 1055 – Einwirkungen auf Tragwerke

Teil 1: Wichten und Flächenlasten von Baustoffen, Bauteilen und Lagerstoffen

Teil 2: Lastannahmen für Bauten

Teil 3: Eigen- und Nutzlasten für Hochbauten

DIN 18168 – Gipsplatten-Deckenbekleidungen und Unterdecken

1: Anforderungen an die Ausführung

Teil 2: Nachweis der Tragfähigkeit von Unterkonstruktionen und Abhängern aus Metall

DIN 18202 – Toleranzen im Hochbau – Bauwerke

DIN 18331

VOB Vergabe und Vertragsordnung für Bauleistungen – Teil C: Allgemeine Technische Vertragsbedingungen für Bauleistungen ATV – Betonarbeiten

DIN 18334

VOB Vergabe und Vertragsordnung für Bauleistungen – Teil C: Allgemeine Technische Vertragsbedingungen für Bauleistungen ATV – Zimmer- und Holzbauarbeiten

DIN 18340

VOB Vergabe- und Vertragsordnung für Bauleistungen – Teil C: Allgemeine Technische Vertragsbedingungen für Bauleistungen ATV – Trockenbauarbeiten

DIN 18350

VOB Vergabe- und Vertragsordnung für Bauleistungen – Teil C: Allgemeine Technische Vertragsbedingungen für Bauleistungen ATV – Putz- und Stuckarbeiten

DIN 18353

VOB Vergabe- und Vertragsordnung für Bauleistungen – Teil C: Allgemeine Technische Vertragsbedingungen für Bauleistungen ATV – Estricharbeiten

DIN 18354

VOB Vergabe- und Vertragsordnung für Bauleistungen – Teil C: Allgemeine Technische Vertragsbedingungen für Bauleistungen ATV – Gussasphaltarbeiten

DIN 18356

VOB Vergabe und Vertragsordnung für Bauleistungen – Teil C: Allgemeine Technische Vertragsbedingungen für Bauleistungen ATV – Parkettarbeiten

DIN 18360

VOB Vergabe- und Vertragsordnung für Bauleistungen – Teil C: Allgemeine Technische Vertragsbedingungen für Bauleistungen ATV – Metallbauarbeiten

DIN 18365

VOB Vergabe- und Vertragsordnung für Bauleistungen – Teil C: Allgemeine Technische Vertragsbedingungen für Bauleistungen ATV – Bodenbelagarbeiten

DIN 18560 – Estriche im Bauwesen

Teil 1: Allgemeine Anforderungen, Prüfung und Anwendungsregeln

Teil 2: Estrich und Heizestriche auf Dämmschichten

Teil 3: Verbundestriche

Teil 4: Estriche auf Trennschicht

Teil 7: Hochbeanspruchte Estriche Industrieestriche

DIN 4102 – Brandverhalten von Baustoffen und Bauteilen

Teil 1: Baustoffe; Begriffe, Anforderungen und Prüfungen

Teil 2: Bauteile; Begriffe, Anforderungen und Prüfungen

Teil 3: Brandwände und nicht tragende Außenwände, Begriffe, Anforderungen und Prüfungen

Tel 4: Zusammenstellung und Anwendung klassifizierter Baustoffe, Bauteile und Sonderbauteile

Teil 7: Bedachungen; Begriffe, Anforderungen und Prüfungen

Tel 13: Brandschutzverglasungen; Begriffe, Anforderungen und Prüfungen

DIN 4108 – Wärmeschutz und Energie-Einsparung in Gebäuden

Teil 1: Größen und Einheiten

Teil 2: Mindestanforderungen an den Wärmeschutz

Teil 3: Klimabedingter Feuchteschutz, Anforderungen, Berechnungsverfahren und Hinweise für Planung und Ausführung

Teil 4: Wärme- und feuchteschutztechnische Bemessungswerte

Teil 6: Berechnung des Jahresheizwärme- und des Jahresheizenergiebedarfs

Teil 7: *Luftdichtheit* von Gebäuden – Anforderungen, Planungs- und Ausführungsempfehlungen sowie -beispiele

Teil 8: Vermeidung von Schimmelwachstum in Wohngebäuden

Teil 10: Anwendungsbezogene Anforderungen an Wärmedämmstoffe – Werkmäßig hergestellte Wärmedämmstoffe

DIN 4109 – Schallschutz im Hochbau; Anforderungen und Nachweise

Teil 1: Mindestanforderungen

Teil 2: Rechnerische Nachweise der Erfüllung der Anforderungen

Teil 31. Daten für die rechnerischen Nachweise des Schallschutzes Bauteilkatalog – Rahmendokument

Teil 33: Daten für die rechnerischen Nachweise des Schallschutzes Bauteilkatalog – Holz-, Leicht- und Trockenbau

Teil 34: Daten für die rechnerischen Nachweise des Schallschutzes Bauteilkatalog – Vorsatzkonstruktionen vor massiven Bauteilen

Teil 35: Daten für die rechnerischen Nachweise des Schallschutzes Bauteilkatalog – Elemente, Fenster, Türen, Vorhangfassaden

Beiblatt 2 Hinweise für Planung und Ausführung, Vorschläge für einen erhöhten Schallschutz; Empfehlungen für den Schallschutz im eigenen Wohn- oder Arbeitsbereich

Beiblatt 3 Berechnung von R´w,R für den Nachweis der Eignung nach DIN 4109 aus Werten des im Labor ermittelten Schalldämm-Maßes Rw

DIN 4172 – Maßordnung im Hochbau

DIN 68364 – Kennwerte von Holzarten – Rohdichte, Elastizitätsmodul und Festigkeiten

DIN 68800 – Holzschutz

Teil 1: Allgemeines

Teil 2: Vorbeugende bauliche Maßnahmen im Hochbau

Teil 3: Vorbeugender Schutz von Holz mit Holzschutzmitteln

Teil 4: Bekämpfungsmaßnahmen gegen holzzerstörende Pilze und Insekten

DIN EN 12354 – Bauakustik – Berechnung der akustischen Eigenschaften von Gebäuden aus den Bauteileigenschaften

Teil 1: Luftschalldämmung zwischen Räumen

Teil 2: Trittschalldämmung zwischen Räumen

Teil 3: Luftschalldämmung gegen Außenlärm

Teil 4: Schallübertragung von Räumen ins Freie

Teil 5: Installationsgeräusche

Teil 6: Schallabsorption in Räumen

DIN EN 13162 – Wärmedämmstoffe für Gebäude – Werkmäßig hergestellte Produkte aus Mineralwolle MW – Spezifikation

DIN EN 13163 – Wärmedämmstoffe für Gebäude – Werkmäßig hergestellte Produkte aus expandiertem Polystyrol EPS – Spezifikation

DIN EN 13165 – Wärmedämmstoffe für Gebäude – Werkmäßig hergestellte Produkte aus Polyurethan-Hartschaum PUR – Spezifikation

DIN EN 13167 – Wärmedämmstoffe für Gebäude – Werkmäßig hergestellte Produkte aus Schaumglas CG – Spezifikation

DIN EN 13170 – Wärmedämmstoffe für Gebäude – Werkmäßig hergestellte Produkt aus expandiertem Kork ICB – Spezifikation

DIN EN 13171 – Wärmedämmstoffe für Gebäude – Werkmäßig hergestellte Produkte aus Holzfasern WF – Spezifikation

DIN EN 13226 – Holzfußböden – Massivholz-Elemente mit Nut und/oder Feder

DIN EN 13227 – Holzfußböden – Massivholz-Leimparkettprodukte

DIN EN 13228 – Holzfußböden – Massivholz-Overlay-Parkettstäbe einschließlich Parkettblöcke mit einem Verbindungssystem

DIN EN 13442 – Holzfußböden und Wand- und Deckenbekleidungen aus Holz – Bestimmung der chemischen Widerstandsfähigkeit

DIN EN 13488 – Holzfußböden – Mosaikparkettelemente

DIN EN 13489 – Holzfußböden – Mehrschichtparkettelemente

DIN EN 13813 – Estrichmörtel, Estrichmassen und Estriche – Estrichmörtel und Estrichmassen – Eigenschaften und Anforderungen

DIN EN 13914 – Planung, Zubereitung und Ausführung von Außen- und Innenputzen

Teil 1: Außenputze

Teil 2: Innenputze

DIN EN 13950 – Gips-Verbundplatten zur Wärme- und Schalldämmung – Begriffe, Anforderungen und Prüfverfahren

DIN EN 13964 – Unterdecken – Anforderungen und Prüfverfahren

DIN EN 13986 – Holzwerkstoffe zur Verwendung im Bauwesen – Eigenschaften, Bewertung der Konformität und Kennzeichnung

DIN EN 14195 – Metallprofile für Unterkonstruktionen von Gipsplattensystemen – Begriffe, Anforderungen und Prüfverfahren

DIN EN 14246 – Gipselemente für Unterdecken abgehängte Decken – Begriffe, Anforderungen und Prüfverfahren

DIN EN 14316 – Wärmedämmstoffe für Gebäude – An der Verwendungsstelle hergestellte Wärmedämmung aus Produkten mit expandiertem Perlite EP

Teil 1: Spezifikation für gebundene und Schüttdämmstoffe vor dem Einbau

Teil 2: Spezifikation für die eingebauten Produkte

DIN EN 14317 – Wärmedämmstoffe für Gebäude – An der Verwendungsstelle hergestellte Wärmedämmung mit Produkten aus expandiertem Vermiculite EV

Teil 1: Spezifikation für gebundene und Schüttdämmstoffe vor dem Einbau

Teil 2: Spezifikation für die eingebauten Produkte

DIN EN 14761 – Holzfußböden – Massivholzparkett – Hochkantlamelle, Breitlamelle und Modulklotz

DIN EN 15101 – Wärmedämmstoffe für Gebäude – An der Verwendungsstelle hergestellte Wärmedämmung aus Zellulosefüllstoff

Teil 1: Spezifikation für die Produkte vor dem Einbau

Teil 2: Spezifikation für die eingebauten Produkte

DIN EN 1910 – Parkett und andere Holzfußböden und Wand- und Deckenbekleidungen aus Holz – Bestimmung der Dimensionsstabilität

DIN EN 350 – Dauerhaftigkeit von Holz und Holzprodukten – Natürliche Dauerhaftigkeit von Vollholz

Teil 1: Grundsätze für die Prüfung und Klassifikation der natürlichen Dauerhaftigkeit von Holz

Teil 2: Leitfaden für die natürliche Dauerhaftigkeit und Tränkbarkeit von ausgewählten Holzarten von besonderer Bedeutung in Europa

DIN EN 351 – Dauerhaftigkeit von Holz und Holzprodukten – Mit Holzschutzmitteln behandeltes Vollholz

Teil 1: Klassifizierung der Schutzmitteleindringung und -aufnahme

DIN EN 520 – Gipsplatten – Begriffe, Anforderungen und Prüfverfahren

DIN EN ISO 10848 – Akustik – Messung der Flankenübertragung von Luftschall und Trittschall zwischen benachbarten Räumen in Prüfständen

Teil 1: Rahmendokument

Teil 2: Anwendung auf leichte Bauteile, wenn die Verbindung geringen Einfluss hat

Teil 3: Anwendung auf leichte Bauteile, wenn die Verbindung wesentlichen Einfluss hat

Teil 4: Alle anderen Fälle

DIN V 18550 – Planung, Zubereitung und Ausführung von Außen- und Innenputzen

Teil 1: Ergänzende Festlegungen zu DIN EN 13914-1:2016-09 für Außenputze

Teil 2: Ergänzende Festlegungen zu DIN EN 13914-2:2016-09 für Innenputze

Bildquellenverzeichnis

Vorbemerkung: Etliche der mit Quellenangabe versehenen Bilder wurden digital überarbeitet, um eine angemessene Darstellung zu gewährleisten.

Vorwort

Bild: Autor

Kapitel 1: Fachwerktypologie

Bild 1.1: Petrarca, Francesco: Von der Artzney bayder Glück, des gůten und widerwertigen: unnd weß sich ain yeder inn Gelück vnd Vnglück halten sol. Auß dem Lateinischen in das Teütsch gezogen, 1532

Bild 1.2: Petrarca, Francesco: Von der Artzney bayder Glück, des gůten und widerwertigen: unnd weß sich ain yeder inn Gelück vnd Vnglück halten sol. Auß dem Lateinischen in das Teütsch gezogen, 1532

Bild 1.3: Willow, „Dat ole Hus 003.jpg“, https://commons.wikimedia.org/wiki/File:Dat_ole_Hus_003.jpg (https://creativecommons.org/licenses/by-sa/3.0/legalcode)

Bild 1.4: Krzysztof Golik, „Town hall of Alsfeld (1).jpg“, https://commons.wikimedia.org/wiki/File:Town_hall_of_Alsfeld_(1).jpg (https://creativecommons.org/licenses/by-sa/4.0/legalcode)

Bild 1.5: Harke, „Markgröningen Marktplatz mit Rathaus.jpg“, https://commons.wikimedia.org/wiki/File:Markgröningen_Marktplatz_mit_Rathaus.jpg (https://creativecommons.org/licenses/by-sa/3.0/legalcode)

Kapitel 2: Fachwerkvielfalt

Bild 2.1: Bjoertvedt, „Vechta landkreis Elsten Quatmann Hof 1885 mainhouse IMG 7676 cloppenburg museumsdorf.JPG“, https://commons.wikimedia.org/wiki/File:Vechta_landkreis_Elsten_Quatmann_Hof_1885_mainhouse_IMG_7676_cloppenburg_museumsdorf.JPG (https://creativecommons.org/licenses/by-sa/4.0/legalcode)

Bild 2.2: Unknown author, „Knochenhaueramtshaus 1900.jpg“, https://commons.wikimedia.org/wiki/File:Knochenhaueramtshaus_1900.jpg, Library of Congress, Prints & Photographs Division, [reproduction number, e.g., LC-DIG-ppmsca-12345] (https://www.loc.gov/rr/print/res/244_phot.html)

Bild 2.3: Tilman2007, „Michelstadt, Altes Rathaus-001.jpg“, https://commons.wikimedia.org/wiki/File:Michelstadt,_Altes_Rathaus-001.jpg (https://creativecommons.org/licenses/by-sa/3.0/legalcode)

Bild 2.4: Ackermann Ralf, „Michelstadt Historical Market Hall 2010“; https://www.360cities.net/image/michelstadt-markthalle-historisches-rathaus-germany

Lehmstübner Paul (1855-1916): Rathaus, Michelstadt (1897): Unterbau des Erkertürmchens, Blick. Bleistift auf der Schachtel, 35,1 x 25 cm, https://www.alamy.de/lehmmubner-paul-1855-1916-rathaus-in-michelstadt-1897-unterbau-des-erkerturmchens-blick-bleistift-auf-der-schachtel-351-x-25-cminklusive-scan-kanten-lehmstubner-paul-1855-1916-rathaus-michelstadt-image477463879.html?imageid=B9A190F0-2CAD-47B3-8AAF-F8B924C6E370&p=1917589&pn=1&searchId=de51e139121e190e6d7c07b4834ea6c9&searchtype=0

Bild 2.5: Autor

Bild 2.6: Foto: Axel Hindemith / Lizenz: Creative Commons CC-by-sa-3.0 de, „Rittergut Wichtringhausen Herrenhaus Wassergraben.jpg“, https://commons.wikimedia.org/wiki/File:Rittergut_Wichtringhausen_Herrenhaus_Wassergraben.jpg (https://creativecommons.org/licenses/by-sa/3.0/legalcode)

Bild 2.7: Elke Wetzig (Elya), „Schloss Herzberg, Herzberg am Harz von Osten 2009.jpg“, https://commons.wikimedia.org/wiki/File:Schloss_Herzberg,_Herzberg_am_Harz_von_Osten_2009.jpg (https://creativecommons.org/licenses/by-sa/3.0/legalcode)

Bild 2.8: Krajo, „Possenturm.jpg“, https://commons.wikimedia.org/wiki/File:Possenturm.jpg (https://creativecommons.org/licenses/by-sa/2.0/deed.en)

Bild 2.9: Autor

Bild 2.10: User:Iqmanuelnavarro, SalineHalle.JPG“, https://commons.wikimedia.org/wiki/File:SalineHalle.JPG (https://creativecommons.org/licenses/by-sa/2.5/deed.en)

Bild 2.11: TOMMES-WIKI2, „Neue Hütte - Schmalkalden - 20120902-17.JPG“, https://commons.wikimedia.org/wiki/File:Neue_Hütte_-_Schmalkalden_-_20120902-17.JPG (https://creativecommons.org/licenses/by-sa/3.0/legalcode)

Bild 2.12: Krajo, „Possen Reithalle.jpg“, https://commons.wikimedia.org/wiki/File:Possen_Reithalle.jpg (https://creativecommons.org/licenses/by-sa/2.0/deed.en)

Bild 2.13: Im Fokus, „Meckenheim, Bahnhof Kottenforst, Gleisseite.jpg“, https://commons.wikimedia.org/wiki/File:Meckenheim,_Bahnhof_Kottenforst,_Gleisseite.jpg (https://creativecommons.org/licenses/by-sa/4.0/legalcode)

Bild 2.14: Andreas Werner (www.andi-werner.de), „GutsMuthsstraße 6 Mittelhaus Ausschnitt (Quedlinburg) 2009 by Andreas Werner under CC-by-sa-3.0-de 8147.jpg“, https://commons.wikimedia.org/wiki/File:GutsMuthsstraße_6_Mittelhaus_Ausschnitt_(Quedlinburg)_2009_by_Andreas_Werner_under_CC-by-sa-3.0-de_8147.jpg (https://creativecommons.org/licenses/by-sa/3.0/de/legalcode), Perspektive verändert durch Autor

Bild 2.15: Autor

Bild 2.16: Bgabel, „BW-badwimpfen-spitalhof.jpg“, https://commons.wikimedia.org/wiki/File:BW-badwimpfen-spitalhof.jpg (https://creativecommons.org/licenses/by-sa/3.0/legalcode)

Bild 2.17: BlueBreezeWiki, „120827-Bad-Säckingen-04.jpg“, https://commons.wikimedia.org/wiki/File:120827-Bad-Säckingen-04.jpg (https://creativecommons.org/licenses/by-sa/3.0/legalcode)

Bild 2.18: Meyers Konversationslexikon, „Lehrgeruest meyers2.jpg“, hochgeladen von Sansculotte, https://commons.wikimedia.org/wiki/File:Lehrgeruest_meyers2.jpg, (https://creativecommons.org/publicdomain/mark/1.0/deed.en); Beschnitt durch Autor

Bild 2.19: Freiburger Münsterbauverein (Hrsg.): Der Glockenstuhl und sein Geläut. Rombach Verlag, 1. Auflage 2017

Bild 2.20: Laule, B. u. Wischermann, H.: Der Freiburger Münsterturm, in Kleine Freiburger Reihe, 2, Freiburg 2005.

Kapitel 3: Der Fachwerkstil im Wandel der Zeit

Bild 3.1: Kuznetsova Yulia, „Casa a Graticcio.jpg“, https://commons.wikimedia.org/wiki/File:Casa_a_Graticcio.jpg (https://creativecommons.org/licenses/by-sa/3.0/legalcode), Beschnitt durch Autor

Bild 3.2: LWL/ Mühlenbrock, in: Schönfeld, S.: LWL-Römermuseum in Haltern präsentiert römisches Wachhaus. 30.01.2022, FUNKE NRW Wochenblatt GmbH, https://www.lokalkompass.de/

marl/c-kultur/lwl-roemermuseum-in-haltern-praesentiert-roemisches-wachhaus_a1685731#gallery=default&pid=12136060

Bild 3.3: Bigalke, H.-G.: Fachwerkhäuser: Verzierungen an niederdeutschen Fachwerkbauten und ihre Entwicklung in Celle. Schlütersche Verlagsgesellschaft, Hannover, 2000

Bild 3.4: Großmann, G. Ulrich: Das Schäfersche Haus in Marburg. Jahrbuch für Hausforschung, 33 (1983)

Bild 3.5: 2micha, „Hersfeld_pfarrhaus.jpg“, https://commons.wikimedia.org/wiki/File:Hersfeld_pfarrhaus.jpg (https://creativecommons.org/licenses/by-sa/3.0/deed.en)

Bild 3.6: JoachimKohlerBremen, „Fachwerkhaus_Strukturstrasse_7_in_Verden_(Aller).jpg“, https://commons.wikimedia.org/wiki/File:Fachwerkhaus_Strukturstrasse_7_in_Verden_(Aller).jpg (https://creativecommons.org/licenses/by-sa/4.0/legalcode)

Bild 3.7: Markus G. Klötzer / Wikimedia Commons / CC-BY-SA-4.0, „Duderstadt - Jüdenstraße 29 (MGK18311).jpg“, https://commons.wikimedia.org/wiki/File:Duderstadt_-_J%C3%BCdenstra%C3%9Fe_29_(MGK18311).jpg (https://creativecommons.org/licenses/by-sa/4.0/deed.en)

Bild 3.8: Frankesche Stiftungen, Evangelische Kirche in Mitteldeutschland (EKM), Seelsorgeseminar der EKM, https://www.seelsorgeseminar-ekm.de/franckesche-stiftungen.html

Bild 3.9: Hajotthu, „Stechinellihaus Celle (1b).jpg“, https://commons.wikimedia.org/wiki/File:Stechinellihaus_Celle_(1b).jpg (https://creativecommons.org/licenses/by-sa/3.0/legalcode)

Bild 3.10: Tilman2007, „Marburg, Ritterstraße 3 20161104-002.jpg“, https://commons.wikimedia.org/wiki/File:Marburg,_Ritterstra%C3%9Fe_3_20161104-002.jpg (https://creativecommons.org/licenses/by-sa/4.0/deed.en)

Bild 3.11: Oben22, „Rayonhaus md.jpg“, https://commons.wikimedia.org/wiki/File:Rayonhaus_md.jpg (https://creativecommons.org/publicdomain/mark/1.0/deed.en)

Bild 3.12: Autor

Tabelle 3.1: Muns, „160330-Limburg-Rütsche 5.JPG“, https://de.wikipedia.org/wiki/Datei:160330-Limburg-R%C3%BCtsche_5.JPG (https://creativecommons.org/licenses/by-sa/4.0/); CatalpaSpirit, „Esslingen am Neckar Webergasse 8.jpg“, https://de.wikipedia.org/wiki/Datei:Esslingen_am_Neckar_Webergasse_8.jpg (https://creativecommons.org/licenses/by-sa/4.0/deed.de); Tilman2007, „Schwäbisch Hall, Untere Herrngasse 2-20160820-003.jpg“, https://de.wikipedia.org/wiki/Datei:Schw%C3%A4bisch_Hall,_Untere_Herrngasse_2-20160820-003.jpg (https://creativecommons.org/licenses/by-sa/4.0/deed.de); Tilman2007, „Limburg an der Lahn, Kleine Rütsche 4, 008.jpg“, https://de.wikipedia.org/wiki/Datei:Limburg_an_der_Lahn,_Kleine_R%C3%BCtsche_4,_008.jpg (https://creativecommons.org/licenses/by-sa/3.0/deed.de)

Kapitel 4: Eckpunkte in der Fachwerkhausentwicklung

Bild 4.1: Mullineux, N.: Cruck Barns. Marple Local History Society, https://www.marplelocalhistorysociety.org.uk/society-archives/our-local-heritage/384-cruck-barns.html, bearbeitet durch Autor

Bild 4.2: Autor

Bild 4.3: Zapke, W.: Fachwerkhäuser bei der Modernisierung, Nds. Sozialministerium, Hannover, 1989

Bild 4.4: Zapke, W.: Fachwerkhäuser bei der Modernisierung, Nds. Sozialministerium, Hannover, 1989

Bild 4.5: Zapke, W.: Fachwerkhäuser bei der Modernisierung, Nds. Sozialministerium, Hannover, 1989

Bild 4.6: Zapke, W.: Fachwerkhäuser bei der Modernisierung, Nds. Sozialministerium, Hannover, 1989

Bild 4.7: Ebinghaus, H.: Das Ackerbürgerhaus der Städte Westfalens und des Wesertales. Dresden, 1912

Bild 4.8: Ebinghaus, H.: Das Ackerbürgerhaus der Städte Westfalens und des Wesertales. Dresden, 1912

Bild 4.9: Autor

Bild 4.10: Ebinghaus, H.: Das Ackerbürgerhaus der Städte Westfalens und des Wesertales. Dresden, 1912

Bild 4.11: Ebinghaus, H.: Das Ackerbürgerhaus der Städte Westfalens und des Wesertales. Dresden, 1912

Bild 4.12: Kulke, E. Bäuerliches Wohnen im Hannoverschen Wendland von 1650-1850. Lüchow, 1986

Bild 4.13: Kraft, J. IG Bauernhaus: Was wie machen? Instandsetzen und Erhalten alter Bausubstanz. Lilienthal, 1992

Bild 4.14: Nach Lueger, O.: Lexikon der gesamten Technik. Deutsche Verlags-Anstalt, Stuttgart, Leipzig, 1904, http://www.zeno.org/Lueger-1904

Bild 4.15: Nach Lueger, O.: Lexikon der gesamten Technik. Deutsche Verlags-Anstalt, Stuttgart, Leipzig, 1904, http://www.zeno.org/Lueger-1904

Bild 4.16: Zapke, W.: Fachwerkhäuser bei der Modernisierung, Nds. Sozialministerium, Hannover, 1989

Bild 4.17: Zapke, W.: Fachwerkhäuser bei der Modernisierung, Nds. Sozialministerium, Hannover, 1989

Bild 4.18: Ostermann, P.G.; Schmidt, W.: Das Fachwerkhaus und Hausinschriften in Ovenstädt. Überarbeitet und digitalisiert von Peter Gräßer 2009, http://www.ovenstaedt.de/data/downloads/Fachwerkhaus.pdf, Beschnitt durch Autor

Bild 4.19: Mätes, „Ständerbau Qdl Detail.jpg“, https://commons.wikimedia.org/wiki/File:Ständerbau_Qdl_Detail.jpg (https://creativecommons.org/licenses/by-sa/3.0/legalcode)

Bild 4.20: Autor

Bild 4.21: UlichJ, „Ständerbau-Rähmbau.svg“, in Anlehnung an Manfred Gerner: Fachwerk, Entwicklung, Gefüge, Instandsetzung, Deutsche Verlags-Anstalt, 1981, https://commons.wikimedia.org/wiki/File:Ständerbau-Rähmbau.svg (https://creativecommons.org/licenses/by-sa/3.0/legalcode), bearbeitet durch Autor

Bild 4.22: Breymann, G. A.: Allgemeine Baukonstruktionslehre, II. Teil Konstruktionen aus Holz. Leipzig, 1885

Bild 4.23: nach Stadt Duderstadt: Duderstädter Häuserbuch, Beiträge zur Geschichte der Stadt Duderstadt, 2007

Bild 4.24: Meyer-Barkhausen, W.: Das Rathaus zu Alsfeld und die Wende im hessischen Fachwerkbau des 16. Jahrhunderts. http://www.vhghessen.de/inhalt/zhg/ZHG_69/MeyerBerkhausen_Rathaus_Alsfeld.pdf

Kapitel 5: Modernisierungs- und Sanierungskriterien

Bild 5.1: Nauerz, B: bauhandwerk – denkmalgerechte Sanierung und Umnutzung einer historischen scheune in Waiblingen, 7-8. 2018

Bild 5.2: Schäfer, C.: Die Holzarchitektur Deutschlands: Vom 14. bis 18. Jahrhundert. Berlin 1883

Bild 5.3: Schulz-Dostal, M.: Hildesheim – damals ... (Wandkalender 2023)

Bild 5.4: Fundistephan, „Knochenhaueramtshaus hildesheim germany 2005.jpg“, https://commons.wikimedia.org/wiki/File:Knochenhaueramtshaus_hildesheim_germany_2005.jpg (https://creativecommons.org/publicdomain/zero/1.0/legalcode)

Bild 5.5: Harke/Heckmann. Aus: Hildebrandt, A.: Historischer Freitag: Alte Scheunen vor dem Verfall gerettet. DieHarke.de, 03.09.2021, https://www.dieharke.de/lokales/nienburg-lk/mittelweser/historischer-freitag-alte-scheunen-vor-dem-verfall-gerettet-J4CIMJSUJCRWEVCZ7FH73OPO2V.html

Bild 5.6: Autor

Bild 5.7: Autor nach DIN 31051:2019-06 – Grundlagen der Instandhaltung

Bild 5.8: Autor nach DIN 31051:2019-06 – Grundlagen der Instandhaltung

Bild 5.9: Autor nach DIN 276:2018-12 – Kosten im Bauwesen

Bild 5.10: Datei: „Geforderte Genauigkeiten von Kostenschätzungen.jpg“, https://de.wikibooks.org/wiki/Datei:Geforderte_Genauigkeiten_von_Kostensch%C3%A4tzungen.jpg (https://creativecommons.org/licenses/by-sa/2.0/de/)

Bild 5.11: Datei: „Geforderte Genauigkeiten von Kostenberechnungen.jpg“, https://de.wikibooks.org/wiki/Datei:Geforderte_Genauigkeiten_von_Kostenberechnungen.jpg#metadata (https://creativecommons.org/licenses/by-sa/2.0/de/)eholt

Kapitel 6: Bestandsaufnahme

Bild 6.1: Autor

Bild 6.2: Autor

Bild 6.3: LVR-Amt für Denkmalpflege im Rheinland, https://denkmalpflege.lvr.de/de/startseite.html

Bild 6.4: Autor

Bild 6.5: maxmess-software, Wernigerode, Bildaufmaß On-Site Photo, https://www.maxmess-software.de/produkte/bildaufma%C3%9F-on-site-photo

Bild 6.6: Autor

Bild 6.7: LVR-Amt für Denkmalpflege im Rheinland, https://denkmalpflege.lvr.de/de/startseite.html

Bild 6.8: Autor

Bild 6.9: Autor

Bild 6.10: Autor

Bild 6.11: Autor

Bild 6.12: Autor

Bild 6.13: Autor

Bild 6.14: Autor

Bild 6.15: Autor

Bild 6.16: Autor

Bild 6.17: Autor

Bild 6.18: Autor

Bild 6.19: ConstantinSander, „Fichtenholz.jpg“, https://de.m.wikipedia.org/wiki/Datei:Fichtenholz.jpg (https://creativecommons.org/licenses/by-sa/3.0/)

Bild 6.20: Autor

Bild 6.21: Zapke, W.: Fachwerkhäuser bei der Modernisierung, Nds. Sozialministerium, Hannover, 1989

Bild 6.22: Autor

Bild 6.23: GANN Mess- u. Regeltechnik GmbH, Gerlingen, Ramm Elektrode M18, https://www.gann.de/de/produkte/handmessgeraete/zubehoer/elektroden-und-fuehler/m-18#&gid=1&pid=2

Bild 6.24: Autor

Bild 6.25: Autor

Bild 6.26: Frank Rinn, RINNTECH, e.K., „Resistograph (Foto).jpg“, https://commons.wikimedia.org/wiki/File:Resistograph_(Foto).jpg (https://creativecommons.org/licenses/by-sa/3.0/de/legalcode)

Bild 6.27: Autor

Bild 6.28: Autor

Bild 6.29: Autor

Bild 6.30: KÖSTER BAUCHEMIE AG, Aurich, X 919 001, KÖSTER Diagnosekoffer, https://www.koester.eu/de_de/prodid-95-2083/x+919+001-diagnosekoffer.html

Bild 6.31: Fischer, H.-M.: KALKSANDSTEIN – Schallschutz. Hrsg. Bundesverband Kalksandsteinindustrie e.V., Januar 2017

Kapitel 7: Holzschädlinge und Holzschutz

Bild 7.1: Collage von Autor mit Bild von Mätes II., „Echter Hausschwamm 5516a.jpg“, https://commons.wikimedia.org/wiki/File:Echter_Hausschwamm_5516a.jpg (https://creativecommons.org/licenses/by-sa/3.0/legalcode)

Bild 7.2: Autor

Bild 7.3: Autor

Bild 7.4: Autor nach ach DIN 68800 – Holzschutz

Bild 7.5: Zapke, W.: Fachwerkhäuser bei der Modernisierung, Nds. Sozialministerium, Hannover, 1989

Bild 7.6: Autor nach Deutsche Bauchemie (Hrsg.): Folienserie Holzschutz, 3. Ausgabe, November 2017, https://wissen.deutsche-bauchemie.de/wp-content/uploads/2021/11/image-9.png

Bild 7.7: DGfH Innovations- und Service GmbH (Hrsg.): Informationsdienst Holz: Holzschutz – Bauliche Empfehlungen, Holzbau-Handbuch R3 T05 F01, München 1997

Bild 7.8: Arbeitsgemeinschaft Holzschutzmittel (Hrsg.): Holzschutz und seine Bedeutung. Wien, Oktober 2010, https://www.holzschutzmittel.at/media/8813/broschuere_holzschutz_und_seine_bedeutung.pdf

Kapitel 8: Tragverhalten

Bild 8.1: Autor

Bild 8.2: Autor

Bild 8.3: Hövelborn, P.: Der Holznagel – seine Rolle im mittelalterlichen Holzbau. Aus: Geschichts- und Altertumsverein Esslingen am Neckar e.V. (Hrsg.): Zum 100-jährigen Jubiläum: Ausgewählte Stücke unserer Sammlung im Stadtmuseum, September 2008, Der Holznagel im Esslinger Fachwerk -https://www.yumpu.com/en/document/view/53481713/der-holznagel-im-esslinger-fachwerk-gav-esde, ergänzt durch Autor

Bild 8.4: https://download.mmag.hrz.tu-mehrmehrdarmstadt.de/media/HRZ/elc/OpenLearnWare/Bauingenieurwesen/2004_Lerneinheiten_Lange/kurse/kurs_01_kAus

Bild 8.5: Autor

Bild 8.6: https://download.mmag.hrz.tu-darmstadt.de/media/HRZ/elc/OpenLearnWare/Bauingenieurwesen/2004_Lerneinheiten_Lange/kurse/kurs_01_kAus

Bild 8.7: https://download.mmag.hrz.tu-darmstadt.de/media/HRZ/elc/OpenLearnWare/Bauingenieurwesen/2004_Lerneinheiten_Lange/kurse/kurs_01_kAus

Bild 8.8: Hämer, H.W.: Sanierung von Holzbalkendecken Internationale Bauausstellung Berlin, 1983

Bild 8.9: Autor

Bild 8.10: Ubahnverleih, „Fischerviertel Ulm – Schiefes Haus.jpg“, https://commons.wikimedia.org/wiki/File:Fischerviertel_Ulm_-_Schiefes_Haus.jpg (https://creativecommons.org/licenses/by/4.0/legalcode)

Bild 8.11: Autor

Bild 8.12: Koch, H.: Untersuchungen zum Last-Verformungsverhalten historischer Holztragwerke – Der abgestirnte Zapfen. Schriftenreihe Bauwerkserhaltung und Holzbau, Heft 5; Universität Kassel, 2011

Bild 8.13: Koch, H.: Untersuchungen zum Last-Verformungsverhalten historischer Holztragwerke – Der abgestirnte Zapfen. Schriftenreihe Bauwerkserhaltung und Holzbau, Heft 5; Universität Kassel, 2011

Bild 8.14: Autor

Bild 8.15: Autor

Bild 8.16: Dieckmann Bauen mit Holz GmbH & Co. KG, Melle, Holznagel Formen, https://www.holznaegel.de/holznaegel-eiche/holznagel-formen/

Bild 8.17: Lißner, K.; Rug, W.: Ergänzung bzw. Präzisierung der für die Nachweisführung zur Stand- und Tragsicherheit sowie Gebrauchstauglichkeit von Holzkonstruktionen in der Altbausubstanz maßgebenden Abschnitt der DIN1052:Ausgust 2004. Forschungsbericht, Bearbeitungsstand 29.07.2015, www.holzbau-statik.de/ibr/downloads/05_bestand/Ergänzungen-Forschungsbericht_Holzkonstruktion-Altbausubstanz_03.12.pdf

Bild 8.18: Krauth Th.; Meyer F.S.: Das Zimmermannsbuch, Bd. 1. Leipzig, 1893

Bild 8.19: Krauth Th.; Meyer F.S.: Das Zimmermannsbuch, Bd. 1. Leipzig, 1893

Bild 8.20: Krauth Th.; Meyer F.S.: Das Zimmermannsbuch, Bd. 1. Leipzig, 1893

Bild 8.21: Krauth Th.; Meyer F.S.: Das Zimmermannsbuch, Bd. 1. Leipzig, 1893

Bild 8.22: Krauth Th.; Meyer F.S.: Das Zimmermannsbuch, Bd. 1. Leipzig, 1893

Bild 8.23: Krauth Th.; Meyer F.S.: Das Zimmermannsbuch, Bd. 1. Leipzig, 1893

Bild 8.24: Krauth Th.; Meyer F.S.: Das Zimmermannsbuch, Bd. 1. Leipzig, 1893

Bild 8.25: Krauth Th.; Meyer F.S.: Das Zimmermannsbuch, Bd. 1. Leipzig, 1893

Bild 8.26: Zimmerer-Treffpunkt GmbH, Landau/Isar, https://zimmerer-treff.com/storage/BSWALSzt/wrl-z1/laengsverb/laengsverb.htm

Bild 8.27: Zimmerer-Treffpunkt GmbH, Landau/Isar, https://zimmerer-treff.com/storage/BSWALSzt/wrl-z1/laengsverb/laengsverb.htm

Bild 8.28: Zimmerer-Treffpunkt GmbH, Landau/Isar, https://zimmerer-treff.com/storage/BSWALSzt/wrl-z1/laengsverb/laengsverb.htm

Bild 8.29: Autor

Bild 8.30: Autor

Bild 8.31: Zimmerer-Treffpunkt GmbH, Landau/Isar, https://zimmerer-treff.com/storage/BSWALSzt/wrl-z1/eckverb/eckverb.htm

Bild 8.32: Zimmerer-Treffpunkt GmbH, Landau/Isar, https://zimmerer-treff.com/storage/BSWALSzt/wrl-z1/eckverb/eckverb.htm

Bild 8.33: Zimmerer-Treffpunkt GmbH, Landau/Isar, https://zimmerer-treff.com/storage/BSWALSzt/wrl-z1/eckverb/eckverb.htm

Bild 8.34: Zimmerer-Treffpunkt GmbH, Landau/Isar, https://zimmerer-treff.com/storage/BSWALSzt/wrl-z1/eckverb/eckverb.htm

Bild 8.35: Zimmerer-Treffpunkt GmbH, Landau/Isar, https://zimmerer-treff.com/storage/BSWALSzt/wrl-z1/verka/verkam.htm

Bild 8.36: Zimmerer-Treffpunkt GmbH, Landau/Isar, https://zimmerer-treff.com/storage/BSWALSzt/wrl-z1/verka/verkam.htm

Bild 8.37: Zimmerer-Treffpunkt GmbH, Landau/Isar, https://zimmerer-treff.com/storage/BSWALSzt/wrl-z1/verka/verkam.htm

Bild 8.38: Zimmerer-Treffpunkt GmbH, Landau/Isar, https://zimmerer-treff.com/storage/BSWALSzt/wrl-z1/zapf/za.htm

Bild 8.39: Autor

Bild 8.40: Autor

Bild 8.41: Zimmerer-Treffpunkt GmbH, Landau/Isar, https://zimmerer-treff.com/storage/BSWALSzt/wrl-z1/zapf/za.htm

Bild 8.42: Zimmerer-Treffpunkt GmbH, Landau/Isar, https://zimmerer-treff.com/storage/BSWALSzt/wrl-z1/laengsverb/laengsverb.htm

Bild 8.43: Zimmerer-Treffpunkt GmbH, Landau/Isar, https://zimmerer-treff.com/storage/BSWALSzt/wrl-z1/laengsverb/laengsverb.htm

Bild 8.44: Zimmerer-Treffpunkt GmbH, Landau/Isar, https://zimmerer-treff.com/storage/BSWALSzt/wrl-z1/zapf/za.htm

Bild 8.45: Zimmerer-Treffpunkt GmbH, Landau/Isar, https://zimmerer-treff.com/storage/BSWALSzt/wrl-z1/versa/zeich/ver_ein_1.htm

Bild 8.46: Zimmerer-Treffpunkt GmbH, Landau/Isar, https://zimmerer-treff.com/storage/BSWALSzt/wrl-z1/versa/zeich/ver_fers_1.htm

Bild 8.47: Zimmerer-Treffpunkt GmbH, Landau/Isar, https://zimmerer-treff.com/storage/BSWALSzt/wrl-z1/versa/zeich/ver_doza_1.htm

Bild 8.48: Grower.ch/Strainbase.net, Seattle/USA, Forumsbeitrag Necronomicons Holzbautechnik Grundkurs für Grower, https://www.grower.ch/forum/threads/necronomicons-holzbautechnik-grundkurs-fuer-grower.95871/page-3

Bild 8.49: Binding, G.: Das Dachwerk auf Kirchen im deutschen Sprachraum vom Mittelalter bis zum 18. Jahrhundert, Deutscher Kunstverlag München 1991

Kapitel 9: Sanierungsbausteine

Bild 9.1: Autor

Bild 9.2: kismalac, in Anlehnung an „Celsius_kelvin_estandar_1954.png" von Homo logos, „CelsiusKelvin.svg", https://commons.wikimedia.org/wiki/File:CelsiusKelvin.svg (https://creativecommons.org/licenses/by-sa/3.0/deed.en)

Bild 9.3: Büro für Holzbau und Bauphysik, Dipl.-Ing. (FH) Daniel Kehl (http://www.holzbauphysik.de), „Bauphys Wärmebrücke (4).png", https://wissenwiki.de/Datei:Bauphys_W%C3%A4rmebr%C3%BCcke_(4).png (https://creativecommons.org/licenses/by-sa/3.0/de/legalcode)

Bild 9.4: Büro für Holzbau und Bauphysik, Dipl.-Ing. (FH) Daniel Kehl (http://www.holzbauphysik.de), „Bauphys Wärmebrücke (1).png", https://wissenwiki.de/Datei:Bauphys_W%C3%A4rmebr%C3%BCcke_(1).png (https://creativecommons.org/licenses/by-sa/3.0/de/legalcode)

Bild 9.5: Wärme+. Aus: Initiative WÄRME+: Klimaschutz bei Hausbau und Modernisierung: Gebäudeenergiegesetz (GEG) in Kraft getreten. Berlin, 11.12.2020, https://www.lifepr.de/pressemitteilung/ged-gesellschaft-fuer-energiedienstleistung-gmbh-co-kg-berlin/Klimaschutz-bei-Hausbau-und-Modernisierung-Gebaeudeenergie-gesetz-GEG-in-Kraft-getreten/boxid/827713

Bild 9.6: Bundesministerium für Wirtschaft und Klimaschutz: Mein Sanierungsfahrplan – Muster 1. 04.05.2017, https://www.bmwk.de/Redaktion/DE/Downloads/S-T/sanierungsfahrplan-muster.html

Bild 9.7: Autor nach DIN 408 –Holzbauwerke – Bauholz für tragende Zwecke und Brettschichtholz – Bestimmung einiger physikalischer und mechanischer Eigenschaften (Datenquelle: Energieagentur NRW)

Bild 9.8: Autor nach Partanen, J.: Relative Feuchte – Wie wird sie definiert und berechnet? Vaisala GmbH, Hamburg, https://www.vaisala.com/de/expert-article/relative-humidity-how-is-it-defined-and-calculated

Bild 9.9: Screenshot der Webseite www.masea-ensan.de

Bild 9.10: Schuster, S.; Schuster, K.-H.: Hygrothermische Gebäudesimulation – Experimentelle Bestimmung der Randparameter und Sorptionseigenschaften von historischen Räumen. Masterarbeit, Bauhaus-Universität Weimar, 11/2011

Bild 9.11: Schuster S.; Schuster, K.H.: Hygrothermische Gebäudesimulation – Experimentelle Bestimmung der Randparameter und Sorptionseigenschaften von historischen Räumen. Weimar, 2011

Bild 9.12: MesserWoland, „Capillarity.svg", https://commons.wikimedia.org/wiki/File:Capillarity.svg (https://creativecommons.org/licenses/by-sa/3.0/legalcode), bearbeitet durch Autor

Bild 9.13: Autor nach DIN 4108 – Wärmeschutz und Energie-Einsparung in Gebäuden

Bild 9.14: Autor

Bild 9.15: Hauser, G.; Maas, A.: Auswirkungen von Fugen und Fehlstellen in Dampfsperren und Wärmedämmschichten. Gesamthochschule Kassel, 1991, https://www.uni-kassel.de/fb6/bpy/de/forschung/veroeffentlichungen/Publikationen92/FuF92.pdf

Bild 9.16: Künzel, H.; Zirkelbach, D.; Kehl, D.: Feuchteschutz im Holzbau – Hintergründe und aktuelle Regeln der Technik. Sonderdruck aus Bauphysik-Kalender 2022, Ernst & Sohn, Berlin

Bild 9.17: Autor nach DIN 4108 – Wärmeschutz und Energie-Einsparung in Gebäuden

Bild 9.18: Leimer, H.-P.: Vorlesungsskript zur Bauphysik, Feuchteschutz. HAWK Hildesheim, Stand WS 2015/2016

Bild 9.19: Homann, M.: Stationärer Feuchtetransport in Bauteilen, Lehrbuch der Bauphysik. Springer Vieweg-Verlag, 12/2012

Bild 9.20: Autor

Bild 9.21: Borsch-Laaks; R.: Innendämmungen, mit Risiken verbunden – oder eine Chance für Holzwerkstoffe? Holzbautag 2010, Biel

Bild 9.22: energytools.de, Frank Nowotka: Wissen: Innendämmung Fachwerk, 07.02.2020, https://energytools.de/wissen-erfahrungen-tipps/hausbau-und-erneuerung/bauteile-und-konstruktionen/waermegedaemmte-aussenwaende/daemmung-von-innen/innendaemmung-fachwerk/, bearbeitet durch Autor

Bild 9.23: Baunetz_Wissen: Feuchtevariable Dampfbremsfolie im Langzeittest. Heinze GmbH | NL Berlin | BauNetz, https://www.baunetzwissen.de/geneigtes-dach/tipps/news-produkte/feuchtevariable-dampfbremsfolie-im-langzeittest-5101314

Bild 9.24: Baunetz_Wissen: Feuchtevariable Dampfbremsfolie im Langzeittest. Heinze GmbH | NL Berlin | BauNetz, https://www.baunetzwissen.de/geneigtes-dach/tipps/news-produkte/feuchtevariable-dampfbremsfolie-im-langzeittest-5101314

Bild 9.25: Webseite energie-rund-ums-haus.de, Schulungsstelle Traunstein, Ferdinand Grätz, http://www.schulungsstelle-traunstein.de/Energieberatung/background/images/konstruktiverfeuchteschutz.jpg

Bild 9.26: Webseite Baubeaver, Schneider, S.: Kapillarität und Diffusion. https://baubeaver.de/kapillaritaet-diffusion/euchte Ziegel

Bild 9.27: Kolb, R. (Caparol): Regulierender Putz. Malerblatt 06/2013, https://www.malerblatt.de/malerblatt-wissen/regulierender-putz/

Bild 9.28: Küsters, A. K.: Dachrinne reinigen: So gelingt Ihnen die lästige Aufgabe im Handumdrehen. 24.11.2020, https://www.google.com/search?client=firefox-b-d&q=k%C3%BCsters+dachrinne&tbm=isch&source=lnms&sa=X&ved=2ahUKEwjFgJHs_rSAAxUI0QIHHa7WAn0Q0pQJegQIDRAB&biw=1366&bih=627&dpr=1#imgrc=_kgDHZZEHb13rM

Bild 9.29: Autor

Bild 9.30: Autor

Bild 9.31: Stade, F.: Die Holzkonstruktionen. Leipzig, 1904

Bild 9.32: Autor

Bild 9.33: Autor

Bild 9.34: Autor

Bild 9.35: Autor

Bild 9.36: Fachverband Luftdichtheit im Bauwesen e. V. (Hrsg.): Technische Empfehlungen und Ergänzungen des FLIB e.V. zu DIN 4108-7, Kassel, 2008

Bild 9.37: Autor

Bild 9.38: Leimer, H.-P.: Vorlesungsskript zur Bauphysik, Feuchteschutz. HAWK Hildesheim, Stand WS 2015/2016

Bild 9.39: Autor

Bild 9.40: Autor nach Schermer, D.: Besonders strapaziert. 02.05.2020, https://www.bba-online.de/mauerwerk/tragendes-mauerwerk/besonders-strapaziert/#slider-intro-1

Bild 9.41: Autor nach DIN 18533 – Abdichtung von erdberührten Bauteilen

Bild 9.42: Autor nach DIN 18533 – Abdichtung von erdberührten Bauteilen

Bild 9.43: Autor nach DIN 4109 – Schallschutz im Hochbau

Bild 9.44: Breymann, G. A.; Lang, A.: Bau-Constructions-Lehre, II. Teil, Construktionen in Holz. Stuttgart, 1870

Bild 9.45: Breymann, G. A.; Lang, A.: Bau-Constructions-Lehre, II. Teil, Construktionen in Holz. Stuttgart, 1870

Bild 9.46: Lieblang,P.: Schallschutz im Holzbau, akustische Eigenschaften einer neuartigen Holzdecke. 02/2017, https://docplayer.org/48148601-Schallschutz-im-holzbau.html

Bild 9.47: Xella Deutschland GmbH (Hrsg.): Das Baubuch, Kapitel 5 – Bautechnologie. 5. Auflage, Duisburg, https://baubuch.ytong-silka.de/bautechnologie/schallschutz/grundlagen-schallschutz/hinweise-und-erlaeuterungen/

Bild 9.48: Schöck Bauteile GmbH: Lexikon zum Trittschallschutz. Baden-Baden, https://www.schoeck.com/de/lexikon-trittschall

Bild 9.49: Autor nach Desone Modulare Akustik Ingenieurgesellschaft für Schalltechnik mbH: Trittschall. https://www.audiometriekabine.de/akustik/trittschall/

Bild 9.50: Nds. Ministerialblatt 24.01.2019, ANLAGENBAND 6 zur Verwaltungsvorschrift Technische Baubestimmungen (VV TB)

Bild 9.51: Holzbau Deutschland-Institut e.V. (Hrsg.): Schallschutz im Holzbau – Grundlagen und Vorbemessung. holzbau handbuch | REIHE 3 | TEIL 3 | FOLGE 1, Berlin, 2019

Bild 9.52: Autor nach Webseite selbst.de: Schalldämmung: Decke. BAUER XCEL MEDIA DEUTSCHLAND KG, Hamburg, https://www.selbst.de/schalldaemmung-decke-10398.html?image=9

Bild 9.53: Autor nach Rabold, A.: Schallschutz von Holzbalkendecken – Strategien für die Sanierung. Holzbautag Biel, 2012

Kapitel 10: Bautechnische Verbesserungen

Bild 10.1: Autor

Bild 10.2: Autor

Bild 10.3: Autor

Bild 10.4: Autor

Bild 10.5: Autor

Bild 10.6: Autor

Bild 10.7: Autor

Bild 10.8: Autor

Bild 10.9: ABBwiki, „Fachwerk Ausfachung(Bild1) (2).jpg“, https://commons.wikimedia.org/wiki/File:Fachwerk_Ausfachung(Bild1)_(2).jpg (https://creativecommons.org/licenses/by-sa/4.0/legalcode)

Bild 10.10: Autor

Bild 10.11: KLB Klimaleichtblock GmbH: Bauen im Bestand. Andernach, https://www.klb-klimaleichtblock.de/bauen-im-bestand.html

Bild 10.12: Autor

Bild 10.13: Autor

Bild 10.14: Autor

Bild 10.15: Autor

Bild 10.16: Autor

Bild 10.17: Autor

Bild 10.18: Göttingen Postkarte

Bild 10.19: Pavatex Holzfaserdämmsysteme, TECHNIK PLANUNG UND VERARBEITUNG FÜR DEN PROFI, WAND SYSTEME, 02/2019

Bild 10.20: Autor

Bild 10.21: Dold, Ch.; Erber, S.: Innendämmung – Anwendung und Risiken. Energieinstitut Vorarlberg, Dornbirn, 2012

Bild 10.22: Autor

Bild 10.23: Dold, Ch.; Erber, S.: Innendämmung – Anwendung und Risiken. Energieinstitut Vorarlberg, Dornbirn, 2012

Bild 10.24: Künzel, H.: Der Feuchtehaushalt von Holz-Fachwerkwänden. Stuttgart, 1996

Bild 10.25: Gänßmantel, J.: Bauphysikalische Aspekte einer nachträglichen Innendämmung von Außenwänden. 1. Lippisches Bauforum, Detmold, 11.10.2007

Bild 10.26: Autor nach WTA Merkblatt 6-4

Bild 10.27: Autor

Bild 10.28: Autor

Bild 10.29: Autor

Bild 10.30: Autor

Bild 10.31: Autor

Bild 10.32: Autor

Bild 10.33: Autor

Bild 10.34: Autor

Bild 10.35: Autor

Bild 10.36: Amt für Städtebau der Stadt Zürich: Denkmalpflege für die Praxis, Leitfaden Fenster. Zürich#, 2018

Bild 10.37: Amt für Städtebau der Stadt Zürich: Denkmalpflege für die Praxis, Leitfaden Fenster. Zürich, 2018

Bild 10.38: Autor

Bild 10.39: Autor

Bild 10.40: Handwerker, „Fenstersanierung links und historischer Bestand rechts. CIMG7317.JPG", https://commons.wikimedia.org/wiki/File:Fenstersanierung_links_und_historischer_Bestand_rechts._CIMG7317.JPG (https://creativecommons.org/licenses/by-sa/3.0/legalcode), bearbeitet durch Autor

Bild 10.41: NIVEAU Fenster Westerburg GmbH: Fenster nach Maß. https://www.niveau.de/holzfenster/funktions-sprossenvarianten/

Bild 10.42: NIVEAU Fenster Westerburg GmbH: Fenster nach Maß. https://www.niveau.de/holzfenster/funktions-sprossenvarianten/

Bild 10.43: NIVEAU Fenster Westerburg GmbH: Fenster nach Maß. https://www.niveau.de/holzfenster/funktions-sprossenvarianten/

Bild 10.44: NIVEAU Fenster Westerburg GmbH: Fenster nach Maß. https://www.niveau.de/holzfenster/funktions-sprossenvarianten/

Bild 10.45: Autor

Bild 10.46: Autor

Bild 10.47: Autor

Bild 10.48: Baunetz_Wissen: Trittschallminderung durch weichfedernde Gehbeläge. Heinze GmbH | NL Berlin | BauNetz, https://www.baunetzwissen.de/akustik/fachwissen/boeden/trittschallminderung-durch-weichfedernde-gehbelaege-147879

Bild 10.49: DGfH Innovations- und Service GmbH (Hrsg.): Informationsdienst Holz: Schallschutz im Holzbau, Grundlagen und Vorbemessung. Berlin, 2019

Bild 10.50: STEICO SE (Hrsg.): Planungsheft Geschossdecke/Bodensysteme. Stand 07/2019, https://web.steico.com/fileadmin/steico/content/pdf/Marketing/German/Geschossdecke/STEICO_Planungsheft_Geschossdecke_Bodensysteme_i.pdf

Bild 10.51: Autor

Bild 10.52: Autor

Bild 10.53: Autor

Bild 10.54: Zentralverband des Dachdeckerhandwerks (Hrsg.): Regeln für Deckungen mit Rohr und Stroh – Fachregeln des Dachdeckerhandwerks. Helmut Gros Fachverlag, Berlin, 1958

Bild 10.55: Zentralverband des Dachdeckerhandwerks (Hrsg.): Regeln für Deckungen mit Rohr und Stroh – Fachregeln des Dachdeckerhandwerks. Helmut Gros Fachverlag, Berlin, 1958

Bild 10.56: Zentralverband des Dachdeckerhandwerks (Hrsg.): Regeln für Deckungen mit Rohr und Stroh – Fachregeln des Dachdeckerhandwerks. Helmut Gros Fachverlag, Berlin, 1958

Bild 10.57: Fachwerk-Infocenter, Katharina Müller, https://www.fachwerk-infocenter.de/galerie/Innen/Bild710aaa.html

Bild 10.58: Schulz Kellerabdichtungen & Pflasterbau: Kellerabdichtung dauerhaft von innen und außen nach WTA 4-6 & DIN 18533. https://www.schulz-karlsbad.de/kellerabdichtung/

Bild 10.59: Schulz Kellerabdichtungen & Pflasterbau: Kellerabdichtung dauerhaft von innen und außen nach WTA 4-6 & DIN 18533. https://www.schulz-karlsbad.de/kellerabdichtung/

Bild 10.60: Schulz Kellerabdichtungen & Pflasterbau: Kellerabdichtung dauerhaft von innen und außen nach WTA 4-6 & DIN 18533. https://www.schulz-karlsbad.de/kellerabdichtung/

Bild 10.61: Autor

Bild 10.62: DGfH Innovations- und Service GmbH (Hrsg.): Informationsdienst Holz: Holzschutz – Bauliche Maßnahmen, Berlin, 2023

Bild 10.63: Architekturbüro Rehmert: 105 – Zweiständer Fachwerkhaus – Teil 1: Sanierung der Sanierung von 1979. https://www.architekt-rehmert.de/projekte/denkmalpflege/105-zweist%C3%A4nder-fachwerkhaus-teil-1-sanierung-der-sanierung-von-1979.html, bearbeitet durch Autor

Tabelle 10.2: Autor

Tabelle 10.3: Autor

Tabelle 10.4: Autor

Tabelle 10.5: Autor

Kapitel 11: Translozierung

Bild 11.1: Ernst, A.: Die Hebezeuge; Theorie und Kritik ausgeführter Konstruktionen, mit besonderer Berücksichtigung der elektrischen Anlagen. Berlin, 1903

Bild 11.2: Heart of Coney Island, Daniel A. Sullivan: Coney Island History: The Rise and Fall of Engeman's Brighton Beach Resort. https://www.heartofconeyisland.com/brighton-beach-coney-island-history.html

Bild 11.3: Braun, J.: Besonderer Anblick: Ein Fachwerkhaus hebt im Eichsfeld ab. Thüringer Allgemeine, 14.11.2019

Bild 11.4: Webseite pastorshus.de, Anton Bartling, https://www.pastorshus.de/

Bild 11.5: Webseite pastorshus.de, Anton Bartling, https://www.pastorshus.de/

Bild 11.6: Unknown author, „Nagold Hirsch nach Einsturz.jpg“, https://commons.wikimedia.org/wiki/File:Nagold_Hirsch_nach_Einsturz.jpg (https://creativecommons.org/publicdomain/mark/1.0/deed.en)

Bild 11.7: Landfernsehen Thüringer Wald: Anhebung Teutsche Schule in Schleusingen. 05.07.2018, https://www.youtube.com/watch?v=XgyL6ZMrTFM, Beschnitt durch Autor

Bild 11.8: Ottenjann, H.: Die Wiedererrichtung des „Quatmannshofes" im Museumsdorf zu Cloppenburg. Ein Beitrag zur Geschichte des niedersächsischen Bauernhauses, Oldenburg, 1934

Bild 11.9: Fiedler, K.: Wird jetzt das Scharfrichterhaus gerettet? Sächsische Zeitung, 12.04.2019

Bild 11.10: Menschner, N.: Neschwitz: Umzug des Scharfrichterhauses geglückt. Sächsische Zeitung, 04.06.2022

Kapitel 12: Fachwerksanierung und Selbermachen

Bild 12.1: Süvern, W.: Hausinschriften, Torbögen und Inschriftenlippischer Fachwerkhäuser. Heimatland Lippe, 3/1971

Bild 12.2: Autor

Bild 12.3: Autor

Stichwortverzeichnis

C

D

E

F

G

H

I

J

K

L

M

N

O

P

Q

R

S

T

U

V

W

Z